中等职业学校教学用书·计算机网络技术专业

网络组建与维护

陈学平　主　编

王荣欣　副主编

電子工業出版社

Publishing House of Electronics Industry

北京·BEIJING

内容简介

全书对计算机网络系统管理与维护所需的知识点进行了详细介绍，全书分为9个工作项目，20多个工作任务，系统地介绍了网络系统管理与维护的典型工作过程。本书内容丰富，注重实践性和可操作性，对于每个知识点都有相应的上机操作和演示，便于读者快速上手。

本书可作为高等职业技术院校、高等专科学校和中等专业学校计算机网络专业（网络工程、网络管理）计算机组网技术、网络管理等课程的教材或实训指导书，也可作为计算机组网技术学习者的参考书。

图书在版编目（CIP）数据

网络组建与维护 / 陈学平主编. —北京：电子工业出版社，2012.10

中等职业学校教学用书. 计算机网络技术专业

ISBN 978-7-121-17699-9

Ⅰ. ①网… Ⅱ. ①陈… Ⅲ. ①计算机网络—中等专业学校—教材 Ⅳ. ①TP393

中国版本图书馆CIP数据核字（2012）第168120号

策划编辑：关雅莉
责任编辑：郝黎明　　文字编辑：裴　杰
印　　刷：北京京师印务有限公司
装　　订：北京京师印务有限公司
出版发行：电子工业出版社
　　　　　北京市海淀区万寿路173信箱　邮编　100036
开　　本：787×1 092　1/16　印张：20.5　字数：524.8千字
印　　次：2012年10月第1次印刷
印　　数：3 000册　　定价：35.00元

凡所购买电子工业出版社图书有缺损问题，请向购买书店调换。若书店售缺，请与本社发行部联系，联系及邮购电话：（010）88254888。

质量投诉请发邮件至zlts@phei.com.cn，盗版侵权举报请发邮件至dbqq@phei.com.cn。

服务热线：（010）88258888。

前言

根据笔者在公司和学校从事计算机网络系统管理与维护的经验，深深体会到计算机网络或相关专业的学生毕业后到公司从事网络管理维护工作，往往在所学的理论与工作岗位上的实际应用之间有一个“衔接”过程。这一过程的长短与学生在学校期间动手能力训练有着非常重要的关系。为了提高学生将理论知识应用于实际问题和项目中的能力，迅速适应真实的工作岗位。我们编写了这本《网络组建与维护》教程。

本书的内容均是网络管理与维护实际工作内容的“浓缩”，从最基本的网络硬件连接到IP地址的规划，然后进行局域网构建和广域网连接的组网训练，完成服务器的多种配置任务，交换机、路由器的配置任务，读者完成本书的工作任务，就能够掌握内联网的硬件安装及软件设置的基本技术，从而具备独立设计并组织实施内联网工程的能力。既有简单的原理介绍，也有详细的上机操作步骤，具有较强的实用性，可操作性，书中有很多独特、新颖的知识，可以帮助读者快速掌握网络构建的各种技术，对于读者从事相关的技术工作可以打下坚实的基础。

全书共分9个项目，20多个任务，每个任务中有很多具体的实施内容，从最基本操作系统的安装，工作组网络，域网络的组建，DNS域名报务，DHCP服务，Web服务，FTP服务，E-Mail服务，打印服务，网络维护与管理，网络安全与设置等方面介绍了真实工作情境中的各种任务。通过对本书的学习，学习者能够胜任常规的网络组建、网络管理和网络维护的工作。

本书由重庆电子工程职业学院的陈学平老师担任主编，王荣欣担任副主编。陈学平老师编写了全书的大纲并对全书进行了审稿及校稿。在图书出版的过程中，得到了电子工业出版社编辑关雅莉，以及重庆龙职中余永洪老师的支持和帮助，在此深表感谢。

为了方便教师教学，本书配有电子教学课件，请有此需要的教师登录华信教育资源网（www.hxedu.com.cn）免费注册后进行下载，如有问题可在网站留言板留言或与电子工业出版社联系（E-mail:hxedu@phei.com.cn）。

由于编者水平有限，加之编写时间仓促，书中难免存在疏漏和不足，希望同行专家和读者能给予批评和指正。

陈学平
2012.07

项目 1　安装和配置 Windows Server 2003……1
1.1 任务 1　安装网络操作系统……1
1.1.1　网络操作系统种类简介……1
1.1.2　操作系统的功能……3
1.1.3　网络操作系统的规划……3
1.1.4　典型校园网络拓扑图……3
1.1.5　微软操作系统家族成员……4
1.1.6　Windows Server 2003 安装……6
1.1.7　VM 虚拟机介绍……10
1.1.8　任务实施 1　虚拟机的安装及配置……10
1.1.9　任务实施 2　在虚拟机上安装 Windows Server 2003 系统……13
1.2 任务 2　网络的基本管理……16
1.2.1　网络管理系统的用途……16
1.2.2　网络管理的新范围……17
1.2.3　任务实施　了解网络的基本管理……20
1.3 任务 3　网络的基本设置……20
1.3.1　Windows Server 2003 的基本网络配置内容……20
1.3.2　Windows Server 2003 简单配置……20
1.3.3　任务实施　网络的基本配置……22
1.4　项目总结与回顾……22
习题……22
项目 2　实现工作组网络……23
2.1 任务 1　实现 Windows Server 2003 工作组网络……23
2.1.1　工作组网络的基本知识……23
2.1.2　计算机操作系统的安装……23
2.1.3　网络连接线的制作及连接方法……24
2.1.4　对等网络中计算机网络属性的配置……26
2.1.5　任务实施　实现 Windows 工作组网络……28
2.2 任务 2　管理本地的用户账户与组账户……34
2.2.1　本地用户账户简介……34
2.2.2　本地用户账户的管理……35
2.2.3　本地组的管理……35
2.2.4　任务实施 1　本地用户账户的创建与管理……36
2.2.5　任务实施 2　创建本地组并将成员添加本地组……39
2.3 任务 3　管理与使用工作组的共享资源……43
2.3.1　对等网络的共享方式……43
2.3.2　设置共享资源的方法……43
2.3.3　任务实施　工作组网络的资源共享……47
2.4　项目总结与回顾……54
习题……54
项目 3　域网络的组织、实现与管理……56
3.1 任务 1　活动目录的安装及部署……56
3.1.1　活动目录简介……56
3.1.2　活动目录安装前的准备……57
3.1.3　安装活动目录的情形……57
3.1.4　与活动目录相关的概念……58
3.1.5　域网络的物理结构与逻辑结构……59
3.1.6　安装域控制器……61
3.1.7　Windows XP 客户机登录到域……63
3.1.8　任务实施 1　安装活动目录……63
3.1.9　任务实施 2　域控制器启动及客户端的登录……68
3.1.10　任务实施 3　额外域控制器的安装……74
3.1.11　任务实施 4　域控制器的常规卸载……76
3.1.12　任务实施 5　活动目录的备份与恢复……76
3.2 任务 2　域用户账户的管理……79
3.2.1　域用户账户的管理……80
3.2.2　域模式中的组管理……80
3.2.3　任务实施 1　创建域用户及管理……82
3.2.4　任务实施 2　创建域组……85
3.2.5　任务实施 3　组织单位创建及管理……87
3.3 任务 3　域网络组建及域共享文件的访问……90
3.4　项目总结与回顾……99
习题……100
项目 4　实现 DNS 服务……101
4.1　DNS 服务器的概念和原理……101
4.2　DNS 查询的工作方式……101
4.3　返回多个查询响应……102
4.4　区域的复制与传输……103
4.5　任务实施 1　DNS 服务器的安装与测试……103
4.6　任务实施 2　区域传输高级配置……109

4.7 任务实施 3 DNS 记录……112
4.8 项目总结与回顾……117
习题……118

项目 5 DHCP 服务器的安装、配置与管理……134
5.1 DHCP 的基本概念……134
5.1.1 什么是 DHCP……134
5.1.2 使用 DHCP 的好处……135
5.1.3 DHCP 的常用术语……135
5.1.4 DHCP 工具……136
5.2 DHCP 服务器的新特性……136
5.2.1 自动分配 IP 地址……136
5.2.2 DHCP 与 DNS 的集成……137
5.3 Microsoft DHCP 客户机支持的选项类型……137
5.4 DHCP 的运行方式……139
5.4.1 客户机的 IP 自动设置……139
5.4.2 客户机如何获得配制信息……139
5.5 DHCP/BOOTP Relay Agents（DHCP 中继代理）……140
5.6 任务实施 1 客户机直接从 DHCP 服务器上获取 IP 地址……141
5.7 任务实施 2 DHCP 的备份与还原……149
5.8 项目总结与回顾……150
习题……150

项目 6 实现 Internet 中的信息服务……161
6.1 任务 1 Web 服务器的安装配置与管理……161
6.1.1 全球信息网（WWW）……161
6.1.2 Internet 信息服务（IIS）……162
6.1.3 统一资源定位器 URL……163
6.1.4 HTTP 协议……164
6.1.5 HTML……165
6.1.6 任务实施 Web 服务器的配置……165
6.2 任务 2 FTP 服务器的安装、配置与管理……188
6.2.1 预备知识……188
6.2.2 架设 FTP 服务器的流程……189
6.2.3 使用 IIS 架设 FTP 服务器……189
6.2.4 FTP 访问……190
6.2.5 任务实施 1 Windows 2003 FTP 服务器的配置与管理……190
6.2.6 任务实施 2 Serv-U FTP 服务器的配置与管理……196
6.3 任务 3 邮件服务器的配置与管理……211
6.3.1 Windows 2003 邮件服务器……211
6.3.2 Winmail Server 邮件服务器……213
6.3.3 任务实施 1 Windows 2003 邮件服务器安装与配置……222
6.3.4 任务实施 2 Winmail Server 邮件服务器的架设……229
6.4 项目总结与回顾……229
习题……230

项目 7 打印服务的配置与管理……233
7.1 Windows 打印服务器……233
7.2 专用打印服务器……233
7.3 Internet 打印服务……236
7.4 任务实施 网络共享打印的实现……243
7.5 项目总结与回顾……254
习题……254

项目 8 维护与管理网络……255
8.1 任务 1 用 GHOST 进行数据备份与恢复……255
8.1.1 一键备份恢复工具软件的使用……255
8.1.2 用网络克隆批量安装系统……257
8.1.3 任务实施 1 备份与恢复数据……260
8.1.4 任务实施 2 用网络克隆批量恢复系统数据……260
8.2 任务 2 硬盘数据保护……263
8.2.1 软件系统的保护与还原……264
8.2.2 数据恢复……265
8.2.3 任务实施 硬盘数据恢复……266
8.3 任务 3 处理常见网络故障……269
8.3.1 局域网常见故障原因……269
8.3.2 网络的常见故障现象……270
8.3.3 网络故障的排除过程……272
8.3.4 网络故障的排除方法……274
8.3.5 任务实施 网络测试与故障诊断与排除……276
8.4 项目总结与回顾……277
习题……277

项目 9 网络安全与设置……278
9.1 任务 1 系统安全策略与设置……278
9.1.1 NTFS 磁盘权限设置……278
9.1.2 禁用必要的服务……279
9.1.3 Serv-U FTP 服务器的设置……281
9.1.4 IIS 的安全……283
9.1.5 任务实施 系统安全设置……293
9.2 任务 2 使用杀毒软件与防火墙……293
9.2.1 安装使用杀毒软件……293
9.2.2 防火墙设置……295
9.2.3 任务实施 设置与应用防火墙……297
9.3 任务 3 IP 地址绑定与流量限制……297
9.3.1 IP 地址绑定……297
9.3.2 流量控制……301
9.3.3 端口限制……304
9.3.4 任务实施 地址绑定与流量控制……304
9.4 项目总结与回顾……321
习题……321

项目 1 安装和配置 Windows Server 2003

1.1 任务 1 安装网络操作系统

任务分析

某企业用于办公的计算机约 300 台，现要求建立企业的 Intranet，以实现资源共享和方便管理。小王是这个企业的网络管理员，老板让他规划一下，应该购买什么样的计算机来实现这一要求，然后选择安装什么样的操作系统？

经过分析和比较，小王决定选择其中几台高性能的计算机作为服务器来为企业提供服务，操作系统安装 Windows Server 2003 Enterprise Edition（Windows Server 2003 企业版）；其他计算机安装 Windows XP 操作系统作为办公用机。

相关知识

1.1.1 网络操作系统种类简介

网络操作系统（NOS）是网络的心脏和灵魂，是向网络计算机提供网络通信和网络资源共享功能的操作系统。它是负责管理整个网络资源和方便网络用户的软件的集合。由于网络操作系统是运行在服务器之上的，因此有时也称为服务器操作系统。

网络操作系统与运行在工作站上的单用户操作系统（如 Windows XP 等）或多用户操作系统由于提供的服务类型不同而有差别。一般情况下，网络操作系统是以使网络相关特性最佳为目的的，如共享数据文件、软件应用以及共享硬盘、打印机、调制解调器、扫描仪和传真机等。一般计算机的操作系统，如 Windows XP 等，其目的是让用户与系统及在此操作系统上运行的各种应用之间的交互作用最佳。

目前，局域网中主要存在以下几类网络操作系统。

1. Windows 类

对于这类操作系统相信用过计算机的人都不会陌生，这是全球最大的软件开发商——Microsoft（微软）公司开发的。微软公司的 Windows 操作系统不仅在个人操作系统中占有绝对优势，而且在网络操作系统中也具有非常强劲的力量。这类操作系统配置在整个局域网配置中是最常见的，但由于它对服务器的硬件要求较高，且稳定性能不是很高，因此微软的网络操作系统一般只用在中低档服务器中，高端服务器通常采用 UNIX、Linux 或 Solaris 等非 Windows 操作系统。在局域网中，微软的网络操作系统主要有 Windows 2000 Server、Windows Server 2003，以及最新的 Windows Server 2008 等，工作站系统可以采用任意 Windows 操作系统或非 Windows 操作系统，包括个人操作系统，如 Windows XP 等。

在整个 Windows 网络操作系统中早期成功的要算 Windows NT4.0 这一套系统，它几乎成为中、小型企业局域网的标准操作系统，一是它继承了 Windows 家族统一的界面，使用户学习、使用起来更加容易；二是它的功能的确比较强大，基本上能满足所有中、小型企业的各项网络要求。虽然相比 Windows Server 2003 系统来说在功能上要逊色许多，但它对服务器的硬件配置要求要低许多，可以在更大程度上满足许多中、小型企业的 PC 服务器配置需求。现在主流的 Windows 网络操作系统是 Windows Server 2003。

2. NetWare 类

NetWare 操作系统虽然远不如早几年那么风光，在局域网中早已失去了当年雄霸一方的气势，但是 NetWare 操作系统仍以对网络硬件的要求较低（工作站只要是 286 机就可以了）而受到一些设备比较落后的中、小型企业，特别是学校的青睐。人们一时还忘不了它在无盘工作站组建方面的优势，也忘不了它那毫无过分需求的大度。且因为它兼容 DOS 命令，其应用环境与 DOS 相似，经过长时间的发展，具有相当丰富的应用软件支持，技术完善、可靠。目前常用的版本有 3.11、3.12、4.10 、V4.11、V5.0 等中英文版本，NetWare 服务器对无盘工作站和游戏的支持较好，常用于教学网和游戏厅。目前这种操作系统的市场占有率较低，这部分的市场主要被 Windows Server 2003 和 Linux 系统瓜分了。

3. UNIX 系统

目前常用的 UNIX 系统版本主要有 UNIX SUR4.0、HP-UX 11.0，以及 SUN 的 Solaris8.0 等。支持网络文件系统服务，提供数据等应用，功能强大，由 AT&T 和 SCO 公司推出。这种网络操作系统的稳定和安全性能非常好，但由于它多数是以命令方式来进行操作的，不容易掌握，特别是初级用户，因此小型局域网基本不使用 UNIX 作为网络操作系统，UNIX 一般用于大型的网站或大型的企、事业局域网中。UNIX 网络操作系统历史悠久，其良好的网络管理功能已为广大网络用户所接受，拥有丰富的应用软件的支持。目前 UNIX 网络操作系统的版本有 AT&T 和 SCO 的 UNIX SVR3.2、SVR4.0 和 SVR4.2 等。UNIX 本是针对小型机主机环境开发的操作系统，是一种集中式分时多用户体系结构。因其体系结构不够合理，UNIX 的市场占有率呈下降趋势。

4. Linux

这是一种新型的网络操作系统，它的最大特点就是源代码开放，可以免费得到许多应用程序。目前也有中文版本的 Linux，如 RedHat（红帽子）、红旗 Linux 等。在国内得到了用户充分的肯定，主要体现在它的安全性和稳定性方面，它与 UNIX 有许多类似之处。但目前

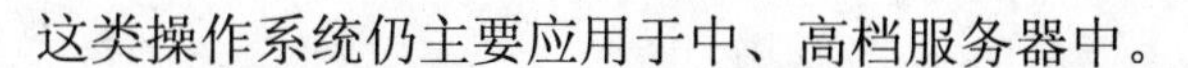

这类操作系统仍主要应用于中、高档服务器中。

总体来说，对特定计算机环境的支持使得每一个操作系统都有适合于自己的工作场合，就是系统对特定计算机环境的支持。例如，Windows XP 适用于桌面计算机，Linux 目前较适用于小型的网络，而 Windows Server 2003 和 UNIX 则适用于大型服务器应用程序。因此，对于不同的网络应用，需要有目的地选择合适的网络操作系统。

1.1.2　操作系统的功能

网络操作系统的功能通常包括处理机管理、存储器管理、设备管理、文件系统管理，以及为了方便用户使用操作系统向用户提供的用户接口，网络环境下的通信、网络资源管理、网络应用等特定功能，此外还有以下几个方面。

（1）网络通信。这是网络最基本的功能，其任务是在源主机和目标主机之间 ，实现无差错的数据传输。

（2）资源管理。对网络中的共享资源（硬件和软件）实施有效的管理，协调各用户对共享资源的使用，保证数据的安全性和一致性。

（3）网络服务电子邮件服务、文件传输存取和管理服务、共享硬盘服务、共享打印服务。

（4）网络管理。网络管理最主要的任务是安全管理，一般是通过“存取控制”来确保存取数据的安全性；或者是通过“容错技术”来保证系统故障时数据的安全性。

（5）互操作能力。在客户/服务器模式的 LAN 环境下，互操作是指连接在服务器上的多种客户机和主机，不仅能与服务器通信，而且还能以透明的方式访问服务器上的文件系统。

1.1.3　网络操作系统的规划

网络操作系统的选择要从网络应用出发，分析网络需要提供什么服务，然后分析各种操作系统提供这些服务的性能与特点， 最后确定使用的品牌。操作系统的选择应遵循以下原则：

（1）标准化；

（2）可靠性；

（3）安全性；

（4）网络应用服务的支持；

（5）易用性。

1.1.4　典型校园网络拓扑图

图 1-1 是一个典型的校园网络拓扑图，图中有各种网络设备和各种服务器环境。

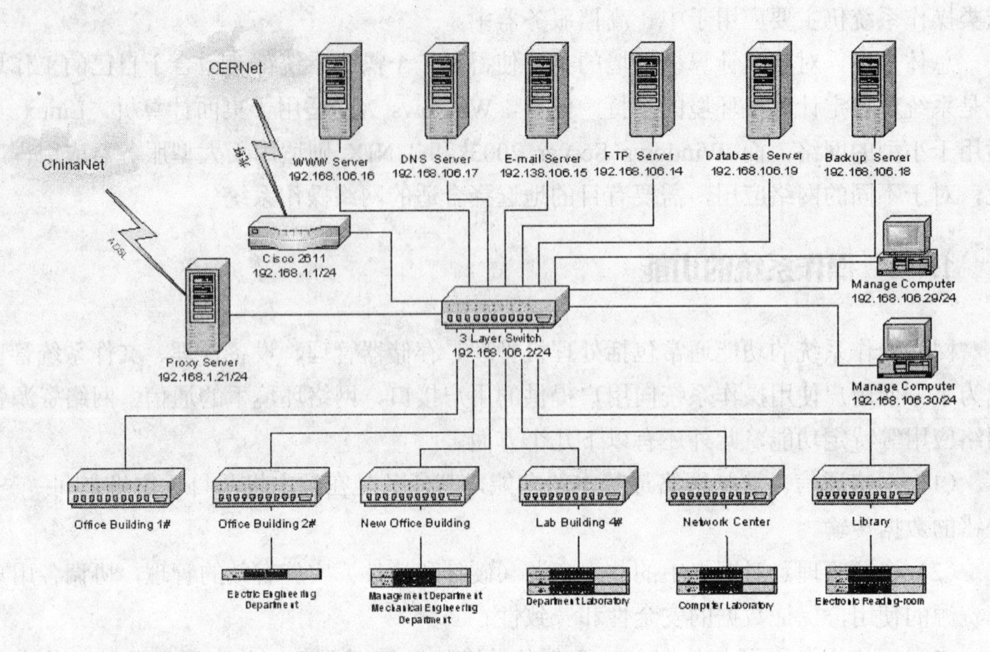

图 1-1　典型校园网络拓扑图

1.1.5　微软操作系统家族成员

1. Windows 服务器操作系统

作为全球最大的软件开发商，Microsoft 公司的 Windows 系统不仅在个人操作系统中占有绝对优势，而且在网络服务器操作系统领域，特别是在中、低档服务器和一些中等规模的网络中，Windows 服务器操作系统也在迅速发展，相继推出了 Windows NT/2000/2003 /2008 Server 等面向不同计算机环境的版本。

Windows NT/2000/2003 Server 继承了 Windows 家族统一的界面，使用户学习、管理和使用起来更加容易。因此，在中、小型企业局域网中得到了广泛应用。

Windows 服务器操作系统具有以下几个特点。

（1）支持对等式和客户机/服务器网络。所有运行 Windows NT 的计算机都可以既作为客户机又作为服务器，来运行计算机共享文件和打印机资源，并可通过网络交换信息。

（2）Windows NT /2000/2003 Server 具有最高档服务器所需的全部功能。例如，各种各样的管理工具，使得网络软件和硬件的添加和删除变得十分简便。另外，由于网络软件已经集成到 Windows 系统中，因此用户可以十分简便地添加协议驱动程序和网卡驱动程序等。

另外，在 Windows 服务器操作系统中还内置了许多网络服务组件，如终端服务、远程访问服务、DNS、DHCP、Internet 信息服务 IIS 等，用户可以根据需要服务器的功能需求，选择安装和配置相应的服务。

2. Windows 网络服务器操作系统家族

在网络服务器操作系统领域中，微软先后开发了 Windows NT、Windows 2000 Server 和 Windows Server 2003 、Windows Server 2008 多个面向网络服务器的操作系统，针对不同的

应用，分别提供了多种不同的版本，各种 Windows 网络服务器操作系统对比分析如表 1-1 所示。

表 1-1 Windows 网络服务器操作系统不同版本对比分析

系　统	版　本	技术特点与功能	应　用
Windows NT	Windows NT 3.51，4.0	首次采用 NT 内核技术，图形化操作界面，直观，易用，安全性能较好。缺点是运行速度慢，功能不够完善，单个线程的不响应将会使系统由于不堪重负产生死机	用于中小型网络
Windows 2000	Windows 2000 Server	在服务器硬件上，最多支持 4 个 CPU，4GB 内存	用于工作组和部门服务器等中小型网络
Windows 2000	Windows 2000 Advanced Server	在服务器硬件上，最多支持 8 个 CPU，8GB 内存。支持高端的结点群集、网络负载平衡等	用于应用程序服务器和功能更强的部门服务器
Windows 2000	Windows 2000 Data center Server	在服务器硬件上，最多支持 32 个 CPU，在 Intel 平台上最多支持 64GB 的内存，在 Alpha 平台上最多支持 32GB 的物理内存	用于数据中心服务器等大型网络系统，适用于大型数据仓库、在线事务处理等重要应用
Windows Server 2003	Windows Server 2003 Standard Edition	在服务器硬件上，最多支持 4 个 CPU，4GB 内存。具备除终端服务会话目录、集群服务以外的所有服务功能	应用目标是中小型企业工作组和部门服务器。提供基本的网络服务、进行 Web 应用程序的部署
Windows Server 2003	Windows Server 2003 Enterprise Edition	支持 8 个 CPU，64GB 内存，8 结点群集。提供企业级的所有服务功能	支持高性能服务器，并且可以群集服务器，以便处理更大的负荷
Windows Server 2003	Windows Server 2003 Datacenter Edition	分为 32 位与 64 位两个版本。32 位支持 32 个处理器，最高支持 512GB 的内存；64 位支持 Itanium 和 Itanium2 两种处理器，支持 64 个处理器，最高支持 512GB 的内存。两个版本都支持 8 结点集群和负载平衡服务	应用于要求最高级别的可伸缩性、可用性和可靠性的大型企业或机构
Windows Server 2003	Windows Server 2003 Web Edition	支持 2 个 CPU，2GB 内存。和其他版本不同的是，Web Edition 针对 Web 服务进行优化，仅能够在活动目录 AD 域中做成员服务器，不能做域控制器（Domain Controller，DC）	主要目的是作为 IIS 6.0 Web 服务器使用，提供一个快速开发和部署 XML Web 服务及应用程序的平台
Windows Server 2008	微软推出的下一代 Windows 服务器操作系统，随着服务器硬件的升级，Windows Server 2008 将可能是微软最后一款在服务器端提供 32 位支持的操作系统		

1.1.6 Windows Server 2003 安装

Windows Server 2003 的安装分升级安装和全新安装两种。如果是升级安装，Windows Server 2003 Enterprise 版本只能从 Windows NT Server 4.0+SP5 或更高版本以及 Windows 2000 Server 的各个版本升级。如果未达到上述版本，只能先升级到以上版本后再升级到 Windows Server 2003。

无论采用何种安装方式，在系统安装前都应该仔细规划，才能保证系统的安装满足用户的要求。

1. Windows Server 2003 彻底地面向服务器应用

Windows Server 2003 不再迁就不属于服务器的环境，丢掉了和服务器操作系统无关的一些功能，对硬件系统支持得更好，可以支持一些比较新的硬件，如 Xeon 处理器、SCSI 320、千兆网和万兆网网卡，Windows Server 2003 还抛弃了诸多老的、旧的驱动和那些根本不会出现在服务器上的硬件驱动，如绝大多数的声卡、红外端口等。

2. 安装过程中的相关选项

Windows Server 2003 企业版在安装过程中可能遇到以下一些选项，在安装前应该对这些选项有一个清楚的理解，只有这样才能确保系统的安装成功。

（1）硬盘分区

现在的计算机硬盘一般都很大，都在 60GB 以上，为了管理方便，往往要对硬盘进行分区。硬盘分区是指对硬盘的物理存储空间进行逻辑划分，将一个较大容量的硬盘分成多个大小不等的逻辑区间。硬盘分区分为主分区和扩展分区，主分区是包含操作系统启动所必需的文件和数据的硬盘分区，一个硬盘只有一个主分区。扩展分区是指除主分区外的分区，需要进一步划分为若干个逻辑分区，分别对应 D、E、F 等盘。一般情况下，通常把硬盘分成两个以上的分区，主分区（即 C 盘）一般用于安装操作系统，其他分区可以用于安装应用软件或存储用户数据。如果计算机安装多个操作系统，一般需要将不同的操作系统安装到不同的分区。

分区一般是在安装 Windows 操作系统的过程中完成的，也可以通过专用软件完成硬盘的分区，建议用户在安装 Windows 系统过程中完成分区。每个分区容量的大小取决于硬盘容量的大小和分区的数目，但是对于安装操作系统的分区一般不建议超过 20GB。因为安装操作系统的分区往往是专用的，只存储一些系统文件、设备驱动及一些系统级软件（如 SQL Server 等）等重要数据，这些文件本身需要的空间在 7GB 左右。另外，从系统复制的角度，小的分区也便于系统复制和系统毁坏后的恢复。

需要注意的是，硬盘分区会破坏硬盘中的数据，如果是一块正在使用的硬盘，在分区前需要对原有数据做好备份，如复制到光盘或移动硬盘中。但是，如果是系统重装，在安装过程中可以删除当前的 C 分区，然后重新在未用区新建 C 分区，由于不改变分区大小，因此只影响 C 分区的数据，不影响原有的 D、E 等分区的数据。

（2）分区格式与文件系统

目前，Windows 所用的分区格式主要有 FAT32 和 NTFS 两种类型。FAT32 文件系统采用 32 位的文件分配表，使其对磁盘的管理能力大大增强，突破了 FAT16 对每一个分区

的容量只有 2GB 的限制。卷的大小为 512MB～2TB，最大文件 4GB，不支持域。该文件系统下的文件可以被所有的 Windows 系统访问。NTFS 文件系统全面支持大硬盘。卷的大小为 10MB～2TB，最大文件的大小仅受限于卷的大小。该文件系统下的本地文件可以被 Windows 2000/XP/2003 Server 系统访问，Windows 98 系统不能访问 NTFS 分区。

NTFS 文件系统有许多重要的特性：①支持活动目录和域；②提供文件加密功能，提高共享信息的安全性；③很好地解决了稀疏存储问题，提高了硬盘的存储效率；④提供了磁盘活动的恢复日志，利用这个日志可以快速地恢复意外情况下的信息丢失；⑤支持磁盘配额管理，管理员可以限制每个用户使用的磁盘空间。

如果选择 FAT32 格式，该计算机将不能安装活动目录，不能成为域控制器。因此，文件系统的选择应根据计算机在应用中可能充当的角色以及是否需要双重启动来决定。

（3）访问许可证

Windows Server 2003 提供两种访问许可证的支持：每客户模式和每服务器模式。每客户模式要求每一台访问服务器的计算机都有一个单独的客户访问许可证，客户机利用这种统一的访问许可证可以连接到域中任意的 Windows 2000 Server 服务器上。每服务器模式限制同时连接到一台服务器上的客户机的数量，每台服务器只支持一定数量的并发连接。和每客户模式不同，客户机连接到不同的服务器需要有不同的许可证。

两种模式各有特点，如果是只有一台服务器的小型网络，可以选择每服务器模式，这种模式还可以用于 Internet 访问和远程访问服务器。如果网络中有多台服务器，可以选择每客户模式，这对连接多台服务器较为方便。

最后需要说明的是，如果不能确定究竟选择哪种模式时，可以选择每服务器模式，因为该方式允许在以后的使用中切换到每客户模式。模式的切换可以通过控制面板中的“授权”应用程序进行更改。

（4）工作组和域

工作组和域是两个容易混淆的概念。工作组是指网络中一个计算机的集合，可以安装任意的 Windows 操作系统，它是一个逻辑集合，即工作组中的计算机可以处于不同的物理位置。当若干台计算机加入工作组后，计算机之间就可以共享资源了，但本地的用户账户信息、资源信息等是由每台计算机自己维护的，用户使用不同的计算机中的共享资源需要进行不同的登录，需要记忆不同的账号和密码。

域是实行了集中化管理的计算机的集合。和工作组不同，在域中有一台称为域控制器（Domain Controller，DC）的计算机来管理整个域中所有的网络账户和网络资源。用户一次登录，就可以使用域中的所有计算机的共享资源。安装 Windows 95/98 系统的计算机不能成为域的成员，但可以登录到域。

如果用户不能确定加入工作组或域，可以选择加入工作组选项。安装完成后，如果需要加入域，应该向网络管理员申请一个域中的计算机账号，该账号需要在域控制器中创建。

（5）系统管理员（Administrator）账号和口令

Windows NT/2000/2003 Server 实行严格的安全策略，登录到 Windows NT 结构的计算机需要有合法的用户账号和口令。为了保证系统安装后的第一次登录，在安装过程中系统自动创建管理员账号和口令。管理员账户（Administrator）是一个本地超级用户，它具有操作这台计算机的所有权限，如创建新的用户账号等。用户必须牢记管理员账号，以便安装完成后能够登录到本机进行相应的配置和管理工作。

3．规划安装策略

在系统安装前，应该对系统的安装策略进行规划。是进行系统升级还是全新安装，是否支持双重启动，采用何种文件系统（FAT32 还是 NTFS）。

如果选择升级安装，安装程序会替换现有的 Windows 文件系统，但现有的设置和应用程序将被保留。Windows Server 2003 可以从 Windows XP、Windows NT 4+SP2 或者 Windows 2002 Server 等低版本 Windows 操作系统进行升级。

如果在一个新的未安装操作系统的机器上或希望在一台低版本的 Windows 计算机上安装 Windows Server 2003 并支持双重启动，应该选择全新安装。如果系统要求双重启动，最好将 Windows Server 2003 安装在一个单独的分区中。

4．安装过程

当规划好系统安装策略后，接下来就可以在计算机上安装 Windows Server 2003 了。如果机器上尚未安装任何操作系统，打开主机电源，在机器自检结束前，按下【Delete】键，修改机器的系统设置，将系统引导设为光驱引导。然后在光驱中插入 Windows Server 2003 企业版系统盘，系统会提示从光盘引导，并安装 Windows Server 2003 系统。如果硬盘中已经存在一个较低版本的 Windows 操作系统，如 Windows XP，将 Windows Server 2003 系统盘插入光驱后会自动运行 Autorun 程序。

安装程序运行 Windows Server 2003 安装向导，显示 Windows Setup 界面，按照向导提示操作，进入磁盘分区界面，如图 1-2 所示。

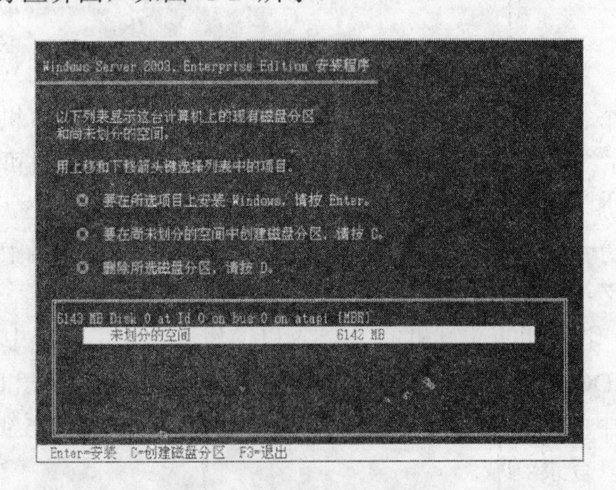

图 1-2　磁盘分区界面

根据系统提示，选择系统安装分区或对磁盘进行重新分区，接下来显示磁盘分区格式，按照选择的分区格式进行磁盘格式化，格式化完成后，安装程序把系统所需要的文件复制到磁盘分区中。如果是系统重新安装，可以删除 C 分区，然后再执行新建 C 分区，只要不改变分区大小，将不影响其他分区的数据。

文件复制完成后，计算机将重新启动。启动后进入 Windows 安装程序图形界面，按照向导提示分别输入：公司单位名称、产品密钥、授权模式、计算机名称和管理员密码、日期

和时间设置、网络设置、工作组和域选择等。其中大部分选项在系统安装完毕后，可以通过控制面板中的程序进行修改，如授权模式可以通过控制面板中的“授权”程序修改安装时的授权模式配置。

当上述步骤完成后，Windows Server 2003 安装程序根据用户的选择和设置进行一些初始化工作，然后将安装文件复制到计算机中，进行 Windows Server 2003 系统的安装。系统安装完毕后，会自动重新启动，进入“欢迎使用 Windows”界面，此时按【Ctrl】+【Alt】+【Delete】组合键，打开【登录到 Windows】对话框，输入管理员账户（Administrator）和密码，即可以使用 Windows Server 2003 操作系统了。

系统安装完成后，通常还需要安装设备驱动程序，如网卡驱动、显示驱动等。此外，和 Windows XP 等桌面操作系统不同，作为服务器操作系统，Windows Server 2003 提供了大量的网络服务功能，如 DHCP 服务、DNS、WINS 名称服务、IIS 信息服务、终端服务、远程存储、索引服务等，这些功能都是由不同的服务组件完成的，这些服务组件可以在系统安装时一起安装，也可以在以后的应用中根据需要，通过控制面板中的“添加/删除程序”选择安装。

5. 登录到本机或域

在安装了 Windows Server 2003 操作系统的计算机中，如果系统安装了网卡和“Microsoft 网络客户”，在开机时将显示【登录到 Windows】对话框；或安装完 Windows Server 2003 操作系统后，打开计算机，显示“欢迎使用 Windows”的屏幕，按【Ctrl】+【Alt】+【Delete】组合键，打开【登录到 Windows】对话框，如图 1-3 所示。

图 1-3 【登录到 Windows】对话框

登录到计算机分为登录到本机和登录到域网络两种方式。如果在安装系统时，默认方式为计算机属于工作组，并且选择让计算机成为域成员，则在【登录到 Windows】对话框中，单击【选项】按钮，显示“登录到”下拉列表，可以选择其中一个计算机域。至于将计算机加入到域还是工作组，可以通过控制面板中的“系统”程序来修改。

如果要登录到本机，需要一个本机的用户账户和密码。Windows 操作系统安装完毕后，系统自动创建两个默认的用户账户，即 Administrator（管理员）和 Guest（来宾），其中来宾账户没有密码。第一次登录时可以按照管理员身份登录。

如果要登录到一个 Windows 域，还需要在域控制器上建立域用户账户。域是实行了集中化管理的计算机的集合，登录域后访问域中的每一台计算机不需要单独输入账户和密码。要登录到域网络，在【登录到 Windows】对话框中，单击【选项】按钮，显示“登录到”下拉列表，选择要登录的域，然后单击【确定】按钮即可。

6. 关闭计算机

单击任务栏的【开始】按钮，在【开始】菜单中，选择【关机】命令，打开【关闭Windows】对话框可以关闭计算机。

1.1.7 VM虚拟机介绍

VMware是一个“虚拟PC”软件。它可以在一台机器上同时运行两个或更多Windows、DOS、Linux系统。与“多启动”系统相比，VMware采用了完全不同的概念，多启动系统在一个时刻只能运行一个系统，在系统切换时需要重新启动计算机，VMware是真正“同时”运行多个操作系统在主系统的平台上，就像标准Windows应用程序那样切换，而且每个操作系统都可以进行虚拟的分区、配置而不影响真实硬盘的数据，甚至可以通过网卡将几台虚拟机用网卡连接为一个局域网，极其方便，如新系统发布了，想测试一下效果，又怕安装系统后出现问题来回重装系统比较麻烦，怎么办？虚拟机VMware可以解决这个问题。还可以通过虚拟机来完成局域网的组建等。

任务实施

1.1.8 任务实施1 虚拟机的安装及配置

1. 虚拟机软件的安装

虚拟机的版本为VMware7.0，安装过程略。在安装过程中可以直接单击【下一步】按钮即可。

2. 配置一台虚拟机

（1）启动VMware7.0，在如图1-4所示的界面中选择【新建虚拟机】选项。

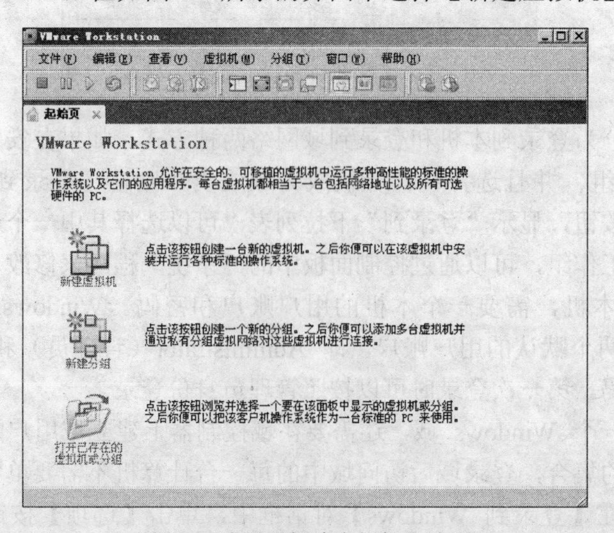

图1-4 选择【新建虚拟机】选项

（2）弹出【新建虚拟机向导】对话框，选中【标准】单选按钮即可，如图 1-5 所示。

（3）单击【下一步】按钮，出现【安装客户机操作系统】对话框，在该对话框中，有三个选择安装的选项，第一个是【安装盘】，第二个是【安装盘镜像文件】，第三个是【我以后再安装操作系统】，这三个选项，大家根据实际情况来进行选择，如果有光驱和安装盘，则可以选择第一项，如果有安装盘的镜像则选择第二项，如果暂时什么都没有则选择第三项，这里选择第二项，如图 1-6 所示。

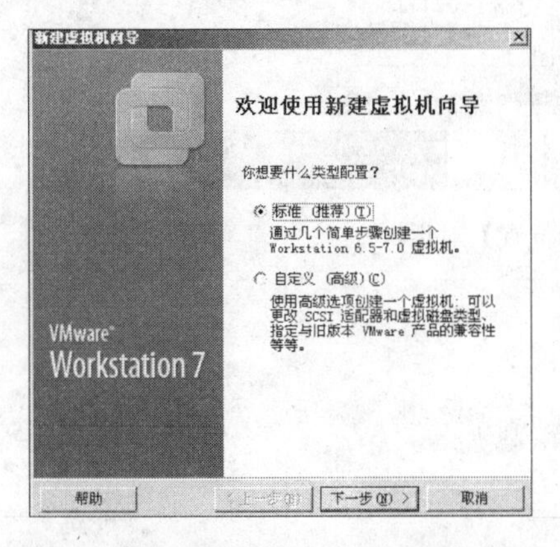

图 1-5　【新建虚拟机向导】对话框

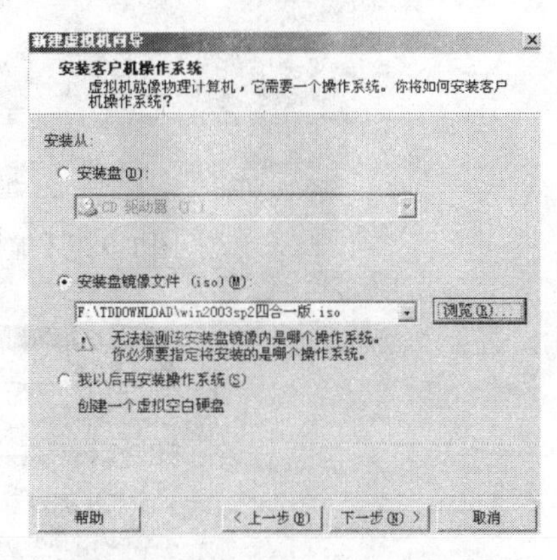

图 1-6　选择【安装盘镜像文件】

（4）单击【下一步】按钮，选择客户机操作系统及版本，这里选择 Windows Server 2003 企业版，如图 1-7 所示。

（5）单击【下一步】按钮，在【Easy Install 信息】对话框中输入安装序列号和管理员的密码，如果此时不输入，则在安装过程中再输入，如图 1-8 所示。

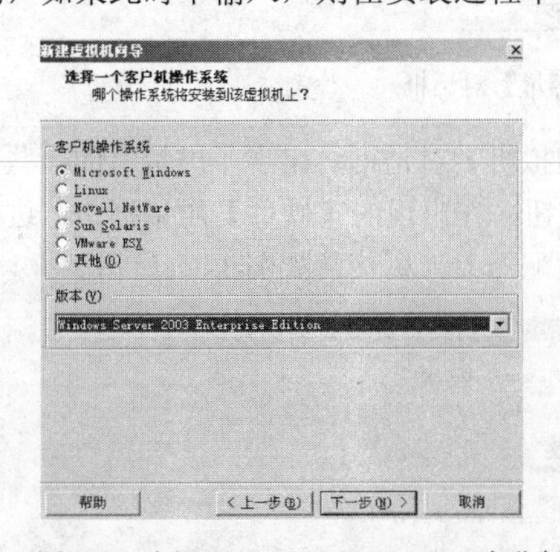

图 1-7　选择 Windows Server 2003 企业版

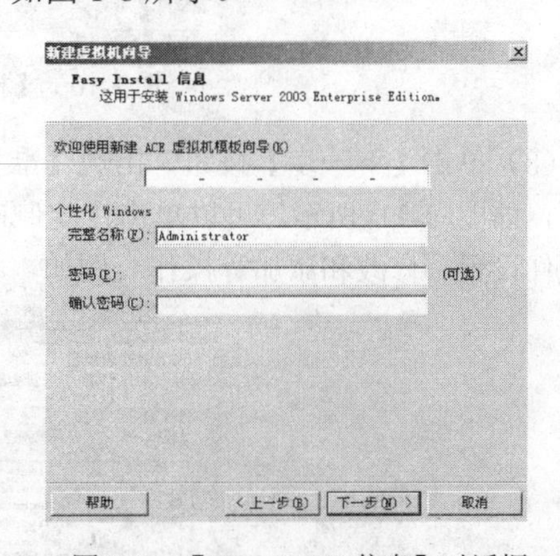

图 1-8　【Easy Install 信息】对话框

（6）单击【下一步】按钮，出现【虚拟机名称和位置】对话框，在该对话框中，“虚拟机名称”可以保持默认，“位置”栏中浏览选择安装的文件夹，如图 1-9 所示。

（7）安装位置选择后，单击【下一步】按钮，出现【指定磁盘容量】对话框，在【最大磁盘大小】栏内指定 8GB 的空间，如图 1-10 所示。

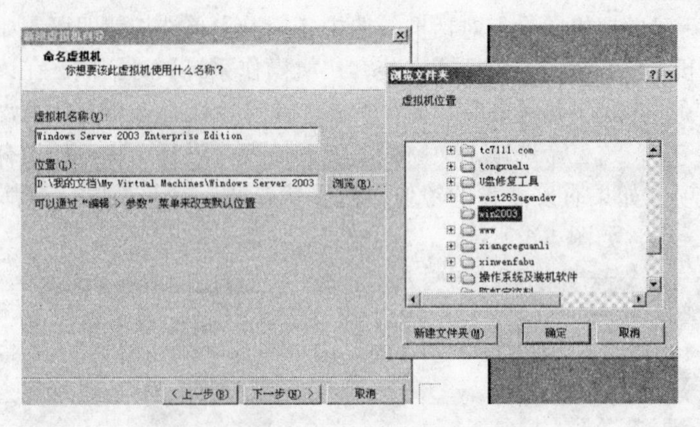

图 1-9 【虚拟机名称和位置】对话框

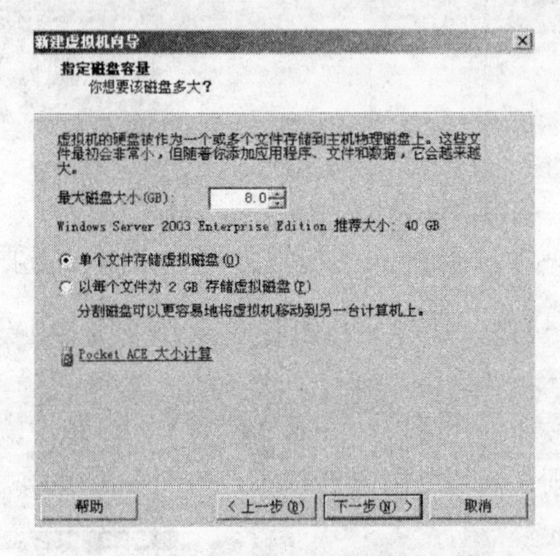

图 1-10 【指定磁盘容量】对话框

（8）单击【下一步】按钮，出现【准备创建虚拟机】对话框，出现了虚拟机的一些默认设置，如图 1-11 所示。可以单击【定制硬件】按钮，在出现的【硬件】对话框中，进行各种硬件设置、修改和添加等操作。例如，将网络适配器改为桥接，如图 1-12 所示。

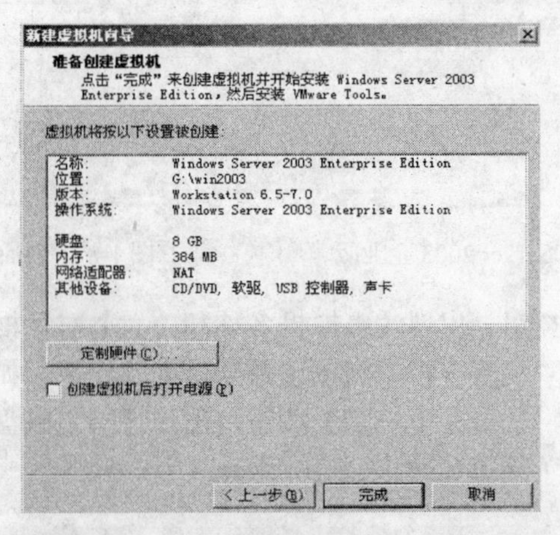

图 1-11 【准备创建虚拟机】对话框

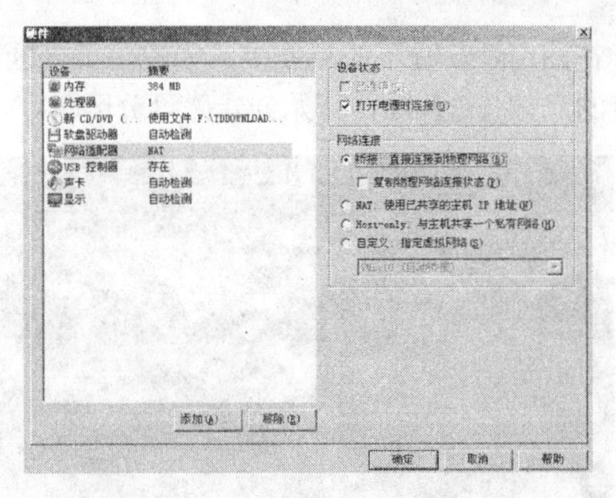

图 1-12　【硬件】对话框

（9）单击【确定】按钮，返回到图 1-11 中，再单击【完成】按钮，出现如图 1-13 所示的界面。

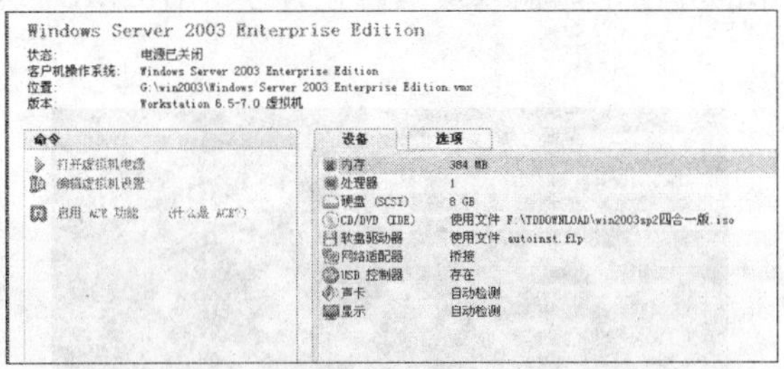

图 1-13　虚拟机安装完成界面

在这个界面中，描述的虚拟机设置等选项，可以选择【打开虚拟机电源】选项，则会启动该虚拟机，然后从镜像文件进行引导，完成虚拟机的安装及配置。

1.1.9　任务实施 2　在虚拟机上安装 Windows Server 2003 系统

在任务实施 1 中配置好了虚拟机，现在则可以启动虚拟机，在虚拟机中安装操作系统了，在虚拟机上安装 Windows Server 2003 系统的步骤如下。

（1）从光盘镜像文件引导启动。根据提示进行安装设置，在图 1-14 中按【Enter】键开始安装。

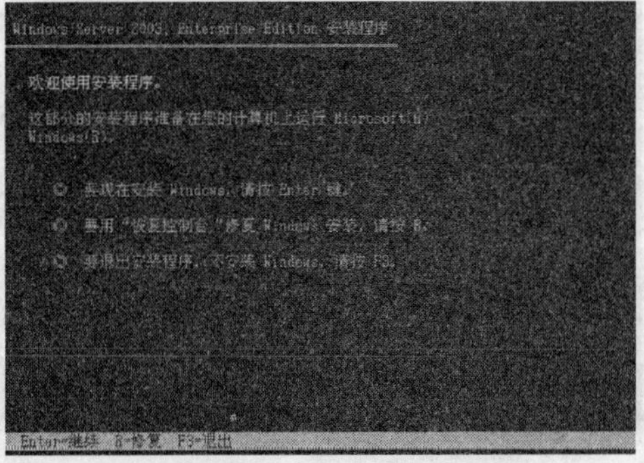

图 1-14　按【Enter】键开始安装

（2）出现【授权协议】对话框，按【F8】键同意，进行下一步安装。

（3）创建磁盘分区。在图 1-15 所示的界面中，创建磁盘分区，因为这个盘没有划分分区，是不能安装操作系统的，按【C】键，开始创建磁盘分区。

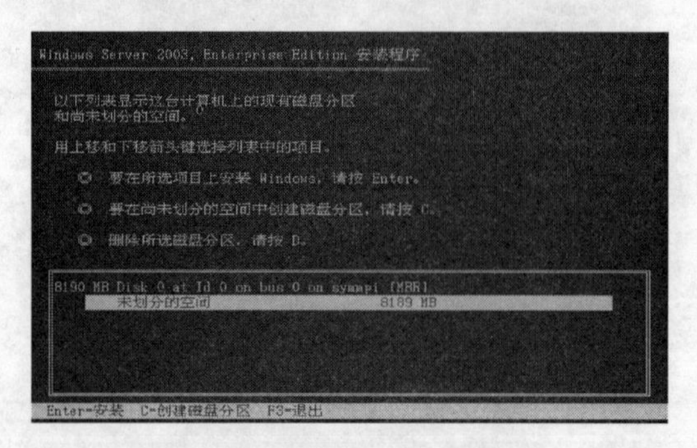

图 1-15 选择创建磁盘分区

（4）在图 1-16 所示的界面中，输入最大磁盘分区：8182MB，然后按【Enter】键创建分区。

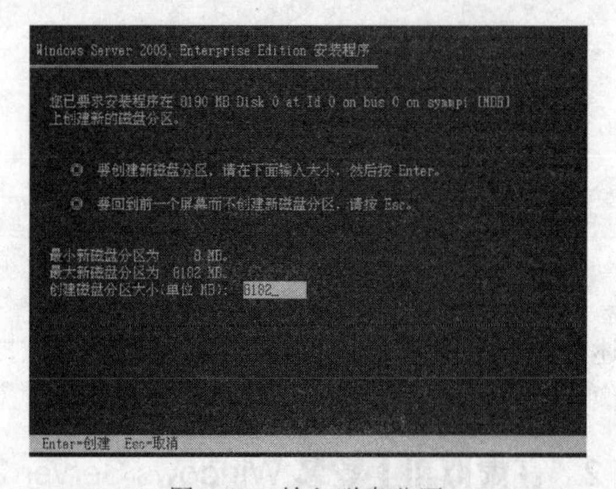

图 1-16 输入磁盘分区

（5）在图 1-17 所示的界面中，按【Enter】键开始安装，出现如图 1-18 所示的界面，选择【用 NTFS 文件系统格式化磁盘分区】选项，再次按【Enter】键继续。

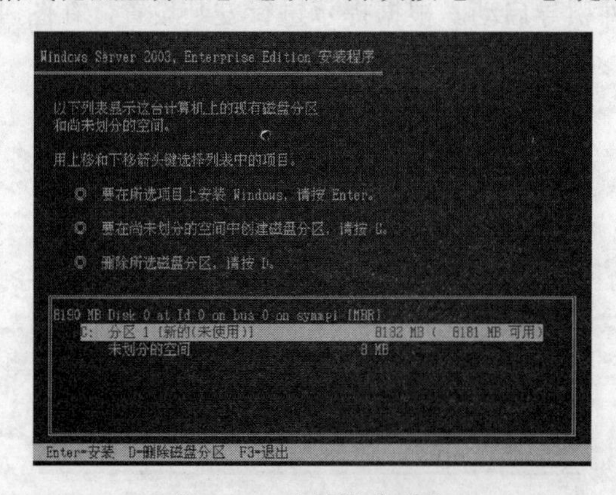

图 1-17 安装操作系统

（6）格式化完毕，则开始复制文件并重新启动计算机，进入图形界面安装，如图 1-19 所示。

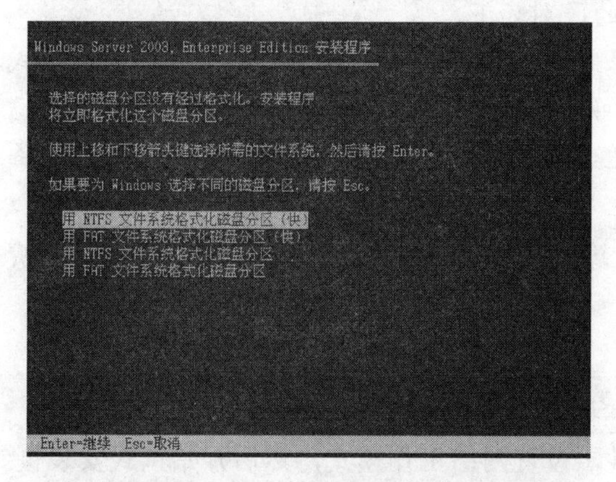

图 1-18　【用 NTFS 文件系统格式化磁盘分区】

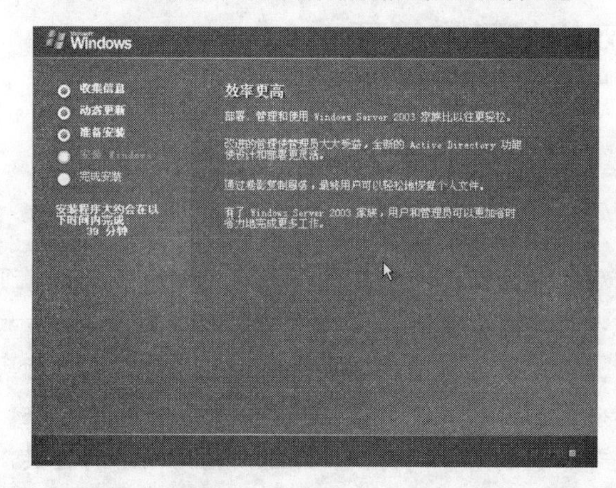

图 1-19　图形界面安装

（7）出现【自定义】软件对话框，输入姓名和单位。

（8）在出现的【您的产品密钥】对话框中，输入产品密钥，即产品的序列号。

（9）在【授权模式】对话框中，选择授权模式，这里一般选择每服务器模式，如图 1-20 所示。

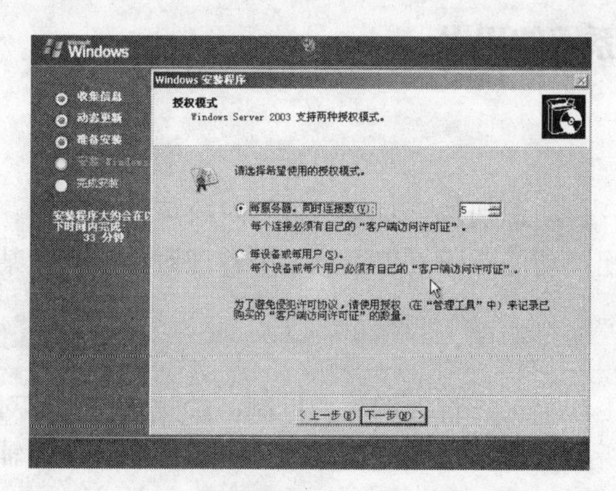

图 1-20　选择授权模式

注意

以上两种授权模式的区别如下。

a. 每服务器模式限制同时访问本机的客户机数量；每设备模式不限制，但要求每台客户机都要购买“客户访问许可证”。

b. 每服务器模式适合在只有一台服务器的网络中使用，每设备模式适合在有多台服务器的网络中使用。

（10）在出现的【计算机名称和管理员密码】对话框中，输入计算机名称和管理员密码。

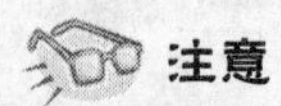

注意

计算机名称最好自己定义一个，方便记忆和查找。

（11）设置网络属性，设置网络工作模式，然后开始正式安装直到完成。

1.2 任务2 网络的基本管理

任务分析

网络管理集通信技术和网络技术于一体，通过调度和协调资源，对网络系统进行配置管理、性能管理、故障管理、安全维护和计费管理，以达到网络安全、可靠和高效的运行。网络管理系统可以使工作人员避免大量的重复性劳动，可以在网络发生故障时及时提醒，以提高设备的故障响应速度。同时，通过网络管理系统，可以对网络进行实时监控，在不扩展网络带宽、增加设备和资金投入的情况下，通过一些设置，如网络分块，添加路由过滤等，进行合理的资源利用。还可以控制用户的访问、跟踪用户与网络的连接、改变网络登录口令、记录网络访问历史等，从而为网络提供一个安全的环境。只有在管理良好的网络，才可能为网络用户提供一个安全、稳定的使用环境，给网络的发展一个良性刺激，使得网络发展得越来越快，为网络用户提供越来越优质的服务。

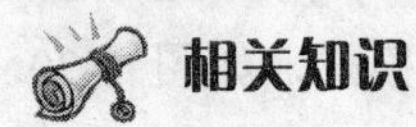

1.2.1 网络管理系统的用途

1. 网络配置管理

根据组网应用情况，自动识别被管对象，被管对象可以是子网、结点、链路、通信设备等。此外，还提供人工配置功能，即人工添加某个管理对象或删除某个管理对象。

2. 网络故障管理

采用被管对象告警主动上报与管理者轮询机制，及时获得管理对象故障告警信息，对这些告警信息进行综合分析与处理，形成网络故障分析和诊断建议，辅助网络操作管理人员排除网络故障。

3. 网络性能管理

通过采集网络设备的性能数据，并根据网络配置信息，综合得到网络层性能数据，如网络流量数据、网络吞吐量数据、网络话务量数据等，并形成网络性能数据图形表格等。

4. 网络安全管理

通过管理网络保密设备实现网络业务的安全保密特性；通过网管设备安全管理，如操作系统、数据库管理系统、管理应用软件，以及管理协议安全管理等实现网络安全管理系统自身安全。

1.2.2 网络管理的新范围

网络管理对象一般包括路由器、交换机、HUB 等。近年来，网络管理对象有扩大化的趋势，即把网络中几乎所有的实体：网络设备、应用程序、服务器系统、辅助设备（如 UPS 电源）等都作为被管对象；这也给网络管理员提出了新的网络管理任务。那么，网络管理的范围，又该如何去具体认识呢？

1. 网络的规划与设计

为保证企业按照既定的方向有效地投资，并获得较大的效益。对企业网络进行必要的规划和设计从而保证企业网的良好性、综合性、先进性和较高的性能价格比显得尤为重要。企业网的规划是根据企业管理水平的要求和管理模式，以及投资规模来进行合理设计的，它可以全面反映一个企业的信息需求和管理水平。具体来说，网络方案的设计主要包括工程概况、用户需求分析与建网目标、建网原则、网络总体设计、综合布线系统、设备选型、系统软件选择、应用系统、工程实施步骤，以及培训方案和测试与验收等内容。

（1）需求分析与建网目标的了解

① 了解企业用户的现状与目的。

② 掌握资金投入的额度以及考虑企业用户环境。

③ 确定企业用户的数据流量管理架构。

（2）网络总体设计

做好用户需求分析与建网原则的准备后，下一步就是考虑网络总体设计。它是网络方案设计的主要内容，是关系到网络建设质量的关键。其主要考虑内容包括局域网技术选型、网络拓扑结构设计、网络地址规划、广域网接入设计、网络可靠性与容错设计、网络安全设计和网络管理设计等。每一项内容都需要进行充分的准备。

（3）IP 地址划分原则

在 IP 地址的划分方面，应该注意以下问题：

① 为同一网络区域分配连续的网络地址，便于规划和提高路由器寻径效率；

② 分配地址应预留一定量的备用地址块，以便网络结点增加后能保持地址的连续性；

③ 地址的分配应该有层次，某个局部的变动不影响网络的其他部分。

（4）网络的测试与验收

网络系统的测试与验收是保证质量的关键步骤。测试与验收包括开工前的检查、施工过程中的测试以及验收阶段的测试与验收三个阶段。通过各阶段的测试与验收，可以及时发现工程中存在的问题。

2. 网络设备的配置和维护

随着通信技术的不断发展，各种通信产品不断地推陈出新，应用在不同的领域。一个网络中可能存在几个厂商的设备，这为网络维护人员带来一定的难度。在维护过程中就要求不但需要加强学习网络知识，还要善于总结网络维护经验。

（1）网络设备的维护

在网络设备的维护方面，主要保证网络设备的环境，这主要是指电气环境、温湿度、防尘、防火以及防鼠等方面的考虑。

电气环境的要求主要是指防静电要求和防电磁干扰等。

温湿度的要求主要是指如果工作环境温度偏高，易使机器散热不畅，影响电路的稳定性和可靠性，严重时还可造成元器件的击穿损坏。因此，网络设备在长期运行工作期间，机器温度最好控制为18℃～25℃。而在湿度方面可考虑配置加湿器或者抽湿机。

另外，定期检测网络设备的地线和保安设施；根据告警信息的提示及时对可疑部件进行检测和维修等方面也是日常设备维护的重要方面。

（2）网络设备的配置

在网络设备的配置方面，应该在大的方向上遵循 GB/T 50311—2000 标准，并在实施过程中，注意以下几个方面的考虑。

① 先进性与实用性要好，安全可靠性要高。

② 兼容性与可扩展性要好，开放性与组网能力要强。

③ 产品的性能价格比要高。

④ 厂商的技术服务和技术支持水平要优等。

网络设备的设置，早已不用各计算机之间点对点的直接通信方式，而是建设局域网来实现信息的交换，并达到资源共享的目的。网络设备又通常是分级连接，主干线不直接连到桌面，往往是数十路共享或交换。

例如，可在大楼交接间的配线架内，考虑安装相应的网络设备。插入网络设备后，互连方式可以利用网络设备的电缆取代配线架上模块间的跳线，利用网络设备的输出端口替代配线架上干线侧的模块，既可节省投资，又可提高链路性能。一般情况下，如果网络接入设备的输出端口为24口，而某一楼层数据信息点的数量大于24个，就需要采用堆叠和接连的方式组合扩容，数量一般不超过4个，总端口数可达到96口，按双向通信方式考虑，主干缆线采用对绞电缆只需要4对线。

3. 搭建网络服务器

网络服务器是就企业服务器具体的作用而言的。平常用户关注较多的 WWW 服务器、FTP 服务器及 E-mail 服务器等，都属于网络服务器的范畴；而在这些网络服务器的具体搭建过程中，除了具备一台性能良好的服务器外，软件系统的准备也是很重要的。

通常情况下，WWW 服务器、FTP 服务器及 E-mail 服务器是企业网络应用的主要方面；而诸如视频、电话、游戏等网络应用则属于企业运作的延伸。在实际的管理工作中，Web、FTP、DNS、DHCP、WINS 等服务器的安装配置及管理需要重点进行，利用 Exchange 邮件服务器软件实现企业内部个人邮件信箱服务器、公告栏服务器、网站收发电子邮件服务器、聊

天服务器的建立和管理也非常重要；另外，SQL Server 数据库服务器、代理服务器的配置与管理方面，都是网络服务器的管理范畴。具体到网络服务器搭建软件的选用上，对以下服务器做简要介绍。

① WWW 服务器：微软 Internet Information Server（IIS）、IBM WebSphere 软件平台、BEA WebLogic Server。

② FTP 服务器：Serv-U、FTP Server。

③ E-mail 服务器：Sendmail、Qmail、Exchange。

④ 视频服务器：Windows Media 服务、Helix Server。

⑤ 代理服务器：WinGate、Sygate。

⑥ BT 服务器：MyBT。

4．网络系统的正常运行

这是网络管理的重中之重。通常此范围的管理包括制作和维护企业网站、保护网络安全、保证数据安全等。其中，网站是企业对外的窗口，其稳定安全地运行需要网络管理者时时监控；另外，作为一个网络环境来说，网络与数据的安全一直都是需要重点考虑的问题。

（1）企业网站的制作与维护

网站的制作是相当简单的，关键是后期的维护。通常来说，其包括更新与推广两项工作。其中，企业网站的更新内容主要是产品及说明文字，一般中小企业网站都没有后台内容管理系统，网页更新需要懂得制作网页的专业人员，这就需要加强对相关人员的培训。

网站推广则包括交换链接、登录搜索引擎、信息发布到邮件列表维护发送等，各方面都涉及专业知识。对网站推广建议的处理原则是：重点项目外包，其他推广工作自己内部承担。

（2）网络安全

此项管理所包含的内容较多，如企业网络服务器的安全、企业内部局域网的安全等。而安全防范的重点就是防止病毒入侵。通常的解决办法是软硬结合，即在企业服务器端加装防病毒软件，并注意不要随意对病毒库的升级；另外，就是在企业 Internet 入口处加装硬件防火墙，通常这类硬件设备能够达到较理想的防病毒效果。

（3）数据安全

网络数据安全是一个十分复杂的系统性问题，它涉及网络系统中硬件、软件、运行环境的安全、计算机犯罪、计算机病毒、计算机系统管理等一系列问题。例如，硬件损坏、软件错误、通信故障、病毒感染、电磁辐射、非法存取、管理不当、自然灾害、人员犯罪等情况都可能威胁到网络数据安全。因此，必须从多个方面采取多种技术做好网络系统中数据安全保护工作，常用方法主要有以下几个方面。

① 加强存取控制、防止非法访问。这样既可防止合法用户有意或无意的越权访问，也可防止非法用户的入侵。

② 数据加密。数据加密方法有很多，具体采用什么方法可根据实际情况来确定。

③ 网络加密。通常网络有三种对传输实际进行加密的保护方式，即链路加密、结点加密和点对点加密。

④ 数据安全管理。它应包括防止数据信息被无意泄露或被窃，防止计算机病毒感染和破坏，有效、适时的数据备份和对备份介质的妥善保管等。

总之，网络管理主要包括性能管理、配置管理、安全管理及故障管理等，任何网络无论其规模多大，甚至是家庭 SOHO 网络，只要其承载着业务应用，就必须对其进行管理。管理范围的延伸以及管理要求的提升，必然要求网络管理实施者具备扎实的理论与实际经验，这样才能保证整个网络的良性发展。

1.2.3 任务实施 了解网络的基本管理

通过本任务了解网络管理的范围包括网络的规划与设计、网络设备的配置与管理、网络服务器的构建、网络系统的正常运行。

读者到学校机房参观一下网络设备的连接，观察网络硬件连接示意图，查看计算机的连接状态，计算机中已经安装的操作系统，然后写出该机房网络规划与设计的说明书。

1.3 任务 3 网络的基本设置

任务分析

一台计算机安装了操作系统，并且将一个网络进行了硬件连接，网络实际上还是不能工作的，此时，需要对网络进行基本的配置，才能实现网络资源的共享。如果网络中的计算机要实现一些复杂的联网功能，还需要使用路由器、交接机、网关设备等，这就需要更复杂的网络配置，本任务只介绍对 Windows 计算机操作系统进行基本的网络配置。

相关知识

1.3.1 Windows Server 2003 的基本网络配置内容

Windows Server 2003 安装完成后，需要做一些基本的网络配置，计算机才能使用网络功能。基本的网络配置包含网卡驱动程序的安装、网卡的 IP 地址的设置、网卡的协议的指定、网络服务的添加等。

1.3.2 Windows Server 2003 简单配置

Windows Server 2003 安装完成后，需要对 Windows Server 2003 环境进行简单的配置，包括网络设置，Windows 组件的安装和配置，硬件设备的添加、删除和配置，这些配置都可以通过控制面板中的实用工具来完成。打开“控制面板”窗口，如图 1-21 所示。

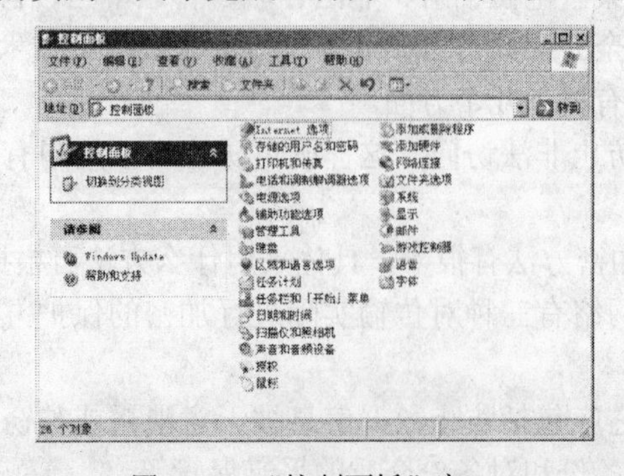

图 1-21 “控制面板”窗口

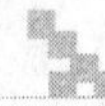

1. 基本网络配置

系统安装完成后，通常要进行一系列的基本网络配置，包括网卡驱动、网络协议、设置 IP 地址等。在控制面板中，双击【网络连接】图标，打开【网络连接】窗口，显示该计算机已经建立的网络连接，如图 1-22 所示。

网络连接文件夹显示了系统目前的网络连接，其中本地连接对应网卡，一个网卡对应一个本地连接。要配置网卡的 IP 地址，使用鼠标右键单击“本地连接”图标，在快捷菜单中选择【属性】选项，打开【本地连接属性】对话框，如图 1-23 所示。在项目列表中，选择【Internet 协议（TCP/IP）】复选框，单击【属性】按钮，打开【TCP/IP 协议属性】对话框，如图 1-24 所示。

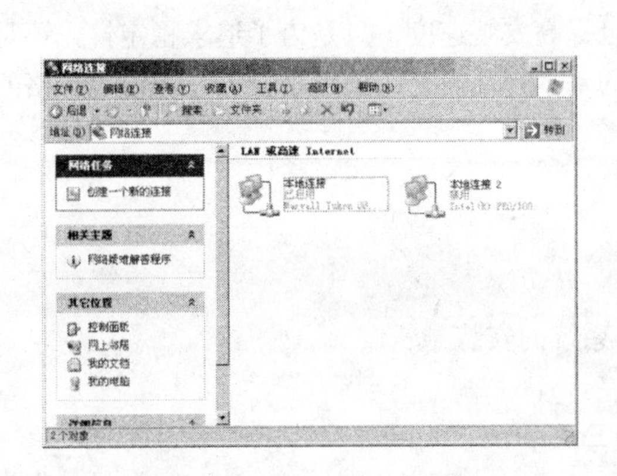

图 1-22 “网络连接”窗口

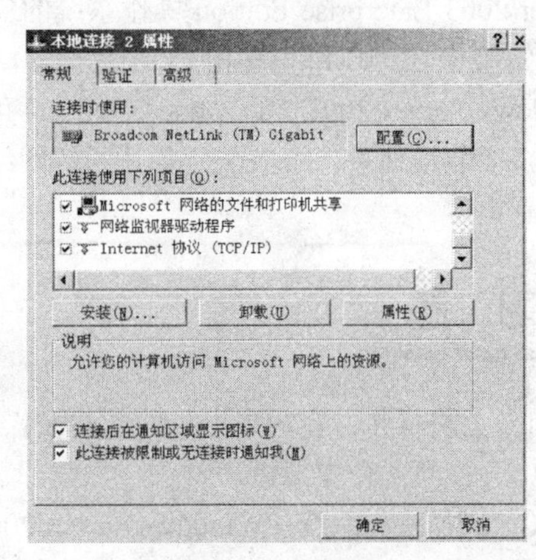

图 1-23 【本地连接属性】对话框

在【TCP/IP 协议属性】对话框中，输入本机的 IP 地址、子网掩码、默认网关及 DNS 服务器地址，如图 1-25 所示。最后单击【确定】按钮，这样该计算机的基本网络配置就完成了，也就是说该计算机可以连接到局域网了，并可通过局域网连接到 Internet，而其他计算机也可以通过网络访问该服务器了。

图 1-24 【TCP/IP 协议属性】对话框

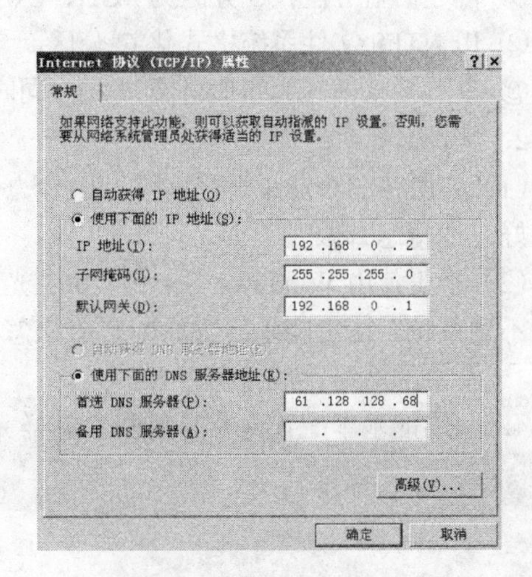

图 1-25 设置 TCP/IP 协议属性

1.3.3 任务实施 网络的基本配置

参考 1.3.2 节的网络的基本配置内容，对自己已经安装的 Windows Server 2003 操作系统进行基本的配置。

1.4 项目总结与回顾

在本项目中完成了三个任务，第一个任务是 VMware 虚拟机的安装并在虚拟机中安装 Windows Server 2003 操作系统，其中，一个是虚拟机的安装与配置，一个是 Windows Server 2003 Enterprise Edition 操作系统的安装，采用的是 ISO 镜像文件进行完全安装，在下面的实验中还可以练习多种情形的安装，除了这些安装方式外，还可以安装 Ghost 版的 Windows Server 2003 Enterprise Edition，可以提高安装速度，只是为了追求稳定性，还是采用完全安装较稳妥；第二个任务是了解网络的基本管理内容；第三个任务是学习了网络的基本配置内容。

习 题

1．上机操作：完成虚拟机的创建及操作系统的安装

（1）配置一台虚拟机，要求：

① 选择操作系统：Windows Server 2003 Enterprise Edition。

② 选择“E：\My Virtual Machines\Windows Server 2003 Enterprise Edition”目录作为虚拟机的空间。

③ 内存：512MB。

④ 硬盘：10GB。

（2）在虚拟机上安装 Windows Server 2003 系统，要求：

① 创建磁盘分区：C 分区为 4GB、E 分区为 4GB、F 分区为 2GB。

② 用 NTFS 文件系统格式化 C 分区。

③ 设置授权模式为每服务器模式，同时连接数为 10。

2．案例分析

（1）你所在的企业最近采购了 20 台办公用的计算机，经理要求你用最短的时间将系统安装好，你将怎么做？

（2）小王使用 Windows Server 2003 光盘启动安装一台服务器，重新启动后，计算机提示找不到系统。这可能是什么原因？应该怎样处理？

3．基本的网络管理内容有哪些？

4．网络的基本配置内容有哪些？怎样完成自己的计算机的网络配置？

项目 2 实现工作组网络

2.1 任务 1 实现 Windows Server 2003 工作组网络

任务分析

在日常生活中，在一些小型公司中，工作组网络即对等网是最常见的网络，通过组建对等网，可以实现资源的共享、数据的传送。因此，对于普通用户来说，必须掌握工作组网络的组建。在工作组网络的机器地位是平等的，它们的资源可以相互使用和访问。工作组网络有 Windows 2003 对 Windows 2003，Windows 2003 对 Windows XP，Windows XP 对 Windows XP 等常见的方式，现在还可以 Windows XP 和 Windows 7 组建对等网。

相关知识

2.1.1 工作组网络的基本知识

默认情况下计算机安装完操作系统后是隶属于工作组的。从很多书中可以看到对工作组特点的描述，例如工作组属于分散管理，适合小型网络等。基于工作组组建的局域网络就是对等网，只要设置了共享，如果没有设置访问密码的话，就可以进行共享访问。只是这种访问方式没有什么安全性。但是对于安全性要求不高的场合还是可以采用这种组网方式的。

2.1.2 计算机操作系统的安装

各种操作系统的安装方式都非常简单，安装要点如下。

（1）用确认无病毒的启动光盘安装 Windows 2003/XP，最好采用 NTFS 文件系统格式化系统盘。

（2）安装过程不再赘述，但注意，如果用户安装的是 Windows 2003 版本，请不要选择 IIS 组件。如果用户需要使用 IIS 组件，请在系统安装完毕以后再进行安装。

（3）在安装过程中为管理员账户设置一个安全的口令。口令设置要求：

① 口令应该不少于 8 个字符；

② 不包含字典中的单词，不包括姓氏的汉语拼音；

③ 同时包含多种类型的字符，如大写字母（A，B，C，…，Z）；小写字母（a，b，c，…，z）；数字（0，1，2，…，9）；标点符号（@，#，!，$，%，&，…）。

（4）配置网络参数，设置 TCP/IP 协议属性。

（5）基本系统安装完毕后应立即安装防病毒软件并立即升级最新病毒定义库。

（6）Windows update，在 Windows 的站点升级 Windows 系统补丁，该站点会自动扫描计算机需要安装的安全补丁和更新选项，这一项需要的时间稍长一些，用户只需更新 Windows 关键的更新即可。

（7）升级完所有的关键更新以后，可以选择安装防火墙软件，这完全根据用户自己的需求，不安装也不会影响正常的使用。有时会出现因为防火墙规则不正确导致不能收发邮件的问题，可以手动添加一条防火墙规则，由于不同版本的防火墙软件的设置方法不一样，因此不在这里详细给出，用户只需对相应的邮件客户端软件的主程序设置规则即可，即允许双向进出，大多数防火墙软件会根据计算机上的应用软件创建相应的规则。

（8）同时可以考虑在安装完基本系统以后 rename 管理员账户名，就是在【管理工具】→【计算机管理】→【本地用户和组】→【用户】下面重命名 Administrator，更改为自己熟悉和喜欢的名字，因为 Administrator 是系统默认的管理员账户，更改有助于防止口令蠕虫轻易地进入系统。

（9）在 DOS 下安装 Windows 2003/XP。

如果是一个全新的操作系统，因为没有一个操作系统存在，所以并不能升级安装，但可以在 DOS 下安装。在 DOS 下安装时，先用 Windows 启动盘引导至 DOS 下，注意不能像安装 Windows 98 那样，直接输入 setup.exe 就可以，而需要运行 i386 目录下的 winnt.exe，才能完成安装。

2.1.3 网络连接线的制作及连接方法

为了组建对等计算机网络，需要网络连接线来连接计算机，网络连接线的制作工具有压接工具、测试工具等。

1. 压接工具

（1）斜口钳

斜口钳是剪网线用的，如果手边没有，可以选用大一点、锋利一点的剪刀。

（2）剥线钳

剥线钳用来剥除双绞线外皮，也可以用斜口钳代替，只是使用时要特别小心，不要损伤了里面的芯线，如图 2-1 所示。

图 2-1 剥线钳

（3）压线钳

压线钳最基本的功能是将 RJ-45 接头和双绞线咬合加紧。它还可以压接 RJ-45、RJ-11 及其他类似接头，有的还可以用来剪线或剥线。制作双绞线时，这是必备的工具，如图 2-2 所示。

图 2-2　压线钳

2．测试工具

常用的测试工具有万用表、电缆扫描仪（Cable Scanner）、电缆测试仪（Cable Tester）三种。

（1）万用表

万用表是测试双绞线是否正常的基本工具，可以测量单个导线（一条芯线的两端）是否连通，即这端接头的第几引脚是对应到另一端的第几引脚的，但不能测出信号衰减情况。

（2）电缆扫描仪

该设备除了可检测导线的连通状况外，还可以得知信号衰减率，并直接以图形方式显示双绞线两端接引脚对应状况等，但价格较高。

（3）电缆测试仪

电缆测试仪是比较便宜的专用网络测试器，通常测试仪一组有两个：其中一个为信号发射器，另一个为信号接收器，双方各有 8 个 Led 灯以及至少一个 RJ-45 插槽，它可以通过信号灯的亮与灭来判断双绞线是否正常连通。

3．双绞线的连接

首先将双绞线内 4 对 8 根线的顺序按照橙白、橙、绿白、蓝、蓝白、绿、棕白、棕来进行排列，并按照线序将线定义为 1、2、3、4、5、6、7、8。

（1）计算机与 Hub（交换机）相连接

计算机与 Hub（交换机）相连接，双绞线两端不用错线，线序的一端：橙白、橙、绿白、蓝、蓝白、绿、棕白、棕；另一端：橙白、橙、绿白、蓝、蓝白、绿、棕白、棕；即线序是：1、2、3、4、5、6、7、8 对 1、2、3、4、5、6、7、8，如图 2-3 所示。

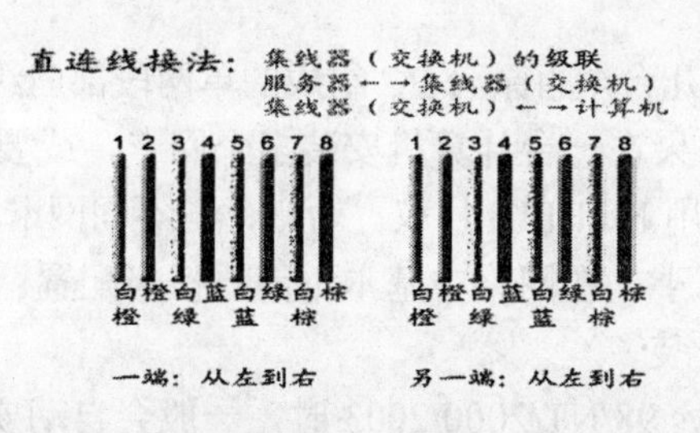

图 2-3　直接连接

（2）计算机与计算机相连接

计算机与计算机相连接，双绞线两端必须错线，线序的一端：橙白、橙、绿白、蓝、蓝白、绿、棕白、棕；另一端：绿白、绿、橙白、蓝、蓝白、橙、棕白、棕；即线序是：1、2、

3、4、5、6、7、8 对 3、6、1、4、5、2、7、8，如图 2-4 所示。

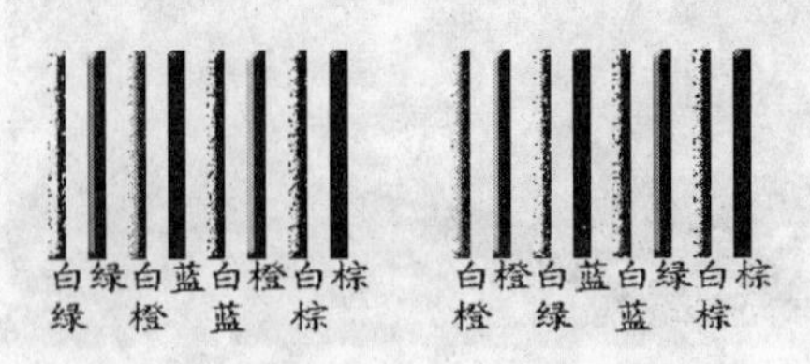

图 2-4 交叉连接

（3）Hub 与 Hub 相连接（或者交换机与交换机连接）

Hub 与 Hub 相连接，在 Hub 上如果标有“Uplink”、“MDI”、“Out to Hub”等字样，则不需要错线，线序是：1、2、3、4、5、6、7、8 对 1、2、3、4、5、6、7、8。如果没有直通端口或者级联端口，双绞线两端必须错线，线序的一端：橙白、橙、绿白、蓝、蓝白、绿、棕白、棕；另一端：绿白、绿、橙白、棕白、棕、橙、蓝、蓝白；即线序是：1、2、3、4、5、6、7、8 对 3、6、1、4、5、2、7、8。

4．制作双绞线

采用最普遍的 EIA/TIA 568B 标准来制作双绞线。

制作步骤：可以参见其他网线制作相关介绍，此处不再重复介绍。

2.1.4 对等网络中计算机网络属性的配置

要组建计算机网络需要安装网卡，网卡的软硬件安装方法如前所述，假设网卡的软硬件已经安装好，就可以对计算机的网络属性进行设置了。

局域网中一般使用 NetBEUI、IPX/SPX、TCP/IP 三种协议。

1．NetBEUI 协议

（1）NetBEUI 协议的特点

NetBEUI 协议是 IBM 公司在 1995 年开发完成的，它是一种体积小、效率高、速度快的通信协议，也是微软钟爱的一种协议，在微软的系统产品 Windows 98/NT 中，NetBEUI 协议已经成为固有的默认协议。

NetBEUI 协议是专门为几台至百余台 PC 组成的单网段部门级小型局域网设计的，不具备跨网段工作及路由能力，如果在一台计算机安装多个网卡，或要采用路由器等设备进行两个局域网的互联时，将不能使用 NetBEUI 协议。否则，与不同网卡相连的计算机将不能通信。

NetBEUI 协议占用内存小，在网络中基本不需要任何配置。

（2）NetBEUI 协议的安装

① 安装微软的 Windows 98/NT/2000/2003 时，一般会自动安装 NetBEUI 协议。

② 如果没有安装，可以按照以下方法进行安装。

执行【开始】→【设置】→【控制面板】命令，在出现的【控制面板】窗口中双击【网络】图标，单击【网络】对话框中的【添加】按钮，出现【选择网络组建类型】对话框，选择【协议】项，在出现的对话框中先选择【厂商】列表中的【Microsoft】项，再选择【网络

协议】列表中的【NetBEUI】项。

2．IPX/SPX 及其兼容协议

IPX/SPX 协议称为网际包交换/顺序交换，是 NOVELL 公司的通信协议集。较为庞大，具有很强的路由能力。当用户接入 NetWare 服务器时，IPX/SPX 及其兼容协议是必需的。

在 Windows NT 中提供了两个 IPX/SPX 兼容协议："NWLink IPX/SPX 兼容协议"和"NWLink NetBIOS"，两者统称为"NWLink 通信协议"。"NWLink IPX/SPX 兼容协议"是作为客户端的通信协议，以实现客户机对 NetWare 服务器的访问，离开了 NetWare 服务器，此协议将失去作用。"NWLink NetBIOS"通信协议则可以在 NetWare 服务器、Windows 2000/XP/2003 之间通信。

IPX/SPX 及其兼容协议的安装方法与 NetBEUI 协议的安装方法相同。

3．TCP/IP 协议

TCP/IP 协议是传输控制协议/互联网协议，是目前最常用的通信协议。TCP/IP 协议最早出现在 Unix 系统中，现在所有的操作系统都支持 TCP/IP 协议。

（1）TCP/IP 协议的特点

TCP/IP 协议具有很强的灵活性，支持任意规模的网络，TCP/IP 协议在使用时需要进行复杂的设置，每个接入网络的计算机需要一个 IP 地址、一个子网掩码、一个网关、一个主机名。只有在计算机作为客户机，而服务器又配置了 DHCP 服务，动态分配 IP 地址时，才不用去手工指定 IP 地址等 。

（2）Windows 2000/Windows XP/Windows 2003 中的 TCP/IP 协议

Windows 2000 /Windows XP/Windows 2003 用户可以使用 TCP/IP 协议组建对等网，如果只安装 TCP/IP 协议，工作站可以通过服务器的代理服务（Proxy Server）来访问因特网。但工作站不能登录 Windows 2003 域服务器，此时需要在工作站中安装 NetBEUI 小型协议。

（3）TCP/IP 协议的配置

TCP/IP 协议的安装方法与 NetBEUI 协议的安装方法相同，只是在选择【通信协议】下方的列表时，选择 TCP/IP 协议即可。

4．资源共享

（1）使用鼠标右键单击【网上邻居】图标，选择【属性】选项，单击【文件及打印共享】按钮，弹出一个对话框，选中【允许其他用户访问我的文件】及【允许其他计算机使用我的打印机】复选框。

（2）打开【资源管理器】或者【我的计算机】，使用鼠标右键单击 A 盘、C 盘、D 盘等，选择【共享】选项，这样共享的磁盘将会有一只手托起磁盘 。还可以打开各个磁盘，将需要的文件夹进行共享，方法与共享磁盘一样。

（3）使用鼠标右键单击【网上邻居】图标，选择【打开】选项，双击【整个网络】按钮，将出现各个共享的计算机名称，如 user1 等，打开各个计算机，进入共享文件夹即可。

关于网络属性的配置及资源共享的详细内容可参见实训部分。

2.1.5 任务实施 实现 Windows 工作组网络

在本任务中完成 Windows 工作组网络的组建，环境是 Windows XP 和 Windows XP 组建对等网。

Windows XP 和 Windows 2003 的工作组网络的资源共享见本项目的第 3 个任务。

对等网是家庭组网的一个较好的选择，使用对等网不需要设置专门的服务器，即可实现与其他计算机共享应用程序、光驱、打印机和扫描仪等资源，而且对等网具有使用简单、组建和维护较为容易的优点，是家庭组网中较好的选择。在组建对等网络时，用户可选择总线网络结构或星状网络结构，若要进行互连的计算机在同一个房间内，可选择总线网络结构；若要进行互连的计算机不在同一区域内，分布较为复杂，可采用星状网络结构，通过集线器（Hub）实现互连。

任务实施的步骤如下。

1. 安装网络适配器

由于 Windows XP 操作系统中内置了各种常见硬件的驱动程序，因此安装网络适配器非常简单。对于常见的网络适配器，用户只需将网络适配器正确安装在主板上，系统即会自动安装其驱动程序，无须用户手动配置。

2. 配置网络协议

网络协议规定了网络中各用户间进行数据传输的方式，配置网络协议可参考以下操作。

（1）单击【开始】按钮，选择【控制面板】命令，打开【控制面板】窗口。

（2）在【控制面板】窗口中，单击【网络和 Internet 连接】超链接，打开【网络和 Internet 连接】窗口，如图 2-5 所示。

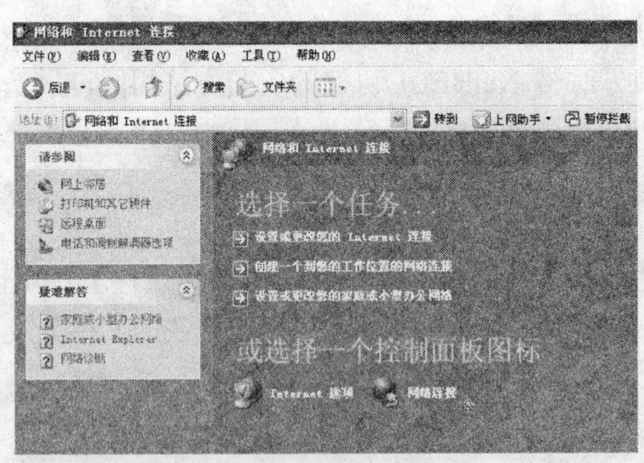

图 2-5 【网络和 Internet 连接】窗口

（3）在该窗口中单击【网络连接】超链接，打开【网络连接】窗口，如图 2-6 所示。

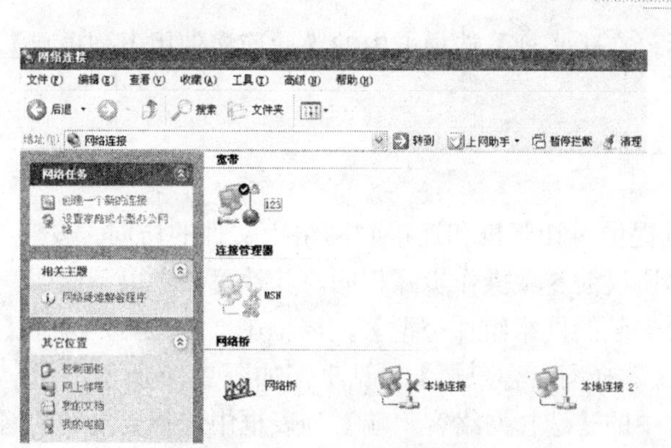

图 2-6 【网络连接】对话框

（4）在该窗口中，使用鼠标右键单击【本地连接】图标，在弹出的快捷菜单中选择【属性】选项，打开【本地连接属性】对话框中的【常规】选项卡，如图 2-7 所示。

（5）在该选项卡中单击【安装】按钮，打开【选择网络组件类型】对话框，如图 2-8 所示。

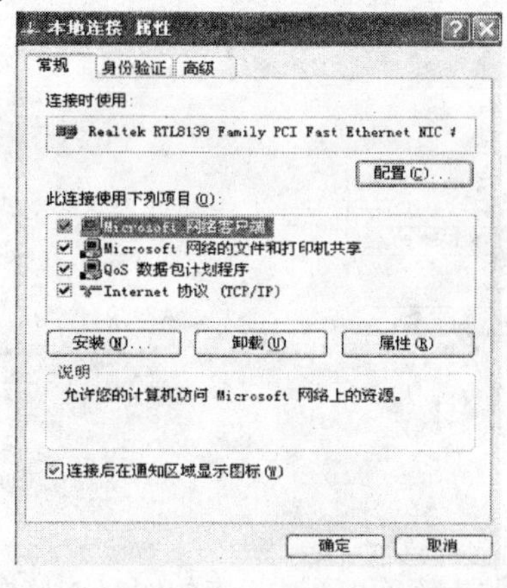

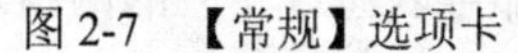

图 2-7 【常规】选项卡

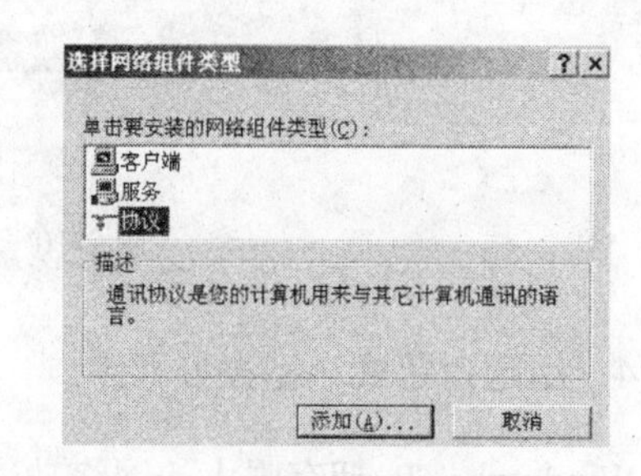

图 2-8 【选择网络组件类型】对话框

（6）在【单击要安装的网络组件类型】列表框中选择【协议】选项，单击【添加】按钮，打开【选择网络协议】对话框，如图 2-9 所示。

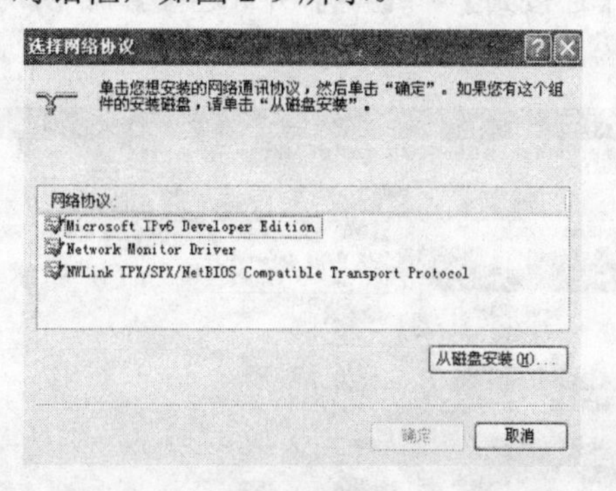

图 2-9 【选择网络协议】对话框

（7）在【网络协议】列表框中选择要安装的网络协议，或单击【从磁盘安装】按钮，从磁盘安装需要的网络协议，单击【确定】按钮。

（8）安装完成后，在【常规】选项卡中的【此连接使用下列项目】列表框中即可看到所安装的网络协议。

3．安装网络客户端

网络客户端可以提供对计算机和连接到网络上文件的访问。安装 Windows XP 的网络客户端，与配置网络协议前 5 项操作步骤相同，其他可参考以下操作。

（1）在【单击要安装的网络组件类型】列表框中（图 2-8）选择【客户端】选项，单击【添加】按钮，打开【选择网络客户端】对话框，如图 2-10 所示。

（2）在该对话框中的【选择网络客户端】列表框中选择要安装的网络客户端，单击【确定】按钮即可。

（3）安装完毕后，在【常规】选项卡中的【此连接使用以下项目】列表框中将显示安装的客户端。

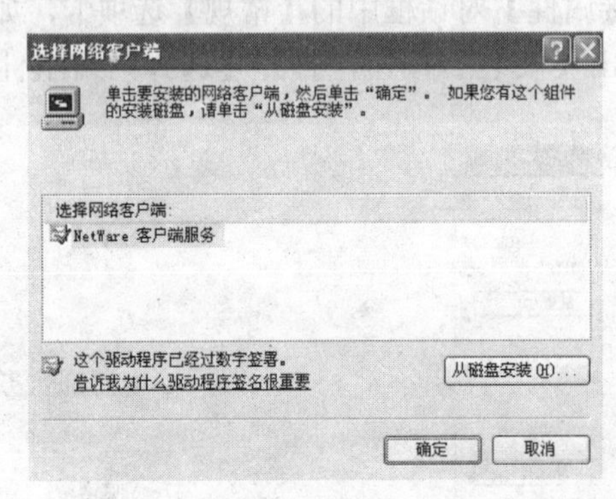

图 2-10 【选择网络客户端】对话框

4．组建对等式小型办公网络

Windows XP 拥有强大的网络功能，多数的网络设置都可以通过相应的网络连接向导实现，用户只需进行简单的设置操作即可轻松完成。在 Windows XP 中组建小型网络可通过【网络安装向导】轻松完成，具体操作可参考以下步骤。

（1）执行【开始】→【连接到】→【显示所有连接】命令，弹出的【网络连接】窗口，如图 2-11 所示。

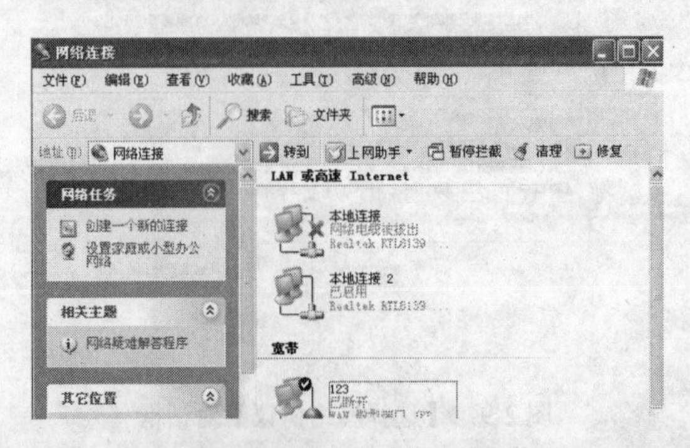

图 2-11 【网络连接】窗口

（2）从【网络连接】窗口左侧【网络任务】中单击【设置家庭和小型办公网络】超链接，打开【网络安装向导】对话框，如图2-12所示。

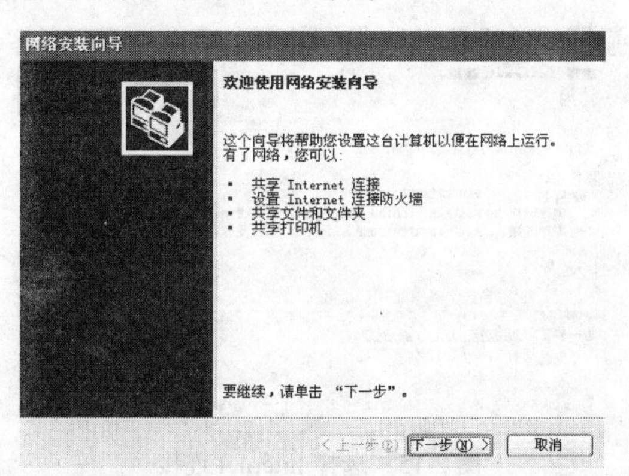

图2-12 【网络安装向导】对话框

（3）该向导对话框显示了使用该向导对话框可实现的功能，单击【下一步】按钮，如图2-13所示。

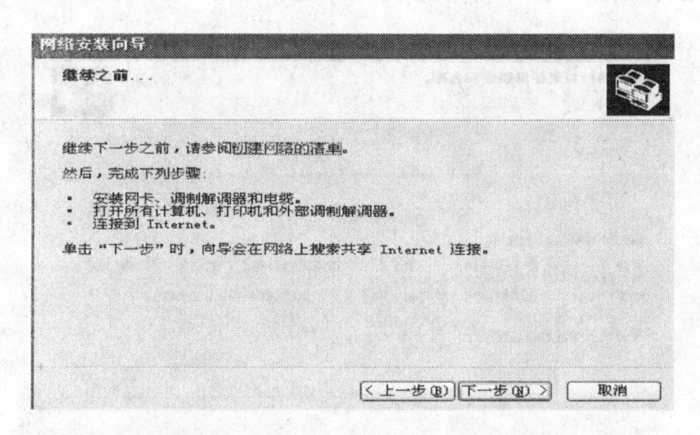

图2-13 做好网络连接的准备工作

（4）该向导对话框显示了进行网络连接，用户需做好准备工作，单击【下一步】按钮，如图2-14所示。

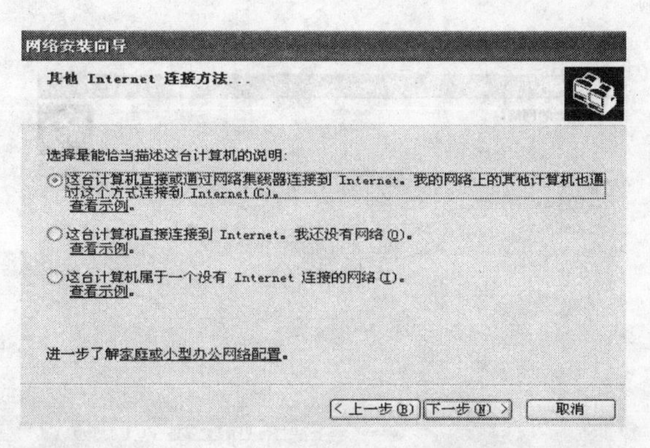

图2-14 进行网络连接

（5）该向导对话框中有三个选项，用户可根据实际情况选择合适的选项。本例选择【这台计算机直接或通过网络集线器连接到 Internet。我的网络上的其他计算机也通过这个方式连接到 Internet】单选按钮，单击【下一步】按钮，进入选择 Internet 连接对话框，如图 2-15 所示。

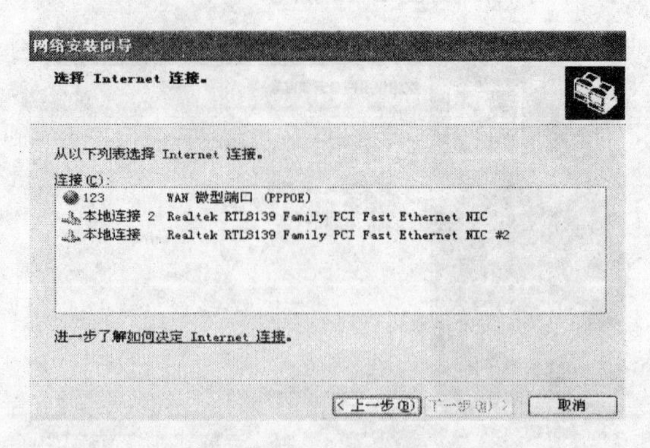

图 2-15　选择 Internet 连接

（6）该向导对话框中提供【选择 Internet 连接】选项。用户可选择用于 Internet 连接的列表选项。

（7）单击【下一步】按钮，给计算机提供描述和名称，如图 2-16 所示。

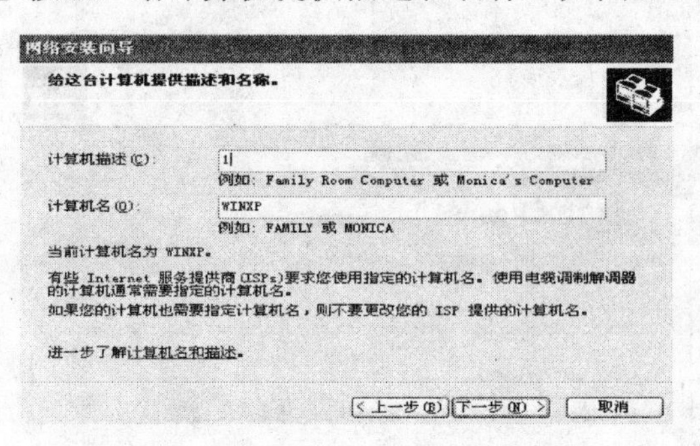

图 2-16　给计算机提供描述和名称

（8）在该向导对话框中的【计算机描述】文本框中输入该计算机的描述信息；在【计算机名】文本框中输入该计算机的名称。单击【下一步】按钮，给网络工作组命名，如图 2-17 所示。

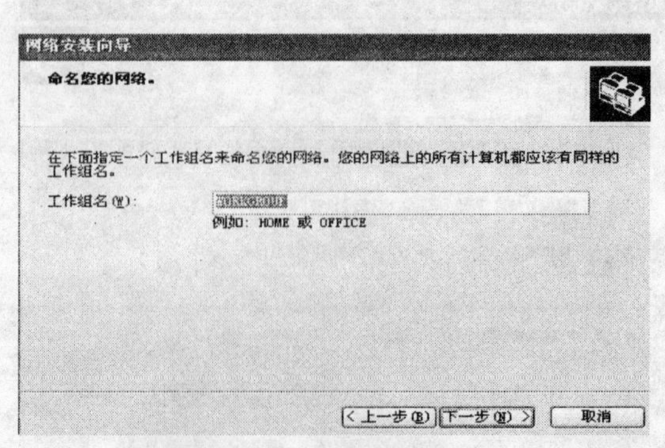

图 2-17　给网络工作组命名

（9）在【工作组名】文本框中输入组建的工作组的名称，如输入 workgroup 工作组，单击【下一步】按钮，设置文件和打印机共享，如图 2-18 所示。

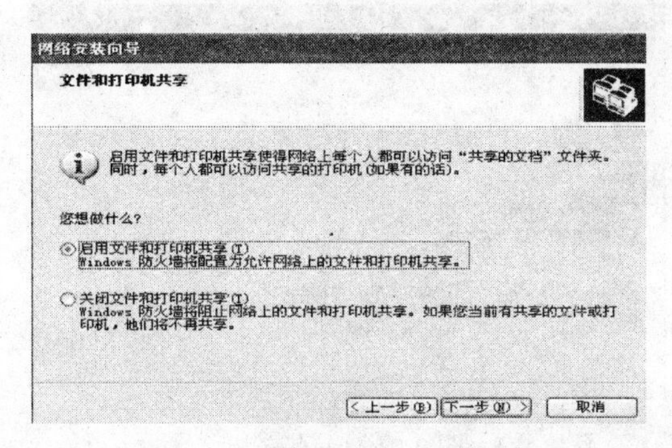

图 2-18 启用文件和打印机共享

（10）在该向导对话框中选择【启用文件和打印机共享】单选按钮，单击【下一步】按钮，进入准备应用网络设置，如图 2-19 所示。

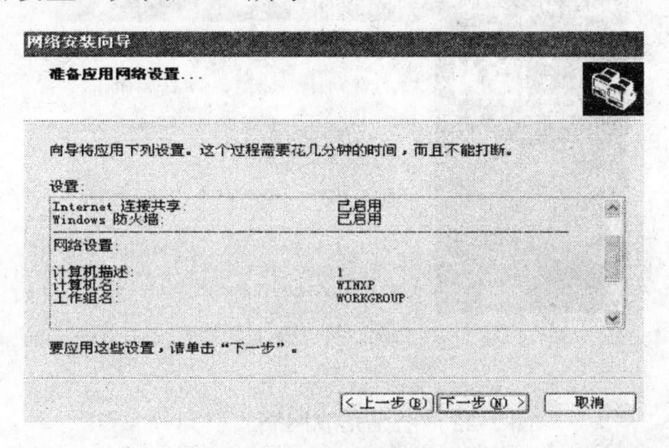

图 2-19 准备应用网络设置

（11）该向导对话框显示了该网络设置的信息，单击【下一步】按钮，配置网络，如图 2-20 所示。

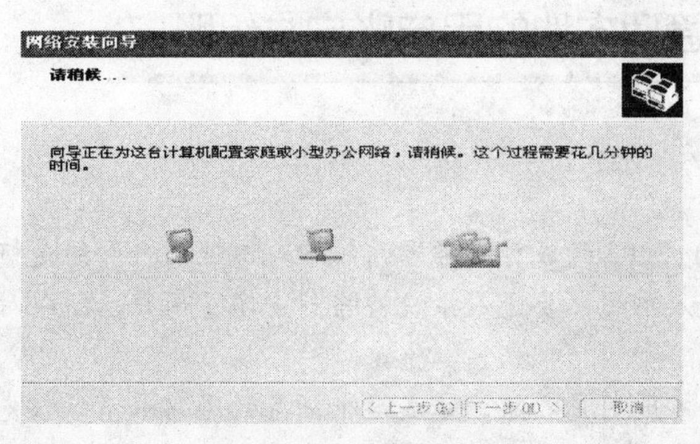

图 2-20 正在配置网络

（12）该向导对话框即开始配置网络，单击【下一步】按钮，如图 2-21 所示。

（13）该向导对话框提示用户，需要在网络中每一台计算机上运行一次该网络安装向导，若要在没有安装 Windows XP 的计算机上运行该向导，可使用 Windows XP CD 或网络安装磁盘。用户可选择需要的选项，本例中选择【完成该向导。我不需要在其他计算机上运行该向导】单选按钮。

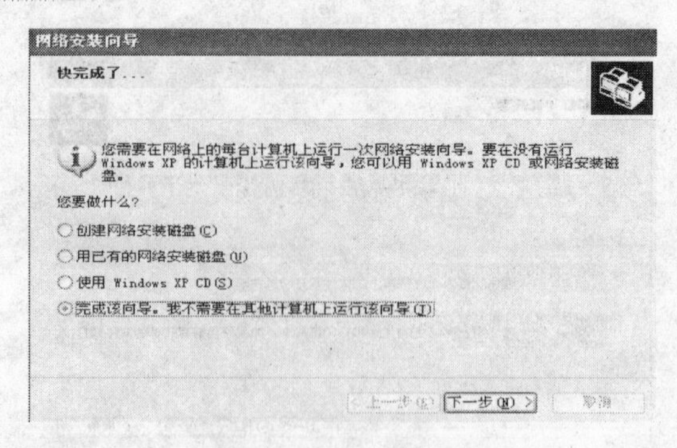

图 2-21　正在安装

（14）单击【下一步】按钮，如图 2-22 所示。

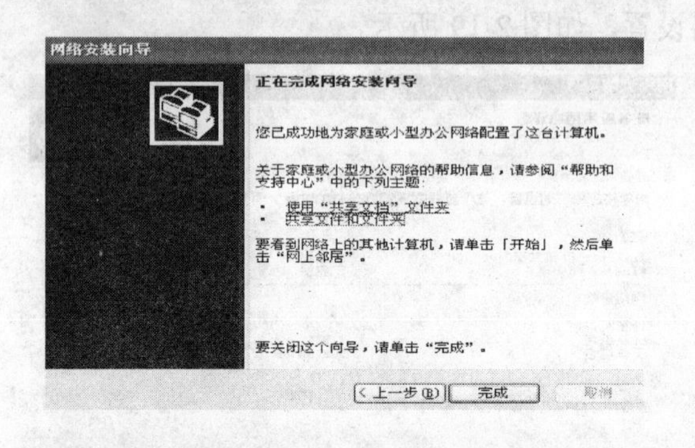

图 2-22　正在完成网络安装向导

（15）图 2-22 提示已经成功地为家庭或小型办公网络配置了计算机，单击【完成】按钮即可完成安装。

2.2 任务 2　管理本地的用户账户与组账户

任务分析

在 Windows Server 2003 的成员服务器系统中，本地用户和组是极其重要的，因为要管理操作系统，都要先进入系统，要进入系统，当然少不了用户。所以对用户和组的有效管理很重要。

如果读者正在学习本地用户和组，完成这个任务的思路如下：首先进行图形化的本地用户和组的创建及管理，在练习时进入到计算机管理控制台中找到本地用户和组，然后可以进行操作。根据这个思路结合任务实施的步骤即可完成这个任务。

相关知识

2.2.1　本地用户账户简介

在 Windows Server 2003 操作系统中，每一个使用者都必须有一个账户，才能登录到计

算机和服务器，并且访问网络上的资源。

Windows Server 2003 所支持的用户账户分为两种类型：本地用户账户和域用户账户。而组账户在域和其他环境下有很大的不同。

2.2.2 本地用户账户的管理

当 Windows Server 2003 工作在【工作组】模式下或者作为域中的成员服务器时，在计算机操作系统中存在的是本地用户和本地组。本地用户账户的作用范围仅限于在创建该账户的计算机上，以控制用户对该计算机上的资源的访问。所以当需要访问在【工作组】模式下的计算机时，必须在每一个需要访问的计算机上都有其本地账户。其中本地账户都存储在%SystemRoot%\system32\config\Sam 数据库中。

2.2.3 本地组的管理

在 Windows Server 2003 中组的概念就相当于公司中部门的概念，其实在 Windows Server 2003 中的组常常就对应着公司的部门，也就是说组的名称常常就是公司部门的名称。组内的账户就是部门的成员账户。组的出现，极大地方便了 Windows Server 2003 的账户管理和后面将要学习的资源访问权限的设置。那么，在 Windows Server 2003 中如何管理本地组？以及都有哪些内置的本地组？将在下面介绍。

在 Windows Server 2003 中有以下几个内置组：Administrators 组、Users 组、Power Users 组、Backup Operators 组、Guests 组。

属于 Administrators 组的用户，都具备系统管理员的权限，拥有对这台计算机最大的控制权，内置的系统管理员 Administrator 就是此本地组的成员，而且无法将其从此组中删除。

Users 组权限受到很大的限制，其所能执行的任务和能够访问的资源，根据指派给他的权利而定。所有创建的本地账户都自动属于此组。

Power Users 组内的用户可以添加、删除、更改本地用户账户；建立、管理、删除本地计算机内的共享文件夹与打印机。

Backup Operators 组的成员可以利用 Windows Server 2003 备份程序来备份与还原计算机内的文件和数据。

Guests 组包含 Guest 账户，一般被用于在域中或计算机中没有固定账户的用户临时访问域或计算机时使用的。该账户默认情况下不允许对域或计算机中的设置和资源做更改。出于安全考虑 Guest 账户在 Windows Server 2003 安装好后是被禁用的，如果需要可以手动地启用。应该注意分配给该账户的权限，该账户也是黑客攻击的主要对象。

这些本地组中的本地用户只能访问本计算机的资源，一般不能访问网络上其他计算机上的资源，除非在那台计算机上有相同的用户名和密码。也就是说，如果一个用户需要访问多台计算机上的资源，则用户需要在每一台需要访问的计算机上拥有相应的本地用户账户，并在登录某台计算机时由该计算机验证。这些本地用户账户存放于创建该账户的计算机上的本地 SAM 数据库中，这些账户在存放该账户的计算机上必须是唯一的。

2.2.4 任务实施 1 本地用户账户的创建与管理

下面学习怎样管理 Windows Server 2003 的本地用户账户。

1. 本地用户账户的创建

在成员服务器（没有安装活动目录，没有升级为域控制器的 Windows Server 2003 操作系统）上创建本地用户账户的步骤如下。

（1）启动计算机，以【Administrator】身份登录 Windows Server 2003，然后执行【开始】→【所有程序】→【管理工具】→【计算机管理】命令，如图 2-23 所示。将出现计算机管理控制台，如图 2-24 所示。

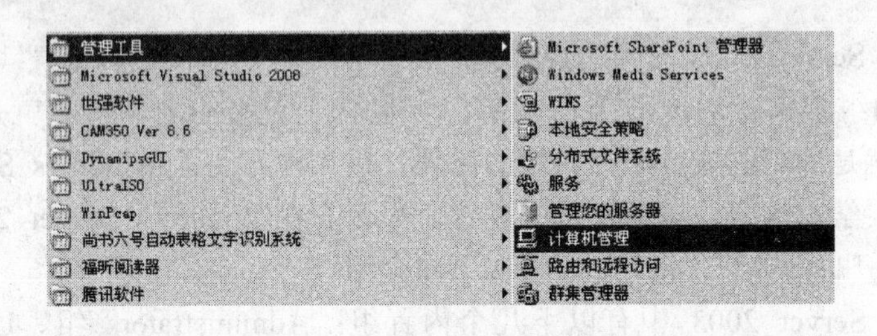

图 2-23 启动计算机管理

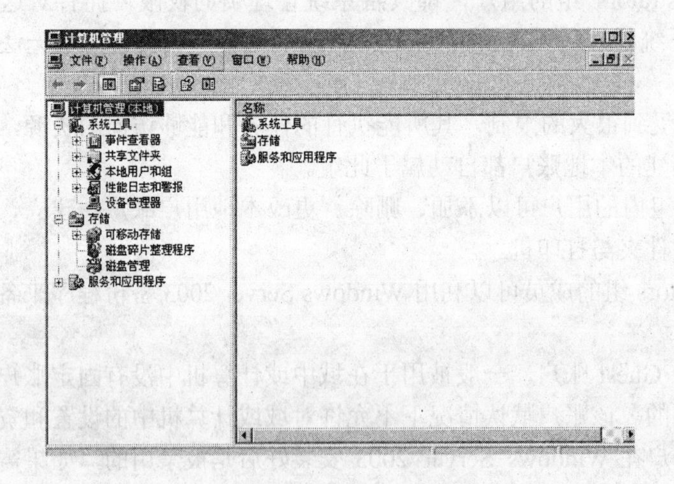

图 2-24 计算机管理控制台

（2）在计算机管理控制台中，打开【本地用户和组】，并选择【用户】选项，将出现系统中现有的用户信息，如图 2-25 所示。

特别补充说明一下：除了上面的方法启动【本地用户和组】外，还可以在【运行】对话框中输入 lusrmgr.msc 命令来打开本地用户和组，如图 2-26 和图 2-27 所示。

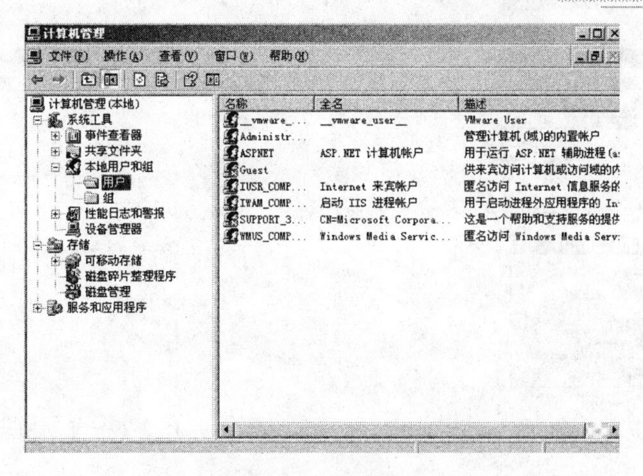

图 2-25　现有用户信息

图 2-26　输入 lusrmgr.msc

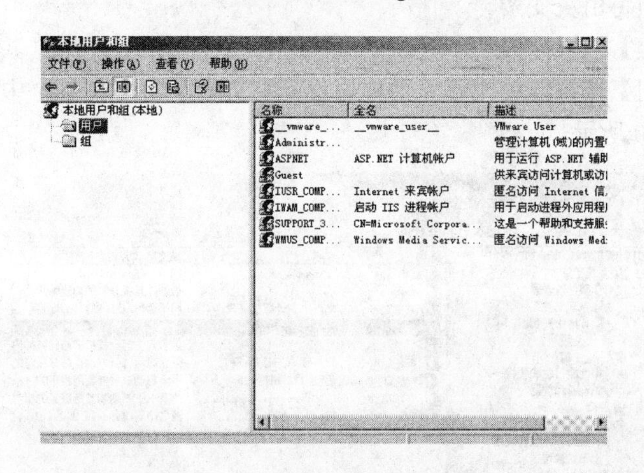

图 2-27　本地用户和组

注意

可以看出图 2-24 和图 2-27 有差别，一个是【计算机管理】控制台，一个是【本地用户和组】控制台，但是在【本地用户和组】这个项目上是相同的。

（3）使用鼠标右键单击图 2-24 或图 2-27 的【用户】或在右侧的用户信息窗口中的空白位置用鼠标右键单击，将弹出如图 2-28 所示的快捷菜单。

（4）在图 2-28 所示的快捷菜单中选择【新用户】选项，将弹出的【新用户】对话框，如图 2-29 所示。

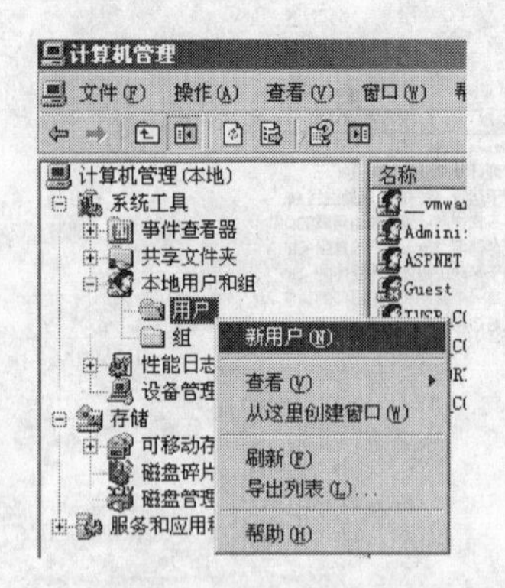

图 2-28　新用户快捷命令

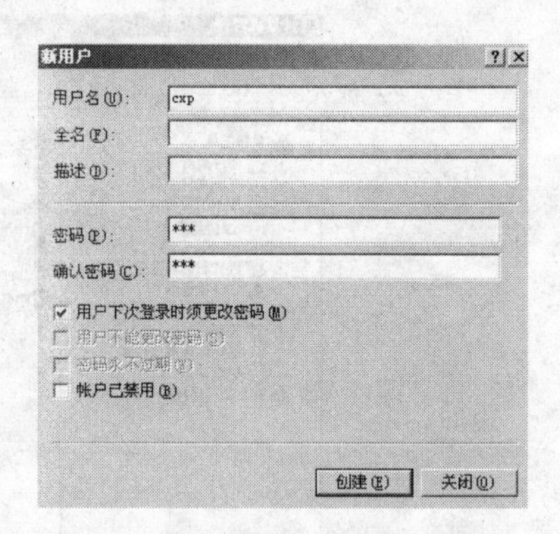

图 2-29　【新用户】对话框

根据实际情况在该对话框中设置创建新用户的选项。

用户名：用户登录时使用的账户名，如输入“cxp”。

全名：用户的全名，属于辅助性的描述信息，不影响系统的功能。

描述：对于所建用户账户的描述，方便管理员识别用户，不影响系统的功能。

密码和确认密码：用户账户登录时需要使用的密码。

用户下次登录时须更改密码：如果选中此复选框，用户在使用新账户首次登录时，将被提示更改密码，如果采用默认设置，则选中此复选框。

当不选中【用户下次登录时须更改密码】复选框后，【用户不能更改密码】和【密码永不过期】这两个选项将由灰变实。

（5）单击【创建】按钮，成功创建之后又将返回【新用户】对话框。

（6）单击【关闭】按钮，关闭该对话框，然后在计算机管理控制台中就能看到新创建的用户账户，如图 2-30 所示。

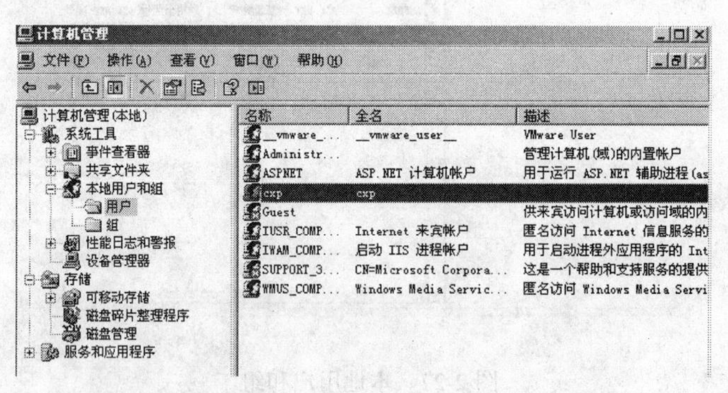

图 2-30　新创建的用户账户

补充说明如下：

注销 Administrator，使用新创建的用户账户“cxp”登录，登录时将弹出更改密码的提示信息对话框，单击【确定】按钮，将弹出【更改密码】对话框。在相应的文本框内输入新密码，然后单击【确定】按钮，将弹出密码更改成功的信息提示框，再单击【确定】按钮后，首次登录成功。

如果在创建用户账户时，选中了【用户下次登录时须更改密码】复选框，只有首次登录时需要更改密码，以后则正常登录。

2．设置本地账户属性

注销 cxp 这个用户，以 Administrator 账户登录 Windows Server 2003，参照上面的步骤打开如图 2-24 所示的计算机管理控制台，在用户账户“cxp”上用鼠标右键单击，在弹出的菜单中根据实际需要选择菜单中的命令对账户进行操作。

选择【设置密码】命令可以更改当前用户账户的密码。

选择【删除】命令或【重命名】命令可以删除当前用户账户或更改当前用户账户的名称。

选择【属性】命令，如图 2-31 所示。将会弹出该账户的属性对话框，如图 2-32 所示。

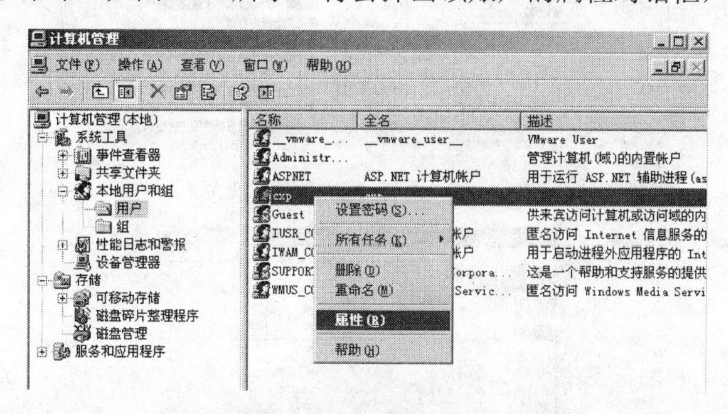

图 2-31 选择属性命令

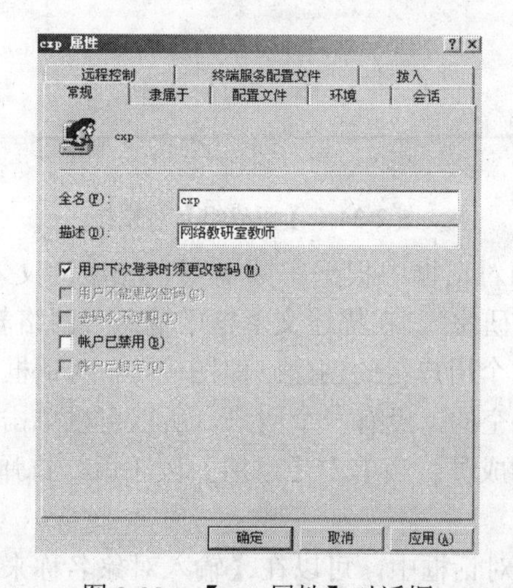

图 2-32 【cxp 属性】对话框

在图 2-32 对话框中可以根据要求设置 cxp 账户的【常规】属性，如停用 cxp 账户，则在【常规】选项卡中选中【账户已禁用】复选框，然后单击【确定】按钮返回计算机管理控制台，停用的账户以红色的“叉”标记表示。

本地账户的其他属性选项卡，将在后面加以介绍。

2.2.5 任务实施 2 创建本地组并将成员添加本地组

创建本地组并将成员添加本地组的步骤如下。

（1）在如图 2-24 所示的计算机管理控制台中用鼠标右键单击【组】按钮，选择【新建组】选项，如图 2-33 所示。将弹出【新建组】对话框，如图 2-34 所示。

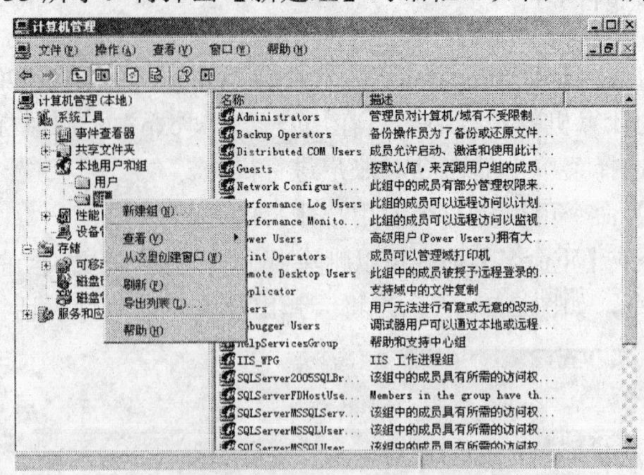

图 2-33　选择【新建组】选项

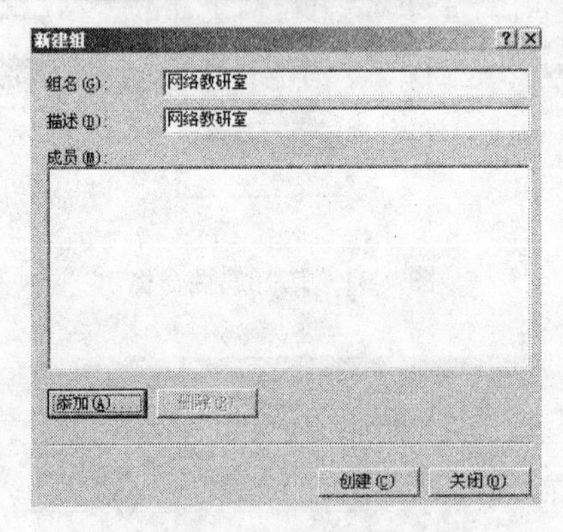

图 2-34　【新建组】对话框

（2）在图 2-34 所示的对话框中根据实际需要在相应的文本框中输入内容，如在【组名】文本框中输入“网络教研室”，在描述文本框中输入“网络教研室”，输入完成后，可以单击【创建】按钮，完成这个用户组的创建。但图 2-34 对话框中所示的【成员】区域是空白，即此时创建的用户组是空的，没有一个用户，所以可以单击【添加】按钮给【网络教研室】这个新建的用户组添加成员，当单击【添加】按钮后，将弹出如图 2-35 所示的【选择用户】对话框。

（3）在图 2-35 所示的对话框中，可以在【输入对象名称来选择】区域中输入要添加到【网络教研室】组中的用户或其他组，如输入用户“cxp”然后单击【确定】按钮返回。这时，用户“cxp”将出现在图 2-34 成员区域的文本框中。单击【创建】按钮，组的创建和设置完成。

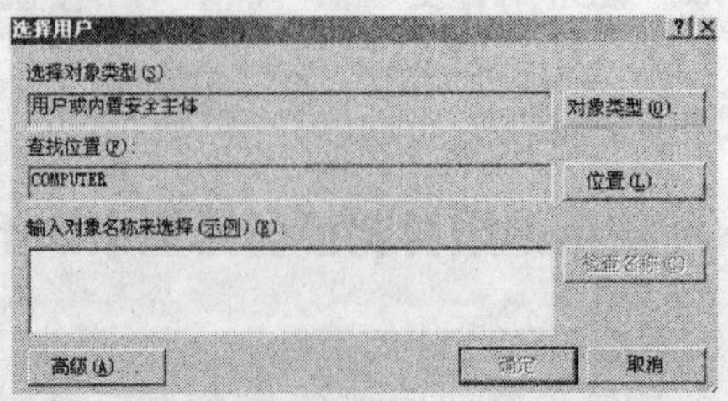

图 2-35　【选择用户】对话框

注意

除了这种方法可以添加【组】成员外，还可以单击图 2-35 中的【高级】按钮，会弹出【选择用户】对话框，单击【立即查找】按钮，会在图 2-36 所示的【搜索结果】区域中，显示所有的组和用户，可以选择要添加的用户，然后单击【确定】按钮即可完成【组】中成员的添加。

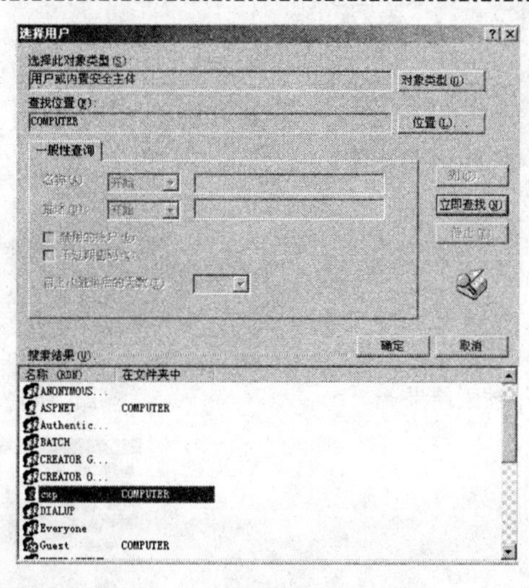

图 2-36 【选择用户】对话框

除此之外，还可以在【账户属性】对话框中将账户添加到组，通过账户属性的【隶属于】选项卡操作。在选定的账户上用鼠标右键单击，选择【属性】选项，在弹出的对话框中打开【隶属于】选项卡，如图 2-37 所示。

单击【添加】按钮出现如图 2-38 所示对话框，在此可以直接输入需要添加的组的名称，如果记不清楚组的名称，可以单击【高级】按钮，在弹出的【选择组】对话框中实行查找，单击【立即查找】按钮，将会出现本计算机所有的组的名称，如图 2-39 所示。

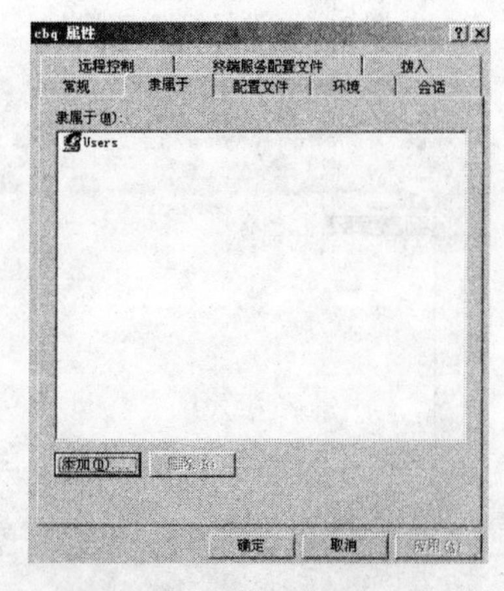

图 2-37 【账户属性】对话框

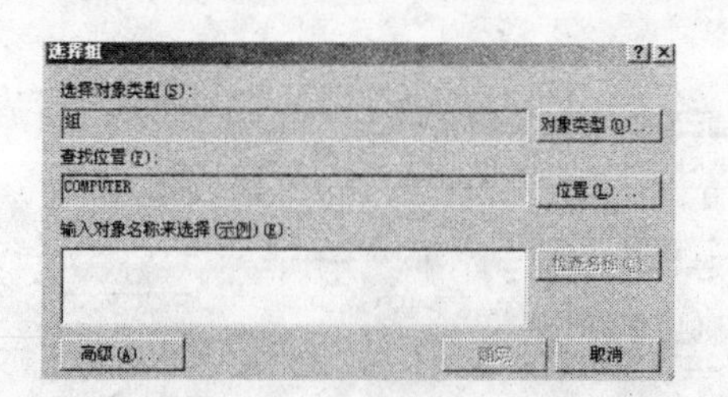

图 2-38 【选择组】对话框

选择想要加入的组，单击【确定】按钮，返回【选择组】对话框。加入的组将出现在【选择组】对话框中，如图 2-40 所示。然后单击【确定】按钮，返回【用户属性】对话框，发现选择的组【网络教研室】已经出现在如图 2-44 所示对话框的隶属于区域。添加过程如图 2-41～图 2-44 所示。单击【确定】按钮，完成组的添加。

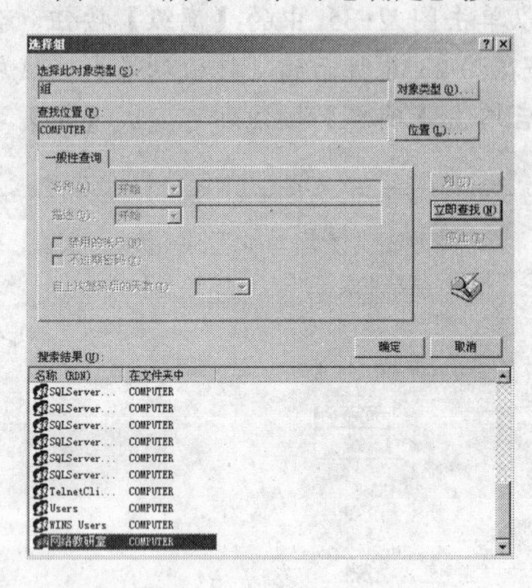

图 2-39　选择组搜索结果

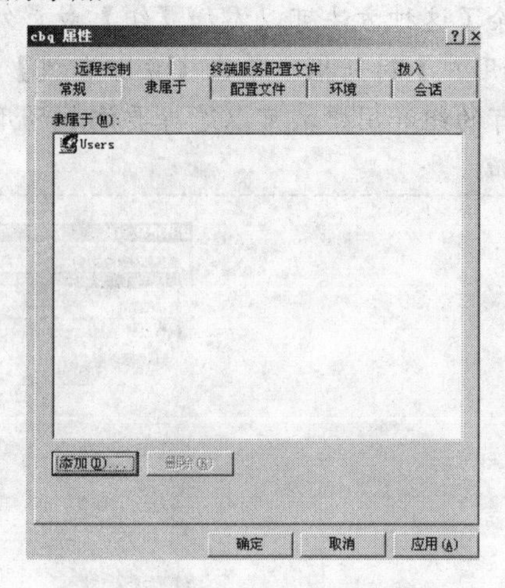

图 2-40　【隶属于】选项卡

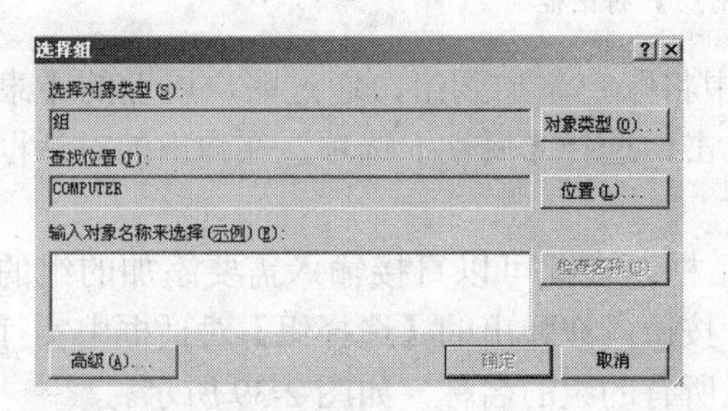

图 2-41　【选择组】对话框

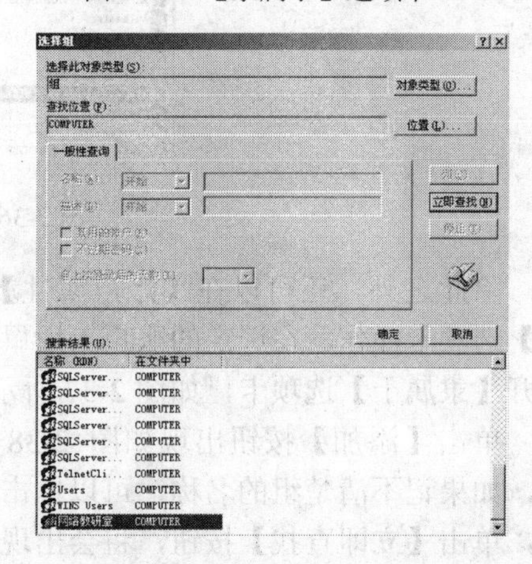

图 2-42　选择组搜索结果

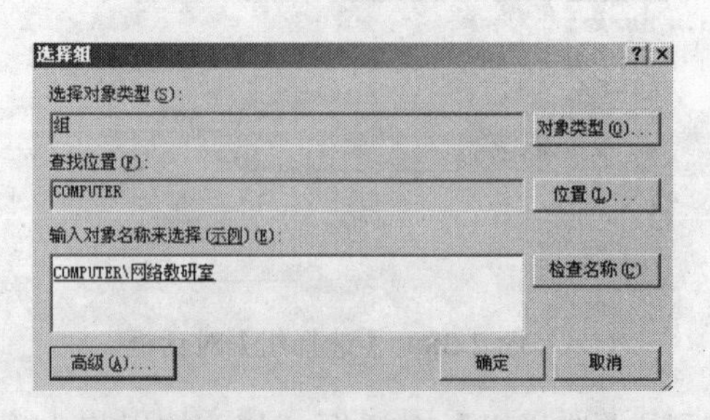

图 2-43　选择组的结果

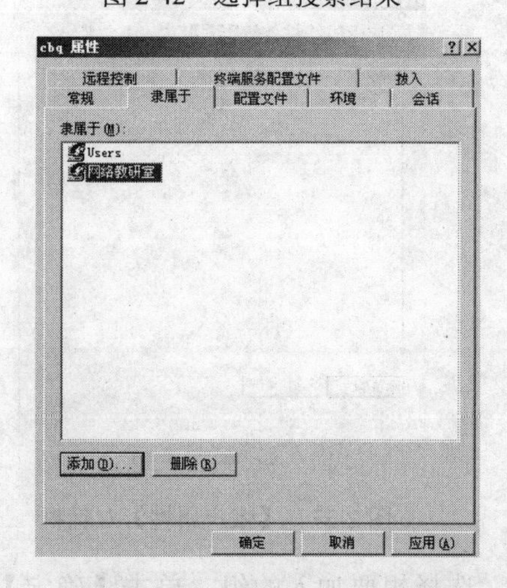

图 2-44　【隶属于】选项卡的变化

2.3 任务3 管理与使用工作组的共享资源

☞任务分析

工作组组建的目的是为了给用户使用带来方便，如文件上传下载、文件复制粘贴、文件打印。因此，在本任务中将介绍如何进行工作组网络的资源共享，并使用共享资源。

相关知识

2.3.1 对等网络的共享方式

Windows 的对等网络中可以共享的资源包括硬盘驱动器、光盘、 打印机、应用程序等。对等网络的资源共享方式较为简单，网络中的每个用户都可以设置自己的共享资源，并可以访问网络中其他用户的共享资源。网络中的共享资源分布较为平均，每个用户都可以设置并管理自己计算机上的共享资源，并可随意进行增加或删除。用户还可以为每个共享资源设置只读或完全控制属性，以控制其他用户对该共享资源的访问权限。若用户对某一共享资源设置了只读属性，则该共享资源将无法进行编辑修改；若设置了完全控制属性，则访问该共享资源的用户可对其进行编辑修改等操作。

2.3.2 设置共享资源的方法

1. 设置共享文件夹

在对等网络中，实现资源共享是其主要目的，设置共享文件夹是实现资源共享的常用方式，在 Windows XP 中，设置共享文件夹可执行以下操作。

（1）双击【我的电脑】图标，打开【我的电脑】窗口。

（2）选择要设置共享的文件夹，在左边的【文件和文件夹任务】窗格中单击【共享此文件夹】超链接，或使用鼠标右键单击要设置共享的文件夹，在弹出的快捷菜单中选择【共享和安全】命令。

（3）打开【文件夹属性】对话框中的【共享】选项卡，如图 2-45 所示。

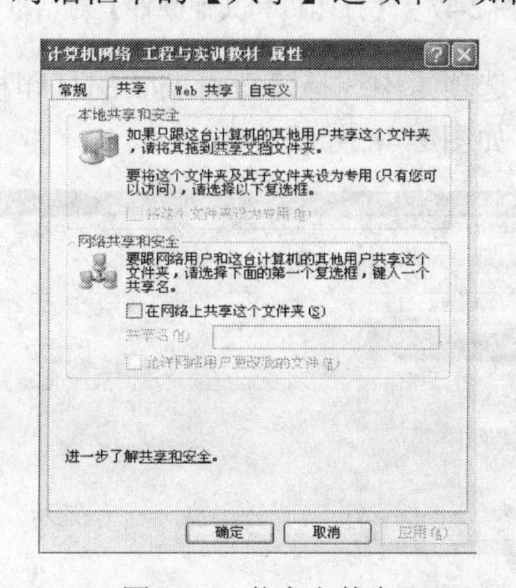

图 2-45 共享文件夹

（4）在【网络共享和安全】选项组中选中【在网络上共享这个文件夹】复选框，这时【共享名】文本框和【允许网络用户更改我的文件】复选框均变为可用状态。

（5）在【共享名】文本框中输入该共享文件夹在网络上显示的共享名称，用户也可以使用其原来的文件夹名称。

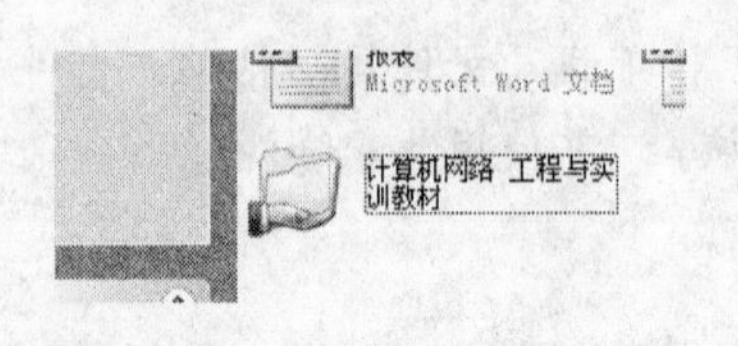

图 2-46　设置共享文件夹

（6）若选中【允许网络用户更改我的文件】复选框，则设置该共享文件夹为完全控制属性，任何访问该文件夹的用户都可以对该文件夹进行编辑修改；若清除该复选框，则设置该共享文件夹为只读属性，用户只可访问该共享文件夹，而无法对其进行编辑修改。

（7）设置共享文件夹后，该文件夹的图标中将出现一个托起的小手，表示该文件夹为共享文件夹，如图 2-46 所示。

2. 设置共享打印机

在网络中，用户不仅可以共享各种软件资源，还可以设置共享硬件资源，如设置共享打印机。要设置网络共享打印机，用户需要先将该打印机设置为共享，并在网络中其他计算机上安装该打印机的驱动程序。将打印机设置为共享，可执行以下操作。

（1）单击【开始】按钮，选择【控制面板】命令，打开【控制面板】窗口。

（2）在【控制面板】窗口中单击【打印机和其他硬件】超链接，打开【打印机和其他硬件】对话框，如图 2-47 所示。

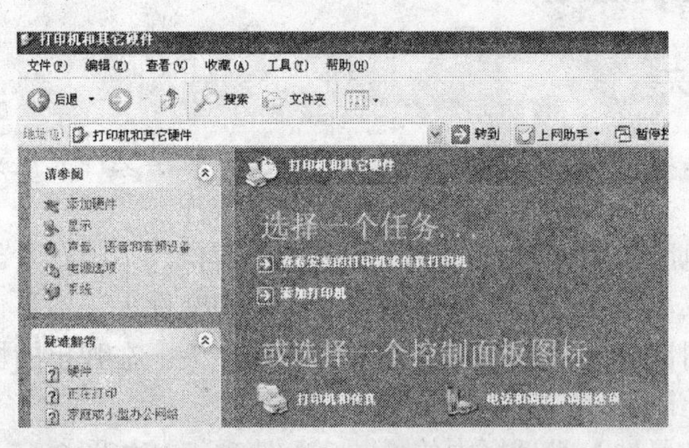

图 2-47　【打印机和其他硬件】对话框

（3）在【选择一个任务】选项组中选择【查看安装的打印机或传真打印机】超链接，打开【打印机和传真】对话框，如图 2-48 所示。

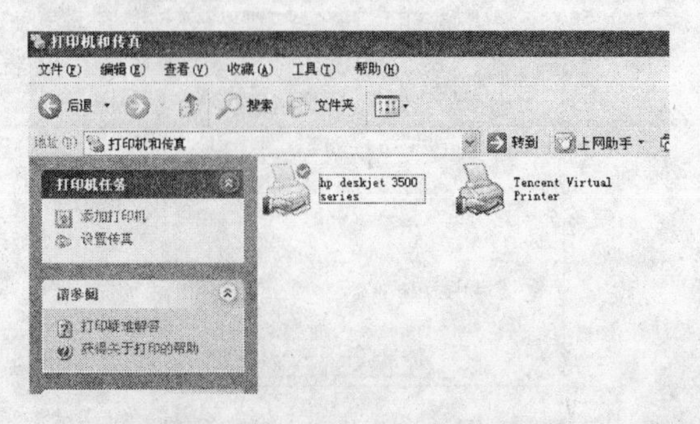

图 2-48　【打印机和传真】对话框

（4）在该对话框中选中要设置共享的打印机图标，在【打印机任务】窗格中单击【共享此打印机】超链接，或使用鼠标右键单击该打印机图标，在弹出的快捷菜单中选择【共享】命令。

（5）打开【打印机属性】对话框中的【共享】选项卡，如图2-49所示。

（6）在该选项卡中选中【共享这台打印机】单选按钮，在【共享名】文本框中输入该打印机在网络上的共享名称。

（7）若网络中的用户使用的是不同版本的 Windows 操作系统，可单击【其他驱动程序】按钮，打开【其他驱动程序】对话框，安装其他驱动程序，如图2-50所示。

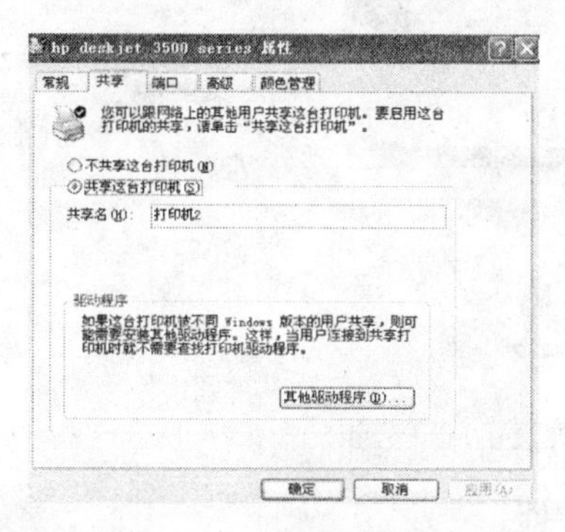

图2-49 打印机共享

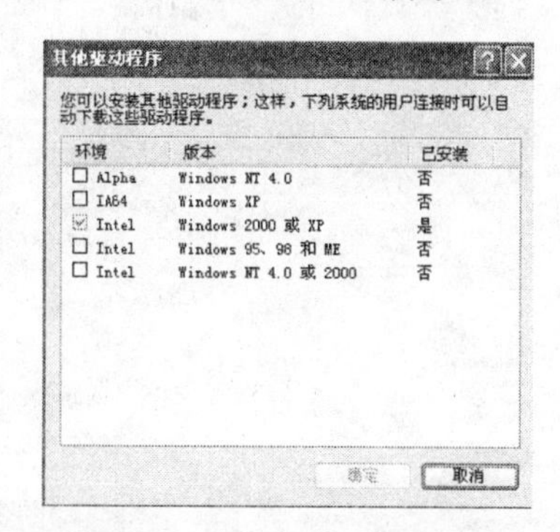

图2-50 选择其他驱动程序

（8）在该对话框中选择需要的驱动程序，单击【确定】按钮即可。将打印机设置为共享打印机后，用户就可以在网络中其他计算机上进行该打印机的共享设置了。

在其他计算机上进行打印机的共享设置，可执行以下操作。

（1）单击【开始】按钮，选择【控制面板】命令，打开【控制面板】窗口。

（2）在【控制面板】窗口中单击【打印机和其他硬件】超链接，打开【打印机和其他硬件】对话框。

（3）在【选择一个任务】选项组中单击【添加打印机】超链接，打开【添加打印机向导】对话框，如图2-51所示。

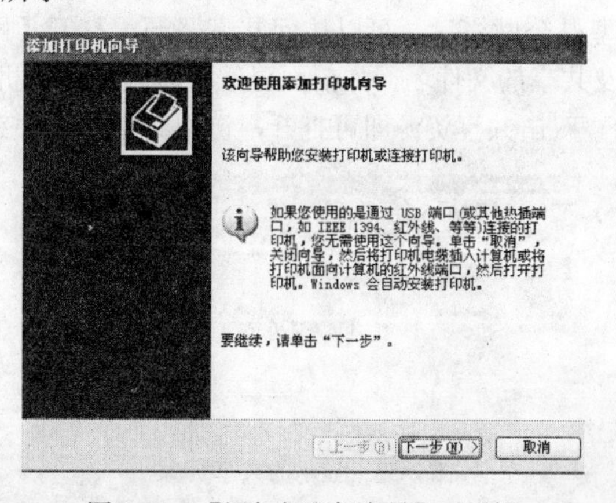

图2-51 【添加打印机向导】对话框

（4）该向导对话框显示了欢迎使用信息，单击【下一步】按钮，出现打印机向导对话框，若用户要设置本地打印机，可选择【连接到这台计算机的本地打印机】选项；若用户要设置网络共享打印机，可选择【网络打印机，或连接到另一台计算机的打印机】选项。本例中选择【网络打印机，或连接到另一台计算机的打印机】选项。

（5）单击【下一步】按钮，打开【添加打印机向导】对话框，在该向导对话框中，若用户要浏览打印机，可选择【浏览打印机】选项；若用户知道该打印机的确切位置及名称，可选择【连接到这台打印机】选项；若用户知道该打印机的 URL 地址，可选择【连接到 Internet、家庭或办公网络上的打印机】选项。本例中选择【浏览打印机】选项。

（6）单击【下一步】按钮，进入【添加打印机向导】对话框，如图 2-52 所示。

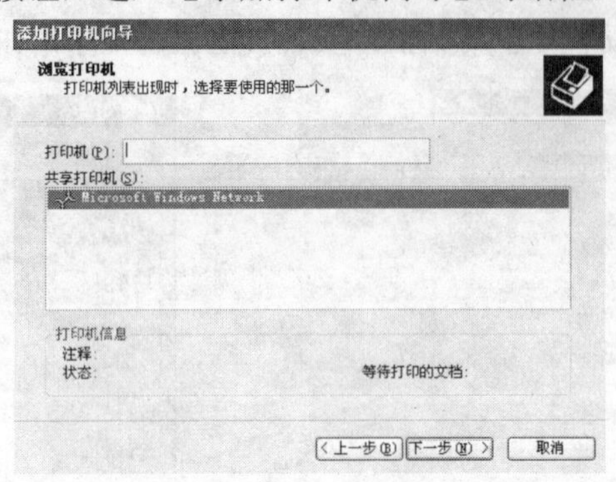

图 2-52　浏览打印机

（7）在该向导对话框中的【共享打印机】列表框中选择要设置共享的打印机，这时在【打印机】文本框中将显示该打印机的位置及名称信息。

（8）单击【下一步】按钮，进入【添加打印机向导】对话框，该向导对话框询问用户是否要将该打印机设置为默认打印机。若用户将该打印机设置为默认打印机，则在进行打印时，用户若不指定其他打印机，系统将自动将文件发送到默认打印机进行打印。

（9）选择好后，继续单击【下一步】按钮，显示了完成添加打印机向导设置及打印机设置等信息，单击【完成】按钮退出【添加打印机向导】对话框。

3. 访问资源共享和映射网络驱动器的方法

（1）组建家庭或小型办公网络后，可以访问共享资源，打开【网上邻居】，会显示组建的对等网的计算机名称及共享的文件名，如前面已经共享的【计算机网络工程与实训】这个文件夹，如图 2-53 所示。双击共享资源即可打开，访问其中的文件夹和文件。

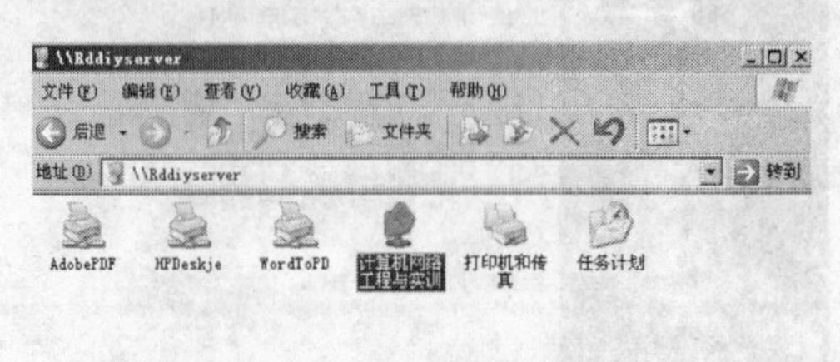

图 2-53　显示的共享资源

（2）在网络中用户可能经常需要访问某一个或几个特定的网络共享资源，若每次都通过【网上邻居】依次打开，比较麻烦，这时用户可使用【映射网络驱动器】功能，将该网络共享资源映射为网络驱动器，再次访问时，只需双击该网络驱动器图标即可。将网络共享资源

映射为网络驱动器，可执行以下操作。

① 双击【我的电脑】图标，使鼠标右键单击选择【映射网络驱动器】命令，打开【映射网络驱动器】对话框，如图 2-54 所示。

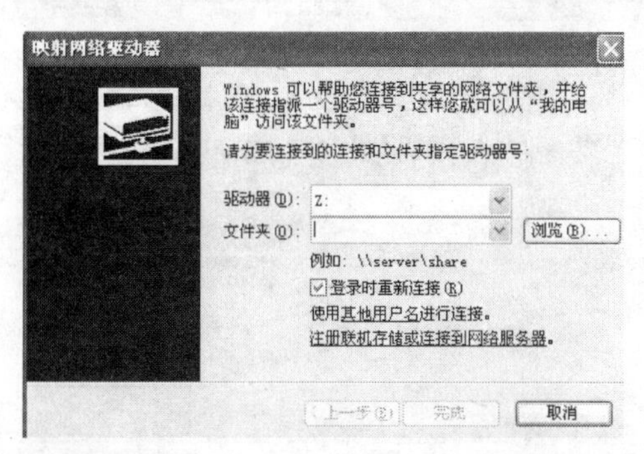

图 2-54　【映射网络驱动器】对话框

② 在【驱动器】下拉列表框中选择一个驱动器符号；在【文件夹】文本框中输入要映射为网络驱动器的位置及名称，或单击【浏览】按钮，打开【浏览文件夹】对话框，选择文件夹。

③ 在该对话框中选择需要的共享文件夹，单击【确定】按钮。

④ 这时在【文件夹】文本框中将显示该共享文件夹的位置及名称，单击【完成】按钮即可建立该共享文件夹的网络驱动器。

建立网络驱动器后，用户若需要访问该共享文件夹，只需在【我的电脑】窗口中双击该网络驱动器图标即可。若用户不再需要经常访问该网络驱动器，也可将其删除。要删除网络驱动器，只需选择【我的电脑】→【断开网络驱动器】命令，即可断开。

2.3.3　任务实施　工作组网络的资源共享

下面以 Windows 2003 和 Windows XP 组成的工作组网络环境进行资源共享。实现环境是在 VMware 虚拟机中来实现这个任务。

任务实施的步骤如下。

（1）启动 VMware 程序，如图 2-55 所示。

图 2-55　启动 VMware 程序

（2）打开已经安装的虚拟操作系统，图 2-56 是选择操作系统后的 VMware 窗口。

（2）打开已经安装的虚拟操作系统，图 2-56 是选择操作系统后的 VMware 窗口。

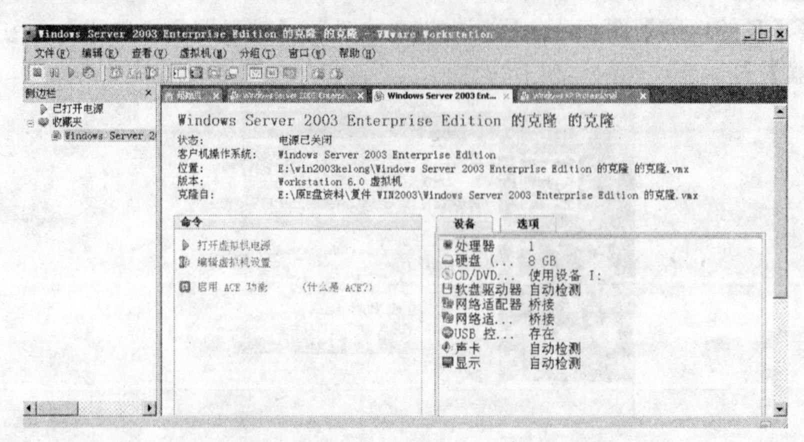

图 2-56　选择操作系统后的 VMware 窗口

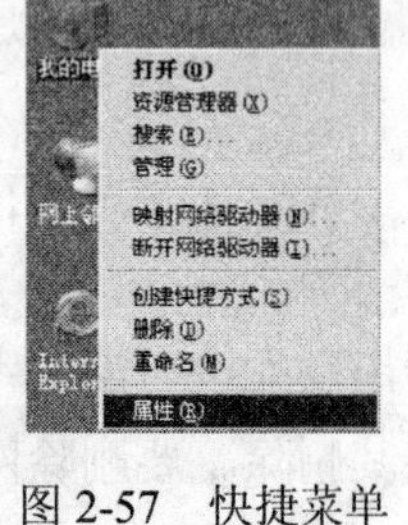

图 2-57　快捷菜单

（3）双击图 2-56 中的【打开虚拟机电源】按钮，启动安装的虚拟机操作系统，一个是 Windows 2003，一个是 Windows XP。

（4）在 Windows 2003 计算机中，使用鼠标右键单击桌面上的【我的电脑】图标，在快捷菜单中选择【属性】选项，如图 2-57 所示

（5）在【系统属性】对话框中选择【计算机名】选项卡，单击“更改”按钮，计算机名和工作组如图 2-58 所示。这里的计算机名可以不作改动，注意一下工作组的名称是“WORKGROUP”，和另一台机器 Windows XP 的工作组名称保持相同。

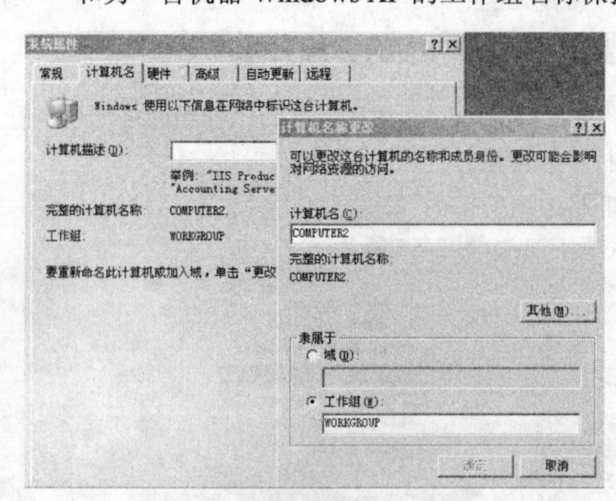

图 2-58　【系统属性】对话框

（6）使用鼠标右键单击桌面上的【网上邻居】图标，在弹出的快捷菜单中选择【属性】选项，如图 2-59 所示。

（7）在打开的【网络连接】窗口中，使用鼠标右键单击“本地连接”图标，在快捷菜单中选择【属性】选项，如图 2-60 所示。

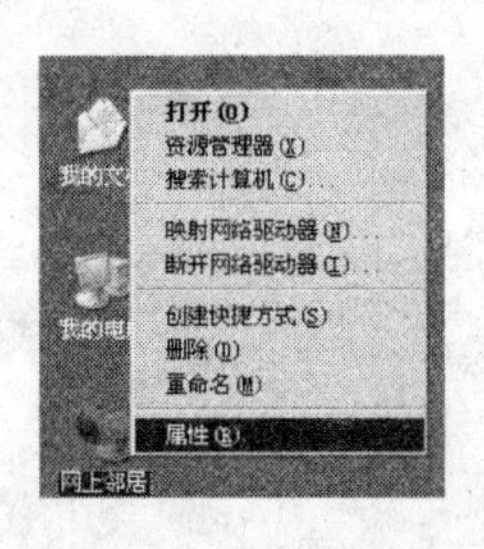

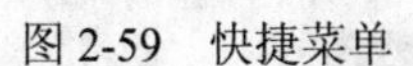
图 2-59　快捷菜单

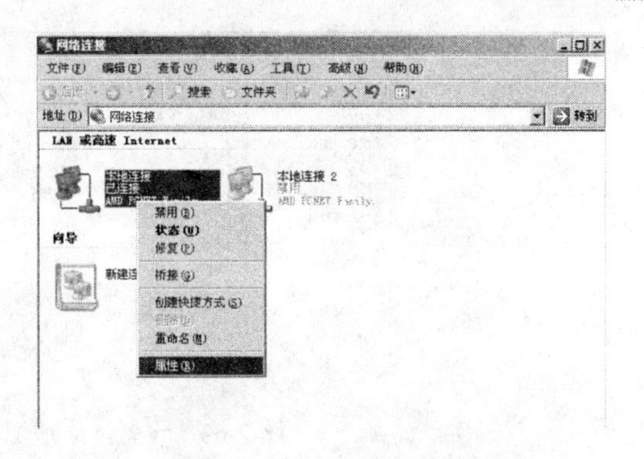

图 2-60　“网络连接”窗口

（8）选中【Internet 协议（TCP/IP）】复选框，然后单击【属性】按钮，在【Internet 协议（TCP/IP）属性】对话框中进行设置，如图 2-61 所示。

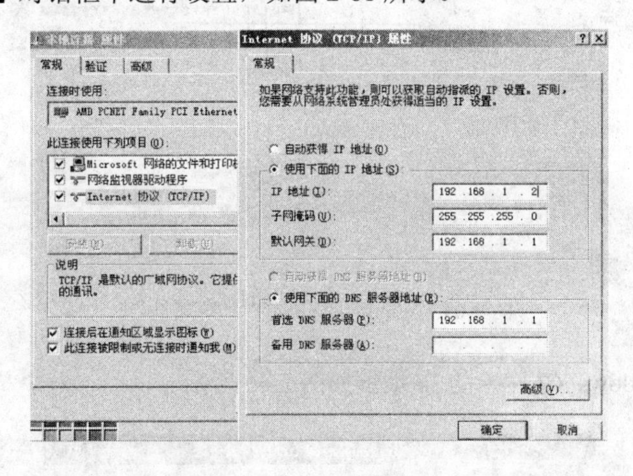

图 2-61　设置 Windows 2003 虚拟机网卡的 IP 地址

（9）选择虚拟机窗口中的【虚拟机】→【可移动设备】→【网络适配器】→【设置】选项，如图 2-62 所示。

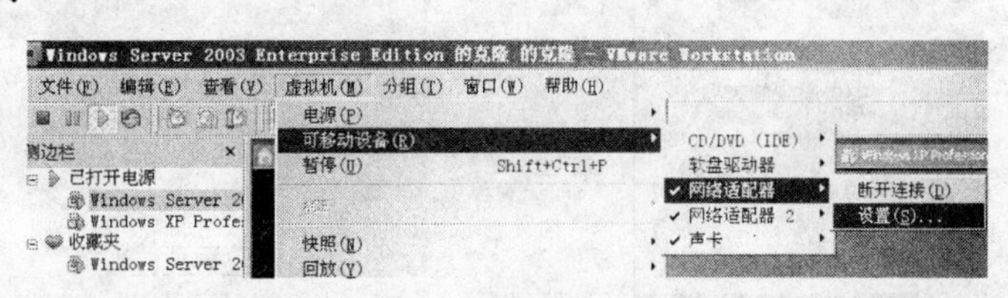

图 2-62　设置虚拟机的网卡

（10）在【虚拟机设置】的【硬件】选项卡中，单击【网络适配器】，在右边的【网络连接】中选中【桥接：直接连接到物理网络】单选按钮，如图 2-63 所示。

（11）设置第二台虚拟机 Windows XP 的“系统属性”，如图 2-64 所示。和 Windows 2003 的工作组名称一样，计算机名可以保持默认。

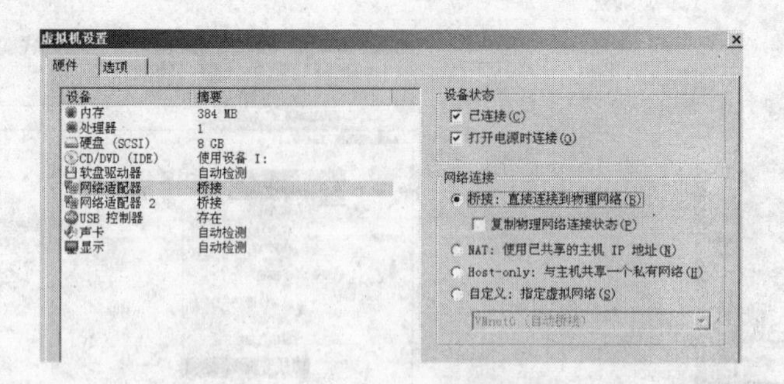

图 2-63　设置网络适配器的桥接模式

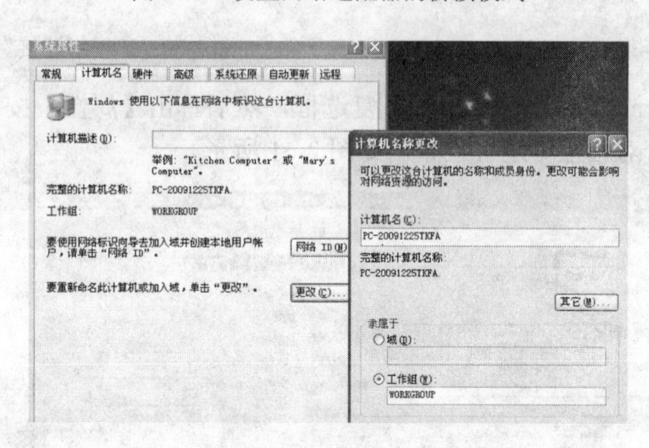

图 2-64　Windows XP 的"系统属性"

（12）设置 Windows XP 网卡的 IP 地址如图 2-65 所示。

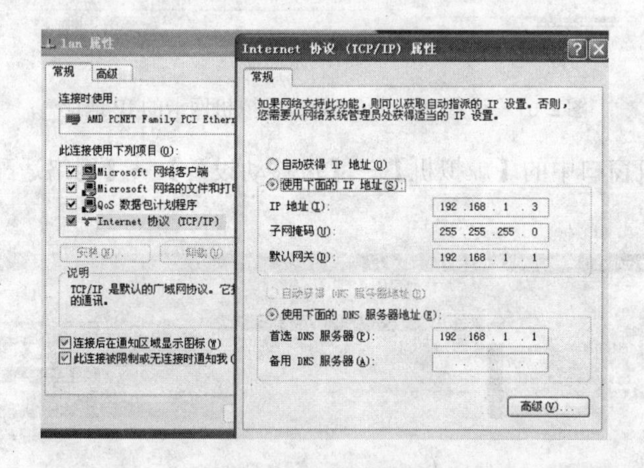

图 2-65　设置 Windows XP 虚拟机中网卡的 IP 地址

（13）在 Windows 2003 中启动 DOS 窗口程序，输入命令：ping 192.168.1.3，显示如图 2-66 所示的窗口，说明网络连接是通的。

（14）在 Windows XP 中启动 DOS 窗口程序，输入命令：ping 192.168.1.2 ，显示如图 2-67 所示的窗口，说明网络连接是通的。

```
C:\WINDOWS\system32\cmd.exe
Microsoft Windows [版本 5.2.3790]
(C) 版权所有 1985-2003 Microsoft Corp.

C:\Documents and Settings\Administrator.COMPUTER1>ping 192.168.1.3

Pinging 192.168.1.3 with 32 bytes of data:

Reply from 192.168.1.3: bytes=32 time=15ms TTL=128
Reply from 192.168.1.3: bytes=32 time<1ms TTL=128
Reply from 192.168.1.3: bytes=32 time<1ms TTL=128
Reply from 192.168.1.3: bytes=32 time<1ms TTL=128

Ping statistics for 192.168.1.3:
    Packets: Sent = 4, Received = 4, Lost = 0 (0% loss),
Approximate round trip times in milli-seconds:
    Minimum = 0ms, Maximum = 15ms, Average = 3ms
```

图 2-66　检测网络是否连通

```
C:\WINDOWS\system32\cmd.exe
Microsoft Windows XP [版本 5.1.2600]
(C) 版权所有 1985-2001 Microsoft Corp.

C:\Documents and Settings\Administrator>ping 192.168.1.2

Pinging 192.168.1.2 with 32 bytes of data:

Reply from 192.168.1.2: bytes=32 time=17ms TTL=128
Reply from 192.168.1.2: bytes=32 time<1ms TTL=128
Reply from 192.168.1.2: bytes=32 time<1ms TTL=128
Reply from 192.168.1.2: bytes=32 time=1ms TTL=128

Ping statistics for 192.168.1.2:
    Packets: Sent = 4, Received = 4, Lost = 0 (0% loss),
Approximate round trip times in milli-seconds:
    Minimum = 0ms, Maximum = 17ms, Average = 4ms
```

图 2-67　检测网络的连通性

（15）在 Windows 2003 中设置一个文件夹“第二个网站”为共享文件，如图 2-68 所示。

（16）单击图 2-68 中的【权限】按钮，弹出文件夹的权限对话框如图 2-69 所示。里面的“Everyone”的权限为“读取”，可以保持默认。

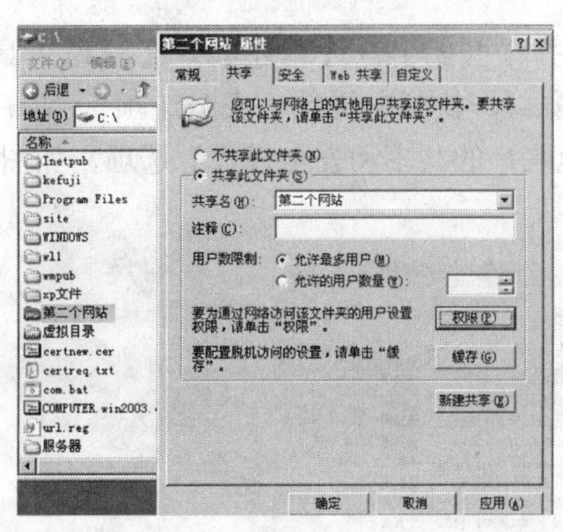

图 2-68　设置文件共享

图 2-69　文件夹的共享权限

（17）在第二台计算机 Windows XP 设置文件夹 WINXP1 的共享，如图 2-70 所示。

（18）在第一台计算机 Windows 2003 中，打开“我的电脑”窗口，在“地址栏”中输入：\\192.168.1.3，这个是 Windows XP 的 IP 地址，可以通过这种方式来访问共享资源，按【Enter】键，可以打开第二台计算机的共享文件，如图 2-71 所示。

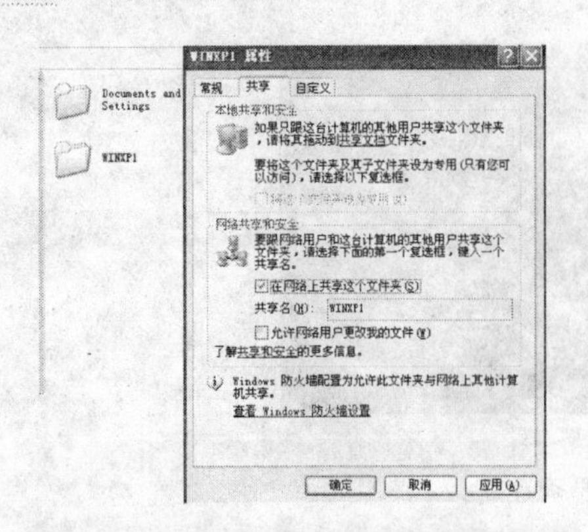

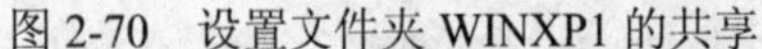

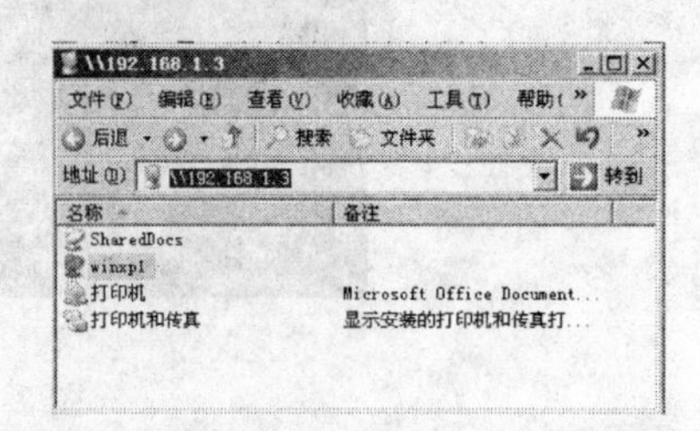

图 2-70　设置文件夹 WINXP1 的共享　　　　　　图 2-71　打开 Windows XP 的共享文件

（19）在第二台计算机 Windows XP 中，打开【我的电脑】窗口，在“地址栏”中输入：\\192.168.1.2，这个是 Windows 2003 的 IP 地址，可以通过这种方式来访问共享资源，按【Enter】键，弹出如图 2-72 所示的提示框。

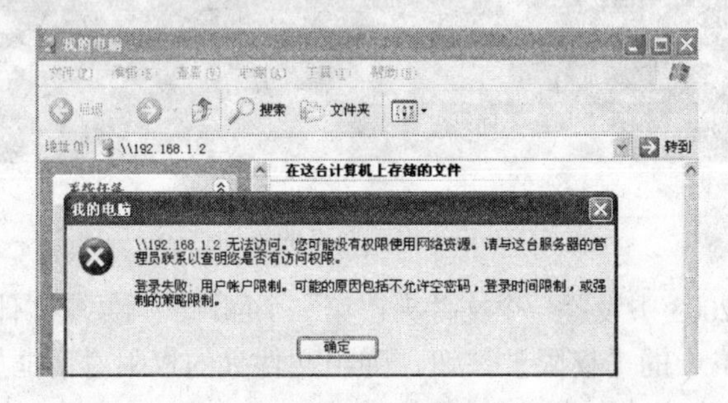

图 2-72　弹出登录失败：用户账户限制的提示框

（20）在第一台计算机 Windows 2003 中选择【开始】→【程序】→【管理工具】→【本地安全策略】选项，弹出【本地安全设置】窗口，找到左侧的“安全选项”，在右边的“策略”和“安全设置”中选择【网络访问：本地账户的共享和安全模式】选项，如图 2-73 所示。

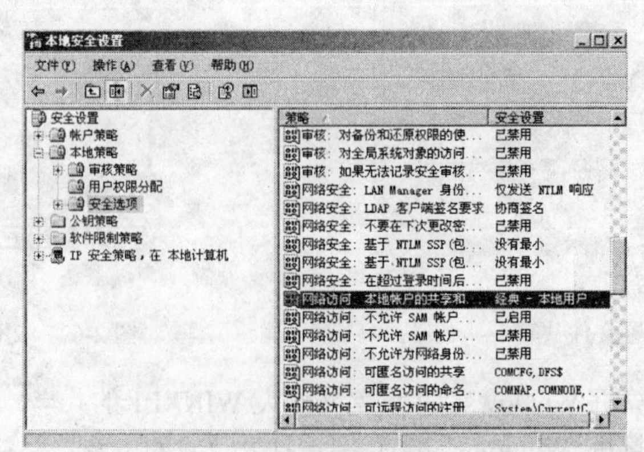

图 2-73　选择【网络访问：本地账户的共享和安全模式】选项

（21）在这个选项上使用鼠标右键单击，在快捷菜单中选择【属性】选项，弹出【网络访问：本地账户的共享和安全模式属性】对话框，选择【仅来宾－本地用户以来宾身份验

证】选项，如图2-74所示。

（22）在第二台计算机 Windows XP 中，打开“我的电脑”窗口，在“地址栏”中输入：\\192.168.1.2，按【Enter】，弹出输入密码的对话框，如图2-75所示。

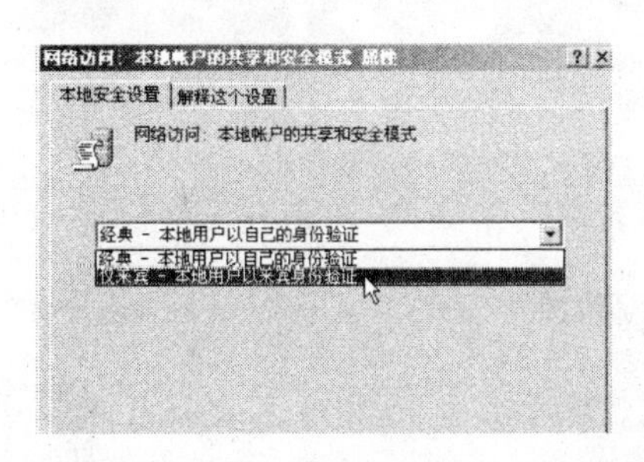

图2-74 选择【仅来宾 - 本地用户以来宾身份验证】选项

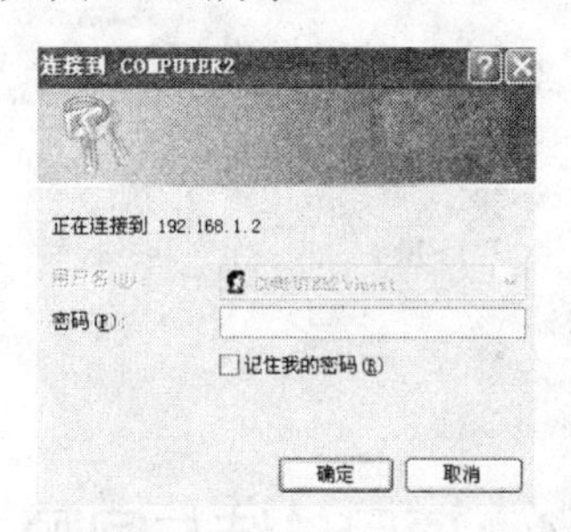

图2-75 输入访问密码

（23）回到第一台计算机 Windows 2003 找到“计算机管理”→“本地用户和组”→“用户”，找到“Guest”来宾用户，在“guest 属性”对话框中，取消“账户已禁用”复选框，如图2-76所示。

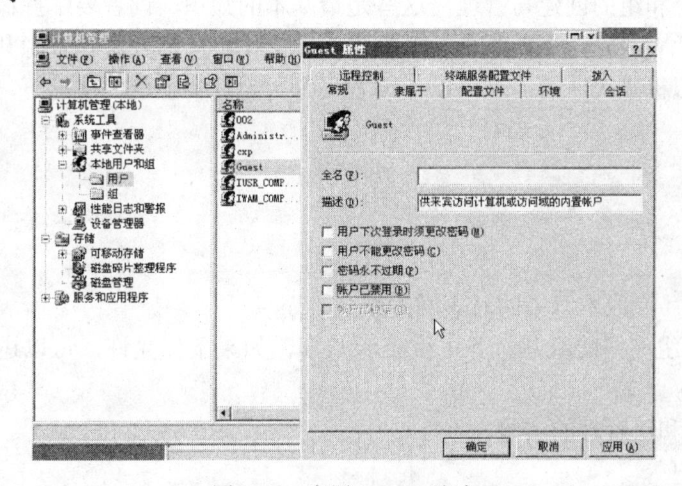

图2-76 启用 Guest 账户

（24）启用 Guest 后，在该账户上单击鼠标右键，在快捷菜单中选择【设置密码】选项，弹出“为 Guest 设置密码”对话框，可以保持密码为空，如图2-77所示。

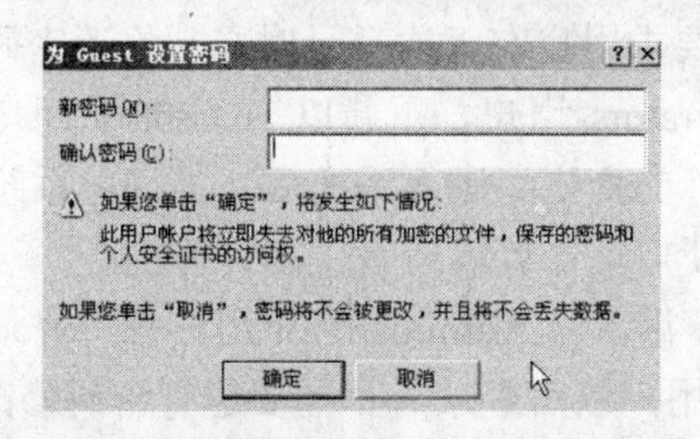

图2-77 设置来宾 Guest 用户的密码

（25）再次在第二台计算机 Windows XP 中，打开“我的电脑”窗口，在“地址栏”中输入：\\192.168.1.2，然后按【Enter】键，已经打开了第一台 Windows 2003 计算机中的共享资源，如图2-78所示。

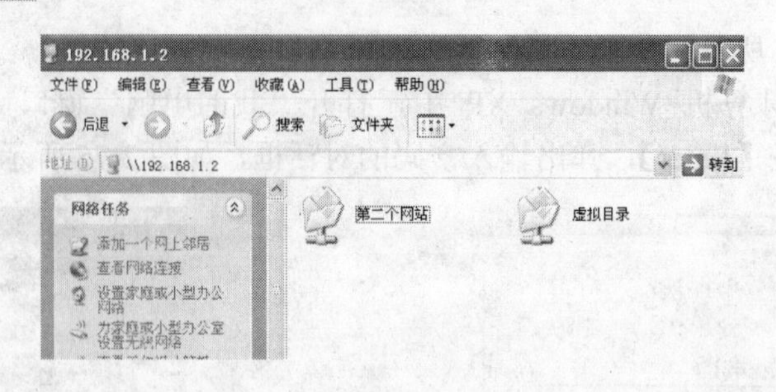

图 2-78　打开共享资源

2.4　项目总结与回顾

在本项目中通过 3 个任务完成本项目，第一个任务是工作组网络的组建，是以两台 Windows XP 计算机来进行对等网的组建；第二个任务是以 Windows 2003 成员服务器为例来介绍了本地用户和组的创建与管理，这些是最基本的知识，读者要掌握；第三个任务是以 Windows 2003 和 Windows XP 两台计算机来组成工作组网络并进行资源共享，完成任务的环境是以两台虚拟机来实现的，这可以让读者只有一台真实主机的情况下，通过安装虚拟机来完成学习任务。

习　题

1．上机操作：完成本章中的对等网的组建。

2．完成工作组网络的组建，并进行资源共享，如果条件允许，可以进行共享打印机的设置。

3．完成用户和组管理的实验。

（1）新建用户

① 打开系统盘（即当前系统所在的分区）根目录下的 Documents and Settings 文件夹，观察文件夹的数量，打开 Administrator 文件夹，观察该文件夹的内容。

② 首先观察计算机管理中系统默认的用户数量及相应的描述。在 Windows 2003 中建立一新本地用户 student01，要求用户在下次登录时必须修改密码。

③ 注销当前的 Administrators 用户，重新以 student01 用户身份登录，观察登录时与原登录方式以及登录后桌面图标的变化。进入系统后，尝试对系统属性等进行修改，观察是否都能够进行；查看时能够重新启动计算机或者关闭计算机。

④ 注销 student01 用户，重新以 Administrator 用户身份登录计算机，进入系统后，新建一本地用户 student02，要求用户以后登录时不需要进行密码修改，再重新以 student02 的用户身份登录计算机，观察是否能够修改自己的登录密码。然后打开系统盘（即当前系统所在的分区）根目录下的 Documents and Settings 文件夹，观察文件夹的数量，比较与第①步观察的结果有哪些区别。

⑤ 重新以 Administrator 用户身份登录，进入系统后，修改 student01 用户的密码；将

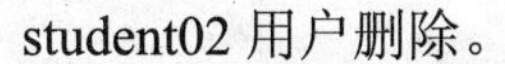

student02 用户删除。

⑥ 新建 4 个用户：user1、user2、user3 和 user4。

（2）本地组的创建与管理

① 在“计算机管理”中，观察系统默认的组的数量、属性描述等内容。

② 在系统中新建一个名为 calss01 的本地组，在创建过程中将 user1 用户加入到该组。

③ 新建一个名为 class02 的本地组。打开 user2 的用户属性，观察当前系统默认用户隶属于哪一个组。并将该 user2 用户加入到新建的 class02 组当中。

思考：在当前状态下以 user1、user2 和 user3 登录后权限有何特点。

④ 查看 Administrators 组在当前状态下包含哪些用户。并将用户 user3 加入到 Administrators 组中，然后以 user3 的用户身份登录系统，观察登录后的权限与未加入到 Administrators 组之前有哪些变化。

⑤ 重新以 Administrator 的用户身份登录，将本地组 class02 加入到 Administrators 组中，然后再以 user2 的用户身份登录系统，观察登录后的权限与未将 class02 组加入到 Administrators 组之前有哪些变化。

⑥ 观察在 Windows 2003 系统中，用户和组的图标的区别。

4．简答

（1）登录时，用户名是否区分大小写？密码是否区分大小写？

（2）当启用了“密码必须符合复杂性要求”后，如果现有账户使用了简单密码或空密码，是否需要立即更改？

（3）账户锁定与账户禁用有什么区别？

项目 3　域网络的组织、实现与管理

3.1 任务 1　活动目录的安装及部署

任务分析

假如有 500 台计算机的一个公司，希望某台计算机上的账户 Cbq 可以访问每台计算机内的资源或者可以在每台计算机上登录。那么在工作组环境中，必须要在这 500 台计算机的各个 SAM 数据库中创建 Cbq 这个账户。一旦 Cbq 想要更换密码，必须要更改 500 次。这样企业的管理员的负担就非常重了。现在只是 500 台计算机的公司，如果是有 5000 台计算机或者上万台计算机的公司呢，估计管理员就忙不过来了。为了节省人力资源和提高工作效率，这时域环境的应用就必不可少了。而域环境的应用，就需要安装活动目录才能实现。

就是前面这个例子，在域环境中，只需要在活动目录中创建一次 Cbq 账户，那么就可以在任意 500 台计算机中的一台上登录 Cbq，如果要为 Cbq 账户更改密码，只需要在活动目录中更改一次就可以了。

如果读者正在学习活动目录，完成这个任务的思路如下：首先，选择要安装域控制器和额外域控制器的机器，然后安装域控制器，同时，为了让有些成员服务器能够加入域环境，还要对域控制器进行检查。其次，为了让域控制器在小型环境中成为成员服务器还需要将域控制器进行降级即卸载。再次，域控制器有可能出现问题，当域控制器出现问题后，原来的一切数据将会丢失，重新建立域控制器将是非常困难的，因此，还需要进行域控制器的备份与还原。根据这个思路结合任务实施的步骤即可完成这个任务。

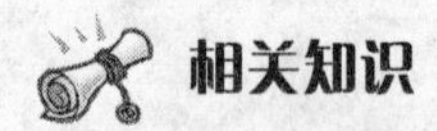

相关知识

3.1.1　活动目录简介

活动目录是一个数据库，存放的是域中所有的用户的账号以及安全策略。活动体现了其是一个范围，可以放大和缩小，活动目录简称域。域是一个安全边界。

Active Directory（活动目录）是 Windows Server 2003 域环境中提供目录服务的组件。目录服务在微软平台上从 Windows Server 2000 开始引入，所以可以理解为活动目录是目录服务在微软平台的一种实现方式。当然目录服务在非微软平台上都有相应的实现。

Windows Server 2003 有两种网络环境：工作组和域，默认是工作组网络环境。

工作组网络也称为对等式的网络，因为网络中每台计算机的地位都是平等的，它们的资源以及管理是分散在每台计算机之上，所以工作组环境的特点就是分散管理，工作组环境中的每台计算机都有自己的“本机安全账户数据库”，称为 SAM 数据库。这个 SAM 数据库是干什么用的呢？其实就是平时登录计算机系统时，当输入账户和密码后，此时就会去这个 SAM 数据库验证，如果输入的账户存在 SAM 数据库中，同时密码也正确，SAM 数据库就会通知系统让其登录。而这个 SAM 数据库默认就存储在 C:\WINDOWS\ system32\config 文件夹中，这便是工作组环境中的登录验证过程。打开注册表也可以看到 SAM 数据库，只不过默认里面的用户是隐藏的。

域环境的应用是相当广泛的，例如微软服务器级别的产品，如 MOSS、Exchange 等都需要活动目录的支持，包括目前微软在宣传的 UC 平台都离不开活动目录的支持。

Windows Server 2003 的域环境与工作组环境最大的不同是域内所有的计算机共享一个集中式的目录数据库（又称为活动目录数据库），它包含着整个域内的对象（用户账户、计算机账户、打印机、共享文件等）和安全信息等，而活动目录负责目录数据库的添加、修改、更新和删除。所以要在 Windows Server 2003 上实现域环境，其实就是要安装活动目录。活动目录为用户实现了目录服务，提供对企业网络环境的集中式管理。

3.1.2 活动目录安装前的准备

安装活动目录的必备条件如下。

（1）选择操作系统：Windows Server 2003 中除了 Web 版的不支持活动目录外，其他的 Standard 版、Enterprise 版、Datacenter 版都支持活动目录。本任务用的是 Enterprise 版。

（2）DNS 服务器：活动目录与 DNS 是紧密集成的，活动目录中域的名称的解析需要 DNS 的支持。而域控制器（装了活动目录的计算机就成了域控制器）也需要把自己登记到 DNS 服务器内，以便让其他的计算机通过 DNS 服务器查找到这台域控制器，所以必须要准备一台 DNS 服务器。DNS 服务器可以与域控制器是同一台机器。同时 DNS 服务器也必须支持本地服务资源记录（SRV 资源记录）和动态更新功能。在域环境中工作的计算机可以相互复制，从而实现统一管理的目的，这比分散管理的工作组要更省力。

（3）一个 NTFS 磁盘分区：安装活动目录过程中，SYSVOL 文件夹必须存储在 NTFS 磁盘分区。SYSVOL 文件夹存储着与组策略等有关的数据。所以必须要准备一个 NTFS 分区。当然，现在很少碰到非 NTFS 的分区了（如 FAT、FAT32 等）。

（4）设置本机静态 IP 地址和 DNS 服务器 IP 地址：大多时候安装过程不顺利或者安装不成功，都是因为没有在要安装活目录的这台计算机上指定 DNS 服务器的 IP 地址以及自身的 IP 地址。

3.1.3 安装活动目录的情形

安装活动目录分以下两种情况。

（1）在某台计算机上安装活动目录的过程中同时安装 DNS 服务器。那么这台计算机既充当了域控制器的角色，也充当了 DNS 服务器的角色。这种情况是用得最多的方法，但安装前必须要为这台计算机配置静态 IP，同时把 DNS 服务器的 IP 地址配置为本机的 IP 地址。

（2）首先准备一台 DNS 服务器，可以是已经存在的 DNS 服务器或者是刚刚安装好的，意思就是先安装好 DNS 服务器，然后再安装活动目录。此时不管是再找一台计算机安装活动目录，还是在已经是 DNS 服务器的计算机上安装活动目录，都需要在 DNS 中创建一个正向查找区域并启用“动态更新”功能。同时这个正向查找区域的名称必须和要安装的域的名称一样，如要安装一个域名为 win2003.com 的域，那么这个正向查找区域的名字也必须为 win2003.com。同时在安装前必须要为这台要安装活动目录的计算机配置静态 IP，并把这台计算机的 DNS 服务器的 IP 地址配置为已经存在的 DNS 服务器的 IP 地址。

3.1.4 与活动目录相关的概念

1．命名空间

命名空间是一个界定好的区域，而 Windows Server 2003 的活动目录就一个命名空间，通过活动目录中的对象的名称就可以找到与这个对象相关的信息。活动目录的命名空间采用 DNS 的架构，所以活动目录的域名采用 DNS 的格式来命名。可以把域名命名为 win2003.com，abc.com 等。

2．域、域树、林和组织单元

活动目录的逻辑结构包括：域（Domain）、域树（Domain Tree）、林（Forest）和组织单元（Organization Unit）。

（1）域是一种逻辑分组，准确地说是一种环境，域是安全的最小边界。域环境能对网络中的资源集中统一的管理，要想实现域环境，必须要在计算机中安装活动目录。

（2）域树是由一组具有连续命名空间的域组成的。

域树内的所有域共享一个 Active Directory（活动目录），这个活动目录内的数据分散地存储在各个域内，且每一个域只存储该域内的数据，如该域内的用户账户、计算机账户等，Windows Server 2003 将存储在各个域内的对象统称为 Active Directory。

（3）林是有一棵或多棵域树组成的，每棵域树独享连续的命名空间，不同域树之间没有命名空间的连续性。林中第一棵域树的根域也是整个林的根域，同时也是林的名称。

（4）组织单元（OU）是一种容器，它里面可以包含对象（用户账户、计算机账户等），也可以包含其他的组织单元（OU）。

3．域控制器和站点

活动目录的物理结构由域控制器和站点组成。

（1）域控制器（Domain Controller）是活动目录的存储地方，也就是说活动目录存储在域控制器内。安装了活动目录的计算机称为域控制器，其实在第一次安装活动目录时，安装活动目录的那台计算机就成为了域控制器。一个域可以有一台或多台域控制器。最经典的做法是做一个主辅域控。再解释一次，域是逻辑组织形式，它能够对网络中的资源进行统一管理，就像工作组环境对网络进行分散管理一样，要想实现域，必须在一台计算机上安装活动目录才能实现，而安装了活动目录的计算机称为域控制器（DC）。

当一台域控制器的活动目录数据库发生改动时，这些改动的数据将会复制到其他域控制器的活动目录数据库内。

（2）站点（Site）一般与地理位置相对应。它由一个或几个物理子网组成。创建站点的

目的是为了优化域控制器之间的复制。活动目录允许一个站点可以有多个域，一个域也可以属于多个站点。

3.1.5 域网络的物理结构与逻辑结构

活动目录是包括两方面：目录和目录相关的服务。目录是存储各种对象的一个物理上的容器，与平常所说的目录没什么区别，目录管理的基本对象是用户、计算机、文件及打印机等资源。而目录服务是使目录中所有信息和资源发挥作用的服务，如用户和资源管理、基于目录的网络服务、基于网络的应用管理，它才是 Windows Server 2003 活动目录的关键和精髓所在。目录服务是 Windows Server 2003 网络操作系统的核心支柱，也是中心管理机构，所以目录服务的引入对整个操作系统带来了革命性的变化，不仅系统平台上的各基础模块，如网络安全机制、用户管理模块等发生了变化，而且上层应用的运作方式以及开发模式也有了相应的变化。这样来理解“活动目录”是不是觉得更加容易。

同时活动目录是一个分布式的目录服务，因为信息可以分散在多台不同的计算机上，保证各计算机用户快速访问和容错；同时不管用户从何处访问或信息处在何处，对用户都提供统一的视图，使用户觉得更加容易理解和掌握 Windows 2000 系统的使用。活动目录集成了 Windows 2000 服务器的关键服务，如域名服务（DNS）、消息队列服务（MSMQ）、事务服务（MTS）等。在应用方面活动目录集成了关键应用，如电子邮件、网络管理、ERP 等。要理解活动目录，必须从它的逻辑结构和物理结构入手。

1. 活动目录的逻辑结构

活动目录中的逻辑单元主要包括以下内容。

（1）域、域树、域林

① 域。域既是 Windows 2000 网络系统的逻辑组织单元，又是对象（如计算机、用户等）的容器，这些对象有相同的安全需求、复制过程和管理，这一点对于网管人员应是相当容易理解的。

② 域树和域林。活动目录中的每个域利用 DNS 域名加以标志，并且需要一个或多个域控制器。如果用户的网络需要一个以上的域，则用户可以创建多个域。共享相同的公用架构和全局目录的一个或多个域称为域林。如果域林中的多个域有连续的 DNS 域名，则该结构称为域树，如图 3-1 所示。

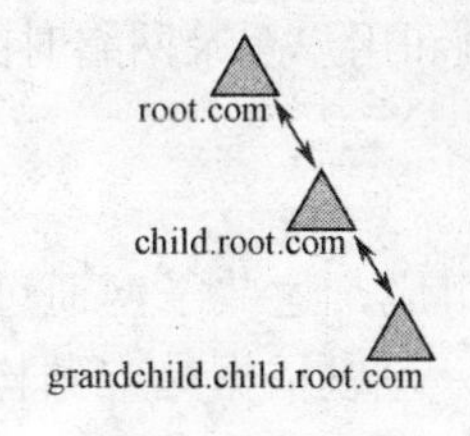

图 3-1 域树

如果相关域树共享相同的 Active Directory 架构以及目录配置和复制信息，但不共享连续的 DNS 名称空间，则称为域林，如图 3-2 所示。

域树和域林的组合为用户提供了灵活的域命名选项。连续和非连续的 DNS 名称空间都可加入到用户的目录中。

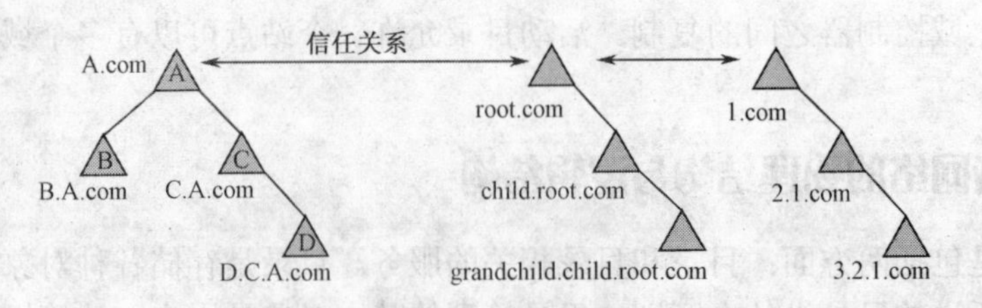

图 3-2 域林

（2）组织单元（OU）

组织单元（OU）是一个容器对象，它也是活动目录的逻辑结构的一部分，可以把域中的对象组织成逻辑组，它可以帮助简化管理工作。OU 可以包含各种对象，如用户账户、用户组、计算机、打印机等，甚至可以包括其他的 OU，所以可以利用 OU 把域中的对象形成一个完全逻辑上的层次结构。对于企业来讲，可以按部门把所有的用户和设备组成一个 OU 层次结构，也可以按地理位置形成层次结构，还可以按功能和权限分成多个 OU 层次结构。很明显，通过组织单元的包容，组织单元具有很清楚的层次结构，这种包容结构可以使管理者把组织单元切入到域中以反映出企业的组织结构并且可以委派任务与授权。建立包容结构的组织模型能够帮助解决许多问题，同时仍然可以使用大型的域、域树中每个对象都可以显示在全局目录，从而用户就可以利用一个服务功能轻易地找到某个对象而不管它在域树结构中的位置。

由于 OU 层次结构局限于域的内部，所以一个域中的 OU 层次结构与另一个域中的 OU 层次结构没有任何关系。因为活动目录中的域可以比 NT4 的域容纳更多对象，所以一个企业有可能只用一个域来构造企业网络，这时就可以使用 OU 来对对象进行分组，形成多种管理层次结构，从而极大地简化网络管理工作。组织中的不同部门可以成为不同的域，或者一个组织单元，从而采用层次化的命名方法来反映组织结构和进行管理授权。顺着组织结构进行颗粒化的管理授权可以解决很多管理上的头疼问题，在加强中央管理的同时，又不失机动灵活性。

2．活动目录的物理结构

进制-活动目录中，物理结构与逻辑结构有很大的不同，它们是彼此独立的两个概念。逻辑结构侧重于网络资源的管理，而物理结构则侧重于网络的配置和优化。活动目录的物理结构主要着眼于活动目录信息的复制和用户登录网络时的性能优化。物理结构的两个重要概念是站点和域控制器。

（1）站点

站点是由一个或多个 IP 子网组成，这些子网通过高速网络设备连接在一起。站点往往由企业的物理位置分布情况决定，可以依据站点结构配置活动目录的访问和复制拓扑关系，这样能使网络更有效地连接，并且可使复制策略更合理，用户登录更快速， 活动目录中的站点与域是两个完全独立的概念，一个站点中可以有多个域，多个站点也可以位于同一域中。

活动目录站点和服务可以通过使用站点提高大多数配置目录服务的效率。可以通过使用活动目录站点和服务向活动目录发布站点的方法提供有关网络物理结构的信息，活动目录使用该信息确定如何复制目录信息和处理服务的请求。计算机站点是根据其在子网或一组已连

接好子网中的位置指定的，子网提供一种表示网络分组的简单方法，这与常见的邮政编码将地址分组类似。将子网格式化成可方便发送有关网络与目录连接物理信息的形式，将计算机置于一个或多个连接好的子网中充分体现了站点所有计算机必须连接良好这一标准，原因是同一子网中计算机的连接情况通常优于网络中任意选取的计算机。使用站点的意义主要在于以下几个方面。

① 提高了验证过程的效率。当客户使用域账户登录时，登录机制首先搜索与客户处于同一站点内的域控制器，使用客户站点内的域控制器首先可以使网络传输本地化，加快了身份验证的速度，提高了验证过程的效率。

② 平衡了复制频率。活动目录信息可在站点内部或站点与站点之间进行信息复制，但由于网络的原因，活动目录在站点内部复制信息的频率高于站点间的复制频率。这样做可以平衡对最新目录信息需求和可用网络带宽带来的限制。用户可通过站点链接来定制活动目录如何复制信息以指定站点的连接方法，活动目录使用有关站点如何连接的信息生成连接对象以便提供有效的复制和容错。

③ 可提供有关站点链接信息。活动目录可使用站点链接信息费用、链接使用次数、链接何时可用以及链接使用频度等信息确定应使用哪个站点来复制信息，以及何时使用该站点。定制复制计划使复制在特定时间（如网络传输空闲时）进行会使复制更为有效。通常，所有域控制器都可用于站点间信息的交换，但也可以通过指定桥头堡服务器优先发送和接收站间复制信息的方法进一步控制复制行为。当拥有希望用于站间复制的特定服务器时，宁愿建立一个桥头堡服务器而不使用其他可用服务器。或在配置使用代理服务器时建立一个桥头堡服务器，用于通过防火墙发送和接收信息。

（2）域控制器

域控制器是指运行 Windows 2000 Server 版本的服务器，它保存了活动目录信息的副本。域控制器管理目录信息的变化，并把这些变化复制到同一个域中的其他域控制器上，使各域控制器上的目录信息处于同步。域控制器也负责用户的登录过程以及其他与域有关的操作，如身份鉴定、目录信息查找等，一个域可以有多个域控制器。规模较小的域可以只需要两个域控制器，一个实际使用，另一个用于容错性检查。规模较大的域可以使用多个域控制器。

3.1.6 安装域控制器

1. Active Directory 的规划

在安装 Active Directory 之前，用户首先要对 Active Directory 的结构进行细致的规划设计，让用户和管理员在使用时更为轻松。

（1）规划 DNS

如果用户准备使用 Active Directory，则需要先规划名称空间。当 DNS 域名称空间可在 Windows 2000 中正确执行之前，需要有可用的 Active Directory 结构。所以，从 Active Directory 设计着手并用适当的 DNS 名称空间支持它。经过审阅，如果检测到任何规划中有不可预见的或不合要求的结果，则根据需要进行修改。

在 Windows 2003 中，用 DNS 名称命名 Active Directory 域。选择 DNS 名称用于

Active Directory 域时，以单位保留在 Internet 上使用的已注册 DNS 域名后缀开始（如"root.com"），并将该名称和单位中使用的地理名称或部门名称结合起来，组成 Active Directory 域的全名。

例如，root 的 sales 测试组可能称它们的域为"sales.child.root.com"。这种命名方法确保每个 Active Directory 域名是全球唯一的。而且，这种命名方法一旦被采用，使用现有名称作为创建其他子域的父名称以及进一步增大名称空间以供单位中的新部门使用的过程将变得非常简单。对于仅使用单个域或小型多域模式的小型企业，可以直接进行规划并按照与以前范例相似的方法操作。在规划 DNS 和 Active Directory 名称空间时，建议使用不同组而且不重叠的可分辨名称作为内部和外部 DNS 使用的基础。例如，假定单位的父域名是"example.root.com"。对于内部 DNS 名称的使用，用户可以使用诸如"internal.root.microsoft.com"的名称；对于外部 DNS 名称的使用，用户可以使用诸如"external.example.microsoft.com"的名称。保持内部和外部名称空间始终是分离的而且截然不同，这样用户可以简化某些配置的维护工作，如域名筛选器或排除列表。

（2）规划用户的域结构

最容易管理的域结构就是单域。规划时，用户应从单域开始，并且只有在单域模式不能满足用户的要求时，才增加其他的域。一个域可跨越多个站点并且包含数百万个对象。站点结构和域结构互相独立而且非常灵活。单域可跨越多个地理站点，并且单个站点可包含属于多个域的用户和计算机。如果只是反映用户公司的部门组织结构，则不必创建独立的域树。在一个域中，可以使用组织单位来实现这个目标。然后，可以指定组策略设置并将用户、组和计算机放在组织单位中。

可以在域中创建组织单位的层次结构。组织单位可包含用户、组、计算机、打印机、共享文件夹以及其他组织单位。组织单位是目录容器对象。它们表现为"Active Directory 用户和计算机"中的文件夹。组织单位简化了域中目录对象的视图以及这些对象的管理。可将每个组织单位的管理控制权委派给特定的人。这样，用户就可以在管理员中分配域的管理工作，以更接近指派的单位职责的方式来管理这些管理性职责工作。

通常，应该创建能反映组织单位的职能或商务结构的单位。例如，用户可以创建顶级单位，如人事关系、设备管理和营销等部门单位。在人事关系单位中，用户可以创建其他的嵌套组织单位，如福利和招聘单位。在招聘单位中，也可以创建另一级的嵌套单位。如内部招聘和外部招聘单位。总之，组织单位可使用户以一种更有意义且易于管理的方式来模拟用户实际工作的单位，而且在任何一级指派一个适当的本地权利机构作为管理员。

每个域都可以实现自己的组织单位层次结构。如果用户的企业包含多个域，则可以独立于其他域中的结构在每个域中创建组织单位的结构。

（3）何时创建域控制器

将 Windows Server 2003 计算机升级为域控制器会创建一个新域或者向现有的域添加其他域控制器。创建域控制器可以：

① 创建网络中的第一个域。

② 在树林中创建其他的域。

③ 提高网络可用性和可靠性。

④ 提高站点之间的网络性能。

要创建 Windows 2003 域，必须在该域中至少创建一个域控制器。创建域控制器也将创建该域。不可能有没有域控制器的域。如果确定用户的单位需要一个以上的域，则必须为每个附加的域至少创建一个域控制器。树林中的附加域可以是新的子域、新域树的根。

（4）规划用户的委派模式

用户可以将权利下派给单位中最底层部门，方法是在每个域中创建组织单位树，并将部分组织单位子树的权利委派给其他用户或组。通过委派管理权利，用户不再需要那些定期登录到特定账户的人员，这些账户具有对整个域的管理权。尽管用户还拥有带整个域的管理授权的管理员账户和域管理员组，可以仍保留这些账户以备少数高度信任的管理员偶尔使用。

最后在规划 Active Directory 结构时，除了需要认真考虑以上各项外，用户还要注意以下几点。

① 使用的域越少越好，因为在 Windows 2003 中已经大大扩展了单个域的容量。

② 限制组织单位的层次，在 Active Directory 搜索事物的层次越深则运行效率越低。

③ 限制组织单位中的对象个数，这样便于高效的查找特定资源。

④ 用户可以将管理权限分配到组织单位级，这样提高了管理效率，降低了管理员的负荷。

2. 安装 Active Directory

运行 Active Directory 安装向导将 Windows Server 2003 计算机升级为域控制器会创建一个新域或者向现有的域添加其他域控制器。

在安装 Active Directory 前首先确定 DNS 服务正常工作，安装域控制器的步骤参见后面的任务实施部分。

3.1.7　Windows XP 客户机登录到域

客户机加入到域的条件：安装了域控制器后，如果客户机要登录到域控制器中，需要在域控制器创建域用户，然后在客户机中通过域用户将客户计算机加入到域网络中，然后重新启动客户机，客户机通过域用户账号登录到域控制器中。

客户机加入到域中的步骤详细见任务实施部分。

3.1.8　任务实施 1　安装活动目录

上面介绍了安装活动目录的情形，下面演示第 1 种情况的安装过程，因为这种比较常用。

（1）首先准备一台安装了 Windows Server 2003 企业版的计算机，计算机名为 computer。接着为这台计算机配置静态 IP，并把 DNS 服务器 IP 地址指向自己，如图 3-3 所示。

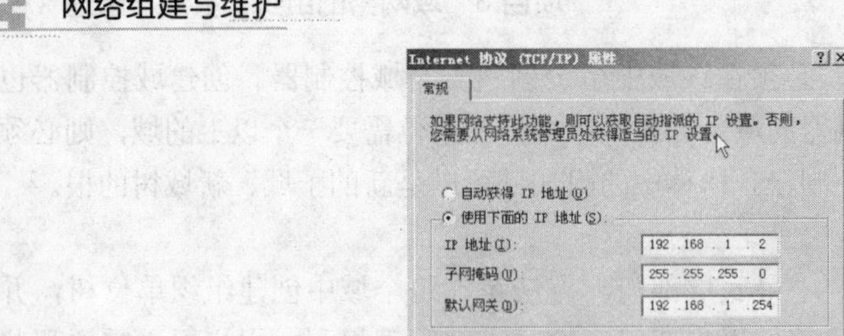

图 3-3　指定 IP 地址

（2）执行【开始】→【运行】命令，打开【运行】对话框，输入“dcpromo”命令，如图 3-4 所示，启动 Active Directory 安装向导。也可以用 CMD 命令打开命令提示符窗口，运用该命令。

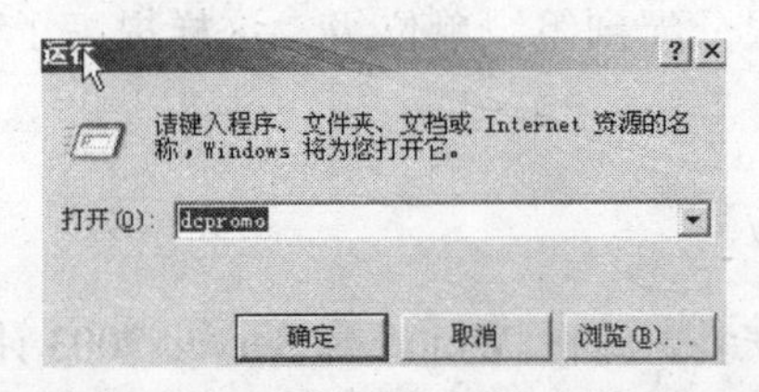

图 3-4　输入“dcpromo”命令

（3）在【欢迎使用 Active Directory 安装向导】对话框中单击【下一步】按钮。

（4）出现【操作系统兼容性】对话框，显示了一些安全设置，不用管它，直接单击【下一步】按钮。

（5）这里选中【新域的域控制器】单选按钮，如图 3-5 所示。由于是第一次创建域环境，所以必须选择这一项，单击【下一步】按钮。

（6）在如图 3-6 所示的对话框中，选中【在新林中的域】单选按钮，然后单击【下一步】按钮。

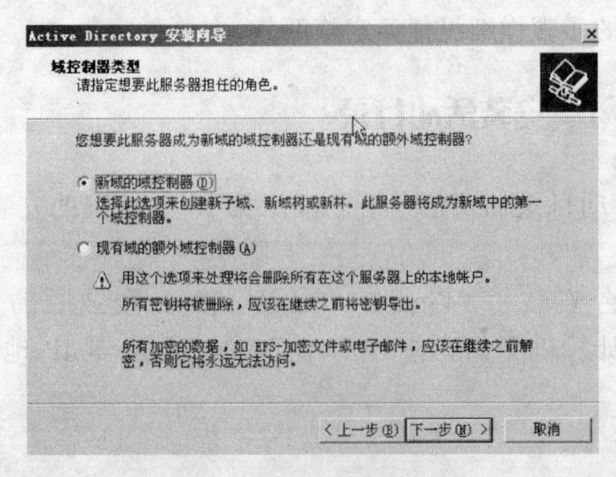

图 3-5　选择“域控制器类型”

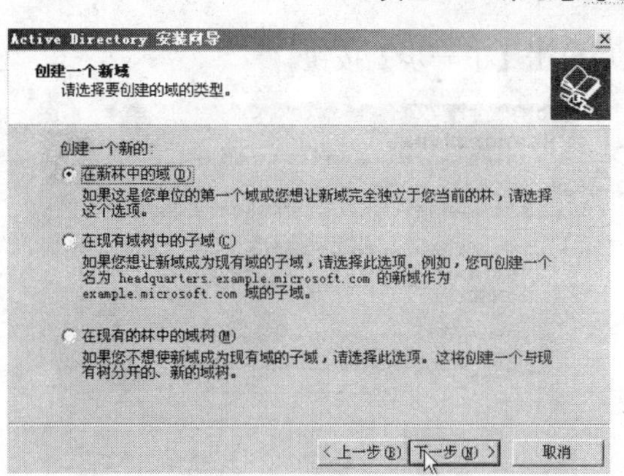

图 3-6　创建一个新域

（7）在如图 3-7 所示的对话框中输入新域的域名，这个域名必须符合 DNS 的命名格式，这里输入“win2003.com”。当然也可以是“abc.com”等，如果是企业的实际生产环境，这里最好指定在公网注册的域名，然后单击【下一步】按钮。此时会稍微等一下才会跳到下一个对话框，因为安装向导会花费时间来检查此域名是否已经存在于网络中，若存在，安装程序会要求重新设置一个新的域名。

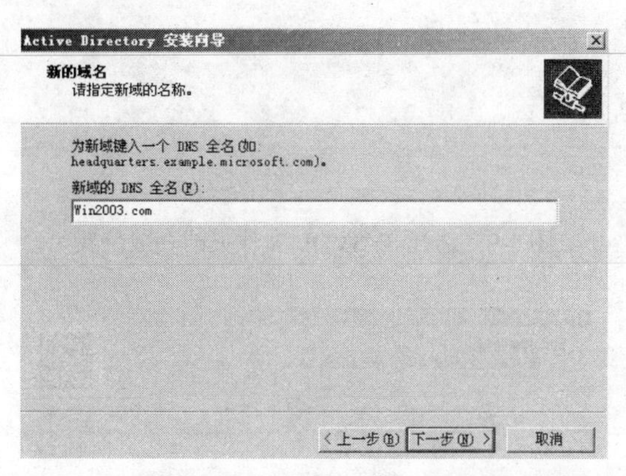

图 3-7　输入域名

（8）出现【NETBIOS 域名】设置对话框，安装向导自动设置了 NETBIOS 名为 win2003。它取的是域名的前半段文字。NETBIOS 名支持那些不支持 DNS 域名的早期版本的操作系统利用 NETBIOS 域名来访问域内的资源。此名称可以修改，但不能超过 15 个字符。等讲到计算机加入域时，会利用它能找到域控制器。单击【下一步】按钮。

（9）选择活动目录数据库和日志文件的存放位置，建议最好不要存在一个地方，这样可以减少磁盘的 I/O，从而提高效率。这里使用的是默认值，如图 3-8 所示，然后单击【下一步】按钮。

（10）选择 SYSVOL 文件夹的存放位置，这里使用的是默认值，如图 3-9 所示。此文件夹必须位于 NTFS 磁盘分区中，然后单击【下一步】按钮。

（11）由于采用的是第 1 种情况来安装活动目录，此时必须选中【在这台计算机上安装并配置 DNS 服务器，并将这台 DNS 服务器设为这台计算机的首选 DNS 服务器】单选按钮。因为我们还没有 DNS 服务器，此时我们必须在安装活动目录的过程中安装 DNS 服务器，如图 3-10 所示，然后单击【下一步】按钮。

图 3-8　选择活动目录数据库和日志文件的存放位置

图 3-9　选择 SYSVOL 文件夹的存放位置

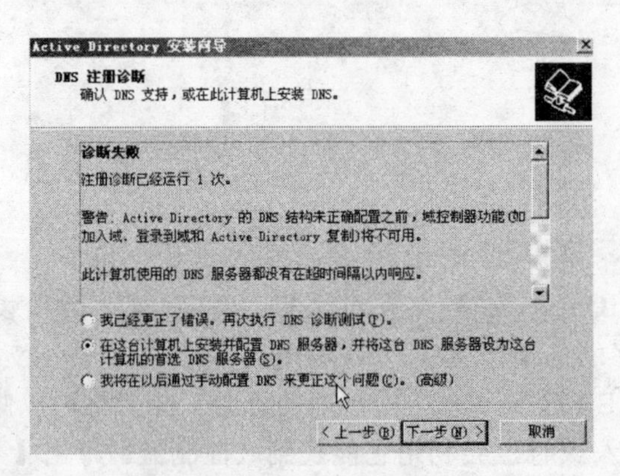

图 3-10　设置 DNS 注册诊断

（12）出现【权限】设置对话框，选中【只与 Windows 2000 或 Windows Server 2003 操作系统兼容的权限】单选按钮，如图 3-11 所示。

（13）单击【下一步】按钮，然后设定目录服务还原模式的密码，什么是目录服务还原模式，其实就是计算机启动时，不停地按【F8】键进去，有一项就是“目录服务还原模式”，在 Windows Server 2003 中，这里可以不设置密码也可以设置密码，这里设置了密码，如图 3-12 所示。但是 Windows Server 2008 中这里必须要设置密码。然后单击【下一步】按钮。

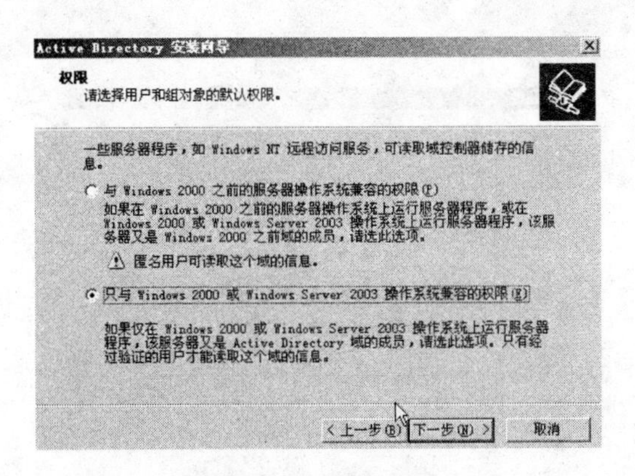

图 3-11　设置权限

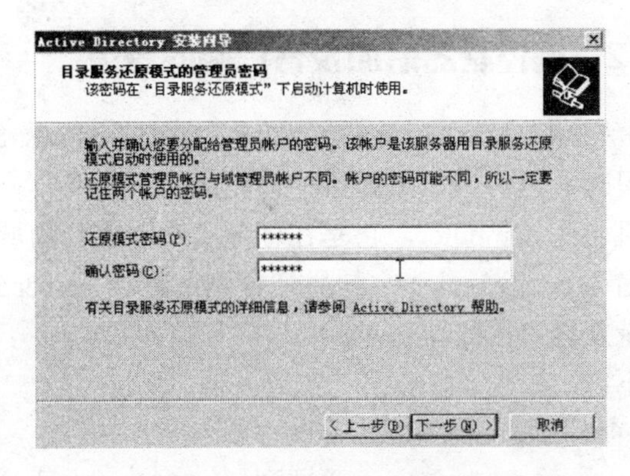

图 3-12　设置"目录服务还原模式"的密码

（14）出现【摘要】对话框，检查以前设置的各个值，确认无误后，然后单击【下一步】按钮，如图 3-13 所示。

（15）开始安装活动目录了，如图 3-14 所示，安装过程中会出现 DNS 安装画面。

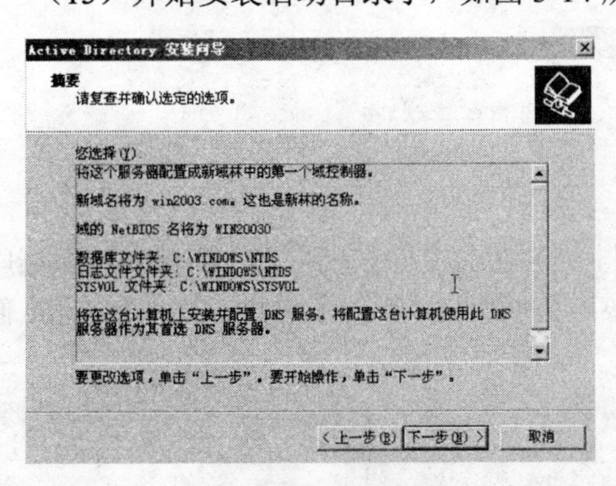

图 3-13　摘要信息

图 3-14　活动目录安装过程

（16）安装成功，单击【完成】按钮，此时会弹出"重新启动"对话框，单击【立即重新启动】按钮。

（17）重新启动之后，发现登录时已经是域环境了，此时就可以登录 win2003.com 域了。至此，活动目录就安装完成了。如果不出现意外，此时已经算是成功了，当然最好登录进去仔细的检查下。打开【我的电脑】→【属性】→【计算机名】，可以看 computer 已经是域了，如图 3-15 所示。

图 3-15　计算机成为域控制器

3.1.9　任务实施 2　域控制器启动及客户端的登录

说明：域控制器及客户端都是 VMware 虚拟机安装的 Windows Server 2003 企业版的操作系统。建议读者在练习时，也可以采用虚拟机来完成。

（1）域控制器计算机名为 computer，它是在任务实施 1 安装的域控制器。

（2）客户端计算机名为 computer1。它是另一台 Windows Server 2003 操作系统

（3）主域控制器登录及客户机的域登录。

任务实施的步骤如下：

1）主域控制器的检查

首先启动域控制器 computer，输入密码登录到 win2003.com 域。如果能成功登录表示域控制器正在工作，但还不能表明活动目录已经完全安装成功。所以还要在域控制器上检查以下几项。

第 1 项：查看管理工具中相关的项是否已经存在，如图 3-16 所示。

图 3-16　管理工具的启动项

第 2 项：检查 Active Directory 数据库文件与 SYSVOL 文件夹。Active Directory 数据库文件默认会安装到 C:\WINDOWS\NTDS 文件夹中，此文件中有 7 个文件，其中 ntds.dit 便是 Active Directory 数据库文件，.log 是日志文件，如图 3-17 所示。

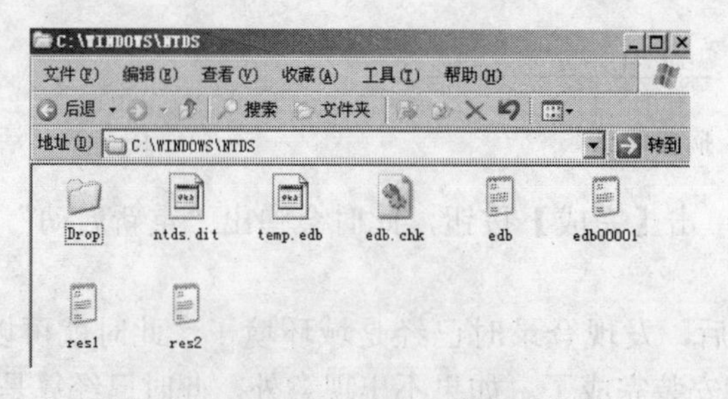

图 3-17　Active Directory 数据库文件

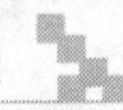

SYSVOL文件夹是安装Active Directory时创建的，它用来存放GPO、Script等信息。同时，存放在SYSVOL文件夹中的信息，会复制到域中所有DC上。而SYSVOL文件夹默认会安装到C:\WINDOWS\SYSVOL，里面有4个文件夹，其中sysvol是共享文件夹，里面还有一个共享文件夹scripts，这个共享文件夹在域win2003.com文件夹的里面，如图3-18所示。

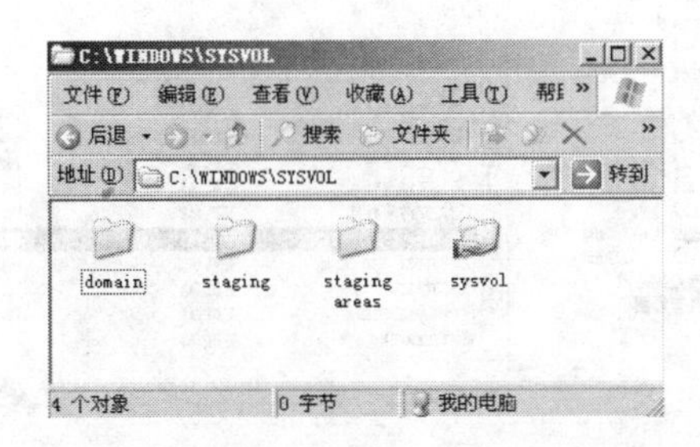

图3-18　SYSVOL文件夹

可以在运行中用%systemroot%\NTDS和%systemroot%\SYSVOL命令来打开相关的文件夹。还可以用net share命令查看共享，如图3-19所示。

图3-19　查看共享

第3项：检查DNS服务器内与AD相关的文件夹和SRV记录是否存在或完整。由于域控制器会把自己的主机名、IP地址以及所扮演的角色等数据登录到DNS服务器内，以便让其他的计算机通过DNS服务器来寻找这台域控制器。因此必须要检查这些文件夹和SRV记录，打开DNS，当然可以在管理工具下利用图形界面打开，这里可以用dnsmgmt.msc命令来打开，如图3-20所示。

图3-20　启动DNS

发现有一个win2003.com的正向查找区域，它是安装AD时自动创建的，以便让域win2003.com中的成员（域控制器、成员服务器、客户端）将数据登记到这个区域。从图3-21中看到computer已经成功将自己主机名称和IP地址登记到这个区域内。同时还有一个_msdcs.win2003.com的正向查找区域，因为安装活动目录时顺便安装了DNS服务器，所以也创建了这个区域，此时Windows Server 2003域控制器会将数据登记到_msdcs.win2003.com区域内，而不是_msdcs 文件夹。

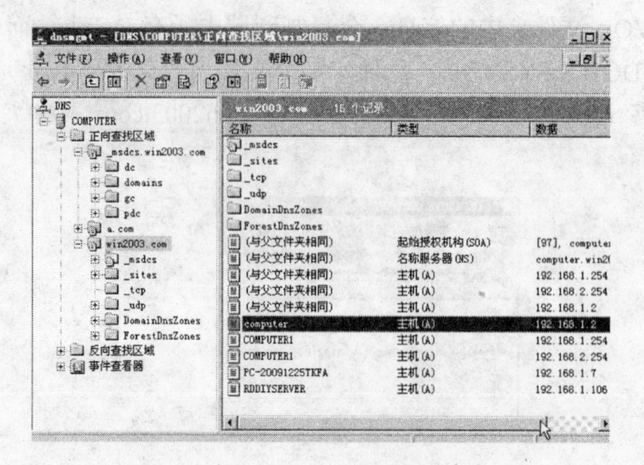

图 3-21　DNS 正向查找区域

可以浏览这 2 个区域下的_TCP 文件夹以及相应的 SRV 记录，如图 3-22 所示。

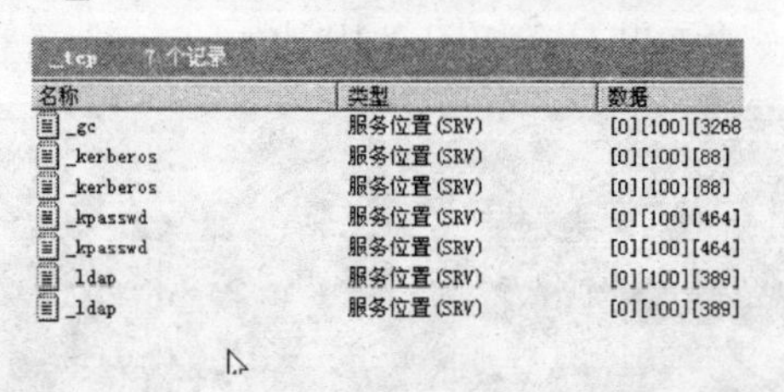

图 3-22　SRV 记录

关于 SRV 记录介绍如下。

SRV 记录：服务资源记录，用于定位整个 AD 中服务器的位置。

_ldap：轻量目录访问协议，英文全称 Lightweight Directory Access Protocol，一般都简称为 LDAP。

_kerberos：身份验证方式。

_gc：全局编录，存放整个域中所有对象的常规属性。

从图 3-22 中可以清晰的看到，域和站点的 GC 是谁，LDAP 服务器是谁，以及 KDC 服务器是谁。

故障排除：如果 DNS 中没有出现上面这些文件夹以及 SRV 记录。一般需要这么做。首先为域控制器指定正确的 DNS 服务器的 IP 地址，然后重新启动 Net Logon 服务。如果重新启动 Net Logon 服务还不正确，请按下面的步骤：

（1）首先为域控制器指定正确的 DNS 服务器的 IP 地址；

（2）在 DNS 服务器中建立和域名相同的正向查找区域，并启用动态更新；

（3）重新启动 Net Logon 服务。

经过这 3 步相关的文件夹和 SRV 记录就应该出现了。

SRV 记录的修复：如果一个域的 SRV 记录出现故障，修复方法如下：收集所有 DC 上的 SRV 记录，统一复制到区域数据文件中，因为任何一个 SRV 记录在升域成功后都有一个备份。域控制器的备份位置在 C:\WINDOWS\system32\config\netlogon.dns 用记事本打开，

把所有域服务器上该文件的内容复制到 DNS 所在机器的 C:\WINDOWS\system32\dns，将光标定位于结尾，粘贴即可。注意以下步骤：

（1）DNS 区域停止；

（2）粘贴后的文件保存；

（3）DNS 区域启动；

（4）最后再执行一个非常关键的命令，它的作用是强制 DNS 重新注册相应记录，使用的命令如下：

ipconfig /registerdns.

使用上面的方法，可以解决 SRV 记录的修复问题。

2）通过客户端加入域检查

（1）首先登录到客户端 computer1，然后使用鼠标右键单击【我的电脑】图标，在快捷菜单中选择【属性】选项，在【系统属性】对话框中选择【计算机名】选项卡，单击【更改】按钮，在【隶属于】文本框中输入 win2003.com，如图 3-23 所示。

（2）图 3-24 显示加入 win2003.com 域失败，原因其实很简单，因为还没有配置 computer1 客户端的 IP 地址。但是可以利用 NETBIOS 名来加入域，如在上面不输入 win2003.com，而是输入 win2003，然后单击【确定】按钮，如果还是出错，则有可能两个机器网络不同，将局域网计算机网卡设置为仅本地，再做尝试，就会弹出如图 3-26 所示对话框，说明通过 NETBIOS 名找到了域控制器，此时使用的是广播。

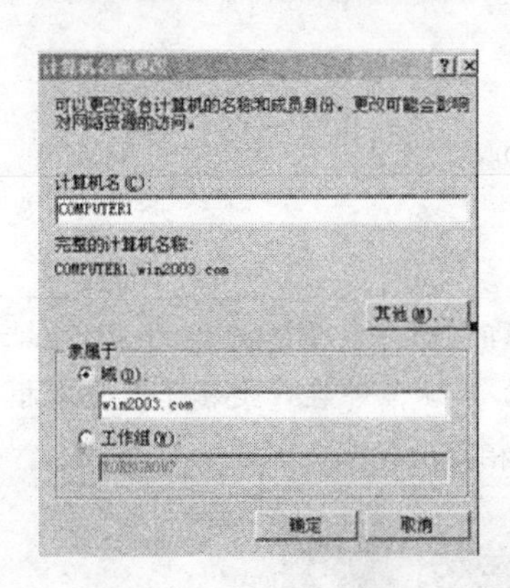

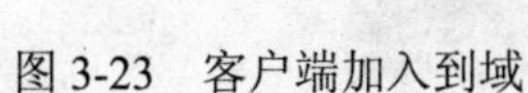
图 3-23 客户端加入到域

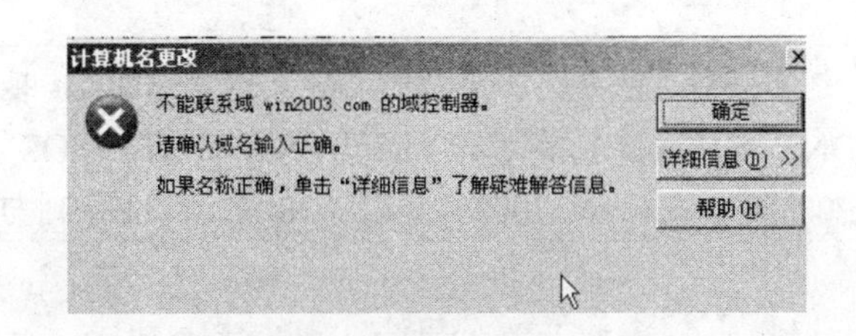

图 3-24 提示不能联系域

（3）为了使用域名而不是 NETBIOS 名让客户端加入域，必须配置 Clients 客户端的 IP 地址。并且，要配置客户端的首选 DNS 为主域控制器的 IP 地址即为 192.168.1.2，如图 3-25 所示。

（4）配置完 IP 之后，再次单击【计算机名称更改】对话框中的【确定】按钮。此时就会顺利找到域控制器了。因为计算机之间通信是通过 IP 地址进行的，所以这里输入域名 win2003.com 后，事实上是 DNS 服务器会自动把 win2003.com 域名解析成域控制器的 IP 地址。所以客户端加入域需要 DNS 服务器的支持。此时弹出和上面用 NETBIOS 名加入域一样的对话框。在里面输入域的管理员账户和密码，如图 3-26 所示，单击【确定】按钮。

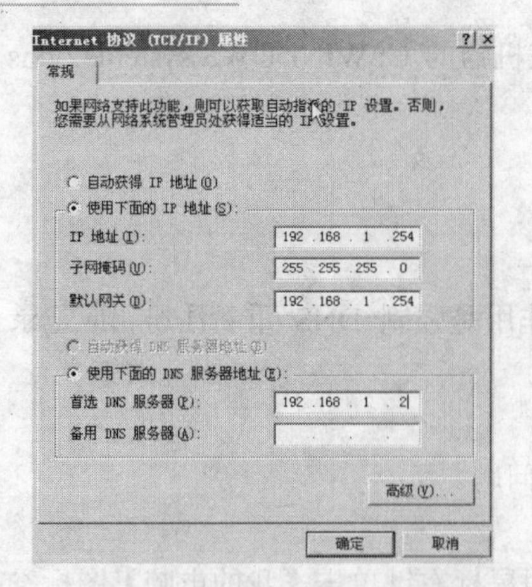

图 3-25　设置客户机的首选 DNS 为域的 IP 地址

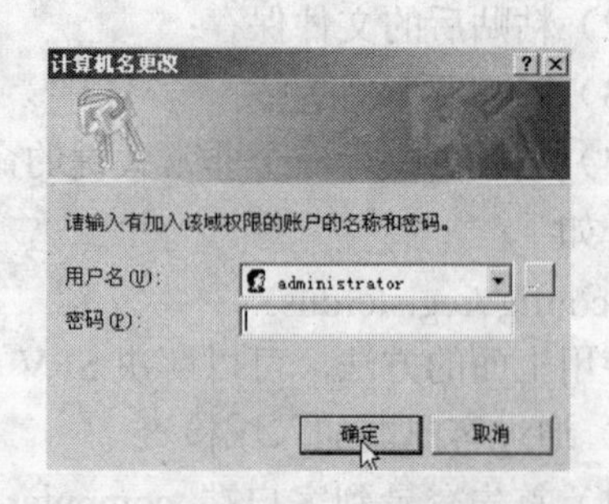

图 3-26　输入有权加入的域的账号和密码

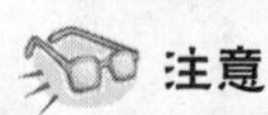

此时，输入在域控制器中创建的域用户名称和密码。

（5）此时弹出欢迎加入 win2003.com 域的对话框，如图 3-27 所示。

图 3-27　欢迎加入 win2003.com 域

还有一种方法是：如果暂时不更改客户端的 IP 地址，即暂时不配置客户端的 IP 地址的首选 DNS 为主域控制器的 IP 地址，则输入 NETBIOS 名来加入域，即在【隶属于】文本框中将 win2003.com 改为 win2003，如图 3-28 所示。会得到与上面相同的结果，欢迎加入到域。

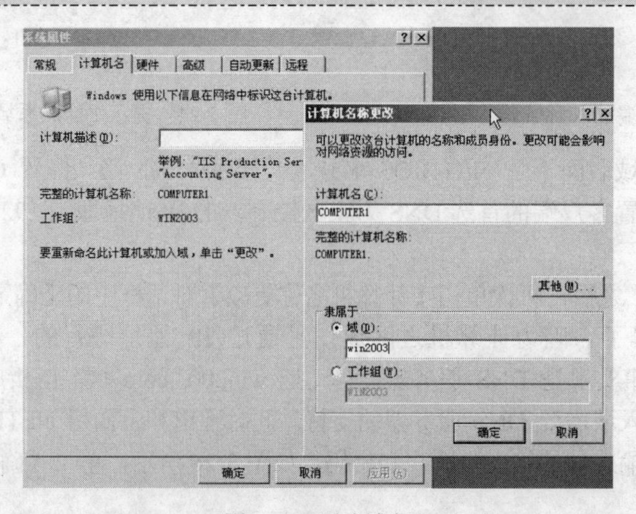

图 3-28　更改域名

（6）单击确定之后会提示必须重新启动计算机才能使更改生效，如图 3-29 所示。

（7）重启计算机后，发现 computer1 客户端的登录框已经变成如图 3-30 所示，表示这台计算机已经成功加入域。可以选择登录到本地，也可以选择登录到域。

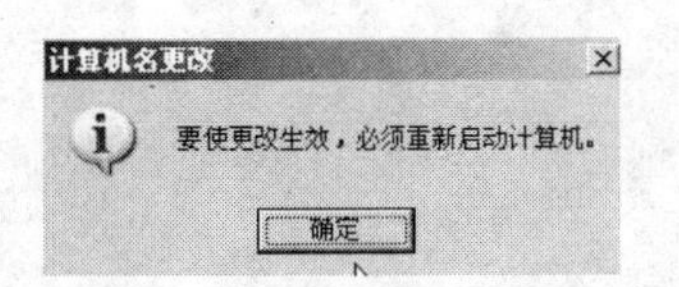

图 3-29　提示重新启动计算机

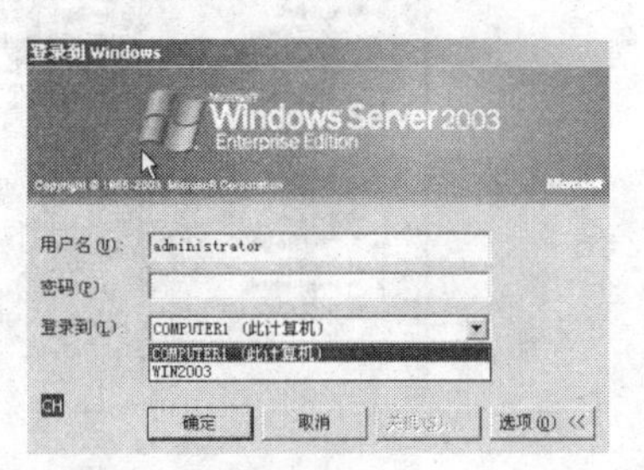

图 3-30　客户端的启动界面

注意

当选择登录到域时，还必须在域控制器 computer 上为这个客户端 computer1 这台计算机创建一个用户账户。

现在来创建一个用户账户 cxp，在 Active Directory 用户和计算机的 Users 上用鼠标右键单击，在快捷菜单中选择【新建】→【用户】选项，弹出【新建对象-用户】对话框，在其中输入姓名和用户登录名，如图 3-31 所示。具体创建方法可以参见本项目中域用户的创建部分的介绍。

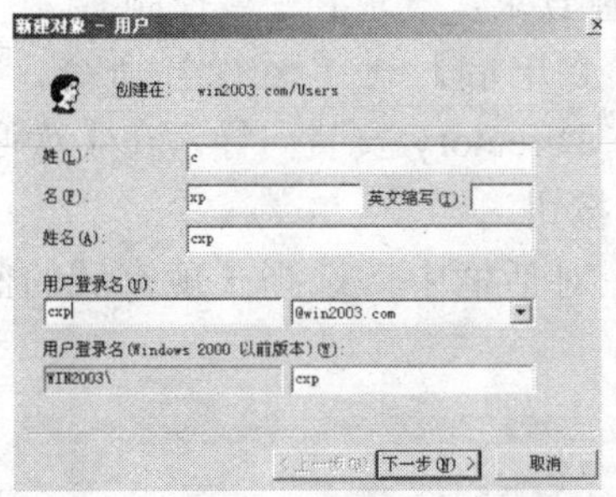

图 3-31　新建用户

还要引起重视的是域用户的密码设置，此时，单击图 3-31 中的【下一步】按钮，只是输入个简单的密码，提示并不能创建该用户，因为密码不符合复杂性要求，这时通过修改密码策略来实现用户的创建。

这个密码策略，密码默认要符合复杂度定义条件，A～Z、a～z、0～9、特殊字符等任选三种，同时长度必须大于或等于 7 位。可以选择密码永不过期，这样可以解除默认 42 天的限制。密码策略的设置可以在【域控制器安全策略】对话框中进行设置，如图 3-32 所示。

在图 3-32 中右侧的策略【密码必须符合复杂性要求】这个选项上用鼠标右键单击，在快捷菜单中选择【属性】选项，在弹出的对话框中选择【已禁用】选项，单击【确定】按钮，然后【密码长度最小值】这个选项中设置为 0 个字符，默认为 7 个字符，可以改为 0 个字符，不能改为“没有定义”。

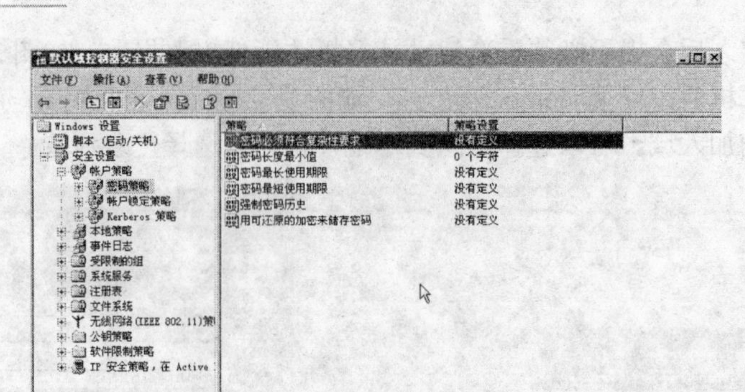

图 3-32　密码策略设置

经过上面的设置后，在【运行】对话框中输入“GPUPDATE ”命令，刷新策略，这样设置的密码策略可以快速生效。请读者记住这一点。

经过修改密码策略的设置，cxp 这个用户账户已经创建成功。

最后用这个域用户 cxp 在 computer1 这个客户端计算机中登录域控制器 computer，第一次登录会稍慢一些。登录成功后会创建 cxp 这个用户的桌面。

3.1.10　任务实施 3　额外域控制器的安装

执行以任务实施 2 中的客户机 computer1 来进行安装额外域控制器，安装步骤如下。

（1）首先在客户机中进行域登录，登录到主域控制器。

（2）登录成功后，执行【开始】→【运行】命令，打开【运行】对话框，输入“dcpromo”命令，启动 Active Directory 安装向导。在【欢迎使用 Active Directory 安装向导】对话框中单击【下一步】按钮。

（3）在【域控制器类型】对话框中，选择【现有域的额外域控制器】单选按钮，如图 3-33 所示。

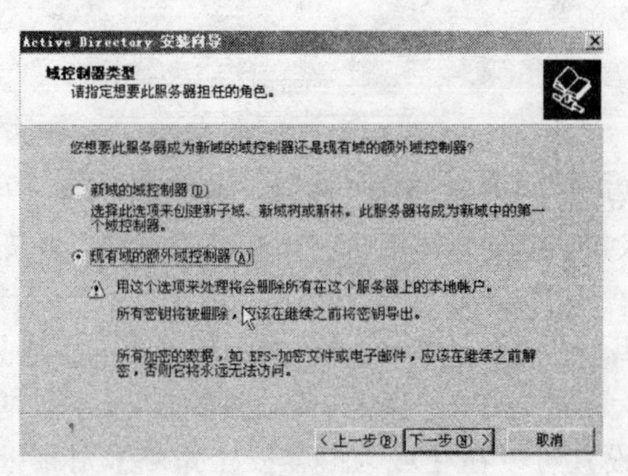

图 3-33　【域控制器类型】对话框

（4）单击【下一步】按钮，出现【网络凭据】对话框，要求输入“用户名”、“密码”和“域名”，此时，可以输入网络用户 administrator 或已经创建的网络用户 cxp，如图 3-34 或图 3-35 所示。这点也要注意，要输入域用户名和密码。

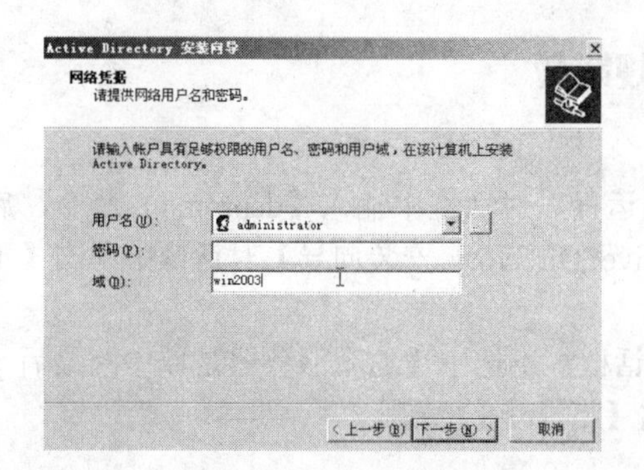

图 3-34 输入网络用户名和密码及域名（1）

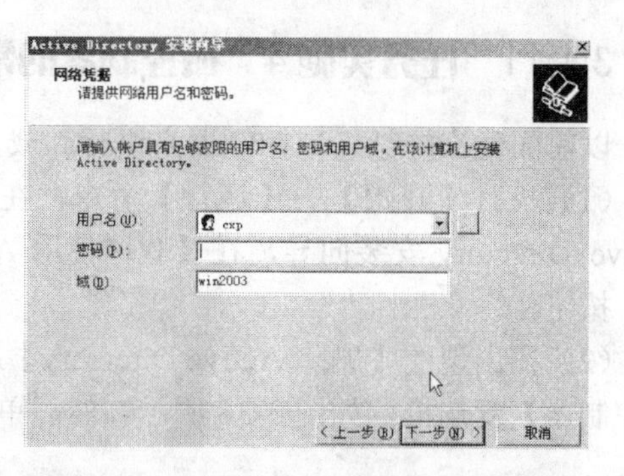

图 3-35 输入网络用户名和密码及域名（2）

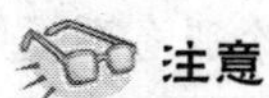

注意

如果在客户机中的 IP 地址设置中没有指定主域控制器的 IP 地址（本例为 192.168.1.2）为首选 DNS 的 IP 地址，将会出现如图 3-36 所示的对话框。只要指定了客户机的首选 DNS 为主域控制器的 IP 地址，如图 3-37 所示，就不会出现这个错误提示了。

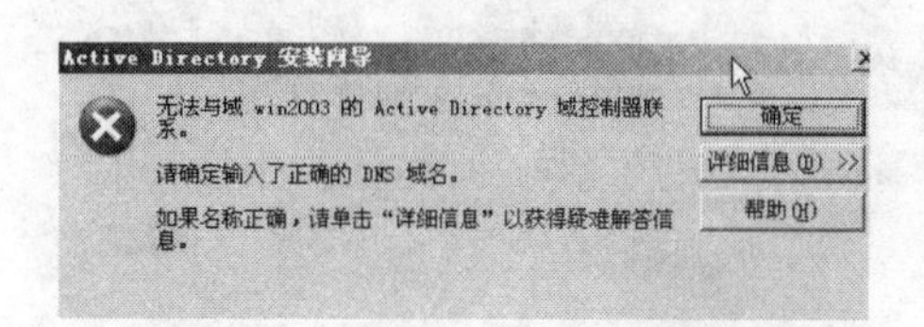

图 3-36 无法与域联系的错误提示

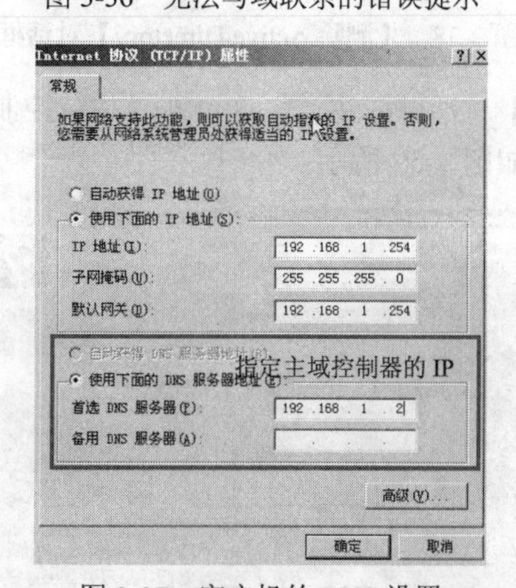

图 3-37 客户机的 DNS 设置

（5）在与域控制器联系正常后，会弹出一个对话框，输入额外的域控制器的域名的对话框，输入域名后，单击【下一步】按钮会出现“NETBIOS 名”对话框，然后出现选择数据库的保存位置，不用管它，默认即可。还有就是出现设置目录还原模式的密码及摘要信息等这些都与安装第一台域控制器没有什么区别。

（6）然后在确认摘要信息无误后，开始安装额外域控制器，安装完成后，提示重新启动后额外域控制器就建立成功了。

3.1.11 任务实施 4 域控制器的常规卸载

以前面建立的额外域控制器来进行卸载。

（1）执行【开始】→【运行】命令，在“运行”对话框中输入【dcpromo】命令，启动 Active Directory 安装向导，在【欢迎使用 Active Directory 安装向导】对话框中单击【下一步】按钮。

（2）在出现的【删除 Active Directory】对话框，不选中【这个服务器是域中的最后一个域控制器】复选框，如图 3-38 所示。然后单击【下一步】按钮。

注意

此时选择的是卸载额外域控制器，如果是卸载主域控制器，则必须选择【这个服务器是域中的最后一个域控制器】复选框。

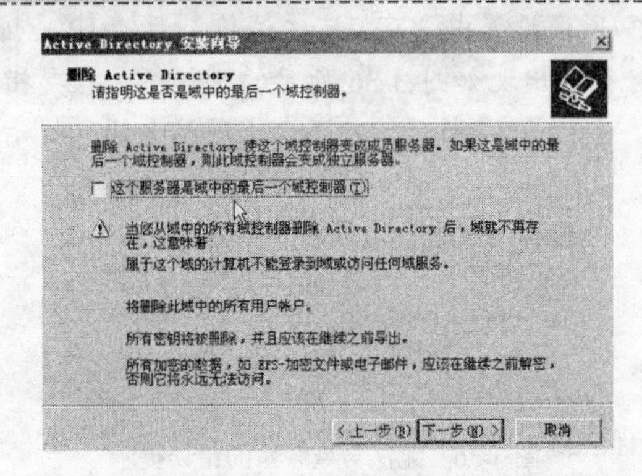

图 3-38 【删除 Active Directory】对话框

（3）出现【管理员密码】对话框，注意，这个密码是域控制器卸载后，计算机本地的登录密码，不是域登录密码，如图 3-39 所示。

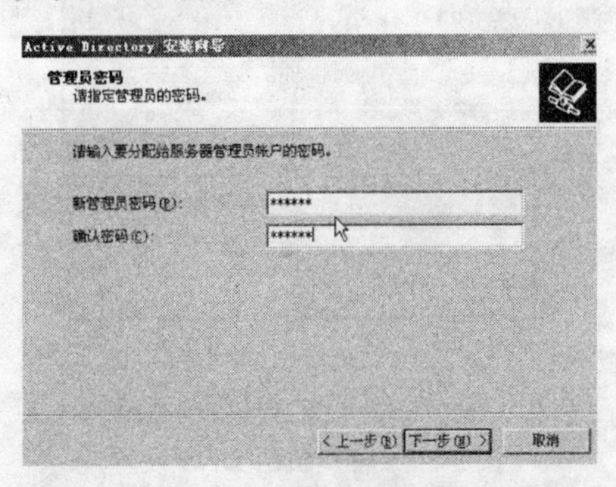

图 3-39 设置管理员密码

（4）单击【下一步】按钮，出现摘要信息，提示这台服务器将成为域的成员，而不是域控制器，单击【下一步】按钮开始进行的域控制器的卸载，卸载完成后，重新启动计算机生效。

3.1.12 任务实施 5 活动目录的备份与恢复

在域控制器环境中，用户进行域登录后，就可以访问域中的共享出来的给用户的所有资源。如果这个域控制器损坏了，那用户登录时可就无法获得令牌了，没有了这个令牌，用户就没法向成员服务器证明自己的身份，那用户还能访问域中的资源吗？结果不言而喻，整个域的资源分配趋于崩溃。针对这个现象可以通过额外域控制器来实现挽救。除此之外，还可以通过 Windows 自带的备份工具对 Active directory 进行完全备份，在出现故障时，选择本台计算机或其他的成员计算机进行还原，即可恢复活动目录。

1. Active directory 的备份

（1）在域控制器计算机上，执行【开始】→【程序】→【附件】→【系统工具】→【备份】命令，出现了【备份或还原向导】对话框，单击【下一步】按钮继续，如图 3-40 所示。

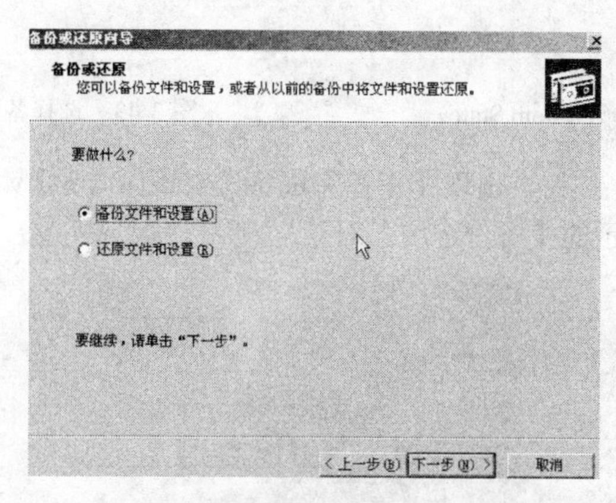

图 3-40　【备份或还原向导】对话框

（2）单击【下一步】按钮，在出现的对话框中，不用备份计算机上的所有信息，只备份 Active Directory，因此手工选择要备份的内容。此处选中【让我选择要备份的内容】单选按钮，如图 3-41 所示。

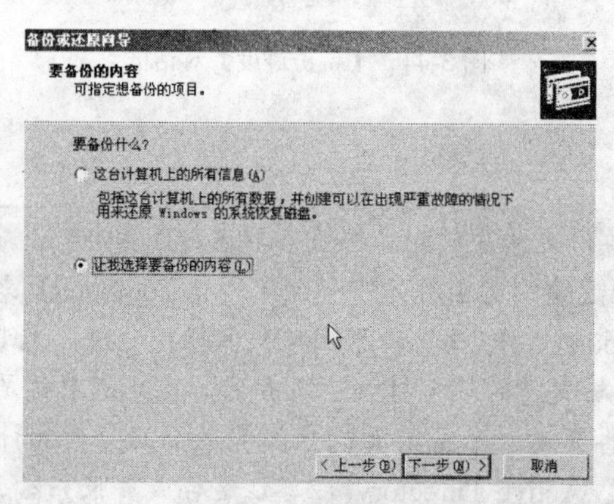

图 3-41　选择备份内容

（3）单击【下一步】按钮，在出现图 3-42 所示的对话框中，选择备份 System State，System State 中包含了 Active Directory。其实只需要 System State 中的 Active Directory、Registry 和 Sysvol 就够了，但备份工具中不允许再进行粒度更细致的划分，因此选择备份整个 System State。

（4）把 System State 备份在 C:\ADbackup 目录下，如图 3-43 所示。

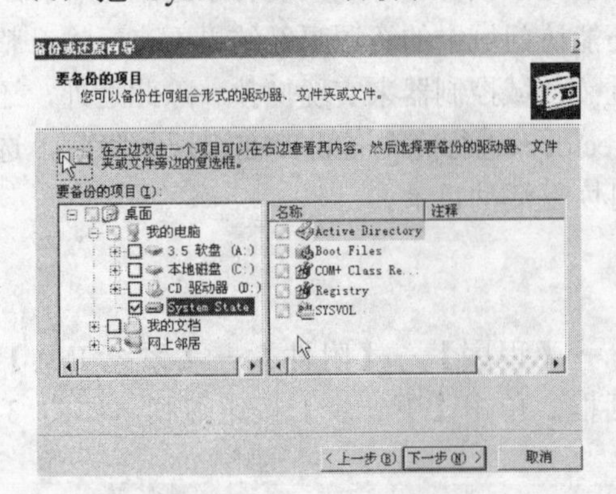

图 3-42　选择 System State

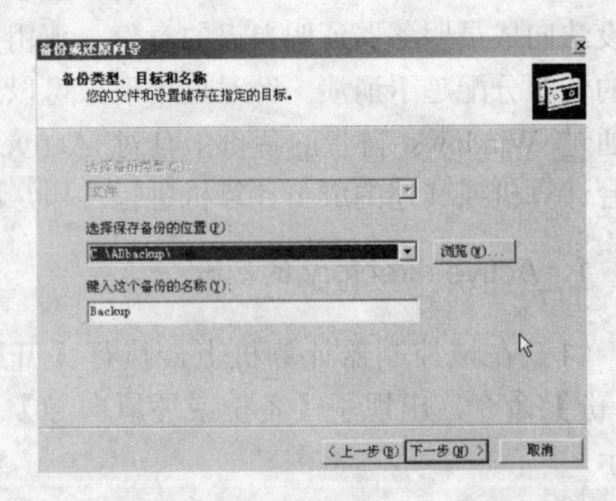

图 3-43　选择备份文件夹存放位置

（5）单击【下一步】按钮，出现【正在完成备份或还原向导】对话框，单击【完成】按钮，即出现如图 3-44 所示的【备份进度】对话框。

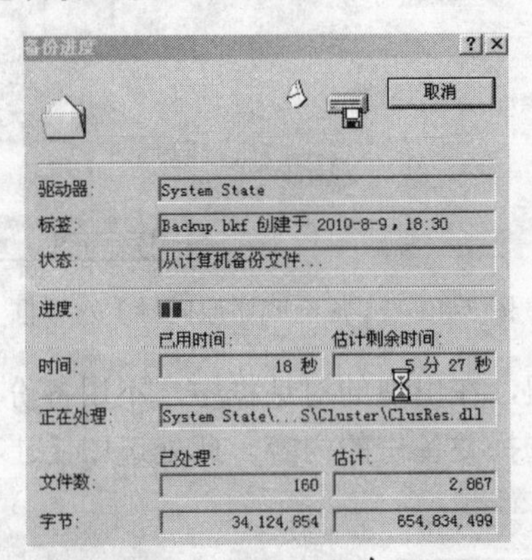

图 3-44　【备份进度】对话框

注意

等到备份完成后把备份文件复制到文件服务器进行保存即可。备份完成后，假设域控制器 computer 发生了物理故障，现在用另外一台计算机 computer1 来接替 computer。把这台新计算机也命名为 computer，IP 设置和原域控制器保持一致，尤其是一定要把 DNS 指向为 win2003.com 提供解析支持的那个 DNS 服务器，在此例中就是 192.168.1.2。计算机改名和 IP 地址的更改不再多述，参见前面的介绍完成。而且新的计算机不需要创建 Active Directory，从备份中恢复 Active Directory 即可让这台成员服务器成为域控制器接替原来的域控制器进行工作。

2．活动目录的还原

（1）从文件服务器上把 System State 的备份复制到新的 computer 上，然后启动备份工具，如图 3-45 所示，这里选中【还原文件和设置】单选按钮，单击【下一步】按钮继续。

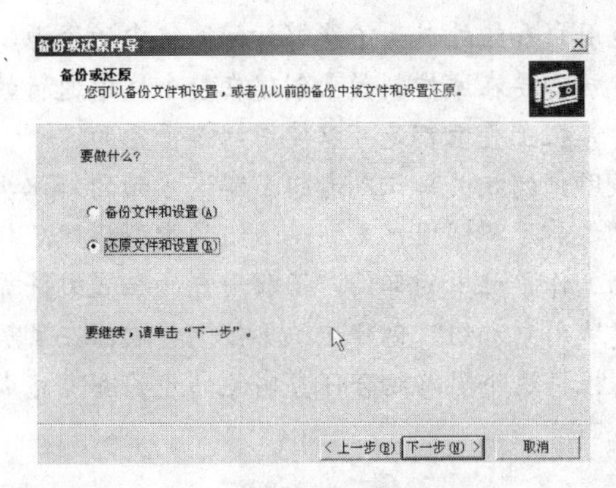

图 3-45　选择还原文件和设置

（2）单击【下一步】按钮，出现如图 3-46 所示的对话框，通过浏览按钮选择要还原的文件是 C:\ADbackup\BACKUP.BKF，备份工具显示出了 BACKUP.BKF 的编录内容，选中要还原的内容是“System State”，单击【下一步】按钮继续。

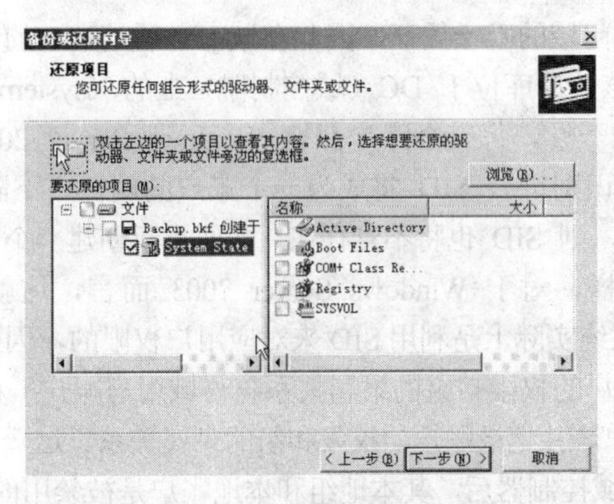

图 3-46　选择还原的项目

（3）单击【下一步】按钮，出现【正在完成备份或还原向导】对话框，单击【完成】按钮，开始还原，还原结束后重新启动新的计算机即可让 Active Directory 的重新开始工作。这样这台新的计算机就取代了原来的域控制器工作。

让域用户进行登录，一切正常，至此，Active Directory 恢复完成。如果域中唯一的域控制器发生了物理故障，那整个域的资源分配就要趋于崩溃，因此很有必要使用备份工具对 Active Directory 数据库进行备份，然后在域控制器崩溃时利用备份内容还原 Active Directory 进行恢复。这种方案简单易行，很适合小型企业使用，希望大家都能掌握。

3.2 任务2　域用户账户的管理

任务分析

在任务实施 1 安装活动目录时，就提到工作组模式的计算机当用户数量庞大时，管理员的工作负担非常大，从而出现了域环境，即有了域控制器、成员服务器的说法，而成员服务器除了有本地工作的本地用户和组外，为了能够访问网络中的资源，访问域环境下各个服务器共享出来的网络资源，就需要在域控制器上创建在整个域中通行的账户，这个账号，在域环境中的任意一台成员计算机上登录都是可以使用网络资源的。

如果读者正在学习域用户的相关知识或者想了解这方面的知识，完成这个任务的思路如下：首先要在创建域用户之前了解域用户类型，域组的类型，然后知道域用户和组的创建方法，知道组织单位就好比工作单位中的部门，了解用户的配置文件等。其次，进入到域控制器域用户管理控制台创建域用户和组，创建组织单位。再次，在了解配置文件的基础上，练习配置文件的创建方法。根据这个思路结合任务实施的步骤即可完成这个任务。

3.2.1 域用户账户的管理

1．域用户的概念

域用户账户是用户访问域的唯一凭证，因此在域中必须是唯一的。域用户账户保存在 AD（活动目录）数据库中，该数据库位于 DC（域控制器）上的\%systemroot%\NTDS 文件夹下。为了保证账户在域中的唯一性，每一个账户都被 Windows Server 2003 签订一个唯一的 SID（Security Identifier，安全识别符）。SID 将成为一个账户的属性，不随账户的修改、更名而改动，并且一旦账户被删除，则 SID 也将不复存在，即便重新创建一个一模一样的账户，其 SID 也不会和原有的 SID 一样，对于 Windows Server 2003 而言，这就是两个不同的账户。在 Windows Server 2003 中系统实际上是利用 SID 来对应用户权限的，因此只要 SID 不同，新建的账户就不会继承原有的账户的权限与组的隶属关系。与域用户账户一样，本地用户账户也有一个唯一的 SID 来标志账户，并记录账户的权限和组的隶属关系。这一点需要特别注意。当一台服务器一旦安装 AD 成为域控制器后，其本地组和本地账户是被禁用的。

2．创建域用户

创建域用户账户是在活动目录数据库中添加记录，所以一般是在域控制器中进行的，当然也可以使用相应的管理工具或命令通过网络在其他计算机上操作，但都需要有创建账户的权限。

3．采用复制创建新的域账号

采用复制的方式创建新的域用户，默认情况下，只有最常用的属性（如登录时间、工作站限制、账户过期限制、隶属于哪个组等）才传递给复制的用户。

3.2.2 域模式中的组管理

1．域模式中的组类型

在域中有两种组的类型：安全组和通信组。

（1）安全组（Security Groups）

安全组顾名思义即实现与安全性有关的工作和功能，是属于 Windows Server 2003 的安

全主体。可以通过给安全组赋予访问资源的权限来限制安全组的成员对域中资源的访问。每个安全组都会有一个唯一的 SID，在 AD 中不会重复。安全组也具有通信组的功能，可以组织属于该安全组的成员的 E-mail 地址以形成 E-mail 列表。

（2）通信组（Distribution Groups）

通信组不是 Windows Server 2003 的安全实体，它没有 SID，因此也不能被赋予访问资源的权限。通信组就其本质而言是一个用户账户的列表，即通信组可以组织其成员的 E-mail 地址成为 E-mail 列表。利用这个特性使基于 AD 的应用程序就可以直接利用通信组来发 E-mail 给多个用户以及实现其他和 E-mail 列表相关的功能（如在 Microsoft Exchange 2003 Server 中使用）。

如果应用程序想使用通信组，则其必须支持 AD。不支持 AD 的应用程序将不能使用通信组的所有功能。

2．组的作用域

组的作用域决定了组的作用范围、组中可以拥有的成员以及组之间的嵌套关系。在 Windows Server 2003 域模式下组有 3 种组作用域：全局组作用域、本地组作用域和通用组作用域。

作用域组（不论是安全组还是通信组）都有一个作用域，用来确定在域树或林中该组的应用范围。有三类不同的组作用域：通用、全局和本地域。

通用组的成员可包括域树或林中任何域中的其他组和账户，而且可在该域树或林中的任何域中指派权限。

全局组的成员可包括只在其中定义该组的域中的其他组和账户，而且可在林中的任何域中指派权限。

本地域组的成员可包括 Windows Server 2003、Windows 2000 或 Windows NT 域中的其他组和账户，而且只能在域内指派权限。表 3-1 总结了不同组作用域的行为。

表 3-1　不同组作用域的行为

通用作用域	全局作用域	本地域作用域
当域功能级别被设置为 Windows 2000 本机或 Windows Server 2003 时，通用组的成员可包括来自任何域的账户、全局组和通用组	当域功能级别被设置为 Windows 2000 本机或 Windows Server 2003 时，全局组的成员可包括来自相同域的账户或全局组	当域功能级别被设置为 Windows 2000 本机或 Windows Server 2003 时，本地域组的成员可包括来自任何域的账户、全局组或通用组，以及来自相同域的本地域组
当域功能级别被设置为 Windows 2000 混合时，不能创建具有通用组的安全组	当域功能级别被设置为 Windows 2000 混合时，全局组的成员可包括来自相同域的账户	当域功能级别被设置为 Windows 2000 本机或 Windows Server 2003 时，本地域组的成员可包括来自任何域的账户或全局组
当域功能级别被设置为 Windows 2000 本机或 Windows Server 2003 时，组可被添加到其他组并在任何域中指派权限	组可被添加到其他组并且在任何域中指派权限	组可被添加到其他本地域组并且仅在相同域中指派权限
组可转换为本地域作用域。只要组中没有其他通用组作为其成员，就可以转换为全局作用域	只要组不是具有全局作用域的任何其他组的成员，就可以转换为通用作用域	只要组不把具有本地域作用域的其他组作为其成员，就可以转换为通用作用域

为了方便地控制资源的访问，Windows Server 2003 建议采用 AGDLP 策略。

A（Accounts）是指在 Windows Server 2003 的域用户账户。

G（Global Group）是指将上述的用户账户添加到某个全局组中。

DL（Domain Local Group）是指将全局组添加到某个域本地组中，可以使用内置的域本地组，也可以创建一个新的域本地组来接纳全局组的成员。

P（Permission）是指最后将访问资源的权限赋予相应的域本地组，则域本地组中的成员就可以在权限的控制下访问资源了。

AGDLP 策略很好地控制了资源访问的权限，极大方便了网络管理员的工作。对于 AGDLP 策略的应用，将在后面的任务中详细介绍。

3. 组织单位简介

包含在域中的特别有用的目录对象类型就是组织单位。组织单位是可将用户、组、计算机和其他组织单位放入其中的 Active Directory 容器。它不能容纳来自其他域的对象。组织单位中可包含其他的组织单位。可使用组织单位创建可缩放到任意规模的管理模型。正因为如此，一般在企业中大量使用组织单元来和企业的职能部门关联，然后将部门中的员工、小组、计算机以及其他设备统一在组织单位中管理。

用户可拥有对域中所有组织单位或对单个组织单位的管理权限。组织单位的管理员不需要具有域中任何其他组织单位的管理权限。组织单位对于管理委派和组策略的设置非常重要，这一点将在后面的任务中详细介绍。

3.2.3 任务实施 1 创建域用户及管理

1. 创建域用户

创建域用户账户，操作如下。

（1）执行【开始】→【程序】→【管理工具】→【Active Directory 用户和计算机】命令，弹出【Active Directory 用户和计算机】窗口。也可以在【控制面板】中双击【管理工具】，然后在【管理工具】窗口中双击【Active Directory 用户和计算机】图标，打开【Active Directory 用户和计算机】窗口。

（2）在【Users】上用鼠标右键单击，在快捷菜单中执行【新建】→【用户】命令，如图 3-47 所示。弹出【新建对象-用户】对话框，在该对话框中输入用户信息，如图 3-48 所示。

（3）单击【下一步】按钮，输入用户密码，如图 3-49 所示。

为了域用户账户的安全，管理员在给每个用户设置初始化密码后，最好选中【用户下次登录时须更改密码】复选框。以便用户在第一次登录时更改自己的密码。在服务器提升为域控制器后，Windows Server 2003 对域用户的密码复杂性要求比较高，如果不符合要求，就会弹出一个警告提示框，用户无法创建。

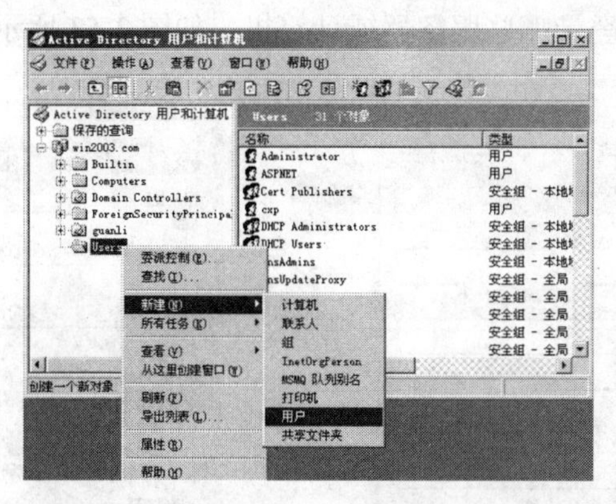

图 3-47 【Active Directory 用户和计算机】窗口

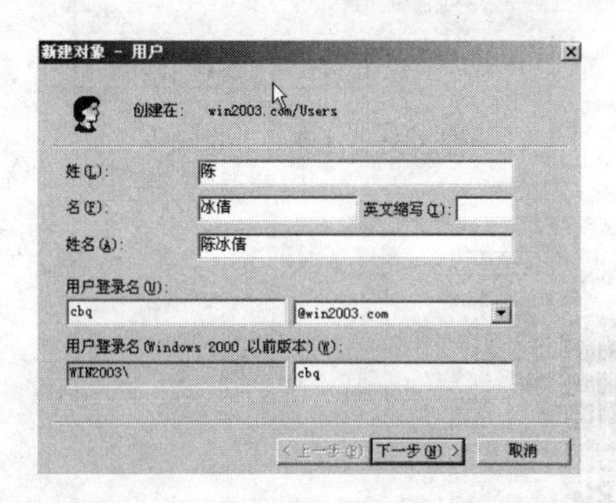

图 3-48 【新建对象-用户】对话框

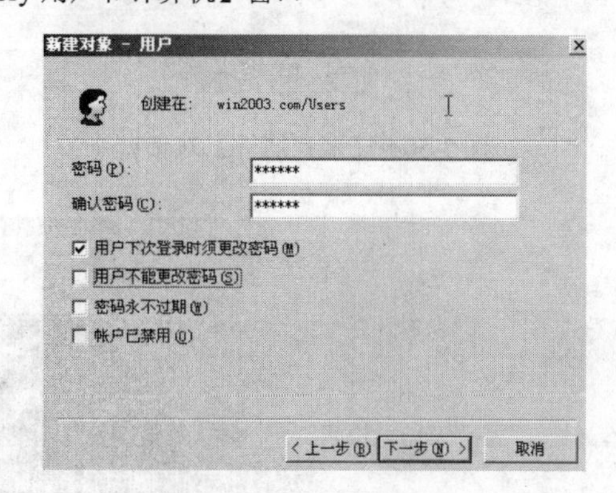

图 3-49 输入用户密码

在为用户设置好符合域控制器安全性密码设置条件的密码后，单击【下一步】按钮，然后单击【完成】按钮，至此，域用户账户已经建立好了。这个密码策略，前面在活动目录部分已经介绍过。

2．设置域账户属性

对于域用户账户来说，它的属性设置比本地账户复杂得多。以刚才创建的用户账户为例，来学习设置域账户属性。

（1）在账户【陈冰倩】上用鼠标右键单击，选择【属性】选项，弹出新对话框，如图 3-50 所示。也可以通过选择【陈冰倩】这一用户后在工具栏上打开【操作】菜单，同样会出现【属性】命令。或者直接在【陈冰倩】账户上双击，同样可以弹出如图 3-50 所示对话框。

（2）在【常规】选项卡中输入用户信息。从图 3-50 可以看出，域用户账户的属性明显比本地用户复杂。

（3）在【地址】选项卡中输入用户的地址和邮编，在【电话】选项卡中输入用户的各种电话号码。

（4）在【账户】选项卡中可以更改用户登录名、密码策略和账户策略，如图 3-51 所示。在【账户】选项卡中，可以控制用户的登录时间和只能登录哪些服务器或计算机。单击【登录时间】按钮，可在如图 3-52 所示的对话框中设置登录时间。同时可以通过单击【登录到】按钮，控制用户只能登录哪些服务器或计算机，如图 3-53 所示。

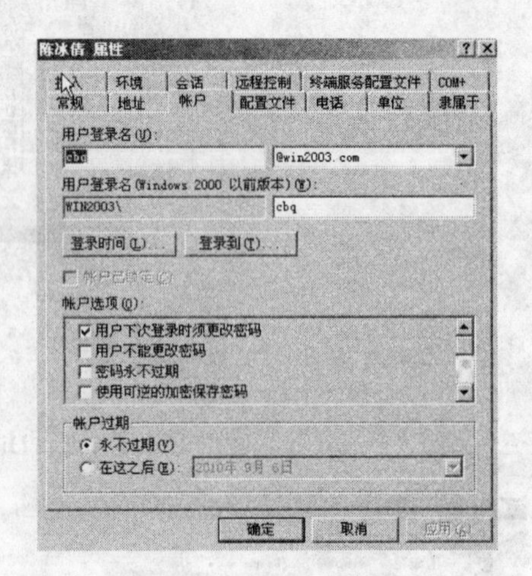

图 3-50 【账户属性】对话框

图 3-51 【账户】选项卡

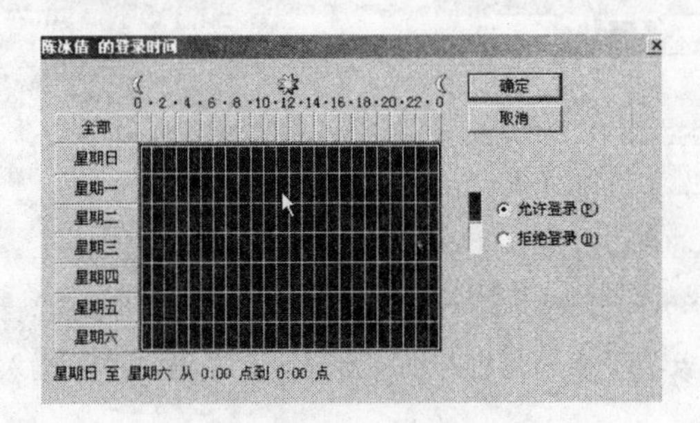

图 3-52 设置登录时间

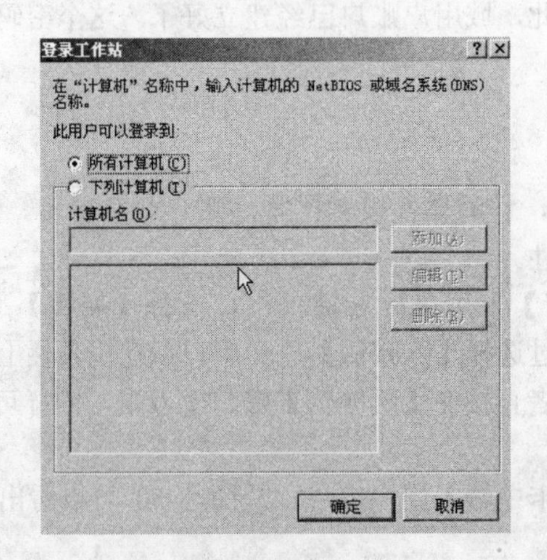

图 3-53 设置登录工作站

特别说明：对于时间控制，如果已登录用户在域中的工作时间超过设定的“允许登录”时间，并不会断开与域的连接。但用户注销后重新登录时，便不能登录了，“登录时间”只是限定可以登录到域中的时间。对于控制用户可以登录到哪些计算机时，在“计算机名”下的文本框中只能输入计算机 NetBIOS 名，不能输入 DNS 名或 IP 地址。

（5）在【单位】选项卡中可以输入职务、部门、公司名称、直接下属等。

（6）在【隶属于】选项卡中，单击【添加】按钮，可以将该用户添加到组，如图 3-54 所示。【用户属性】对话框中的其他选项卡，将在其他部分加以介绍。

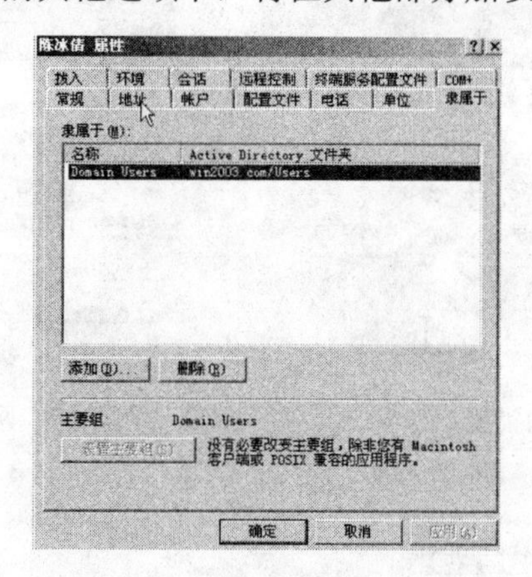

图 3-54　【隶属于】选项卡

3.2.4　任务实施 2　创建域组

下面介绍创建域组的方法。

（1）首先创建一个全局组。

在【Users】上用鼠标右键单击，在快捷菜单中执行【新建】→【组】命令，如图 3-55 所示。在弹出的【新建对象-组】对话框中输入用户信息，设置“组作用域”为全局组，如图 3-56 所示。

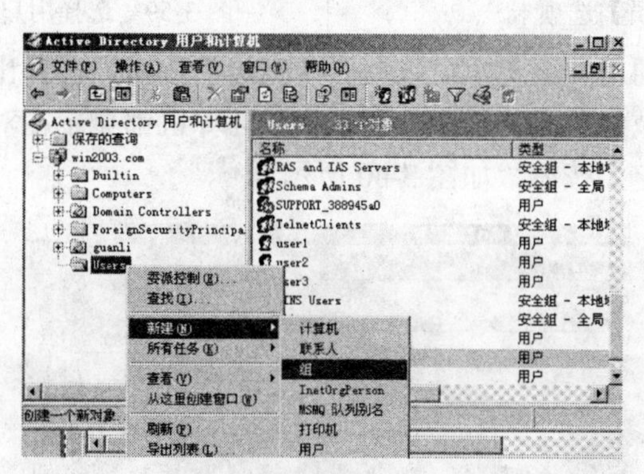

图 3-55　选择新建组命令

（2）将网络教研室的用户添加到创建的组中。

在创建的【网络教研室】组上用鼠标右键单击，在快捷菜单中选择【属性】选项，弹出如图 3-57 所示的对话框。

打开【成员】选项卡，如图 3-58 所示。单击【添加】按钮。

在弹出的【选择用户、联系人或计算机】对话框中输入用户名称（如果需要添加多个用户，则用户之间用分号隔开），然后单击【确定】按钮，用户就添加到全局组中，如图 3-59 所示。

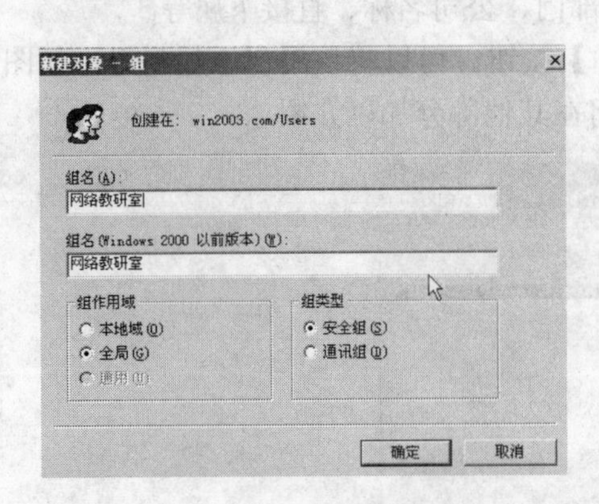

图 3-56 设置组的类型

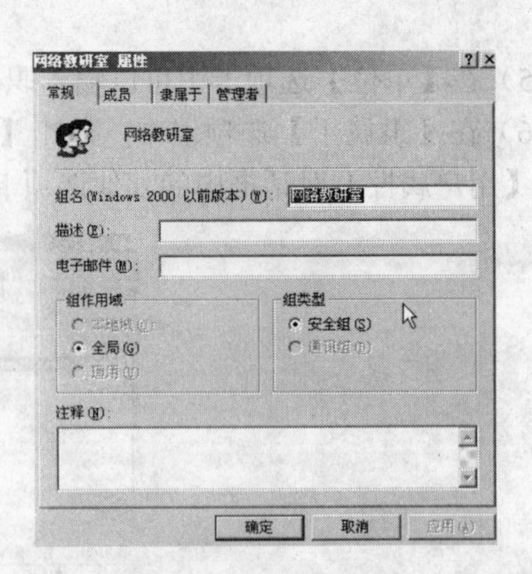

图 3-57 网络教研室常规属性

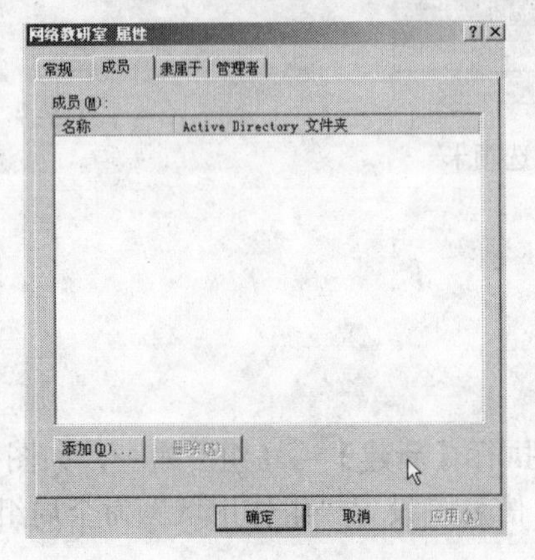

图 3-58 【成员】选项卡

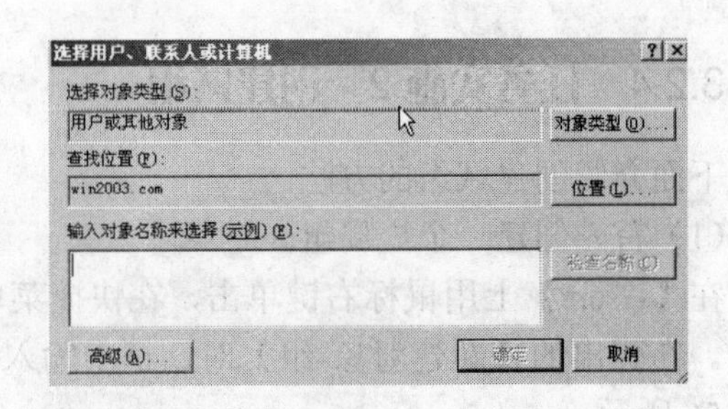

图 3-59 选择用户、联系人或计算机

如果忘记需要添加的用户名称，可以单击【高级】按钮，在弹出的对话框中单击【立即查找】按钮。计算机将域中所有的用户、联系人或计算机都显示在对话框中，从中选择需要添加的用户，单击【确定】按钮，如图 3-60 所示。

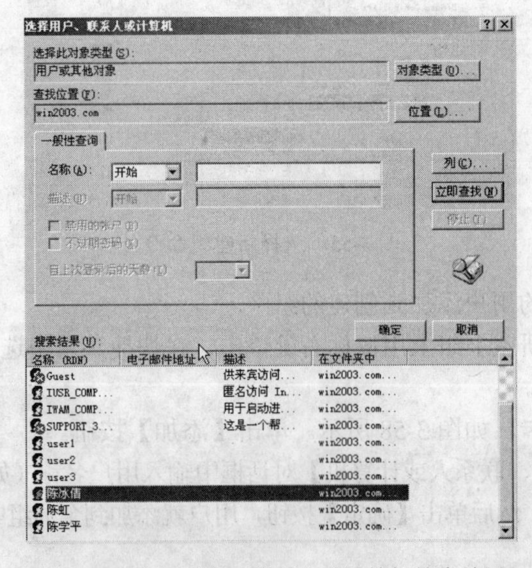

图 3-60 选择用户、联系人或计算机搜索结果

在返回的对话框中，已经选择的用户出现在其中，单击【确定】按钮，如图 3-61 所示。返回【成员】选项卡，如图 3-62 所示。单击【确定】按钮，用户添加完毕。

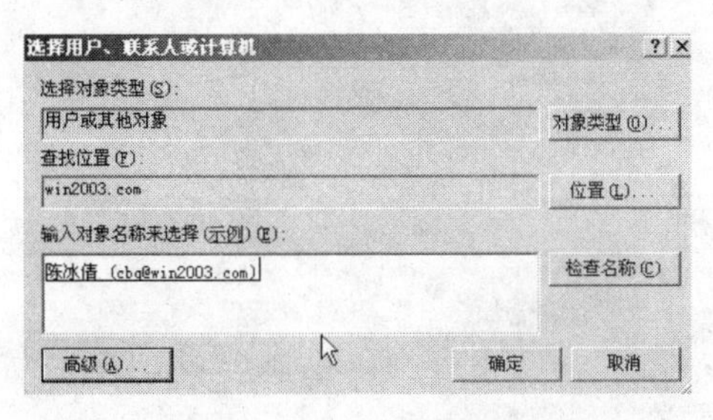

图 3-61　已经选择的用户

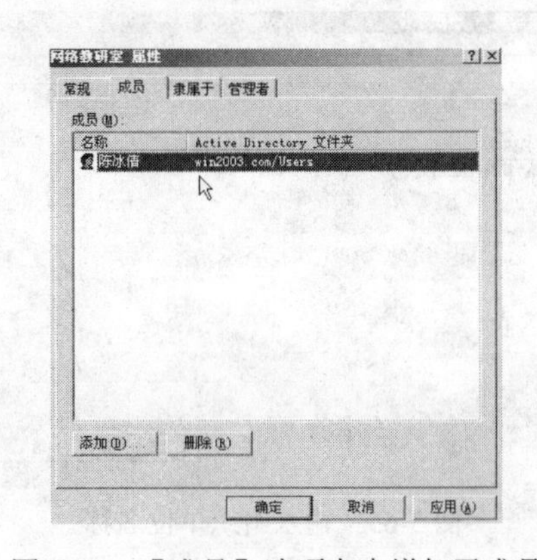

图 3-62　【成员】选项卡中增加了成员

3.2.5　任务实施 3　组织单位创建及管理

1. 创建组织单位

（1）打开【Active Directory 用户和计算机】窗口，在需要创建组织单位的域中用鼠标右键单击，在快捷菜单中执行【新建】→【组织单位】命令，如图 3-63 所示。

（2）弹出【新建对象-组织单位】对话框，如图 3-64 所示。输入想要创建的组织单位的名称，如图 3-65 所示，单击【确定】按钮。完成组织单位的创建。

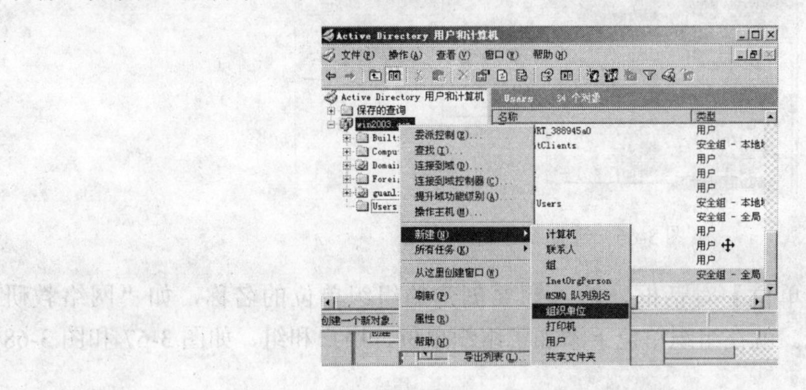

图 3-63　选择新建组织单位

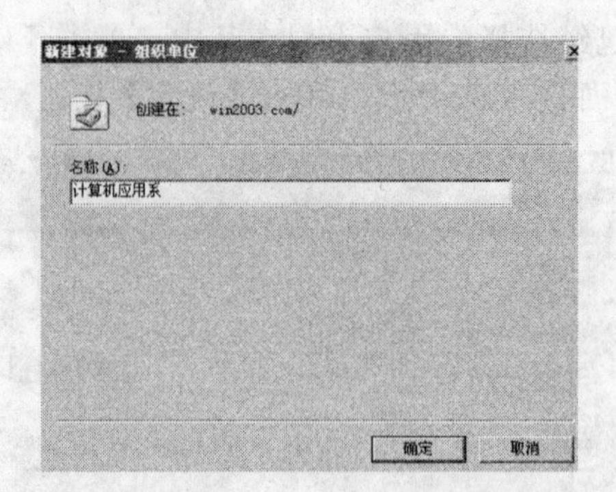

图 3-64 【新建对象-组织单位】对话框

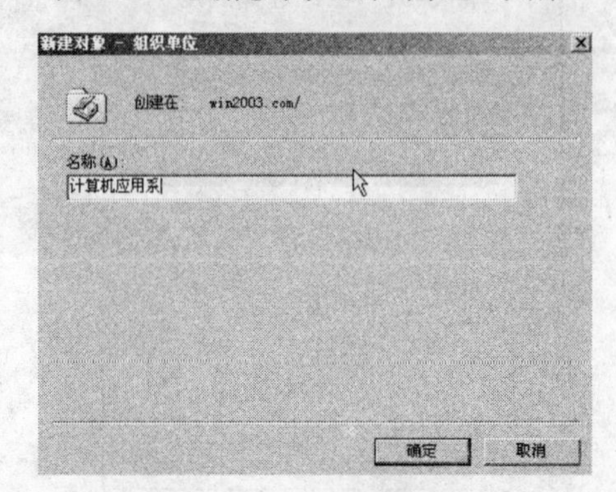

图 3-65 输入组织单位名称

2．向组织单位中添加组织单位、用户和组

可以向刚创建的组织单位中添加组织单位、用户和组。其操作方法同新建组织单位、用户和组一样。

（1）打开【Active Directory 用户和计算机】窗口，使用鼠标右键单击新创建的组织单位，在弹出的快捷菜单中执行【新建】→【组织单位】命令，如图 3-66 所示。

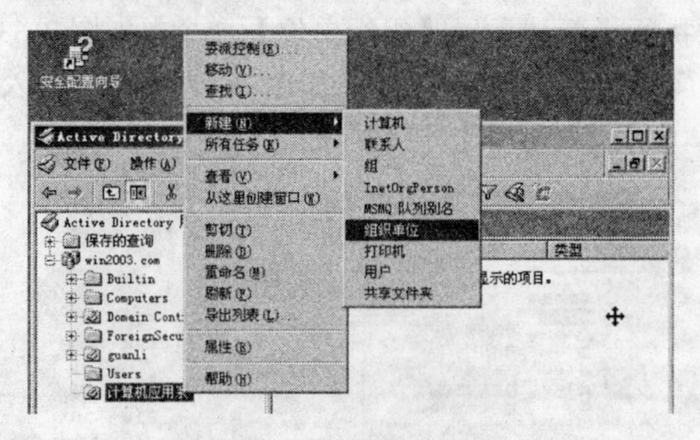

图 3-66 选择新建组织单位

（2）在弹出【组织单位】对话框，输入想要创建的组织单位的名称，如“网络教研室”，单击【确定】按钮。就在组织单位下添加了组织单位、用户和组，如图 3-67 和图 3-68 所示。

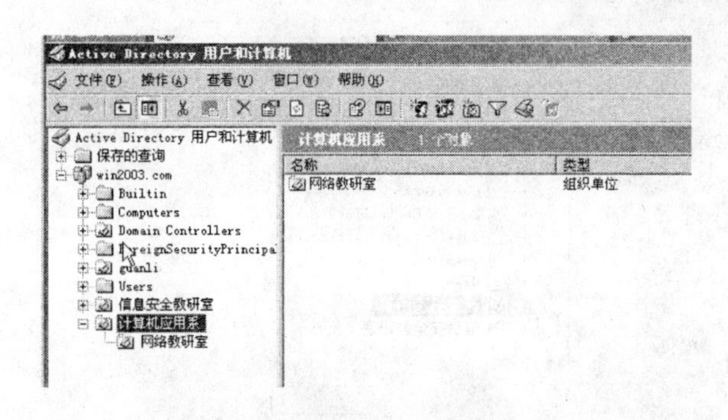

图 3-67　添加了新的组织单位

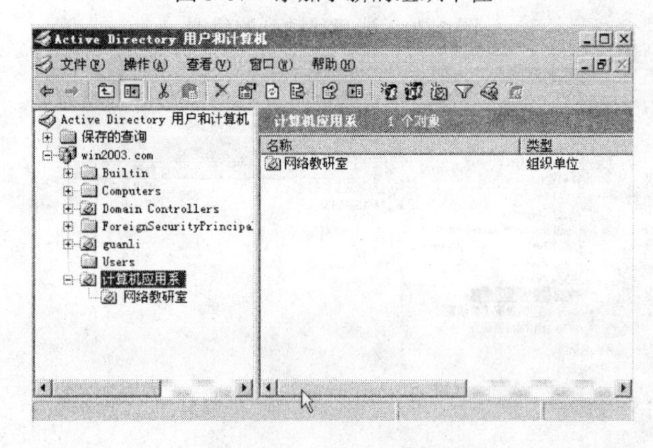

图 3-68　已经添加的组织单位

（3）还可以将其他组织单位中的用户和组通过移动添加到此组织单位中，在【Active Directory 用户和计算机】窗口中选择以前创建的用户和组，然后使用鼠标右键单击，在快捷菜单中选择【移动】选项，如图 3-69 所示。

（4）在弹出的对话框中选择想要移动到的组织单位名称，如图 3-70 所示，单击【确定】按钮，完成用户和组的移动。

（5）移动完成后，可以发现【计算机应用系】这个组织单位下面增加了一个组织单位，【信息安全教研室】，变为了两个，如图 3-71 所示。

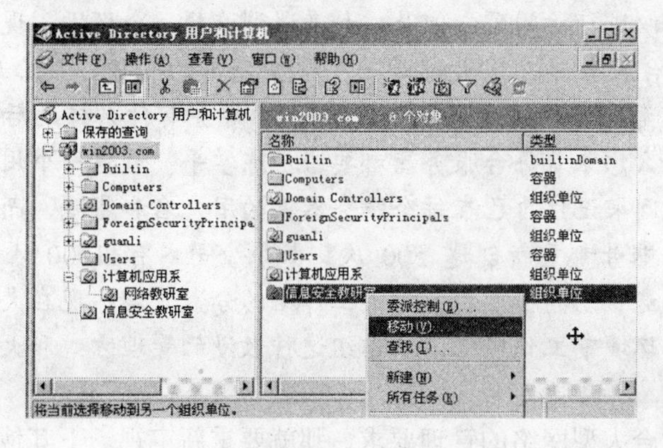

图 3-69　选择【移动】选项

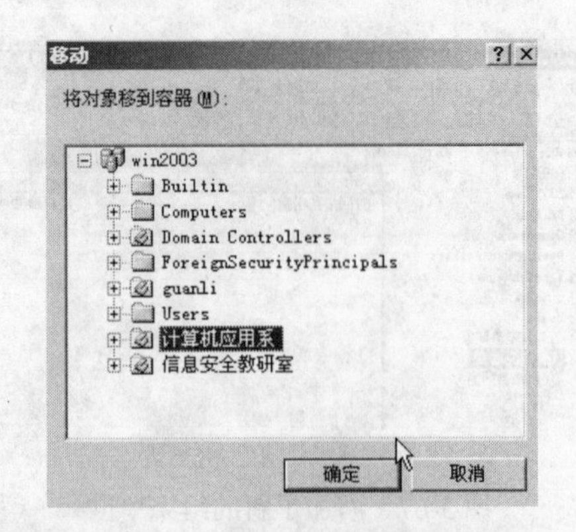

图 3-70　选择移动到的位置

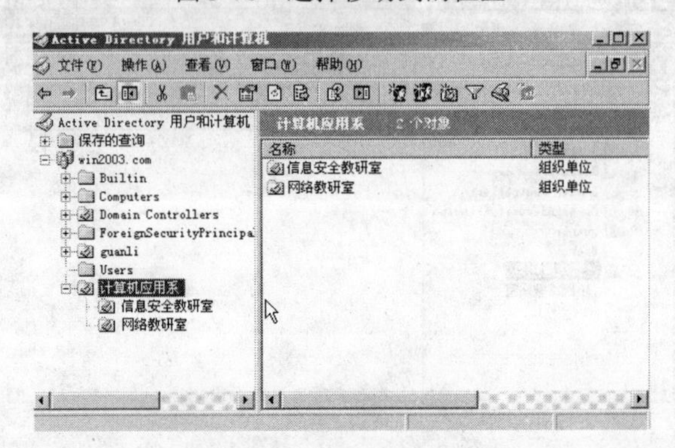

图 3-71　增加了组织单位

3.3 任务 3　域网络组建及域共享文件的访问

任务分析

在项目 2 中介绍了基于工作组的对等网的组建，也曾经提到工作组只能组建一个小型的局域网，在项目 2 的实训环境中，只有一台服务器，只需要给需要访问资源的用户创建一个用户账号，用户就可以进行访问了。但是，如果遇到这样一个环境，现在假设公司不是一台服务器，而是 500 台服务器，这大致是一个中型公司的规模，那么麻烦就来了。如果这 500 台服务器上都有资源要分配给用户"陈学平"，那会有什么样的后果呢？由于工作组的特点是分散管理，那么意味着每台服务器都要给"陈学平"创建一个用户账号！陈学平这个用户就必须花很多时间来记住自己在每个服务器上的用户名和密码。而服务器管理员也好不到哪儿去，每个用户账号都重新创建 500 次！如果公司内有 1000 人呢？难以想象这么管理网络资源的后果，这一切的根源都是由于工作组的分散管理！现在大家明白为什么工作组不适合在大型的网络环境下工作了吧，工作组这种散漫的管理方式和大型网络所要求的高效率是背道而驰的。

既然工作组不适合大型网络的管理要求，那就要重新审视一下其他的管理模型了。域模型就是针对大型网络的管理需求而设计的，域就是共享用户账号、计算机账号和安全策略的计算机集合。从域的基本定义中可以看到，域模型的设计中考虑到了用户账号等资源的共享问题，这样域中只要有一台计算机为公司员工创建了用户账号，其他计算机就可以共享账号了。这样就很好地解决刚才提到的账号重复创建的问题。域中的这台集中存储用户账号的计算机就是域控制器，用户账号、计算机账号和安全策略被存储在域控制器上一个名为 Active Directory 的数据库中。因此，这个任务中将介绍基于域控制器的活动目录的主从式网络的组建。

相关知识

关于域网络的相关知识，可以参见本项目的任务 1、任务 2，本处不再多述。只是要注意的是将任务 1、任务 2 相结合来学习本任务 3。

任务实施

任务实施的环境如下：

（1）计算机三台，其中一台安装 Windows Server 2003，另两台安装 Windows XP；

（2）交换机一个；

（3）其他组网硬件。

除了这种环境外，还可以在虚拟机中完成这个任务即一台虚拟机安装 Windows 2003 操作系统，另两台虚拟机安装 Windows XP 操作系统，通过虚拟机的网卡来连接局域网，一样可以完成本实验。

任务实施步骤如下。

（1）将 Windows Server 2003 配置为域控制器，就可以构建以 Windows XP 为工作站，以 Windows Server 2003 为服务器的主从式网络。

（2）Windows Server 2003 配置为域控制器的过程见前面的相关任务。

（3）Windows Server 2003 服务器端的网络配置。

Windows Server 2003 配置为域控制器后，要能够正常组建主从式网络，必须添加相关的通信协议，并设置好 TCP/IP 属性。

① 在桌面上使用鼠标右键单击【网上邻居】图标，在快捷菜单中选择【属性】选项或者在【开始】菜单中，选择【设置】下的【网络和拨号连接】选项，都会弹出【网络和拨号连接】窗口，如图 3-72 所示。

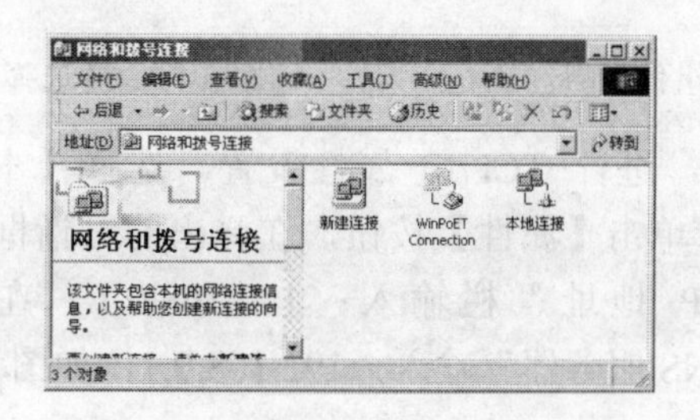

图 3-72　【网络和拨号连接】窗口

② 在【网络和拨号连接】窗口中，使用鼠标右键单击【本地连接】图标，在弹出的快捷菜单中，选择【属性】选项，会弹出【本地连接属性】对话框，如图 3-73 所示。

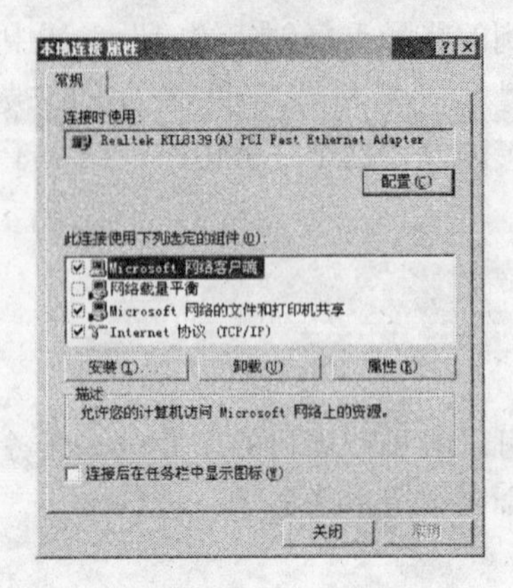

图 3-73 【本地连接属性】对话框

③ 在组件列表窗口中，查看是否有以下组件：

- Microsoft 网络客户端；
- Microsoft 网络的文件和打印机共享；
- NWLink NetBIOS；
- NWLink IPX/SPX NetBIOS Compatibles；
- NetBEUI Protocol（这个在 Windows 2003 默认集成，只是没有显示出来）；
- Internet 协议（TCP/IP）。

如果缺少某种组件，则可以单击【安装】按钮进行添加。

④ 单击【安装】按钮，会弹出如图 3-74 所示的对话框。

⑤ 如果添加协议，则选择【协议】选项，单击【添加】按钮，会弹出如图 3-75 所示的对话框，选择所需的协议，单击【确定】按钮。

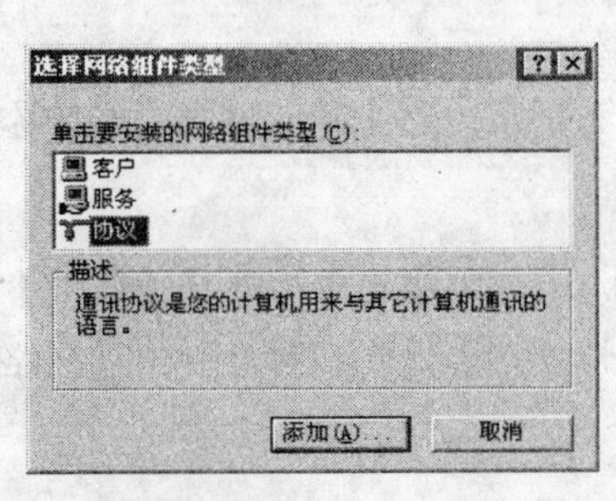

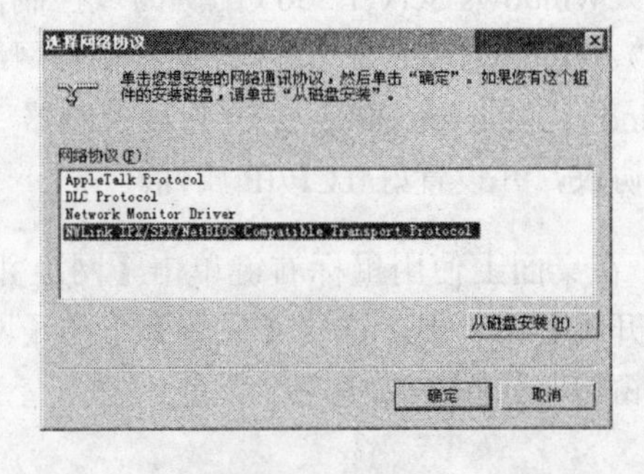

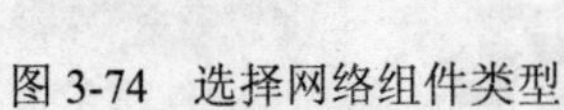

图 3-74 选择网络组件类型　　　　图 3-75 【选择网络协议】对话框

⑥ 各组件安装完成后，进行 TCP/IP 属性设置。选择【本地连接属性】对话框中的【Internet 协议（TCP/IP）】，单击【属性】按钮，在弹出的对话框中，选中【使用下面的 IP 地址】单选按钮，在“IP 地址”栏输入：192.168.0.1，在“子网掩码”栏输入：255.255.255.0，在“首选 DNS 服务器”输入：192.168.0.1，如图 3-76 所示。

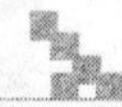

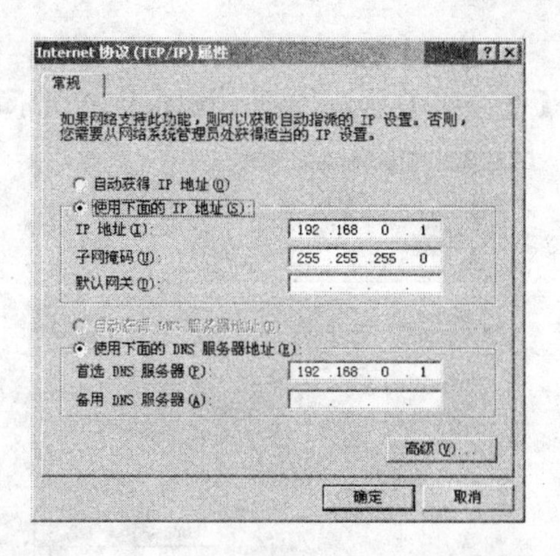

图 3-76　【Internet 协议（TCP/IP）属性】窗口

（4）用户和工作组的创建。

打开【Active Directory 用户和计算机】，在控制台的目录树中，双击域结点，展开结点，在【Users】容器单位上用鼠标右键单击，从弹出的快捷菜单中，选择【新建】→【用户】选项，如图 3-77 所示。会弹出【新建对象-用户】对话框，如图 3-78 所示。在该对话框中输入用户“user1”，单击【确定】按钮，按照相同方法为每个实训学生创建账号，依次为【user2】到【user40】。

图 3-77　新建用户快捷菜单

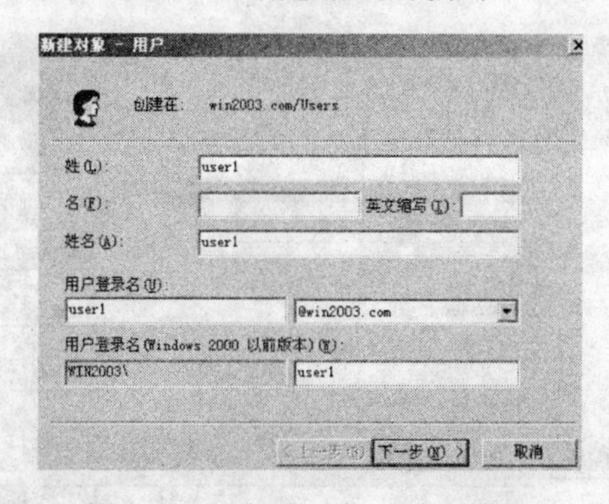

图 3-78　【新建对象-用户】窗口

（5）在所有用户创建完成后，可以在【users】容器单位上用鼠标右键单击，在弹出的快捷菜单中选择【新建】→【组】选项，如网络 1（wl1），组的作用域选中【全局】单选按钮，组的类型选中【安全组】单选按钮，如图 3-79 所示。

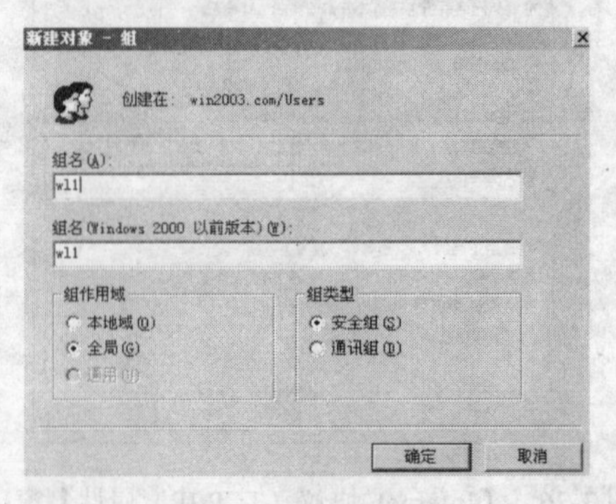

图 3-79　组创建窗口

（6）将所有的用户添加到组【wl1】中，在创建的组 wl1 上用鼠标右键单击，在弹出的快捷菜单中选择【属性】选项，如图 3-80 所示。在弹出的对话框中，选择【成员】选项卡，单击【添加】按钮，会出现【选择用户、联系人或计算机】窗口，将用户【user1】到【user40】全部选择并添加到【wl1】组，如图 3-81 所示。

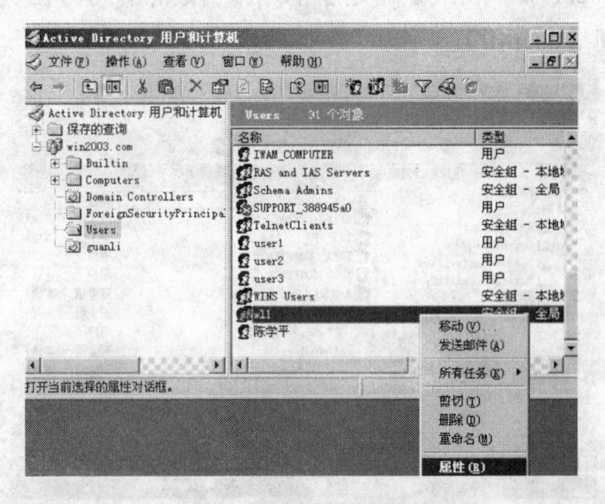

图 3-80　组属性设置窗口

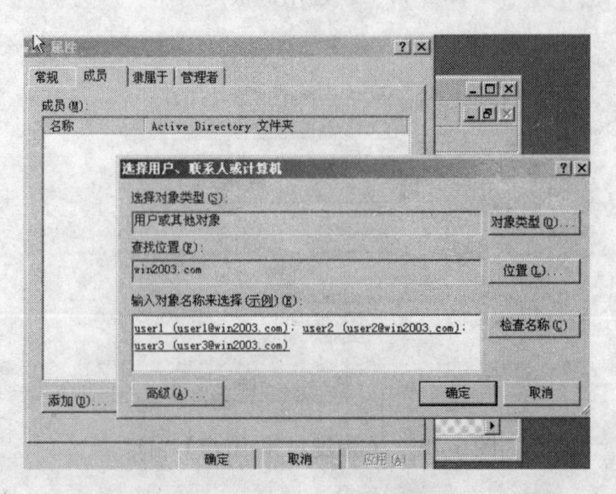

图 3-81　用户添加到组窗口

（7）本地登录权限设置。

① 执行【开始】→【程序】→【管理工具】→【域控制器安全策略】命令，弹出如图 3-82 所示的窗口。

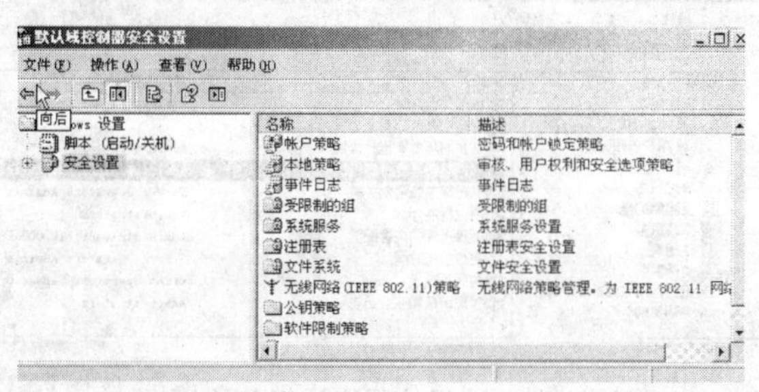

图 3-82　【域控制器安全策略】对话框

② 双击【安全设置】，在展开的项目中，双击【本地策略】或者单击【本地策略】前的 ⊞ 将【本地策略】展开，单击【用户权限分配】，在窗口右面显示的详细资料中，选择【允许在本地登录】选项，如图 3-83 所示。

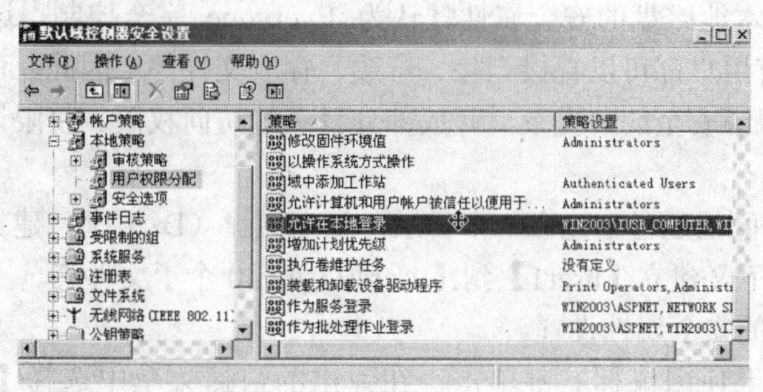

图 3-83　【用户权限分配】窗口

③ 使用鼠标右键单击，在弹出的快捷菜单中选择【属性】选项，弹出的【允许在本地登录属性】对话框，如图 3-84 所示。单击【添加用户或组】按钮，会出现【添加用户或组】对话框，选择组【wl1】，单击【添加】按钮，会出现【选择用户、计算机或组】对话框再单击【确定】按钮，如图 3-85 所示。

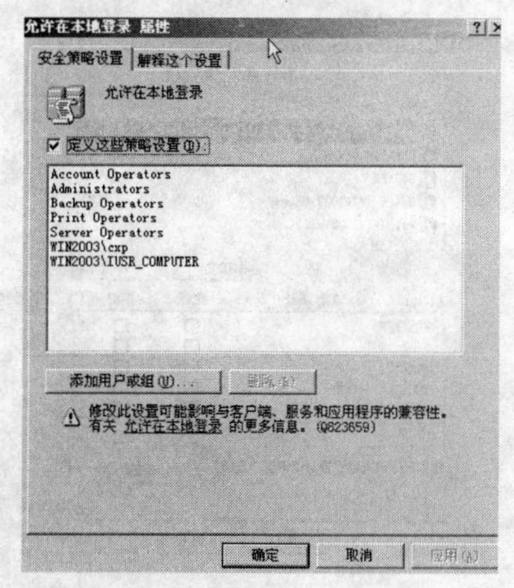

图 3-84　【允许在本地登录属性】对话框

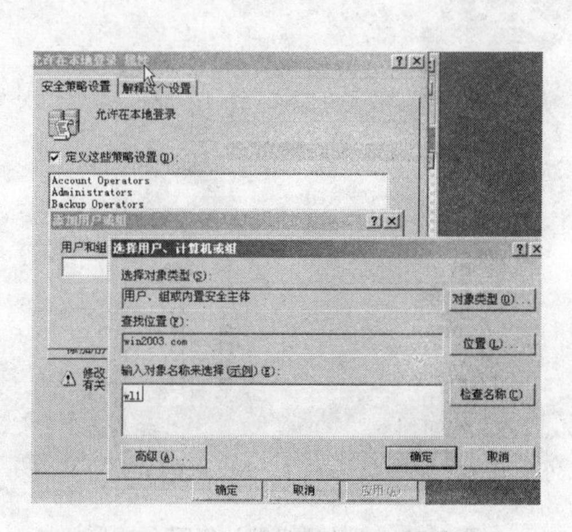

图 3-85　添加本地登录的组

添加了在本地登录的组后，在域控制器上可以进行交互式登录，如果要在客户端进行登录，还需要进行设置，即允许从网络登录计算机。设置方法基本相同，如图 3-86 所示。

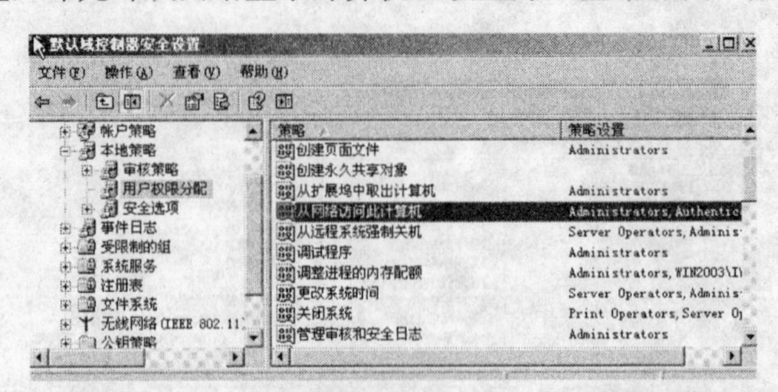

图 3-86　选择从网络访问此计算机

然后使用鼠标右键单击，在弹出的快捷菜单中选择【属性】选项，进行相同的添加组的过程，同样添加组 wl1 就行了。由于篇幅所限，不再多述。

（8）服务器本地磁盘及相关文件夹的安全设置。

① 服务器所有本地磁盘的安全属性默认为 Everyone 完全控制，这种权限对服务器来说是不安全的，所有用户都可以直接删除、修改、存取文件等。因此，可以对磁盘及文件夹重新设置权限，在保证安全的前提下，开放部分目录的访问权限。权限设置可以在 NTFS 分区的磁盘上进行。

② 在 NTFS 分区的磁盘上建立一个目录，如在磁盘（D:）上，建立一个文件夹“网络设计”，在该文件夹下又建立【user1】到【user40】共 40 个子文件夹。

③ 服务器磁盘的安全属性设置。

在磁盘（D:）上使用鼠标右键单击，在弹出的快捷菜单中选择【属性】选项，弹出【本地磁盘（D:）属性】对话框，切换到【安全】选项卡，默认权限是 Everyone 完全控制，单击【Everyone】图标，单击【删除】按钮，将该权限删除，如图 3-87 所示。

在图 3-87 所示的对话框中，单击【添加】按钮，出现【选择用户、计算机或组】对话框，选择【Administrators】组图标，单击【添加】按钮，在权限列表中选中允许【完全控制】，如图 3-88 所示。

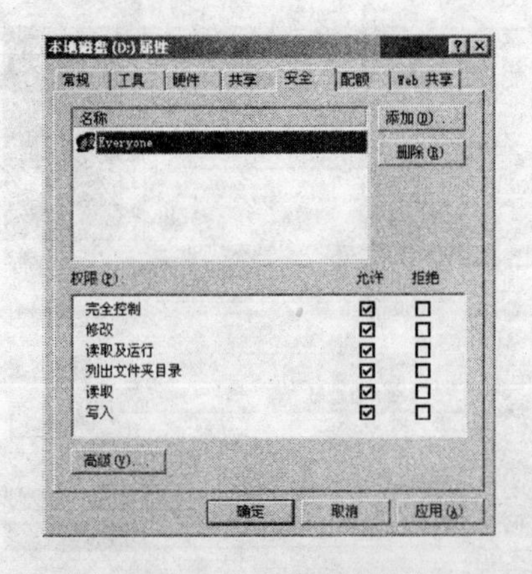

图 3-87　更改磁盘默认权限

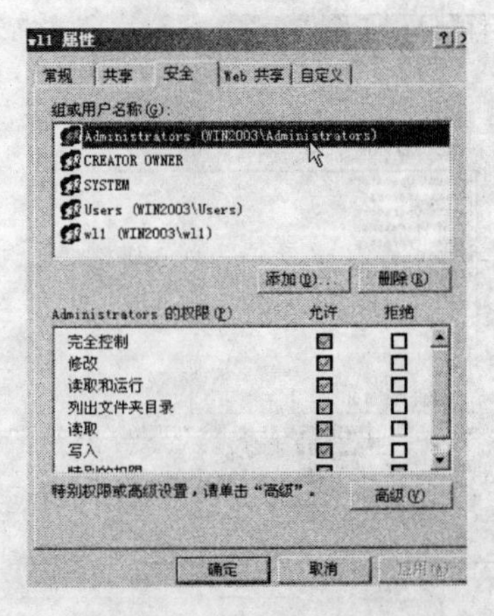

图 3-88　Administrators 权限设置

④ 设置目录权限：

打开“我的电脑”窗口，在 NTFS 分区的磁盘上，打开新建立的文件目录【网络设计】，进入各个子文件目录，【user1】到【user40】，为各个文件目录设置权限。以设置【user1】文件夹的权限为例，方法如下。

打开 D 盘，打开【网络设计】目录，使用鼠标右键单击【user1】文件目录，在弹出的快捷菜单中选择【属性】选项，会弹出【属性】设置对话框，在该对话框中选择【添加】，出现【选择用户、计算机或组】对话框，此时选择【wl1】这个组，单击【确定】按钮后，回到【属性】设置对话框，在对话框中为【wl1】设置读取的权限，如图 3-89 所示。

在【属性】设置对话框中，单击【添加】按钮，选择用户【user1】后，再单击【确定】按钮，然后单击【user1】图标，在权限列表中选择【完全控制】选项。如图 3-90 所示。

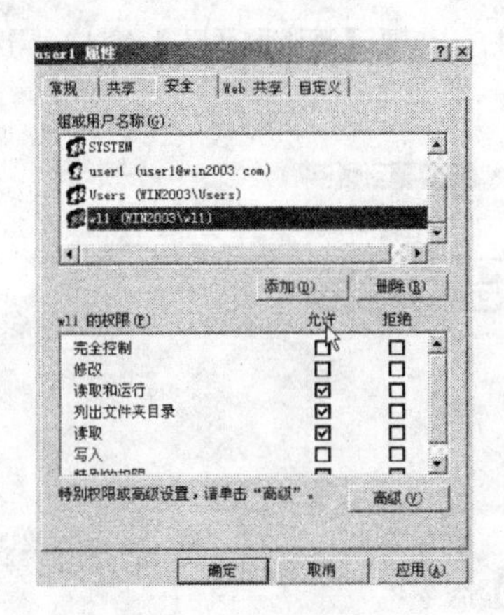

图 3-89　组权限设置

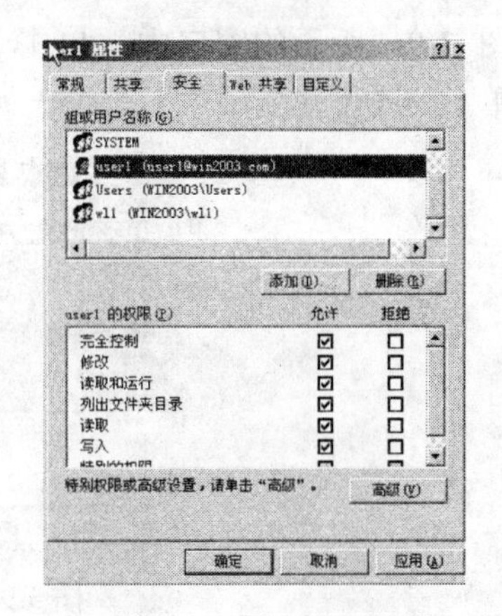

图 3-90　用户权限设置

其他文件目录，作类似设置，即用户【user2】——文件目录【user2】，【user3】——文件目录【user3】，以此类推。

特别提示：这样设置的目的，所建立的有关文件夹目录，允许管理员【完全控制】，允许相关用户对相应文件目录的【完全控制】，其他用户只有读取文件目录的权限，为用户指定私人空间。Windows 2003 的这种功能可以用于企、事业单位对员工的管理。注意，如果在客户机上用 user1 登录后能够删除 user2 的文件，则说明权限过大，没有控制成功，则可以在图 3-90 中单击【高级】按钮，进入到下一个对话框中，取消复选框，取消用户的继承权限，则能够实现不同域用户的不同权限控制。

⑤ 磁盘配额及私人空间的使用。

所谓磁盘配额，就是限制用户使用磁盘空间，当用户使用磁盘空间达到限额时，则此用户不能继续使用磁盘空间，从而实现有效的磁盘管理。

私人空间是根据磁盘配额引伸而来的概念，它也需要限制磁盘配额，除此之外，还要求对每个用户所指定的配额空间，有安全设置，只能是管理员和用户自己完全控制，其他用户则拒绝访问或只读。

在 NTFS 分区的磁盘上，单击磁盘图标，如使用鼠标右键单击 D 盘，在快捷菜单中选择【属性】选项，在弹出的【属性】设置对话框中，选择【配额】选项卡，选中【启用配额管理】和【拒绝将磁盘空间给超过配额限制的用户】复选框，如图 3-91 所示。

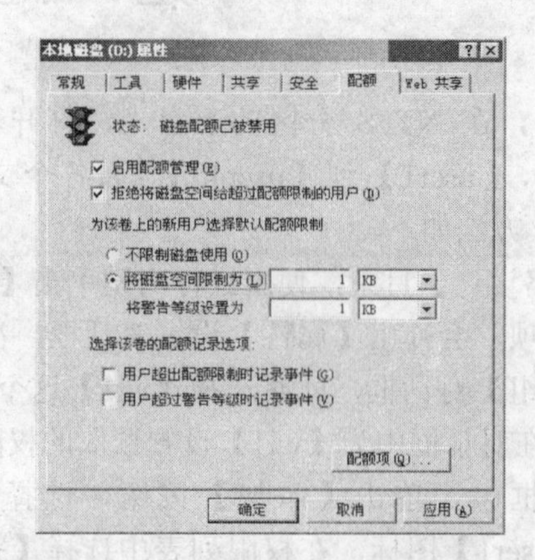

图 3-91　磁盘【配额】选项卡

在图 3-91 所示的窗口中，单击【配额项】按钮，出现【配额项目】窗口，选择【配额】菜单下的【新建配额项】命令，如图 3-92 所示。

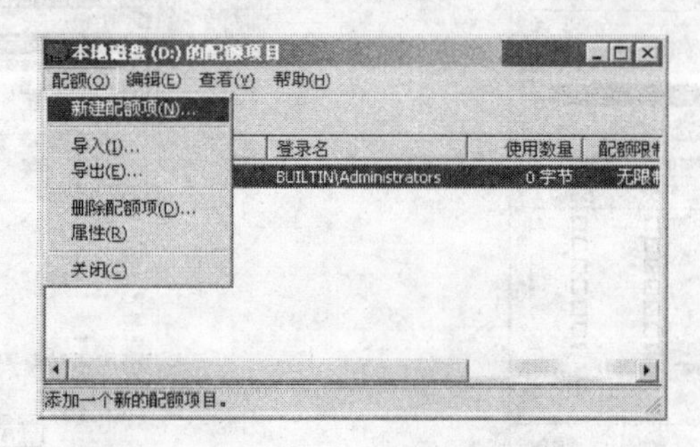

图 3-92　【新建配额项】命令

在【选择用户】窗口中，将用户【user1】选取，单击【添加】按钮，再单击【确定】按钮之后，出现【添加新配额项】对话框，将磁盘空间限制为 20MB，将警告等级设置为 18MB，如图 3-93 所示。其他用户【user2】至【user40】进行选取后做相同的配额设置。

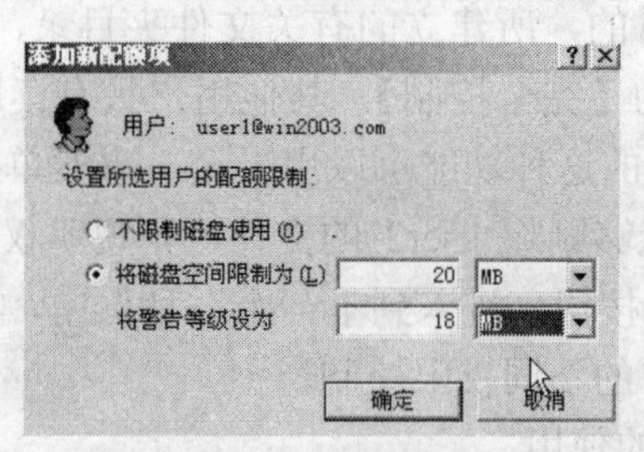

图 3-93　添加新配额

以上详细介绍了服务器端的网络配置，以及磁盘、目录权限、磁盘配额等内容。下面将介绍 Windows 2003 主从网组建中客户机的配置。

Windows XP 登录到 Windows Server 2003：

① Windows XP 的网络设置是：使用鼠标右键单击【我的电脑】图标，在弹出的快捷菜单中选择【属性】选项，然后单击【更改】按钮，打开【计算机名称更改】对话框，将计算机从属于工作组更改到域，输入 Win2003，如图 3-94 所示。

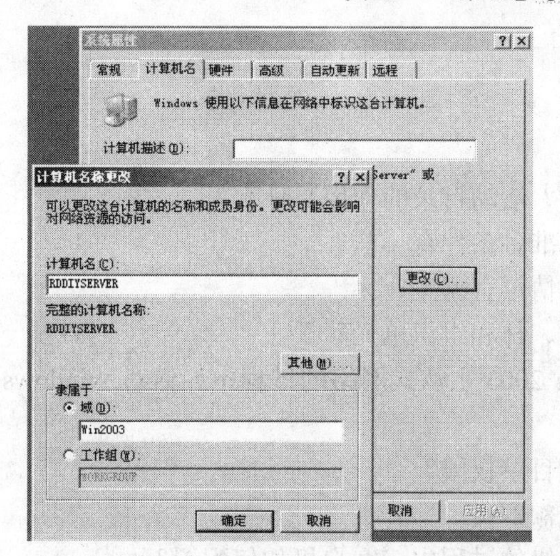

图 3-94　将客户端加入域

② 然后单击【确定】按钮，提示输入在域控制中的可以从网络访问此计算机的用户名和密码，如果成功，则会出现如图 3-95 所示的欢迎加入域的对话框。

图 3-95　欢迎加入域

③ 设置完成后，重新启动计算机，出现一个登录窗口，输入用户名、密码、域名称，单击【确定】按钮，即可登录到 Windows Server 2003 域服务器。

④ 登录成功后，即可实现主从式网络的功能，共享资源。

注意

在进行资源共享时，需要在安装域活动目录的计算机上共享资源，并加入共享权限和安全权限，见前面的介绍。

3.4　项目总结与回顾

在本项目中给读者介绍了活动目录中最为常见的知识和技能，如活动目录的安装、域控制器的登录，域控制器成员服务器加入域，额外域控制器的安装，以额外域控制器介绍了域控制器的常规卸载，同时，还介绍了域控制器出现故障前的备份及域控制器出现故障后用成员服务器接替域控制器进行工作的技巧，活动目录还有一些知识，如子域创建，域信任关系的建立，域的迁移，域的重命名，域的站点建立等，由于本书篇幅所限，没有介绍，有兴趣的读者可以自学或者与作者联系共同学习。

另外，在本项目中还介绍了域用户和组的创建及应用，通过域用户和组，组建域形式的网络即主从式网络，并进行资源共享和不同文件夹的访问权限。

习 题

1．什么是活动目录？活动目录的作用是什么？

2．安装活动目录的准备条件有哪些？

3．安装活动目录的情形有哪些？

4．什么是域、域树、林和组织单元？

5．在组建 Windows 2003 主从式网络的过程中如何对 Windows Server 2003 服务器进行网络配置？

6．如何设置磁盘及目录权限？

7．如何设置磁盘配额？

8．在组建主从式网络的过程中，客户机如何配置？

9．如何将客户机加入到域，加入到域的前提条件是什么？

10．创建的域用户是不是可以在任意一台计算机中登录？

11．上机操作：完成本项目中的所有任务。

项目 4 实现 DNS 服务

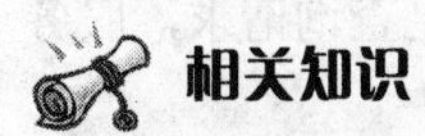

在访问网络资源时，在局域网内部，可以通过 IP 地址来进行访问，除此之外，还可以输入：cqhjw.book.com ftp.cqhjw.com 等形式来访问共享资源，后面的形式就是域名的形式，这种形式可以让不用去记较长的 IP 地址，只要记住资源的域名，输入域名就可以访问了，在互联网中，上网一般都是输入网址，即域名来访问，也是因为 IP 地址太多了，根本记不清，而输入域名，就可以解决这个问题。在本项目中将介绍和通过任务实施来完成这个项目。

相关知识

4.1 DNS 服务器的概念和原理

DNS 是域名系统的缩写，它是嵌套在阶层式域结构中的主机名称解析和网络服务的系统。当用户提出利用计算机的主机名称查询相应的 IP 地址请求时，DNS 服务器从其数据库提供所需的数据。

（1）DNS 域名称空间：指定了一个用于组织名称的结构化的阶层式域空间。

（2）资源记录：当在域名空间中注册或解析名称时，它将 DNS 域名称与指定的资源信息对应起来。

（3）DNS 名称服务器：用于保存和回答对资源记录的名称查询。

（4）DNS 客户：向服务器提出查询请求，要求服务器查找并将名称解析为查询中指定的资源记录类型。

4.2 DNS 查询的工作方式

当 DNS 客户机向 DNS 服务器提出查询请求时，每个查询信息都包括两部分信息：

（1）一个指定的 DNS 域名，要求使用完整名称（FQDN）；

（2）指定查询类型，既可以指定资源记录类型又可以指定查询操作的类型。

如指定的名称为一台计算机的完整主机名称“host-a.example.microsoft.com”，指定的查询类型为名称的 A（Address）资源记录。可以理解为客户机询问服务器“你有关于计算机的主机名称为‘hostname.example.microsoft.com’的地址记录吗？”当客户机收到服务器的回答信息时，它解读该信息，从中获得查询名称的 IP 地址。

DNS 的查询解析可以通过多种方式实现。客户机利用缓存中记录的以前的查询信息直接回答查询请求，DNS 服务器利用缓存中的记录信息回答查询请求，DNS 服务器通过查询其他服务器获得查询信息并将它发送给客户机。这种查询方式称为递归查询。

另外，客户机通过 DNS 服务器提供的地址直接尝试向其他 DNS 服务器提出查询请求。这种查询方式称为反复查询。

当 DNS 客户机利用 IP 地址查询其名称时，被称为反向查询。

本地查询：当在客户机中 Web 浏览器中输入一个 DNS 域名，则客户机产生一个查询，并将查询传给 DNS 客户服务利用本机的缓存信息进行解析，如果查询信息可以被解析则完成了查询。

本机解析所用的缓存信息可以通过以下两种方式获得。

（1）如果客户机配置了 host 文件，在客户机启动是 host 文件中的名称与地址映射将被加载到缓存中。

（2）以前查询时 DNS 服务器的回答信息将在缓存中保存一段时间。

如果在本地无法获得查询信息，则将查询请求发送给 DNS 服务器。查询请求首先发送给主 DNS 服务器，当 DNS 服务器接到查询后，首选在服务器管理的区域的记录中查找，如果找到相应的记录，则利用此记录进行解析。如果没有区域信息可以满足查询请求，服务器在本地的缓存中查找，如果找到相应的记录则查询过程结束。

如果在主 DNS 服务器中仍无法查找到答案，则利用递归查询进行名称的全面解析，这需要网络中的其他 DNS 服务器协助，默认情况下服务器支持递归查询。

为了 DNS 服务器可以正常的进行递归查询，首先需要一些关于在 DNS 域名空间中的其他 DNS 服务器的信息以便通信。信息以 root hints 的形式提供一个关于其他 DNS 服务器的列表。利用 root hints DNS 服务器可以进行完整的递归查询。

利用递归查询来查询名称为“host-b.example.microsoft.com.”的计算机的过程如下：

首先，主 DNS 服务器解析这个完整名称，以确定它属于那个 top-level domain，即“com”。接着它利用转寄查询的方式向“com”DNS 服务器查询以获得“microsoft.com”服务器的地址，然后以同样的方法它从“microsoft.com”服务器获得“example.microsoft.com”服务器的地址，最后它与名为“example.microsoft.com.”的 DNS 服务器进行通信，由于用户所要查询的主机名称包含在该服务器管理的区域中，它向主 DNS 服务器方发送一个回答，主 DNS 服务器将这个回答转发给提出查询的客户机，到此递归查询过程结束。

4.3 返回多个查询响应

在前面所描述的查询都假设在查询过程结束时只一个肯定回答信息返回给客户机，然而在实际查询时还可能返回其他回答信息。

（1）授权回答（Authoritative Answer）：在返回给客户机的肯定回答中加入了授权字节，指明信息是从查询名称的授权服务器获得的。

（2）肯定回答（Positive Answer）：由被查询的 RR（Resource Records）或一个 RRs 列表组成，与查询的 DNS 名称和查询信息中的记录类型相匹配。

（3）提名回答（Referral Answer）：包含未在查询中指定的附加资源记录，它返回给那

些不支持递归查询的客户机，这些附加信息可以帮助客户机继续进行转寄查询。

（4）否定回答（Negative Answer）：当遇到以下情况之一时，服务器发送否定回答。

（5）授权服务器报告所查询的名称不在 DNS 域名空间内。

（6）授权服务器报告所查询的名称在 DNS 域名空间内，但没有记录与查询指定的名称相匹配缓存与 TTL。

当 DNS 服务器通过外界查询到 DNS 客户机所需的信息后，它会将此信息在缓存中保存一份，以便下次客户机再查询相同的记录时，利用缓存中信息直接回答客户机的查询。这份数据只会在缓存中保存一段时间，这段时间称为 TTL（Time-To-Live）。当记录保存到缓存中，TTL 计时启动，当 TTL 时间递减到 0 的时候，记录被从缓存中清除。TTL 默认值为 3600 秒（1 小时）。

4.4　区域的复制与传输

由于区域（Zone）在 DNS 中所处的重要地位，用户可以通过多个 DNS 服务器提高域名解析的可靠性和容错性。当一台 DNS 服务器发生问题时，可以用其他 DNS 服务器提供域名解析。这就需要利用区域复制和同步方法保证管理区域的所有 DNS 服务器中域的记录相同。在 Windows 2000 服务器中，DNS 服务支持增量区域传输（Incremental Zone Transfer）。所谓增量区域传输就是在更新区域中的记录时，DNS 服务器之间只传输发生改变的记录，因此提高了传输的效率。在以下情况区域传输启动：

（1）当管理区域的辅助 DNS 服务器启动的时候；

（2）当区域的刷新时间间隔过期后；

（3）当在主 DNS 服务器记录发生改变并设置了通告列表。

4.5　任务实施 1　DNS 服务器的安装与测试

DNS 服务器用于 TCP/IP 网络（如一般的局域网或互联网等）中，担任“DNS 名称—IP 地址”翻译机的角色，通过用户友好的名称（如“www.eicnh.sh.cn”）代替难记的 IP 地址（如“202.109.122.105”）以定位计算机和服务。计算机 DNS 名称是由主机名称与域名称组成，以“www.nh.edu.sh.cn”为例。

（1）www：就是 Web 站点所在计算机的主机名称。

（2）nh.edu.sh.cn：就是 WWW 这台计算机所在的域名。

换言之，主机名+域名称=DNS 名称。通过 DNS 名称，可以清楚地知道某计算机的主机名称以及它所在的域。

（3）DNS 的结构。

如果将整个因特网的“DNS 名称—IP 地址”翻译工作，都交由一台 DNS 服务器来做，不但效率差，也提高了风险，因此实际上DNS是采用层叠式的结构，如图4-1所示。

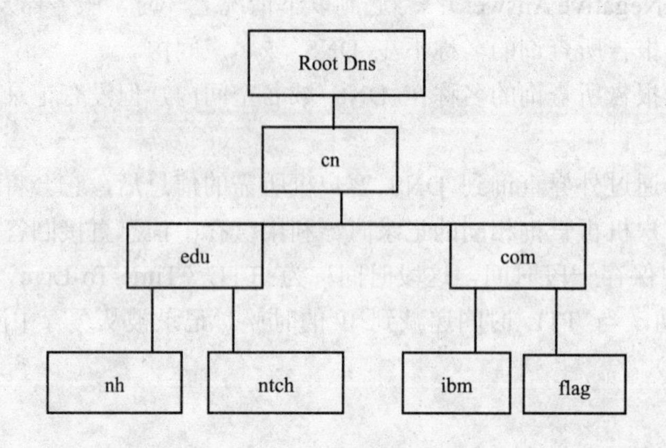

图4-1 DNS结构

DNS查询过程如下。

假如小明要在学校查询www.nh.edu.cn

学校默认DNS服务器>>RootDNS>>CN>>EDU>>NH

因此，需要用到如“www.eicnh.sh.cn”之类域名的地方，都得首先确保已为此名字在DNS服务器中做好了相应的IP地址的映射工作。

下面通过实列说明DNS服务器的设置方法。

问题1：在学校内部网上建立了一个Web服务器，但是它只能用IP地址或计算机名进行访问，如何使它同时可用如http://www.webadmin.com形式的域名进行访问呢？

问题2：不管是在局域网还是互联网上，计算机在网络上通信时本来只能识别如“202.109.122.105”之类的数字地址，那么为什么当打开浏览器时，在地址栏中输入如“www.eicnh.sh.cn”的域名后，就能看到所需要的页面呢？

上面的两个问题，都只是一个IP地址和域名相互“翻译”的过程。前者要建立一个指向相应IP地址的域名映射记录；对于后者，此记录已经建立并且在生效了。而这种“翻译”记录的建立，则需要用到同一种被称为“DNS服务器”的计算机。

下面将以Windows Server 2003自带的DNS服务为例，一步步介绍如何在局域网中完成这个“翻译系统”的组建工作。

1. 添加DNS服务

当安装好Windows Server 2003之后，DNS服务并没有被添加进去。请打开【控制面板】窗口在【添加/删除程序】窗口中双击添加/删除Windows组件”图标，打开【Windows组件向导】对话框，再在“组件”列表中双击“网络服务”，然后选中其下的“DNS服务器”复选框，如图4-2所示，最后单击“确定”按钮即可。

2. DNS服务器的配置和管理

实例1：假设本机拥有一个“192.168.0.1”的IP地址，如何实现它与“webadmin.com”、“www.webadmin.com”和“ftp.webadmin.com”三个域名的对应。

实例 2：假设本机还拥有如“192.168.0.2”和“192.168.0.3”的 IP 地址，也想要让它们分别和“www.webadmin.com”及“edu.webadmin.com”两个域名对应起来。

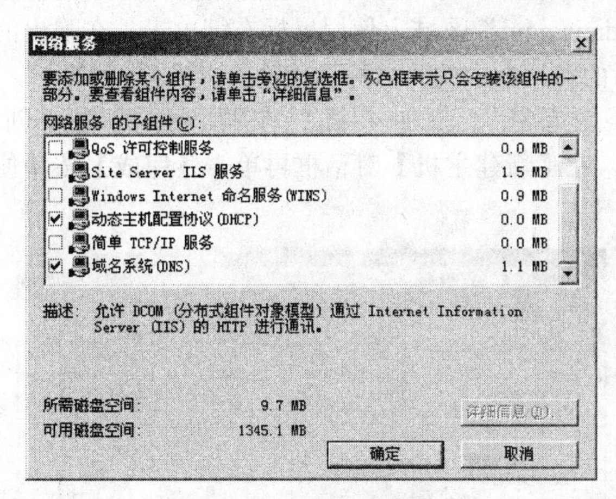

图 4-2　勾选 DNS 服务

3. 实例 1 的实现

（1）首先确保本机已安装了 DNS 服务，则可以执行【开始】→【程序】→【管理工具】→【DNS】命令来打开 DNS 控制台管理器（以下简称“DNS 管理器”）。

（2）建立“webadmin.com”区域。

① 在 DNS 管理器中，在“SERVER”（本服务器名）上用鼠标右键单击，在快捷菜单中选择【新建区域】选项以进入【新建区域向导】对话框。

② 当向导提示到要让选择“区域类型”时，此处应选择【标准主要区域】选项；而在“正向或反向搜索区域中”应选择【正向搜索区域】选项；各步选择之后都是单击【下一步】按钮继续。

③ 随后系统会询问“区域名”，则在“名称”后的文本框中输入“webadmin.com”，接着向导进入到“区域文件”提示窗口中，系统会自动选中“创建新文件，文件名为”复选框，并在其后的文字框中自动填有“webadmin.com.dns”（“webadmin.com”部分即为上步所输入的“区域名”）的名字，如图 4-3 所示。

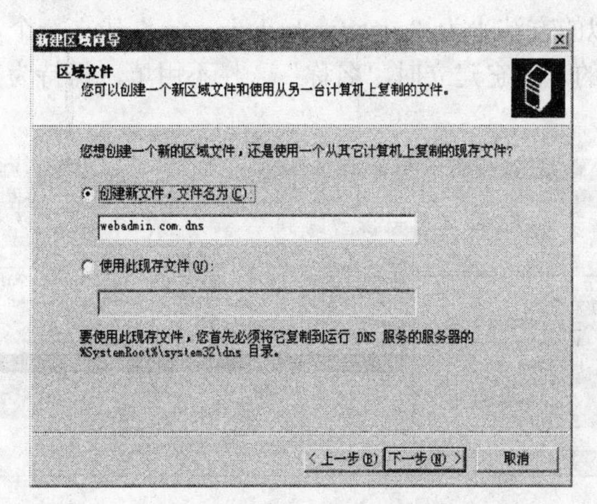

图 4-3　设置区域文件

④ 再根据系统提示选择其默认各项之后即可完成此区域的建立。此时在 DNS 管理器左边的“树”栏中的“SERVER→正向搜索区域”中即可以看到“webadmin.com”区域。

⑤ 接着在“webadmin.com”区域上使用鼠标右键单击，在弹出的快捷菜单中选择【新建主机】选项，在其后的对话框中的“名称”处输入主机名“www”，“IP 地址”处输入 IP 地址“192.168.0.1”，再单击“添加主机”按钮，即成功地创建了主机地址记录“www.webadmin.com”，在【新建主机】对话框再单击【完成】按钮便可回到 DNS 管理器中，如图 4-4 所示。

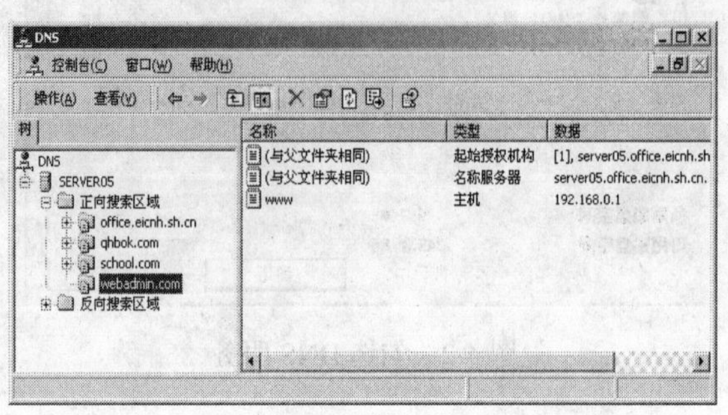

图 4-4 完成的 DNS 窗口

⑥ 再在“webadmin.com”区域上使用鼠标单击右键，在弹出的快捷菜单中选择“新建别名”选项，在其后的对话框中的“别名”处输入“ftp”，如图 4-5 所示，“目标主机的完全合格的名称”中输入“www.webadmin.com”（或用“浏览”逐步选择），最后单击【确定】按钮即可为“www.webadmin.com”建立一个名为“ftp.webadmin.com”的别名记录。

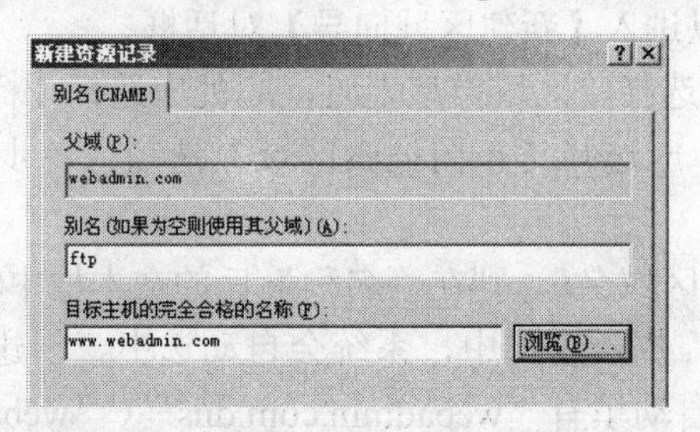

图 4-5 输入别名

⑦ 再用和上步类似的方法来为“www.webadmin.com”建立一个名为“webadmin.com”的别名记录，唯一不同的是，它建立时“名称”一栏不用填，保持为空即可，完成的别名如图 4-6 所示。

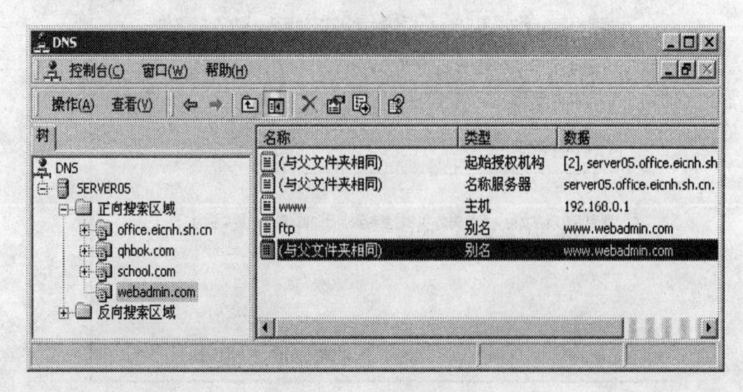

图 4-6 完成的别名

⑧ 当以上全部记录建立好之后，就可以在 DNS 管理器中看到相关的 DNS 映射记录表。如果在“查看”菜单中选中【高级】选项，则表中“类型”一项就会由中文名（如“主机”）改显示为其英文名称（如“A”）。如图 4-7 所示。

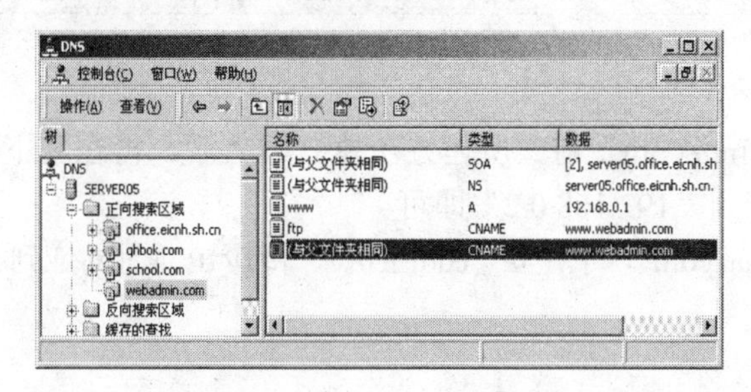

图 4-7 DNS 映射记录表

⑨ 剩下的工作就是检验工作的成效了。在 Windows 2003 的命令行提示符下（在“运行”对话框中输入“cmd”再单击“确定”按钮进入）用“ping www.webadmin.com”的格式去一一测试，如果所建立的域名“www.webadmin.com”、“ftp.webadmin.com”和“webadmin.com”均能显示出连接的四行如“Reply from 192.168.0.1: bytes=32 time<10ms TTL=128”的响应，则说明创建成功了。

附：ping 192.168.0.1 时显示的结果：

Reply from 192.168.0.1: bytes=32 time<10ms TTL=128

Reply from 192.168.0.1: bytes=32 time<10ms TTL=128

Reply from 192.168.0.1: bytes=32 time<10ms TTL=128

Reply from 192.168.0.1: bytes=32 time<10ms TTL=128

Ping statistics for 192.168.0.1:

Packets: Sent = 4，Received = 4，Lost = 0（0% loss），

Approximate round trip times in milli-seconds:

Minimum = 0ms，Maximum = 0ms，Average = 0ms

其测试结果示意图如图 4-8 所示。

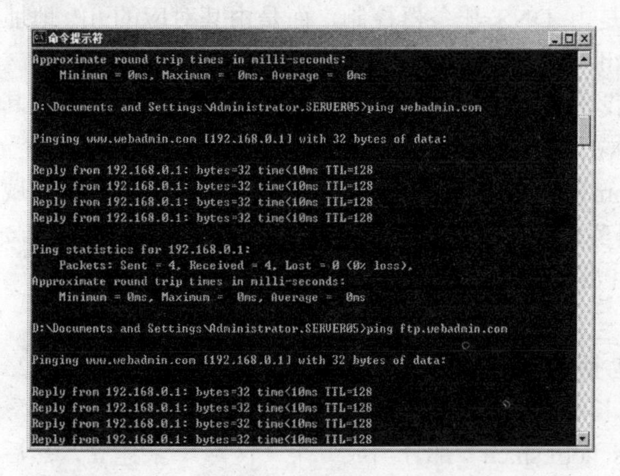

图 4-8 测试结果

注意

一定要正确设置IP地址和DNS服务器的地址。否则看不到上述信息。

4．实例2的实现

（1）先把“webadmin.com”前文所述方法建立好之后，再在其下建立“www”的“主机”，将其IP地址对应到“192.168.0.2”即可。

（2）再在“webadmin.com”，下建立“edu主机”，将其IP地址对应到“192.168.0.2”即可。

5．常见问题解答

问：哪些版本的Windows带有DNS服务器？

答：在各种 Windows 2003 中，除了专业版之外，其他版本均自带 DNS 服务器；此外，Windows NT服务器版也自带DNS服务器。

问：我听说有个 hosts 文件，它是用来做什么的？和 DNS 服务器有什么关系？我可以用hosts文件来代替DNS服务器吗？

答：主机文件 hosts 在各种版本的 Windows 中都可以找到（通过查找的方式寻找），它里面可以手动输入域名和 IP 地址的映射表；不过这里的“域名”实际上被当作“主机名”来看了。

在实际效果中，hosts文件可以被看成是只能在本机使用的DNS服务器。

如果你的域名解析工作只需要满足本机使用，则可以只用 hosts 文件；如果你还想要其他计算机使用你的DNS服务，则不行。

问：在Windows Sever 2003中安装DNS组件之前是否需要先升级到域控制器？

答：不需要。普通的独立服务器也一样可以安装和使用DNS服务。

问：我想建立几个域名，分别让它们只可以在 HTTP 浏览、FTP 登录和 E-mail 收发等方面用上，那么我在DNS服务器中应该如何操作？

答：请一定理解这一点：DNS 服务器只提供域名和 IP 地址的映射工作，而那个域名究竟用来做什么，并不是由 DNS 服务器控制，而是由其对应的 IP 地址所绑定的相关服务器（HTTP、FTP或E-mail等）来决定的。

举个例子，让我们假设你已安装好一个 E-mail 服务器，其绑定的 IP 地址为“192.168.0.3”，如果你在DNS服务器中，将域名“www.webadmin.com”和ftp.webadmin.com及“mail.webadmin.com”都指向此IP地址，则你用IP地址或此三个域名中的任何一个都可以访问这个E-mail服务器；如果你只让域名“mail.webadmin.com”绑定此IP地址，就只有IP地址和此域名才可以访问它。

问：我想建立包括的域名如同“public.school.sh.cn”和“pub2.school.sh.cn”之类的DNS记录，对于这么长的域名，在具体操作时应该怎样做呢？

答：你可以将“school.sh.cn”部分当成一个“区域”来建立，然后在其下新建“名称”分别为“public”和“pub2”的主机记录即可。

问：我需要建立大量如“webadmin.com”、“adminweb.com”形式的以“.com”结尾的DNS记录，如何进行合理的安排呢？

答：对于这种情况，你可以将“com”看成一个单独的“区域”建立好；再在此区域下面将“webadmin”等看成是一个一个的“域”添加进去就行了。

问：上文讲的都是建立在局域网中的DNS记录，如果我想在自己的计算机上建立互联网上域名的DNS映射记录，那这和在局域网中的操作有什么不同吗？

答：当然有所不同！不过这个不同不是在建立DNS记录的具体操作上，而在于建立此DNS记录之前的一些必要条件。

（1）你的计算机所绑定的IP地址必须是互联网上“合法”的那种。如果你只是在局域网中，IP地址不会有冲突的问题，因此你可以随意选择使用，而在互联网中，由于IP地址资源有限，都有做相应的控制和分配。一般在当地电信部门可以申请到这种“合法”的IP地址。这是自己解析互联网上域名的前提。

（2）你的域名已进行了合法申请，并且指向了你的IP地址。和IP地址一样的道理，互联网上的域名也是不能被你任意使用的，你需要先向相关的网络管理中心（如InterNIC、CNNIC或其代理商）申请成功此域名，并设置成功方可。

好了，如果你已满足了以上所必需的两个条件，则在你自己的计算机上建立DNS映射的方法就和前文没什么不同了。

问：我所在的学校有一条专线直接连到信息中心机房，并且有一个固定的、在互联网上“合法”的IP地址；最近我们在“中国教科研网”申请了一个国际域名，由我们自己的计算机解析。请问，怎样才能够利用现有的这些资源，让互联网上的其他任何用户均可以浏览到放在我们自己的计算机上的主页呢？

答：你需要在自己的计算机上建立一个Web服务器。一般来说，使用Windows 2000自带的IIS（互联网信息服务）就可以很轻松地实现这种功能了。IIS中除了包括Web服务之外，还提供FTP和SMTP服务，不再需要你购买第三方软件，对于小型的Web站点，有它就可以满足普通需求了。

4.6 任务实施2 区域传输高级配置

本实验环境是我们在任务实施1中的已经建立的DNS，同时该机是域控制器。

区域传输高级配置的步骤如下：

（1）在DNS主服务器上选择win2003.com，使用鼠标右键单击，在弹出的快捷菜单中选择【属性】选项然后会出现如图4-9所示的对话框。

（2）切换到【区域复制】选项卡，选中【允许区域复制】复选框，添加IP地址（在这里允许复制时会有三种方法分别是：到所有服务器、在名称服务中、在允许到下列的服务器中）此处选择第三种，指定IP地址为辅助服务器的IP地址，如图4-10所示。

（3）配置完区域复制，那么肯定要配置【通知】给所复制的区域，因此单击图4-10的【通知】按钮，出现【通知】对话框，在该对话框添加辅助服务器的IP地址，如图4-11所示。

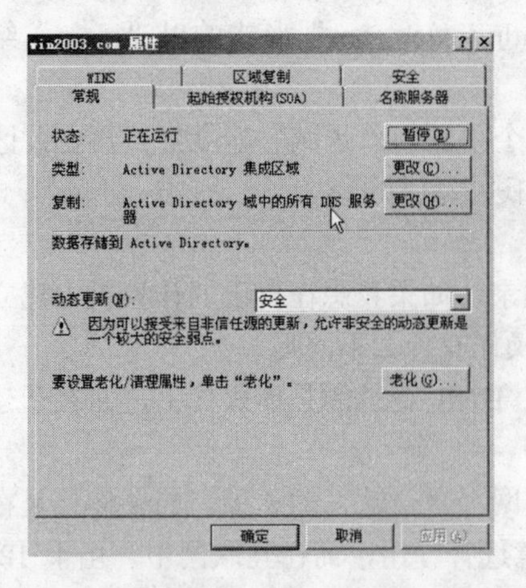

图 4-9　DNS 主服务器属性

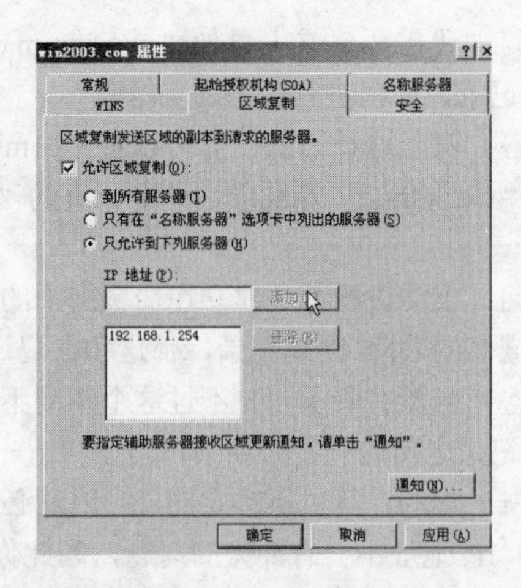

图 4-10　添加 IP 地址

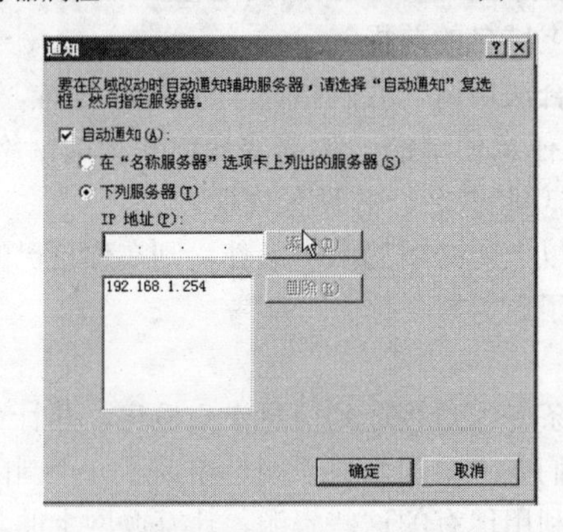

图 4-11　【通知】对话框

（4）在正向区域中配置完之后那么需要在反向区域中配置区域的复制，步骤基本上和正向区域上的区域复制一样。

（5）在辅助服务器上来配置辅助区域，在这里应该选择【辅助区域】单选按钮，如图 4-12 所示。因为它们是主从的关系，要时刻明白它们的关系。

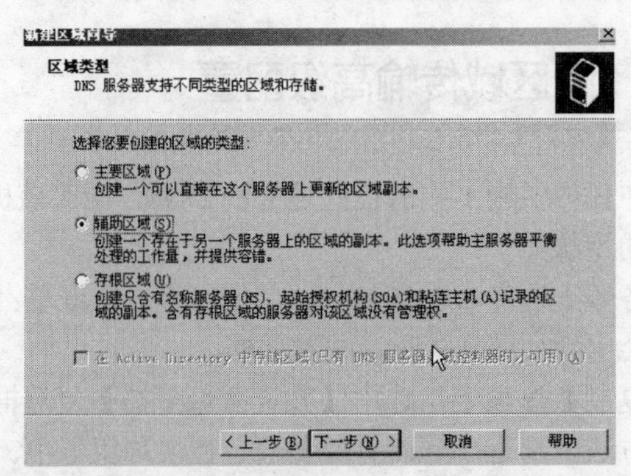

图 4-12　选择【辅助区域】单选按钮

（6）配置区域的名称，在这里配置区域的名称时要和主服务器上的 DNS 主区域上的区

域名字相同，只有这样才能体现出主从的关系，如图 4-13 所示。

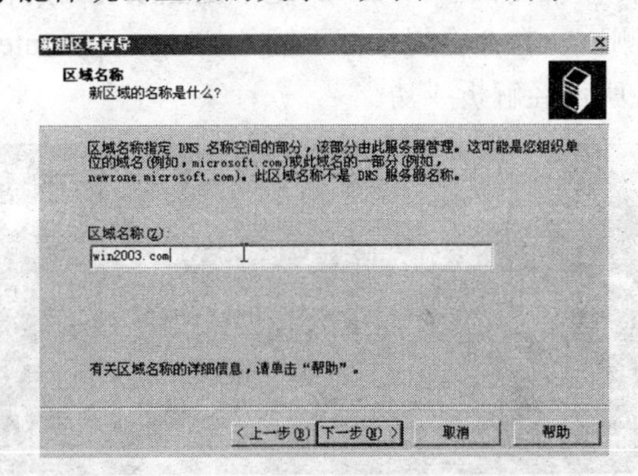

图 4-13　输入区域名称

（7）配置区域的 IP 地址，注意在这里配置时应该知道两边的区域复制的 IP 地址是相对的，此处输入主服务器上的 DNS 的 IP 地址，如图 4-14 所示。

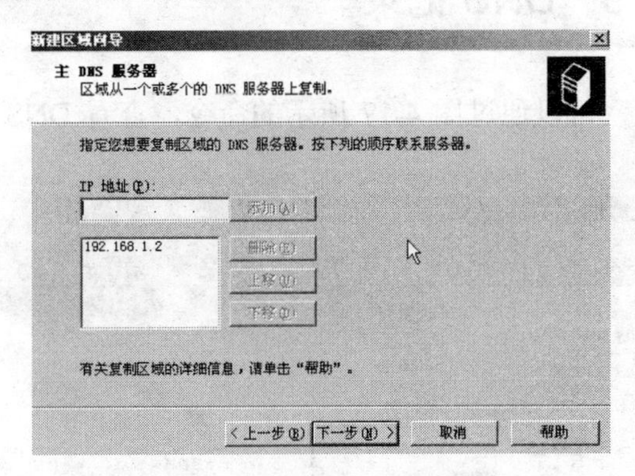

图 4-14　输入主服务器上的 DNS 的 IP 地址

（8）单击【下一步】按钮出现【正在完成新建区域向导】对话框，单击【完成】按钮即可。

（9）按照同样的方法配置辅助服务器的反向区域，配置完成后的辅助服务器 DNS，如图 4-15 所示。

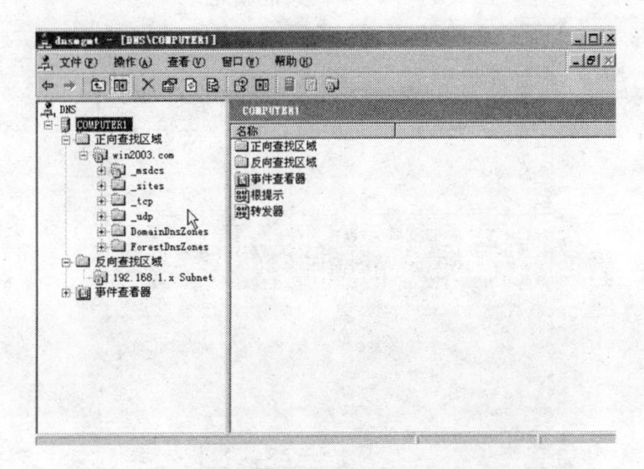

图 4-15　完成区域复制的辅助服务器的 DNS

（10）在配置完区域传输来测试一下 DNS 是不是能成功的解析。在辅助区域服务器上（即第二台机器上）进行测试，在命令提示符下输入 ping computer.win2003.com，显示如图 4-16 所示的结果，说明已经解析成功。

```
C:\Documents and Settings\Administrator>ping computer.win2003.com

Pinging computer.win2003.com [192.168.1.2] with 32 bytes of data:

Reply from 192.168.1.2: bytes=32 time<1ms TTL=128
Reply from 192.168.1.2: bytes=32 time<1ms TTL=128
Reply from 192.168.1.2: bytes=32 time<1ms TTL=128
Reply from 192.168.1.2: bytes=32 time<1ms TTL=128

Ping statistics for 192.168.1.2:
    Packets: Sent = 4, Received = 4, Lost = 0 (0% loss),
Approximate round trip times in milli-seconds:
    Minimum = 0ms, Maximum = 0ms, Average = 0ms
```

图 4-16　解析测试

4.7　任务实施 3　DNS 记录

进入 DNS 管理系统，可以通过图 4-17 所示的命令，查看 DNS 更多的记录，如图 4-18 所示。

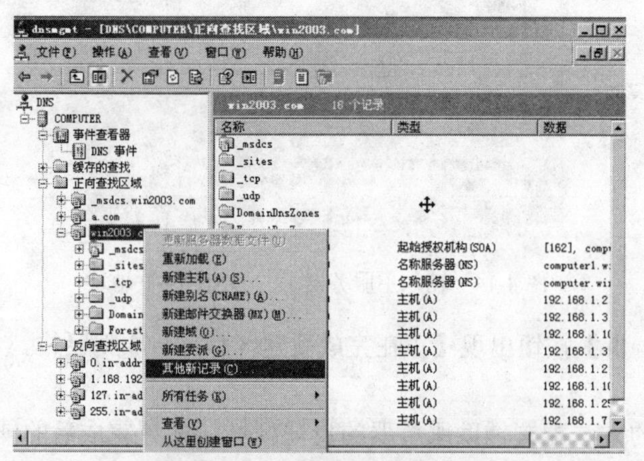

图 4-17　选择“其他新记录”

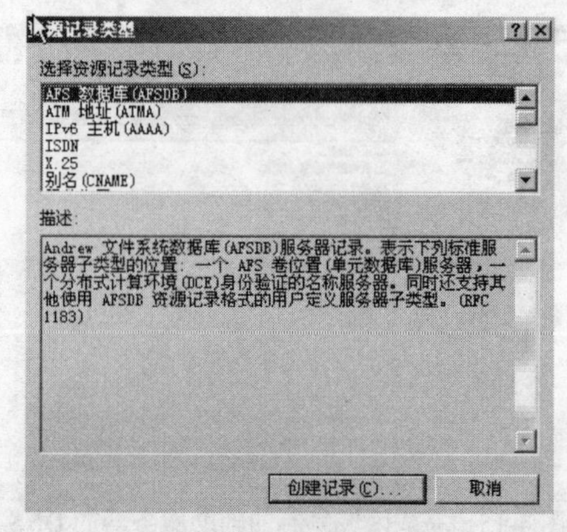

图 4-18　更多的记录类型

图 4-17 中列出的 DNS 记录很多，下面只介绍最常使用的记录。

1. A 记录

当想获取一个域名对应的 IP 地址，或通过域名方式访问某一网页或程序，此时就需要在这个域名和所属的 IP 地址间创建一个映射关系。这个关系就是利用在 DNS 中为此名称创建的 A 记录。而这个名称可以理解成是某台主机的计算机名（如 www），它的 IP 是 192.168.1.100，同时，在这台主机安装 IIS 并创建一个测试页面。当 DNS 服务器上存在一个 a.com 的区域，同时，将 www 这台主机的主 DNS 后缀设为 a.com，现在，想在局域网内实现通过 www.a.com 就可以访问那个测试页面，那么就需要在 DNS 上做一个 A 记录，目的是把 www.a.com 和 192.168.1.100 对应起来，如图 4-19 所示。

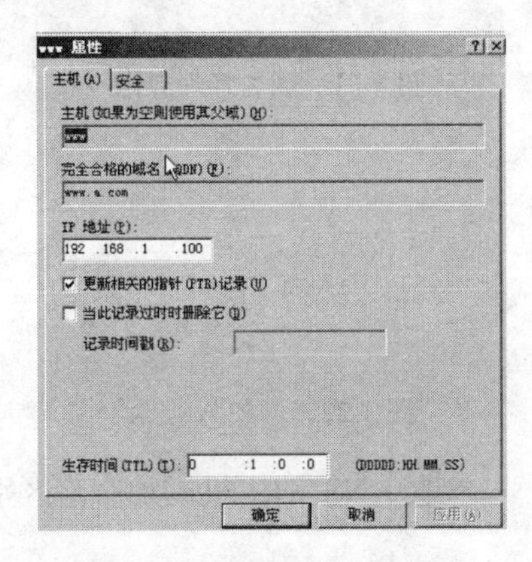

图 4-19 创建好的主机 A 记录

添加主机 A 记录的方法，前面已经介绍过，不再多述。创建的 A 主机记录会出现在如图 4-20 所示的列表中。

a.com 6 个记录

名称	类型	数据
(与父文件夹相同)	起始授权机构(SOA)	[4], computer.
(与父文件夹相同)	名称服务器(NS)	computer1.win2
(与父文件夹相同)	名称服务器(NS)	computer.win20
ftp	主机(A)	192.168.1.100
mail	主机(A)	192.168.1.100
www	主机(A)	192.168.1.100

图 4-20 记录列表

可以输入：ping www.a.com，来验证一下创建的结果，如果这个 IP 地址的主机是存在的，则会显示器 92.168.1.100 的 IP 地址。

可以为一个域名添加多个 IP，同一 IP 也可以对应多个主机名。这样做的目的是可以实现简单的冗余访问。如图 4-19 中的 mail、ftp 这两个主机名都是对应的 192.168.1.100 的 IP 地址。

以上是本地 DNS 的 A 记录操作方法，如果有一个付费域名，想让用户通过它来访问某个网站，那么就需要在该域名的控制台上添加 DNS 记录，这里以笔者申请的 cqhjw.com 这个域名为例进行解析，进入域名管理界面，如图 4-21 所示。

图 4-21 中有一个域名 cqhjw.com，单击【DNS 解析管理】标签，就可以对这个域名做进一步的操作。

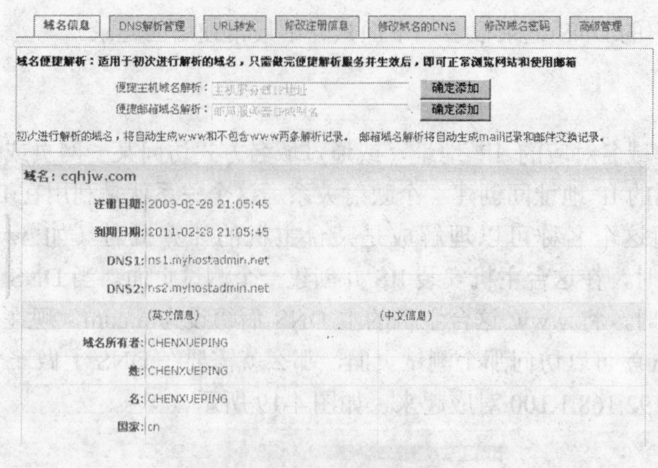

图 4-21　域名管理界面

图 4-22　增加 A 记录

图 4-22 增加的 A 记录，与本地 DNS 的主机增加有点区别，希望读者注意，只要一看说明，还是会明白的。

按照这样设置，主机名为 www，IP 地址为 192.168.1.100 即可。这样就创建了一条 A 记录，当访问 www.cqhjw.com 时，DNS 服务器会自动解析到 IP 为 192.168.1.100 的主机。

总的来说，A 记录即 address 记录，目的是标识出一条特定的域名到 IP 地址的记录。

2．CNAME 记录

CNAME 记录，即别名记录。通过设置别名记录，可以将多个名称指向同一台服务器。例如，有台名为 test 的主机上提供邮件和网页服务，可以设置 www 和 mail 这两个名称的别名记录指向这台服务器，用户可以通过 www.win2003.com 和 mail.win2003.com 来访问各自需要的服务，但实际上目标都是同一台服务器。

首先建立一个 A 记录，这个是创建 CNAME 记录的基础。建立 A 记录如图 4-23 所示。

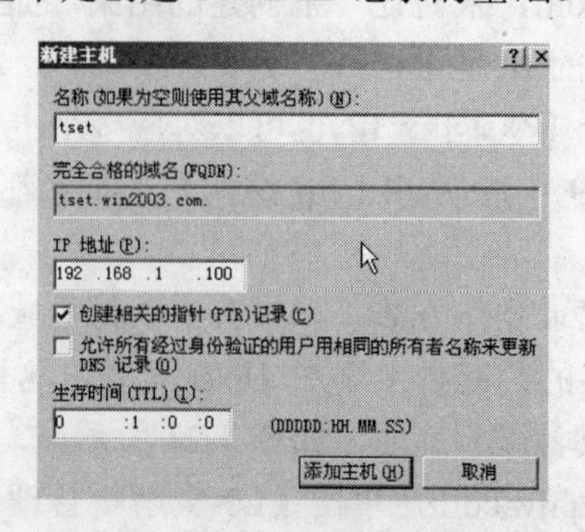

图 4-23　建立 A 记录

A 记录创建完成后，使用鼠标右键单击图 4-24 中的域名 win2003.com，在弹出的快捷菜单中选择【新建别名】选项。

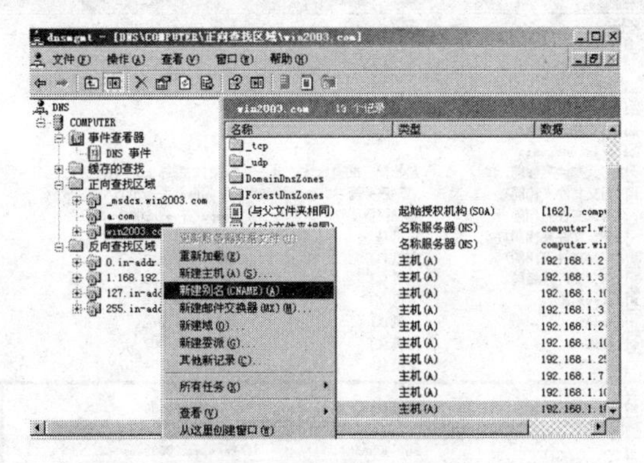

图 4-24　选择新建别名

在弹出的【新建资源记录】对话框中，输入别名“www”，然后单击【浏览】按钮，选择 test.win2003.com，如图 4-25 所示。

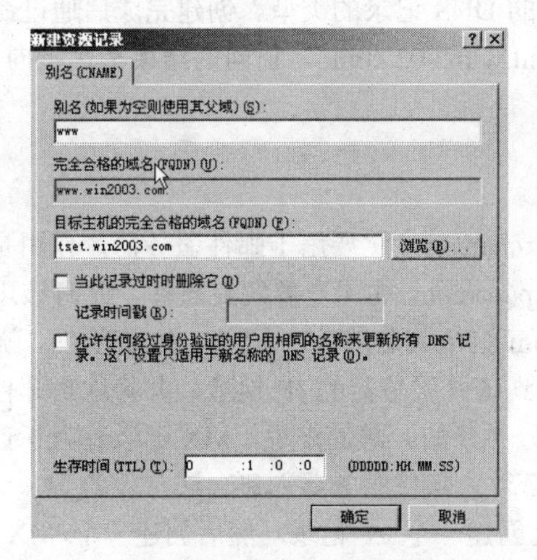

图 4-25　建立别名 www

继续新建一个别名“mail”，如图 4-26 所示。

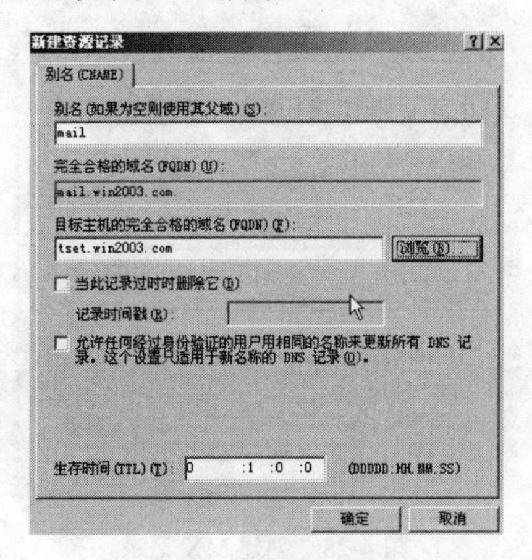

图 4-26　建立别名 mail

选择【新建别名（CNAME)】，创建方法如上。创建完成后，如图 4-27 所示。

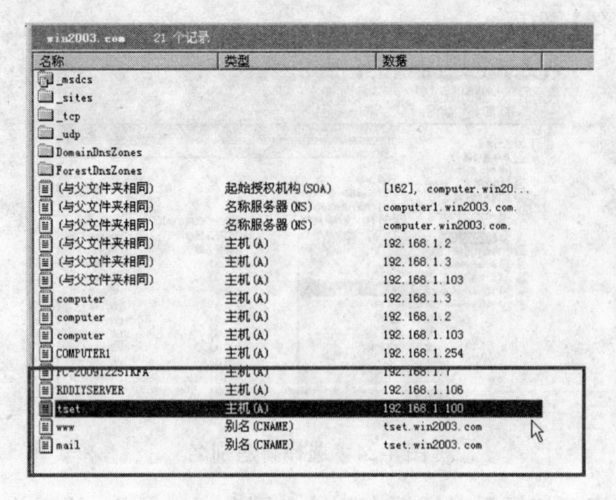

图 4-27　已经创建的记录

请大家注意图 4-26 中的 DNS 记录的类型。创建完成后通过命令来验证一下，输入 ping WWW.win2003.com 和 mail.win2003.com ，访问的结果都是指向 192.168.1.100 这个 IP 地址。

3．MX 记录

MX 记录，即 Mail Exchanger，主要用于邮件服务器，作用是用于定位邮件服务器的地址。例如，一个用户给 cxp@a.com 的用户要发封邮件，此时该用户的所属的邮件系统会通过 DNS 服务器来查找 a.com 这个域名的 MX 记录，如果存在，就会根据这个 MX 记录来查找对应的 A 记录，从而得到邮件服务器的 IP 地址，并将这封邮件发送到这台服务器上。可见，MX 记录和 A 记录是分不开的。总的来说，MX 记录是为了让对方找到邮件服务器，所以，如果想顺利收信，就必须为邮件服务器创建合法有效的 MX 记录。

现在给 mail 这个主机创建一个 A 记录，然后创建一个 MX 记录（A 记录创建过程省略）。创建 MX 记录如图 4-28 所示。

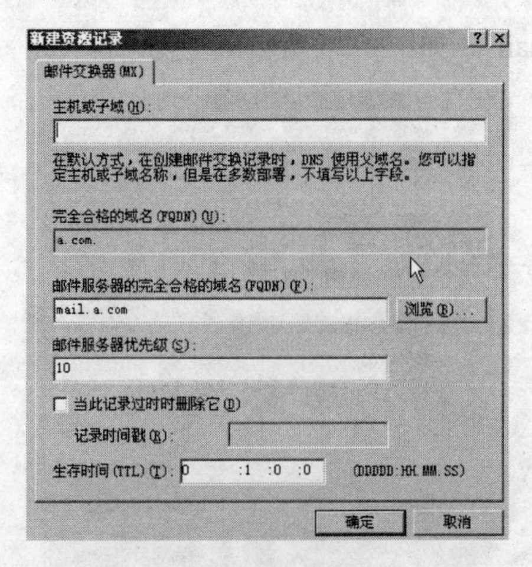

图 4-28　创建 MX 记录

其实，如果新建一条主机名为 email 的 A 记录，只要和主机 mail 指向的 IP 一样，再在这个基础上做 MX 记录，效果是一样的。也就是说，MX 记录所对应的 A 记录的 IP 一定要是邮件服务器的 IP，这样才可以被外部邮件系统正确识别。如果有多台邮件服务器，并已组成集群，然后为每一个服务器都创建一个 A 记录和对应的 MX 记录，此时每个 MX 记录就可以使用不同的优先级了。

依旧以上面介绍的 cqhjw.com 域名为例，来看一下在域名控制台上如何做 MX 记录。

主机名输入@，对应值输入 mail，如图 4-29 所示。

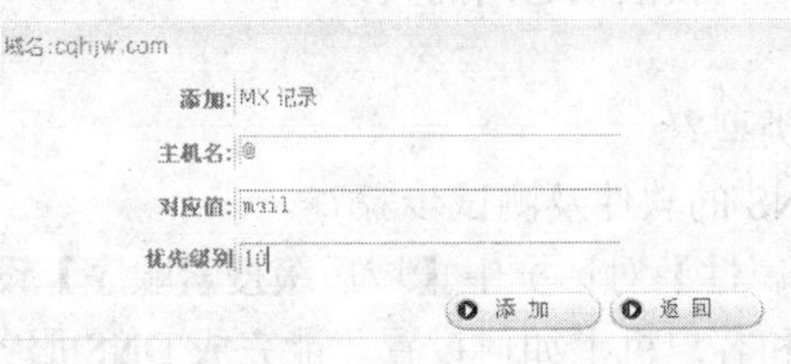

图 4-29　创建 MX 记录

4．NS 记录

NS（Name Server）记录是域名服务器记录，用来指定该域名由哪个 DNS 服务器来进行解析。注册域名时，总有默认的 DNS 服务器，每个注册的域名都是由一个 DNS 域名服务器来进行解析的，

DNS 服务器 NS 记录地址一般以以下的形式出现：ns1.domain.com、ns2.domain.com 等。

在申请域名时，几乎不用去创建 NS 服务器，因为大多数域名商默认用自己的 NS 服务器来解析用户的 DNS 记录，当然，如果可以自建 NS 服务器。不过前提是需要在本地 DNS 服务器上创建好 NS 记录，并将此 DNS 服务器 IP 告之对应域名商，只有他们将此 IP 登记到互联网上后，本地的 NS 服务器才可以正常解析 DNS 请求。

但无论怎么样，首先必须要有一个合法的域名，这一步是不可或缺的。以 win2003.com 为例，然后搭建一个 DNS 服务器，可能用 windows 的 DNS 或 Linux 下的 BIND。然后创建了 2 条 NS 记录，ns1.win2003.com 和 ns2.win2003.com，它们对应的 IP 假设都是 221.118.129.1。然后将此 IP 地址告之域名注册服务商，他们会将这个 IP 在互联网中心注册，大约 48 到 72 小时后就可全球生效，这样这台 DNS 就可以创建 A 记录、MX 记录等。也就等同于，这台 DNS 服务器是面向公网服务的。

那么，可以用这个 NS 服务器用来解析其他的域名，要做的只是将域名商默认的 NS 服务器替换成 ns1.win2003.com 和 ns2.win2003.com。

4.8　项目总结与回顾

本项目中简单地介绍了 DNS 服务器的安装及配置情况，DNS 的区域复制、DNS 的记录等，DNS 服务器要和 Web 服务器结合起来，其功能才能完全显示出来，通过本项目的学习，应该能够正确安装和配置 DNS 服务器，读者可以将这个项目和后面的 Web 服务器的配置综合起来学习。相信读者经过本任务的学习，已经能掌握 DNS 服务器的最为重要的知识和技能。

习　题

1．DNS 服务器的 IP 地址可以是动态的吗？为什么？
2．Windows 2003 的计算机中是否需要设置如 win2003.w2k.com 完整的计算机名？
3．在客户端为了测试 DNS，必须要指定 DNS 服务器的地址吗?
4．正向查找区域和反向查找区域之间的关系？
5．w2k.com 是域吗？
6．资源记录有哪几种类型？
8．在服务器端测试 DNS 的软件及测试步骤？
9．在客户端【TCP/IP 属性】对话框中【域后缀搜索顺序】设置有什么作用？
10．在 DNS 服务器上和客户机上如何设置才能完成 DNS 服务器的解析工作？
11．上机操作：完成下面的实验

实验　DNS 服务器的配置和使用

一、实验目的：

1. 了解域名的概念；
2. 理解因特网域名的结构，
3. 不同类型域名服务器的作用，
4. 掌握域名解析的过程；
5. 掌握如何在 Windows Server 2003 配置 DNS 服务。

二、实验环境：

1. DNS 服务器：运行 Windows Server 2003 操作系统的 PC 一台；
2. 上网计算机，若干台，运行 Windows XP 操作系统；
3. 每台计算机都和校园网相连。

DNS 服务器配置实验环境如图 4-30 所示。

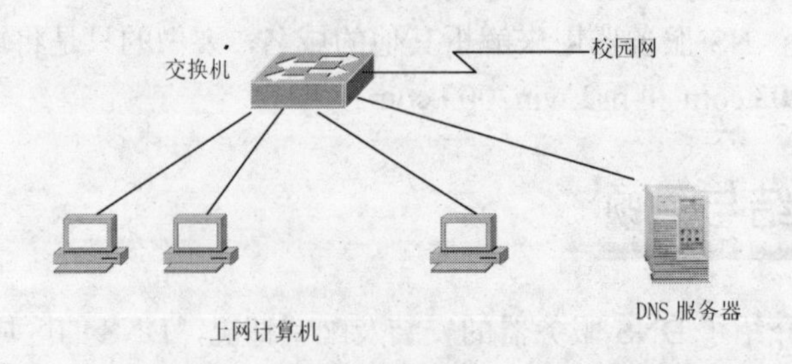

图 4-30　DNS 服务器配置实验环境图

三、实验任务

根据图4-30所示，配置Windows Server 2003下DNS服务管理如图4-31所示的阴影部分。

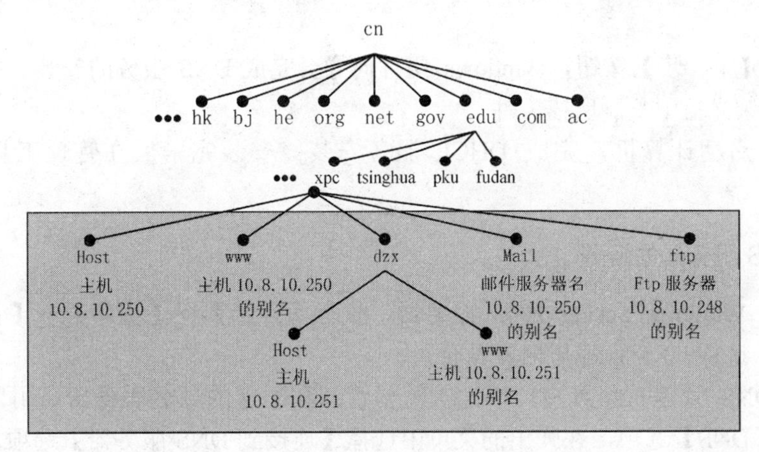

图4-31　阴影部分为DNS服务器需要管理的部分

任务要求如下。

1．DNS服务器端

在一台计算机上安装Windows Server 2003，设置IP地址为10.4～10.200，子网掩码为255.255.255.0，设置主机域名与IP地址的对应关系，host.xpc.edu.cn对应10.4～10.250/24，邮件服务器mail.xpc.edu.cn对应10.4～10.250，文件传输服务器ftp.xpc.edu.cn对应10.4～10.250，host.dzx.xpc.edu.cn对应10.4～10.251，设置host.xpc.edu.cn别名为www.xpc.edu.cn和ftp.xpc.edu.cn，设置host.dzx.xpc.edu.cn别名为www.dzx.xpc.edu.cn。设置转发器为202.99.160.68。

2．客户端

设置上网计算机的DNS服务器为10.4-10.200，

（1）启用客户端计算机的IE，访问校园网主页服务器www.xpc.edu.cn、www.dzx.xpc.edu.cn，并访问Internet。

（2）在DOS环境下，通过【Ping 域名】命令可以将域名解析为IP地址。试用Ping解析www.sina.com.cn、www.263.net、www.yahoo.com.cn、www.xpc.edu.cn、mail.xpc.edu.cn、www.dzx.xpc.edu.cn、www.Sohu.com等主机对应的IP地址。

（3）通过NSlookup来验证配置的正确性

四、实验操作实践与步骤

（一）安装DNS服务器

如果在【开始】→【程序】→【管理工具】选项中找不到【DNS】选项，就需要自行安装 DNS 服务器。

（1）执行【开始】→【设置】→【控制面板】→【添加 / 删除程序】→【添加 / 删除 Windows 组件】命令，弹出“Windows 组件”对话框，选中 “网络服务”复选框，单击“详细信息”按钮，在弹出的“网络服务”对话框中，选中“域名系统”复选框，然后单击“确定”按钮。

（2）单击【下一步】按钮，Windows 组件向导会完成 DNS 服务的安装。并从 Windows Server 2003 安装光盘中复制所需文件。

（3）重新启动计算机，完成 DHCP 服务安装。安装完毕后在管理工具中多了一个“DDNS”选项。

（二）DNS 服务器的设置

（1）启动 Windows Server 2003 服务器，执行【开始】→【程序】→【管理工具】→【DNS】选项。进行 DNS 管理与配置界面。

（2）在 DNS 管理与配置窗口中加入需要管理和配置的域名服务器。用鼠标右键单击【树】区域的【DNS】选项，在弹出的菜单中选择【连接到 DNS 服务器】选项，弹出【连接到 DNS 服务器】对话框，如图 4-32 所示。Windows Server 2003 中的 DNS 管理程序既可以管理和配置本地的域名服务，也可以管理和配置网络中其他主机的 DNS。选择【这台计算机】单选按钮，单击【确定】按钮，系统将把这台计算机（计算机名为 XXZX-CHUJL）加入到 DNS 树中，如图 4-33 所示。这是在该计算机上建立的一个数据库，用于存储授权区域的域名信息。

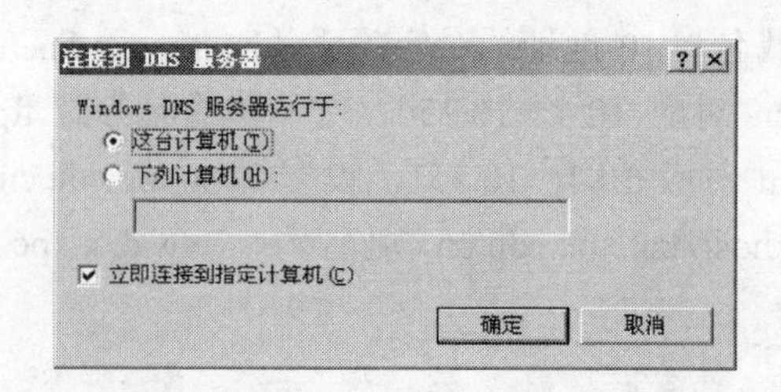

图 4-32 “连接到 DNS 服务器”对话框

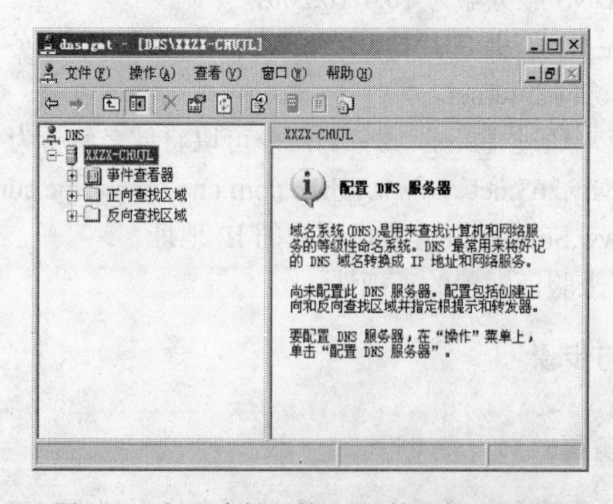

图 4-33 加入本机后的 DNS 管理与配置界面

（3）在“XXZX-CHUJL”下包括“事件查看器”、“正向查找区域”、“反向查找区域”等三个选项。

（三）区域的建立

1. 建立主要区域

DNS 客户端所提出的 DNS 查找请求，大部分是属于正向的查找（Forward lookup），也就是从主机名称来查找 IP 地址。建立步骤如下。

（1）选择【开始】→【程序】→【管理工具】→【DNS】选项，然后选择【DNS 服务器】并用鼠标右键单击“正向查找区域”选项，在弹出的菜单中选择【新建区域】选项，启动“欢迎使用新建区域”向导。单击【下一步】按钮，弹出【区域类型】对话框，如图 4-33 所示。

（2）选择【主要区域】单选按钮，单击【下一步】按钮，弹出【区域名称】对话框，如图 4-34 所示。在“区域名称”文本框中输入区域名“xpc.edu.cn”。注意只输入到次阶域，而不是连同子域和主机名称都一起输入。

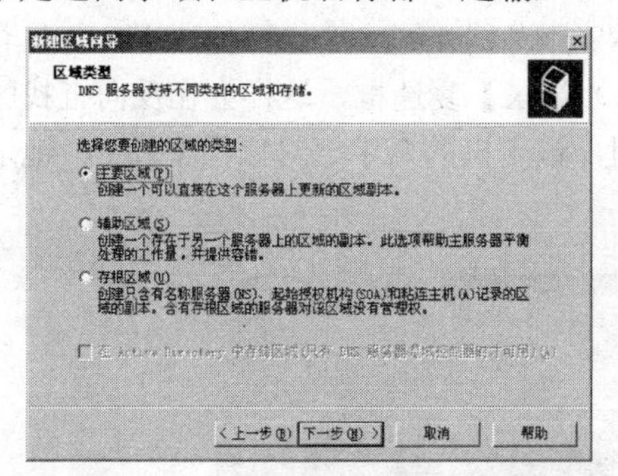

图 4-34　【区域类型】对话框

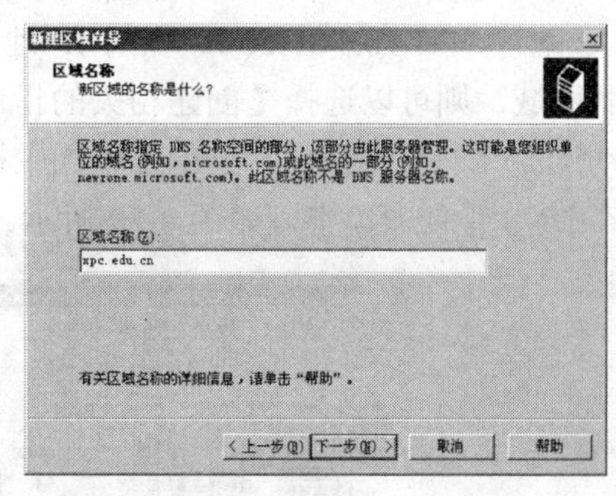

图 4-35　【区域名称】对话框

（3）单击【下一步】按钮，弹出“区域文件”对话框，如图 4-36 所示。在【创建新文件，文件名为】文本框中自动输入了以域名为文件名的 DNS 文件。该文件的默认文件名为 xpc.edu.cn.dns（区域名+.dns），它被保存在文件夹\winnt\system32\dns 中。如果要使用区域内已有的区域文件，可先选择“使用此现存文件”单选按钮，然后将该现存的文件复制到\winnt\system32\dns 文件夹中。

（4）单击【下一步】按钮，弹出“动态更新”对话框，如图 4-37 所示。选择【允许非安全和安全动态更新】单选按钮表示任何客户端接受资源记录的动态更新，该设置存在安全隐患。选择【不允许动态更新】单选按钮表示不接受资源记录的动态更新，更新记录必须手动。

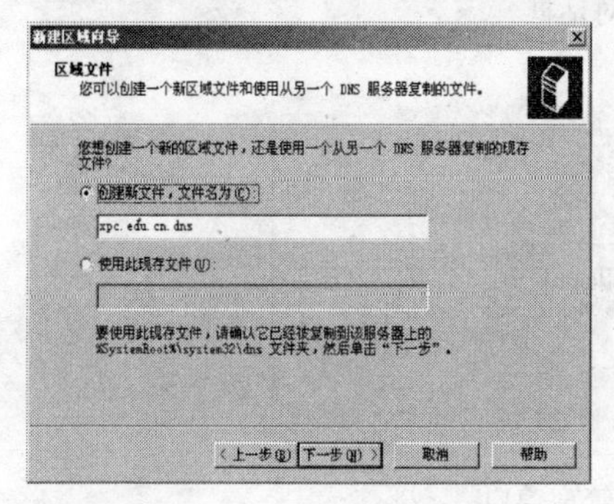

图 4-36　【区域文件】对话框

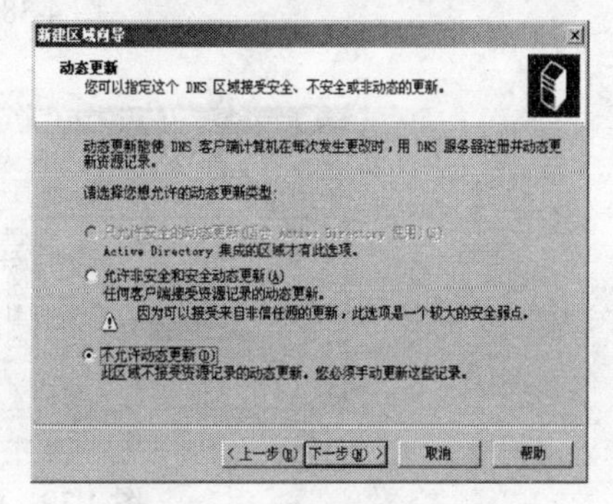

图 4-37　【动态更新】对话框

（5）单击【下一步】按钮，然后单击【完成】按钮。新区域“xpc.edu.cn”添加到 DNS 管理窗口。

2. 在主要区域内新建资源记录

DNS 服务器支持相当多的不同类型的资源记录，在此学习如何将几个比较常用的资源记录新建到区域内。

（1）新建主机记录

将主机名称与 IP 地址（也就是资源记录类型为 A 的记录）新建到 DNS 服务器内的区域后，就可以让 DNS 服务器提供这台主机的 IP 地址给客户端。

① 用鼠标右键单击新增加记录的区域名，如 xpc.edu.cn，在弹出的菜单中选择【新建主机】选项。弹出【新建主机】对话框，如图 4-37 所示。

② 在【名称】栏上填写新增主机记录的名称，但不需要填上整个域名，如要新增 host 名称，只要填上 host 即可而不是填上 host.xpc. edu.cn。在【IP 地址】栏中填入新建名称的实际 IP 地址，如 10.4-10.250。如果 IP 地址与 DNS 服务器在同一个子网掩码下，并且有反向查找区域，则可以选择【创建相关的指针（PTR）记录】复选框，这样会在反向查找区域内自动添加一条搜索记录。单击【添加主机】按钮，该主机的名字、对象类型及 IP 地址就显示在 DNS 管理窗口中，如图 4-39 所示。

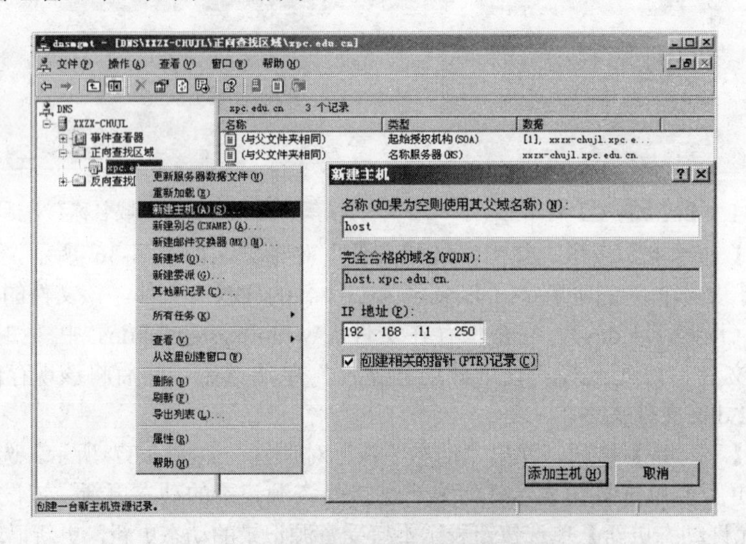

图 4-38　【新建主机】对话框

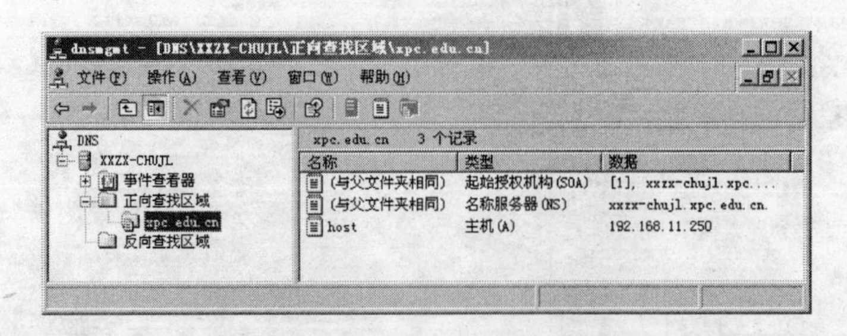

图 4-39　添加主机后 DNS 管理窗口

可以重复以上步骤，以便将多台主机的信息输入到此区域内。

（2）新建主机别名

如果想要让一台主机拥有多个主机名称时，可以为该主机设置别名，例如，一台主机 host.xpc.edu.cn 当作 Web 服务器时为 www.xpc.edu.cn，而当作 FTP 服务器时为 ftp.xpc.edu.cn，但这都是同一 IP 地址的主机。

用鼠标右键单击要新建立别名主机的区域名，如 xpc.edu.cn，在弹出的菜单中选择“新建别名”选项。弹出【新建资源记录】对话框，在“别名”文本框中输入主页服务器的名字“www”，然后输入目标主机的完全合格的域名“host.xpc.edu.cn”（也可以通过单击“浏览”按钮进行选择），单击【确定】按钮完成别名配置，如图 4-40 所示。同样方法创建别名 ftp。如图 4-41 所示为完成后的窗口，它表示 host.xpc.edu.cn 的别名是 www.xpc.edu.cn 和 ftp.xpc.edu.cn.。

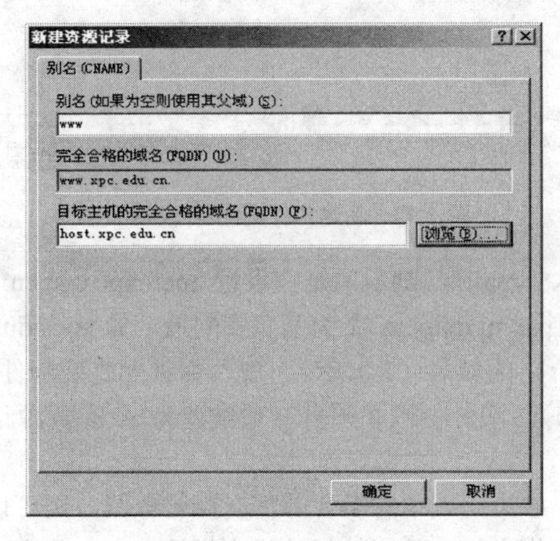

图 4-40　【新建资源记录】对话框

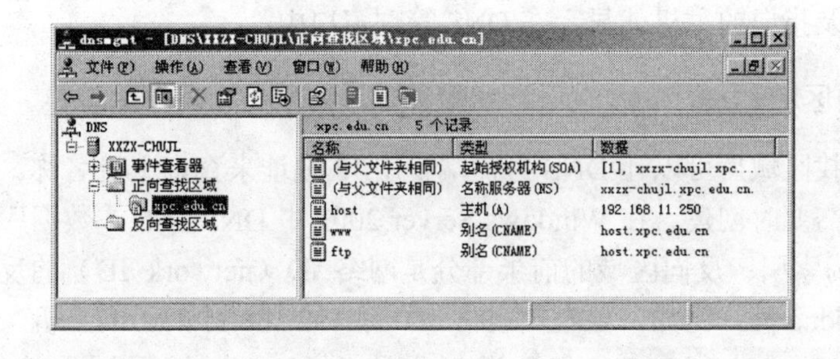

图 4-41　新建主机的别名

（3）新建邮件交换器（MX）

MX 记录负责域邮件传送的交换服务器。

使用鼠标右键单击 DNS 树中的区域名【xpc.edu.cn】，在弹出的菜单中选择【新建邮件交换器】选项。弹出【新建资源记录】对话框，如图 4-42 所示。在该对话框中，在【主机或子域】框中输入邮件服务器的名字“mail”，然后在“邮件服务器的完全合格的域名”框中输入邮件服务器的安全合格的域名"host.xpc.edu.cn"(也可以通过单击【浏览】按钮进行选择)和优先级，单击【确定】按钮，邮件服务器的名字、对象类型及指向的主机就显示在DNS管理窗口中。

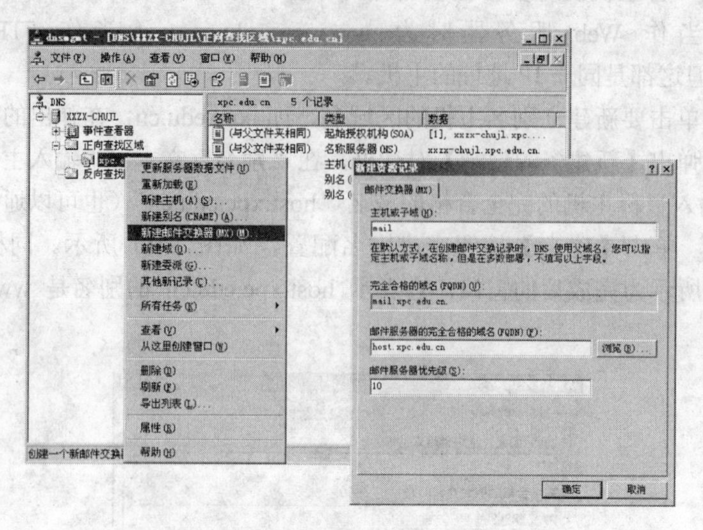

图4-42　新建邮件交换器(MX)

主机或子域：若输入"mail"，则表示是在设置mail.xpc.edu.cn域的邮件交换服务器；若未输入，则以【父域(parent domain)】为其负责的域，如xpc.edu.cn。

邮件服务器的完全合格的域名(FQDN)：输入负责上述域邮件传送工作的邮件服务器的完整主机名称(FQDN)，这台主机必须有一项类型为A的资源记录，以便得知其IP地址。

邮件服务器优先级：如果此域中有多台邮件交换服务器，则可以建立多个MX资源记录，并通过此处来设置其优先级，数字较低的优先级较高(0最高)。也就是说，当其他的邮件交换服务器欲传送邮件到此域的邮件交换服务器时，单击"确定"按钮，邮件服务器的名字、对象类型及指向的主机就显示在DNS管理窗口中。

3. 建立反向区域

建立反向查找区域后可以让DNS客户端使用IP地址来查询主机名称。反向区域并不是必须的，可以在需要时创建。在Windows Server 2003中DNS分布式数据库是以名称为索引而非以IP地址为索引。反向区域的前半部分是网络ID(network ID)的反向书写，而后半部分必须是.in-addr.arpa。例如，要查询网络ID为192.168.11.250的主机，则其反向区域前半部分的网络ID为192.168.11，后半部分是.in-addr.arpa，区域文件为192.168.11.in-addr.arpa.dns。

(1)建立反向区域

① 建立一个反向查找区域与建立正向查找区域一样，用鼠标右键单击【反向查找区域】选项，在弹出的菜单中选择【新建区域】选项，弹出【新建区域向导】对话框，单击【下一步】按钮，弹出【区域类型】对话框，选择【主要区域】选项，单击【下一步】按钮，弹出【反向查找区域名称】对话框，如图4-43所示，在"网络ID"文本框中输入正

常的地址（如 192.168.11.），这时会自动在反向查找区域名称中显示 192.168.11.in-addr.arpa。

② 单击【下一步】按钮，弹出【区域文件】对话框，在【新文件】文本框中自动输入了以反向查找区域名为文件名的DNS文件，192.168.11.in-addr.arpa.dns。

③ 单击【下一步】按钮，选择【不允许动态更新】单选按钮，单击【下一步】按钮，然后单击【完成】按钮，完成设置。反向查找区域自动添加在DNS管理窗口中，如图4-44所示。

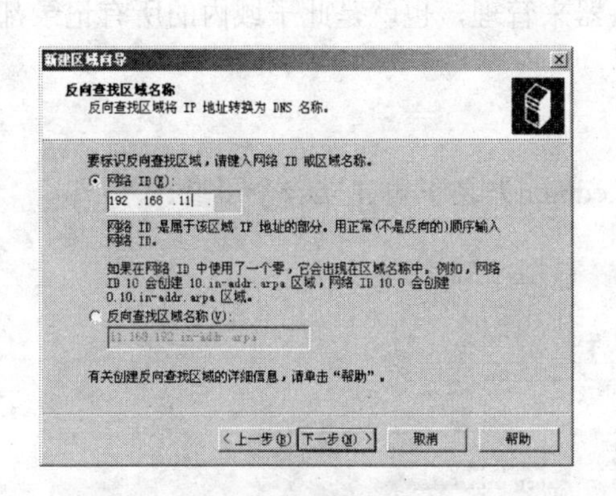

图4-43　【反向查找区域名称】对话框

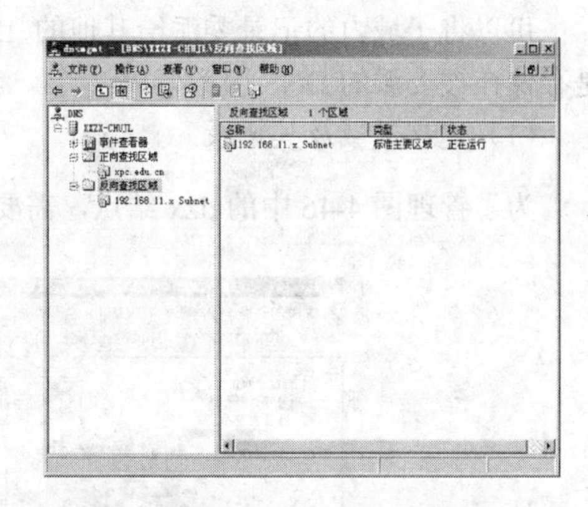

图4-44　DNS管理窗口

（2）在反向区域内建立记录

在反向区域建立记录有两种方法，以便为DNS客户端提供反向查找的服务。

① 在图4-45中使用鼠标右键单击反向查找区域，然后选择【新增指针】选项。弹出【新建资源记录】对话框。在【主机 IP 号】中输入主机的IP地址的最后一组，如250，在“主机名”文本框中输入指针指向的域名，如【host.xpc.edu.cn】，也可以通过【浏览】按钮去查找。

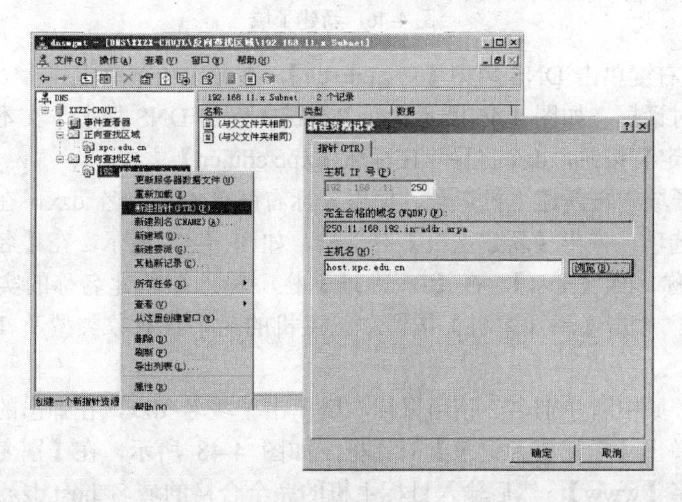

图4-45　新建指针

② 在正向区域建立主机记录时，可以顺便在反向区域内建立反向记录，选中【创建相关的指针（PTR）记录】复选框即可。但在选择此选项时，相对应的反向查找区域必须已经

存在，如反向区域 192.168.11.x subnet 必须已经存在。

4. 子域

如果 DNS 服务器所管辖的区域为 xpc.edu.cn，而且在此区域之下还有数个子域，如 dzx.xpc.edu.cn，将子域内的记录建立到 DNS 服务器的方法有以下两种。

可以直接在 xpc.edu.cn 区域之下建立子域，然后将此子域内的主机记录输入到此子域内，这些记录还是存储在这台 DNS 服务器内。

可以将子域内的记录委派给其他的 DNS 服务器来管理，也就是此子域内的所有记录都是存储在被委派的 DNS 服务器内。

（1）建立子域及其记录

为了管理图 4-46 中的 dzx 结点，需要在【xpc.edu.cn】之下再建立一个子域。

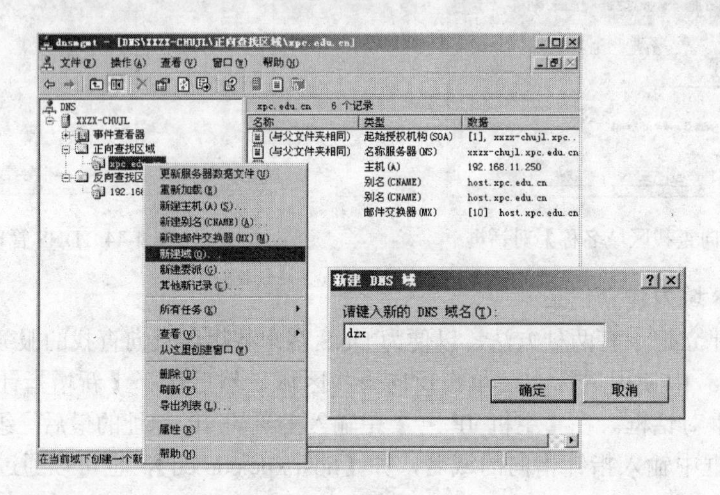

图 4-46　新建子域

① 使用鼠标右键单击 DNS 树中【xpc.edu.cn】，在弹出的菜单中执行“新建域”命令，弹出【新建域】对话框，如图 4-46 所示。在“请键入新的 DNS 域名”文本框中输入子域名“dzx”，单击【确定】按钮，dzx 将显示在区域【xpc.edu.cn】之下。

② 在 dzx 子域中再新建主机记录，使用鼠标右键单击子域名 dzx，在弹出的菜单中选择【新建主机】选项，弹出【新建主机】对话框，如图 4-47 所示，在【名称】文本框中输入新建主机的名称，如【host】，在【IP 地址】栏中输入欲新建名称的实际 IP 地址，如【192.168.11.251】。单击【添加主机】按钮，该主机的名字、对象类型及 IP 地址就显示在 DNS 管理窗口中。

③ 在 dzx 子域中新建别名，使用鼠标右键单击子域名 dzx，在弹出的菜单中选择【新建别名】选项。弹出【新建资源记录】对话框，如图 4-48 所示，在【别名】文本框中输入主页服务器的名字【www】，然后输入目标主机的完全合格的域名 host.dzx.xpc.edu.cn（也可以通过单击【浏览】按钮进行选择），单击【确定】按钮完成别名配置。如图 4-49 所示为完成后的窗口。

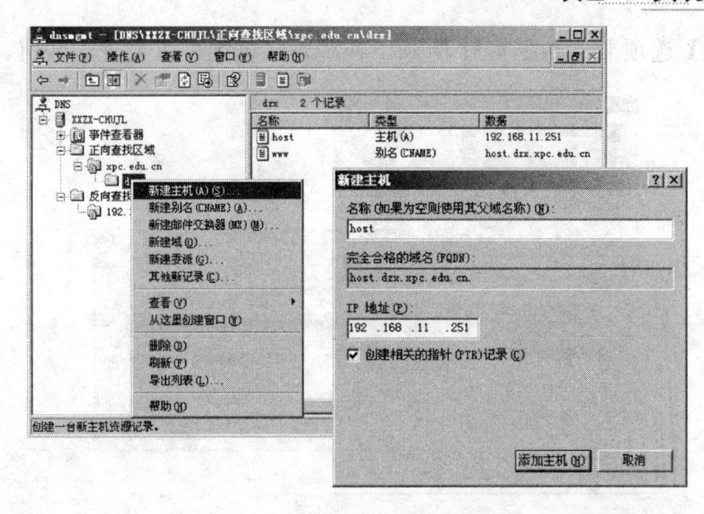

图 4-47　子域内新建主机记录

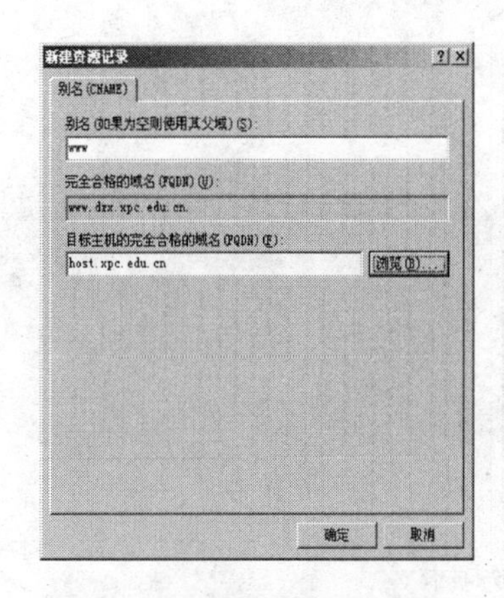

图 4-48　【新建资源记录】对话框

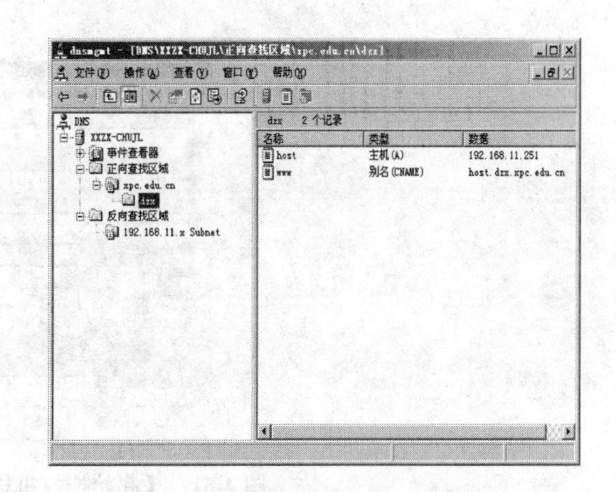

图 4-49　子域新建主机记录和别名

（四）域的设置

通过使用鼠标右键单击区域，在弹出的快捷菜单中选择“属性”选项，可以更改区域的相关设置，主要有以下相关设置。

1. 更改区域类型与区域文件名称

使用鼠标右键单击 DNS 服务器的 xpc.edu.cn 区域，在弹出的快捷菜单中选择【属性】选项，弹出【xpc.edu.cn 属性】对话框，选择【常规】选项卡，单击【更改】按钮可以更改区域类型，在【区域文件名】栏中可以更改区域文件名称，如图 4-50 所示。

2. SOA 与区域复制

DNS 服务器的辅助区域存储的是此区域内所有记录的副本，这份副本信息是利用【区域复制】的方式从【master 服务器】复制过来的，【区域复制】执行的时间间隔的设置值存储在 SOA 资源记录内，在 master 服务器上，使用鼠标右键单击 DNS 服务器的 xpc.edu.cn 区域，在弹出的快捷菜单中选择【属性】选项，弹出【xpc.edu.cn 属性】对话框，选择【起始授权机构（SOA）】选项卡，如图 4-51 所示。在此对话框中可以设置这些值。

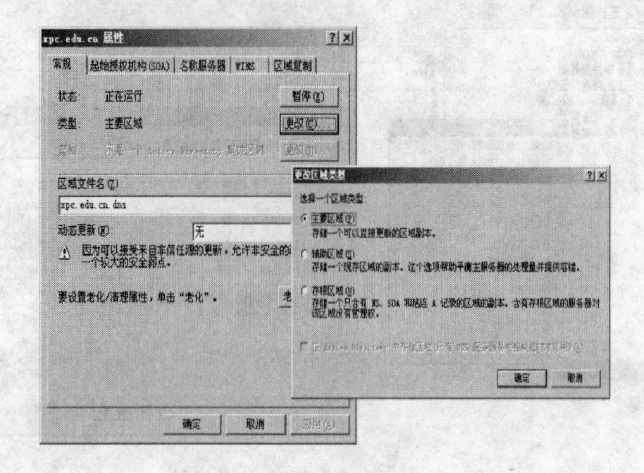

图 4-50　更改区域类型与区域文件名称

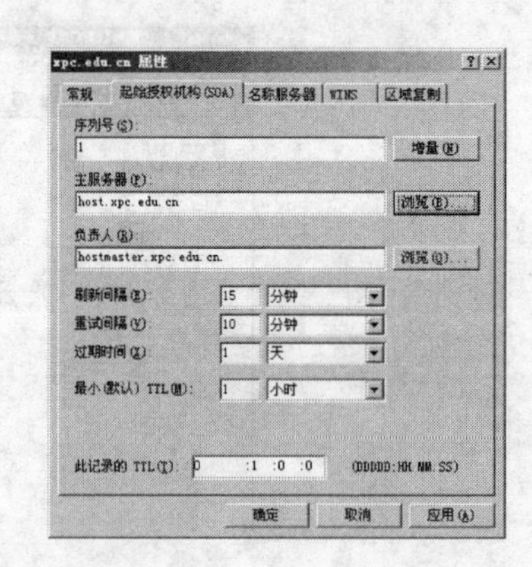

图 4-51　【起始授权机构（SOA）】选项卡

- 序列号：当执行区域传输时，首先检查序列号，只有当主服务器的序列号比辅助服务器的序列号大时（表示辅助服务器中的数据已过时）复制操作才会执行。
- 主服务器：此区域的主服务器的 FQDN。
- 负责人：此区域的负责人的电子邮箱地址。
- 刷新间隔：设置辅助服务器隔多长时间需要检查其数据，执行区域传输。
- 重试间隔：当在刷新间隔到期时辅助服务器无法与主服务器通信，需等多久再重试。
- 过期间隔：如果辅助服务器一直无法与主服务器建立通信，在此时间间隔后辅助服务器不再执行查询服务，因为其包含的数据可能是错误的。
- 最小 TTL：服务器查询到的数据在缓存中的保存时间。

（五）DNS 服务器的维护

1. 设置 DNS 服务器的动态更新

在 Windows Server 2003 中可以利用动态更新的方式，当 DHCP 主机 IP 地址发生变化

时，会在 DNS 服务器中自动更新，这样减轻了管理员的负荷。具体设置如下。

（1）首先用户需要对 DHCP 服务器的属性进行设置，用鼠标右键单击“DHCP 服务器”，在弹出的菜单中选择“属性”选项，单击“DNS”选项卡，如图 4-51 所示。在其中选中“根据下面的设置启用 DNS 动态更新”复选框并选中 “在租约被删除时丢弃 A 和 PTR 记录”复选框。

（2）在 DNS 控制台中展开正向查找区域，选择区域 xpc.edu.cn，执行【操作】→【属性】命令，在【常规】选项卡中的【动态更新】下拉列表框中选择【非安全】选项，单击【确定】按钮，如图 4-53 所示。

（3）展开反向查找区域，选择【反向区域】选项，执行【操作】→【属性】命令，并在【常规】选项卡中选择【允许更新】选项。

这样在客户进行信息改变时，它在 DNS 服务器中的信息也会自动更新。

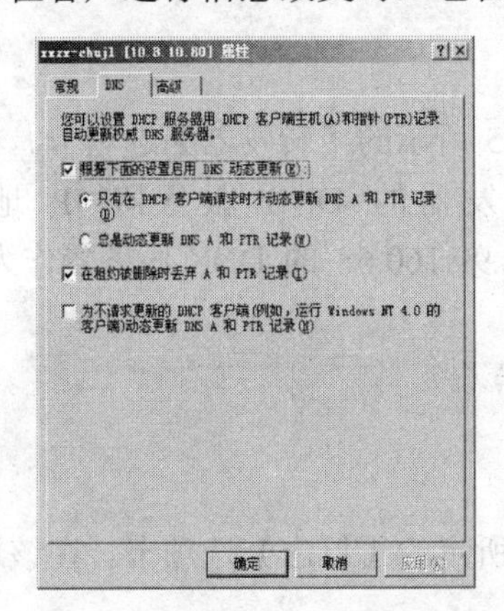

图 4-52　【DNS】选项卡

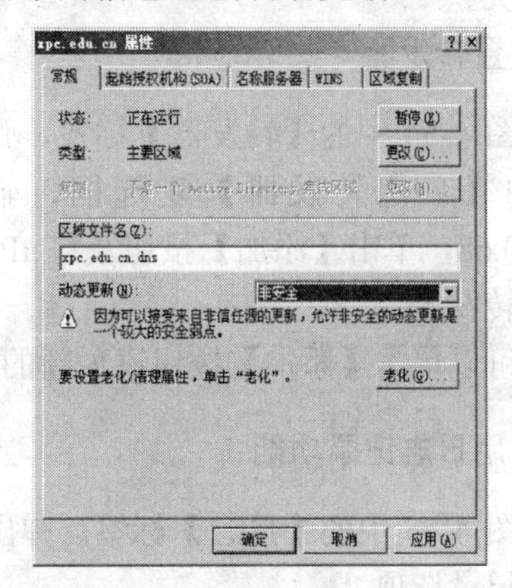

图 4-53　【xpc.edu.cn 属性】对话框

3. 指定根域服务器（root 服务器）

当 DNS 服务器要向外界的 DNS 服务器查询所需的数据时，在没有指定转发器的情况下，它先向位于根域的服务器进行查询。然而，DNS 服务器是通过缓存文件来知道根域的服务器。缓存文件在安装 DNS 服务器时就已经存放在\winnt\system32\dns 文件夹内，其文件名为 cache.dns。cache.dns 是一个文本文件，可以用文本编辑器进行编辑。

如果一个局域网没有接入 Internet，这时内部的 DNS 服务器就不需要向外界查询主机的数据，这时需要修改局域网根域的 DNS 服务器数据，将其改为局域网内部最上层的 DNS 服务器的数据。如果在根域内新建或删除 DNS 服务器，则缓存文件的数据就需要进行修改。修改时建议不要直接用编辑器进行修改，而采用如下的方法进行修改。

执行【开始】→【程序】→【管理工具】→【DNS】命令，使用鼠标右键单击 DNS 服务器名称，如 xxzx-chujl，在弹出的菜单中选择【属性】选项，再单击【根提示】标签，弹出如图 4-54 所示的【根提示】选项卡。在该选项卡的列表中列出了根域中已有的 DNS 服务器及其 IP 地址，用户可以单击【添加】按钮添加新的 DNS 服务器。

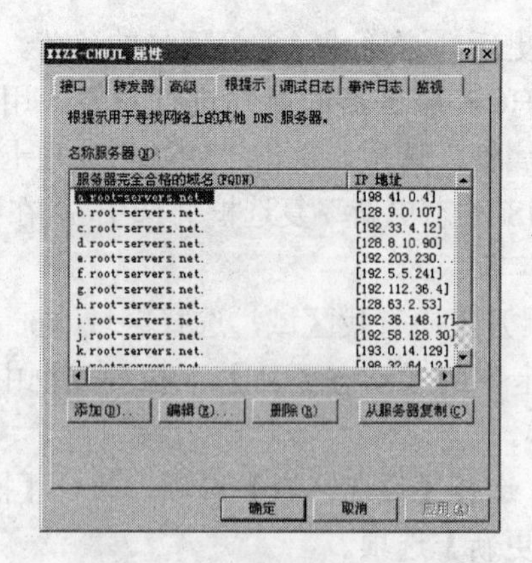

图 4-54 【根提示】选项卡

3. 设置转发器

单击图 4-54 中的【转发器】标签，弹出如图 4-55 所示的【转发器】选项卡。在该选项卡中选中【启用转发器】复选框，输入作为转发器的 DNS 服务器 IP 地址，如 202.99.160.68，单击【添加】按钮及将 IP 地址为 202.99.160.68 的 DNS 服务器作为该 DNS 服务器的转发器。

用户可以单击【添加】按钮添加新的 DNS 服务器。

4. 启用日志记录功能

单击图 4-55 中的【日志】标签，弹出如图 4-56 所示的【日志】选项卡。在该选项卡中选中日志记录选项。

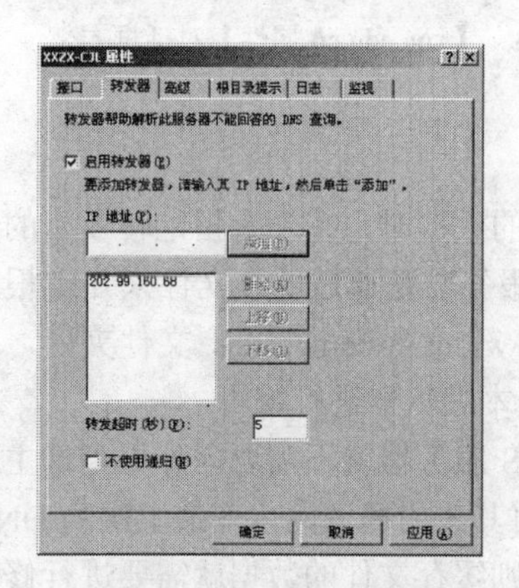

图 4-55 【转发器】选项卡

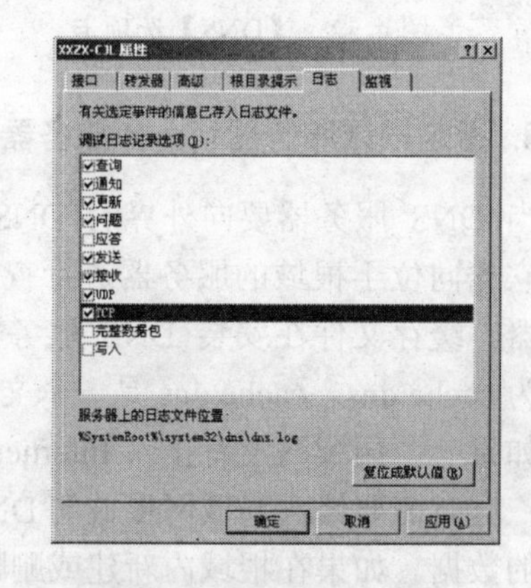

图 4-56 【日志】选项卡

（六）测试配置的 DNS 服务器

1. 配置测试主机

在成功安装 DNS 服务器后，就可以在 DNS 客户机启用 DNS 服务。打开【网络和拨号连接】对话框，双击【本地连接】图标，单击【属性】按钮，选择【Internet 协议

（TCP/IP）】选项，然后单击【属性】按钮，如果在 DHCP 服务中设置了 DNS 的信息则在对话框中选中【自动获得 DNS 服务器地址】单选按钮，并分别在首选 DNS 服务器和备用 DNS 服务器中填写主 DNS 服务器和辅助 DNS 服务器的 IP 地址，如图 4-57 所示。

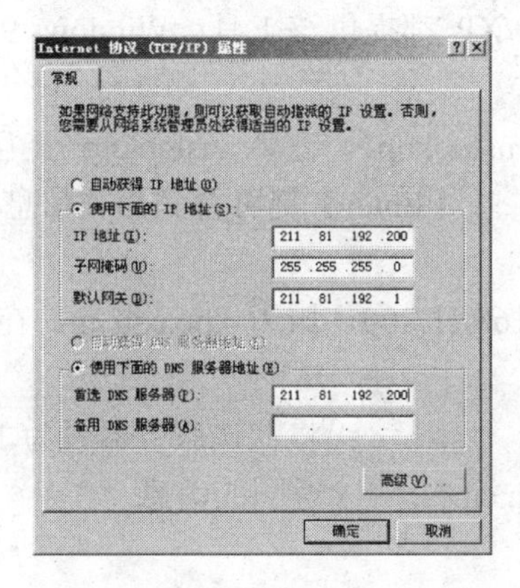

图 4-57 【Internet 协议（TCP/IP）属性】对话框

2. DNS 正向解析测试

在命令状态下，输入“ipconfig/all”，查看 DNS 服务器的配置情况，确认已配置了 DNS 服务器。

在 IE 地址栏中输入“www.xpc.edu.cn”、“mail.xpc.edu.cn”、“www.dzx..xtvt.edu.cn”，观察的域名服务器解析是否正确，能否访问 Internet。

在 MS-DOS 下，利用 Ping 命令去解析 www.sina.com.cn、www.263.net、www.yahoo.com.cn、www.Sohu.com 等主机域名的 IP 地址，如图 4-58 所示。

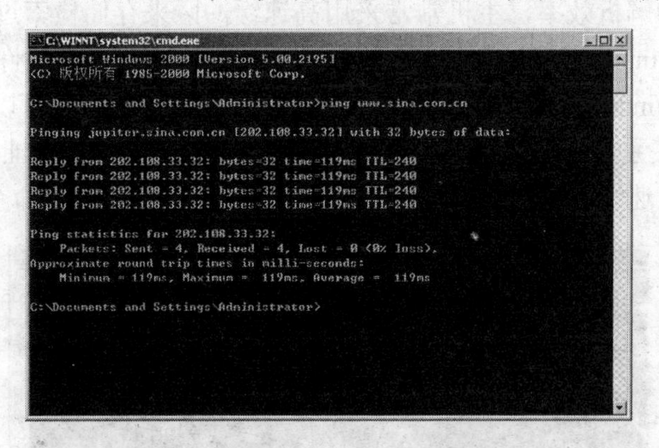

图 4-58 使用 ping 命令检测 DNS 配置

3. DNS 反向解析测试

反向解析测试主要是测试 DNS 服务器是否能够提供名称解析功能。在命令状态下输入 ping －a 10.4-10.250，以检测 DNS 服务器是否能够将 IP 地址解析成主机名。

4. 使用 nslookup 命令测试 DNS 服务器

nslookup 是一个有用的实用程序，它通过向 DNS 服务器查询信息，能够诊断解决像主机名称解析这样的 DNS 问题。启动 nslookup 时，显示本地主机配置的 DNS 服务器主机名和 IP 地址。Windows NT/2000/XP 都提供该工具；Windows 95/98 系统不提供该工具。

（1）使用 nslookup

在命令提示符下，输入“nslookup”，进入 nslookup 交互模式，出现“>”提示符，这时输入域名或 IP 地址等资料，按【Enter】键可得到相关信息。

（2）nslookup 使用举例：

假设 DNS 服务器为 192.168.11.200，域为 xpc.edu.cn，在客户端启动 nslookup，输入下面命令：

```
> server 192.168.11.250              \\将默认服务器设为 192.168.11.250
Default Server: host.xpc.edu.cn      \\返回的信息
Address: 192.168.11.250
> set q=A                            \\正向域名查询
> www.xpc.edu.cn                     \\查询 www.xpc.edu.cn
Server: host.xpc.edu.cn
Address:192.168.11.250
Non-authoritative answer:
Name: www.xpc.edu.cn
Address: 192.168.11.250              \\查询到的结果
```

5. 查看主机的域名高速缓存区

为了提高主机的解析效率，主机常常采用高速缓冲区来存储检索过的域名与其 IP 地址的映射关系。Unix/Linux、Windows 2003 等操作系统都提供命令，允许用户查看域名高速缓冲区中的内容。在 Windows Server 2003 中，ipconfig/dispaydns 命令可以将高速缓冲区中的域名与其 IP 地址映射关系显示在屏幕上，包括域名、类型、TTL、IP 地址等，如图 4-59 所示。如果需要清除主机高速缓冲区中的内容，可以使用 ipconfig/flushdns 命令。

```
C:\WINDOWS\system32\cmd.exe
C:\Documents and Settings\Administrator>ipconfig/displaydns

Windows IP Configuration

    1.0.0.127.in-addr.arpa
    ----------------------------------------
    Record Name . . . . . : 1.0.0.127.in-addr.arpa.
    Record Type . . . . . : 12
    Time To Live  . . . . : 125755
    Data Length . . . . . : 4
    Section . . . . . . . : Answer
    PTR Record  . . . . . : localhost


    bt.5qzone.net
    ----------------------------------------
    Record Name . . . . . : bt.5qzone.net
    Record Type . . . . . : 1
    Time To Live  . . . . : 5154
    Data Length . . . . . : 4
    Section . . . . . . . : Answer
    A (Host) Record . . . : 210.199.111.100


    p4p.so.sohu.com
    ----------------------------------------
    Record Name . . . . . : p4p.so.sohu.com
```

图 4-59　用 ipconfig/displaydns 命令查看高速缓冲区中的内容

五、实验小结

通过本次对校园网DNS服务器的配置，来掌握因特网域名系统的结构和DNS域名解析的过程，以及在Windows Server 2003中配置DNS服务器。

六、实验思考题

1. 简述DNS域名解析的过程。

2. 如果你的IP 地址进行了子网的划分，如你的IP 地址为211.81.192.250，子网掩码为255.255.255.0，则在配置反向命令区域时，区域名中应输入什么？

项目 5 DHCP 服务器的安装、配置与管理

任务分析

当企业计算机数量较多时，例如某一公司中有 1000 台计算机，如果要使用静态 IP 地址，那么网络管理员的工作量可想而知，如何解决此类问题呢？这就需要一台能够自动给客户机分配 IP 地址的服务器，这台服务器就是 DHCP 服务器，它可以为客户机动态分配：IP 地址、子网掩码、默认网关、首选 DNS 服务器。通过分配这些信息后，可以实现的功能大体有减小管理员的工作量、减小输入错误的可能、避免 IP 冲突、当网络更改 IP 地址段时，不需要重新配置每台计算机的 IP、计算机移动不必重新配置 IP、提高了 IP 地址的利用率。

如果读者正在学习 DHCP 的相关内容或者在工作中有需要 DHCP 服务器使用的工作环境，则可以按照以下思路完成这个任务：首先，需要找到一台需要配置为 DHCP 服务器的计算机，然后安装并启用 DHCP 服务，安装启用 DHCP 服务后，在客户机上进行测试，看能否实现 DHCP 的动态分配功能。其次，当我们遇到一个较大型的网络环境时，不同的网段需要分配不同的 IP 地址，因为 IP 地址的资源是有限的，因此，当在网络环境中有一台 DHCP 服务器时，为了实现这个功能，需要进行 DHCP 的中继代理配置，这是 Windows Server 2003 所具有的功能，只要配置并启用即可，同时，为了避免 DHCP 服务器出现故障而重新配置，就需要对 DHCP 服务器进行备份与还原。根据这个思路结合任务实施的步骤即可完成这个项目。

相关知识

5.1 DHCP 的基本概念

5.1.1 什么是 DHCP

动态主机分配协议（DHCP）是一个简化主机 IP 地址分配管理的 TCP/IP 标准协议。用户可以利用 DHCP 服务器管理动态的 IP 地址分配及其他相关的环境配置工作（如 DNS、WINS、Gateway 的设置）。

在使用 TCP/IP 协议的网络上，每一台计算机都拥有唯一的计算机名和 IP 地址。IP 地址（及其子网掩码）使用与鉴别它所连接的主机和子网，当用户将计算机从一个子网移动到

另一个子网时，一定要改变该计算机的IP地址。如采用静态IP地址的分配方法将增加网络管理员的负担，而DHCP可以让用户将DHCP服务器中的IP地址数据库中的IP地址动态的分配给局域网中的客户机，从而减轻了网络管理员的负担。用户可以利用Windows 2000服务器提供的DHCP服务在网络上自动的分配IP地址及相关环境的配置工作。

在使用DHCP时，整个网络至少有一台NT服务器上安装了DHCP服务，其他要使用DHCP功能的工作站也必须设置成利用DHCP获得IP地址。

5.1.2 使用DHCP的好处

1. 安全而可靠的设置

DHCP避免了因手工设置IP地址及子网掩码所产生的错误，同时也避免了把一个IP地址分配给多台工作站所造成的地址冲突。

2. 降低了管理IP地址设置的负担

使用DHCP服务器大大缩短了配置或重新配置网络中工作站所花费的时间，同时通过对DHCP服务器的设置可灵活地设置地址的租期。同时，DHCP地址租约的更新过程将有助于用户确定那个客户的设置需要经常更新（如使用便携机的客户经常更换地点），且这些变更由客户机与DHCP服务器自动完成，无须网络管理员干涉。DHCP的环境如图5-1所示。

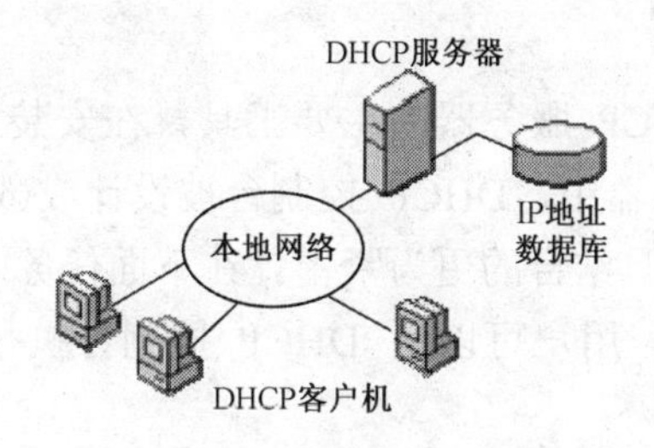

图5-1 DHCP的环境

5.1.3 DHCP的常用术语

DHCP的常术语，如表5-1所示。

表5-1 DHCP的常用术语及其描述

术　语	描　述
作用域	作用域是一个网络中的所有可分配的IP地址的连续范围。作用域主要用来定义网络中单一的物理子网的IP地址范围。作用域是服务器用来管理分配给网络客户的IP地址的主要手段
超级作用域	超级作用域是一组作用域的集合，它用来实现同一个物理子网中包含多个逻辑IP子网。在超级作用域中只包含一个成员作用域或子作用域的列表。然而超级作用域并不用于设置具体的范围。子作用域的各种属性需要单独设置

续表

术　语	描　述
排除范围	排除范围是不用于分配的 IP 地址序列。它保证在这个序列中的 IP 地址不会被 DHCP 服务器分配给客户机
地址池	在用户定义了 DHCP 范围及排除范围后，剩余的地址欧成了一个地址池，地址池中的地址可以动态的分配给网络中的客户机使用
租约	租约是 DHCP 服务器指定的时间长度，在这个时间范围内客户机可以使用所获得的 IP 地址。当客户机获得 IP 地址时租约被激活。在租约到期前客户机需要更新 IP 地址的租约，当租约过期或从服务器上删除则租约停止
保留地址	用户可以利用保留地址创建一个永久的地址租约。保留地址保证子网中的指定硬件设备始终使用同一个 IP 地址
选项类型	选项类型是 DHCP 服务器给 DHCP 工作站分配服务租约时分配的其他客户配置参数。经常使用的选项包括：默认网关的 IP 地址（routers）、WINS 服务器及 DNS 服务器。一般在设置每个范围时这些选项都被激活。DHCP 管理器允许设置应用于服务器上所有范围的默认选项。大多数选项都是通过 RFC 2132 预先设定好的，但用户可以根据需要利用 DHCP 管理器定义及添加自定义选项类型
选项类	选项类是服务器进一步分级管理提供给客户的选项类型的一种手段。当在服务器上添加一个选项类，该选项类的客户可以在配置时使用特殊的选项类型。在 Windows 2000 中，客户机在服务器对话时也能够声明类 ID 。而对于早期的 DHCP 客户机不支持类 ID 。选项类包括两种类型：服务商类、客户类

5.1.4 DHCP 工具

DHCP 控制台是管理 DHCP 服务器的主要工具，在安装 DHCP 服务时加入到管理工具中。在 Windows 2000 服务器中，DHCP 控制台被设计成微软管理控制台（MMC）的一个插件，它与其他网络管理工具结合的更为紧密。在下面任务中用户会具体学习它的使用。

在安装 DHCP 服务器后，用户可以用 DHCP 控制台执行以下一些基本的服务器管理功能：

（1）创建范围、添加及设置主范围和多个范围、查看和修改范围的属性、激活范围或主范围、监视范围租约的活动；

（2）为需要固定 IP 的客户创建保留地址；

（3）添加自定义默认选项类型；

（4）添加和配制由用户或服务商定义的选项类。

另外 DHCP 控制台还有新增的功能，如增强了性能监视器、更多的预定义 DHCP 选项类型、支持下层用户的 DNS 动态更新、监测网络上为授权的 DHCP 服务器等。

5.2 DHCP 服务器的新特性

5.2.1 自动分配 IP 地址

Windows 2000 DHCP 工作站 DHCP 服务器无法提供租约的时候能够为自己分配一个

临时的 IP 地址，DHCP 工作站在后台每隔 5 分钟继续尝试与服务器进行通信，以获得有效的租约。

（1）增强的性能监视器和服务器报告能力

新的性能监视计数器使用户更为清晰的观察 DHCP 服务器在网络上的性能状况。并且 DHCP 管理器利用图形显示服务器、范围和客户的当前状态增强了服务器的报告能力，如利用不同的图标表示服务器或范围是否链接，利用警告符号表示已经有 90% 的租约被使用。

（2）作用域的扩展：多址广播域、超级作用域

新的多址广播域让 DHCP 工作站可以使用 D 类 IP 地址（224.0.0.0 to 239.255.255.255）。

超级作用域对创建成员范围的管理组非常有用；当用户想重新定义范围或扩展范围时不会干扰正在活动的范围。

（3）支持用户定义和服务商定义的选项类

用户可以利用这一特性为类似的用户分别分配合适的选项。例如，用户可以将同一楼层的用户设为相同的选项类（具有相同的类 ID 值），也可以利用这个类在租约过程中分配其他的选项数据，并覆盖任何范围或全局默认选项。通过它可以让在同一网络中的类成员客户使用更为合适的选项。

5.2.2　DHCP 与 DNS 的集成

使用 Windows 2000 DHCP 服务器能够动态更新客户机在 DNS 中的名字空间，范围客户可以利用动态 DNS 更新它们在 DNS 中主机名—IP 地址的映射信息。 未授权 DHCP 服务器侦测，因为 DHCP 客户机在登录时采用网络有限广播的形式来查找 DHCP 服务器，这样有效地阻止了未授权 DHCP 服务器加入到已存在 Windows 2000 DHCP 服务器的网络中。

（1）非法 DHCP 服务器检测

因为 DHCP 客户机在启动时是通过有限的网络广播来发现 DHCP 服务器的，利用这一特性有效地阻止了未经授权的 DHCP 服务器加入到基于活动目录架构的 Windows 2000 网络中，在非法的 DHCP 服务器引起网络问题之前，它被自动关闭。

（2）动态支持 BOOTP 客户

DHCP 服务器通过附加的动态 BOOTP 对大型企业网络中的 BOOTP 用户提供更好的支持。动态 BOOTP 是 BOOTP 协议的扩展，它允许不必使用固定地址配制，可以像 DHCP 一样动态的分配 IP 地址。

（3）利用只读控制台访问 DHCP 管理器

在安装 DHCP 服务时自动添加了一个具有特殊目的的本地组 DHCP 用户组，这个组的成员可以在管理员不在的情况下通过只读方式访问服务器上 DHCP 管理器查看 DHCP 服务的相关信息。

5.3　Microsoft　DHCP 客户机支持的选项类型

运行以下操作系统的计算机都支持 DHCP 服务：

- Windows NT Workstation（all released versions）；

- Windows NT Server（all released versions）;
- Windows 98;
- Windows 95;
- Windows for Workgroups version 3.11;
- Microsoft-Network Client version 3.0 for MS-DOS;
- LAN Manager version 2.2c。

默认情况下，运行 Microsoft 操作系统的 DHCP 客户机能够识别以下两种选项设置。

1. 信息选项

用户可以利用 DHCP 管理器明确地设置这些提供给客户机使用的选项类型及相关参数表 5-2 列出了用于配制及支持 Microsoft DHCP 客户机的常用 DHCP 选项。

表 5-2 常用 DHCP 选项

代　码	选　项
3	Router
6	DNS server
15	DNS domain name
44	WINS server（NetBIOS name server）
45	NetBIOS datagram distribution server（NBDD）
46	WINS/NetBIOS node type
47	NetBIOS scope ID

当 DHCP 服务被激活后提供这些信息选项类型的设置信息，客户机收到这些设置信息后，利用它们设置本地的 TCP/IP 中相应的配制项，默认情况下服务器上的所有服务均可激活并设置这些选项类型

2. 内部协议选项

这类选项类型参数是通过服务器的 DHCP 服务和服务属性做的隐含设置

表 5-3 列出 DHCP 客户机在与 DHCP 服务器通信以便更新租约时所使用的内部协议选项。

表 5-3 内部协议选项

代　码	选　项
51	Lease Time
53	NetBIOS scope ID DHCP Message Type
58	NetBIOS scope ID Renewal Time
59	NetBIOS scope ID Rebind Time

5.4　DHCP 的运行方式

5.4.1　客户机的 IP 自动设置

对使用 Windows 2003 操作系统的 DHCP 客户机在启动登录网络时无法与 DHCP 服务器通信，它将自动给自己分配一个 IP 地址和子网掩码，客户机的这种特点被称为 IP auto-configuration。

如果客户机被设置成从 DHCP 服务器获得 IP 地址，使用 Windows 2003 操作系统的客户机利用其上的 DHCP 客户服务通过两步来配制它的 IP 地址和其他配制信息。

（1）DHCP 客户机试图与 DHCP 服务器建立通信以获得配制信息。

（2）如客户机无法找到 DHCP 服务器则它从微软保留的 B 类网段 169.254.0.0 中挑选一个 IP 地址作为自己的 IP 地址，子网掩码为 255.255.0.0 DHCP 客户机利用 ARP 广播来确定自己所挑选的 IP 地址是否已被网络上的其他设备使用，如该 IP 地址已被使用则客户机再挑选另一个 IP 重新进行测试，最多可以重试 10 个 IP 地址。

（3）如客户机挑选的 169.254.0.0 网段中的 IP 地址未被其他设备使用则它将这个地址分配给网卡使用。

（4）客户机在后台继续每隔 5 分钟尝试与 DHCP 服务器进行通信，一旦与服务器取得联络，则客户机放弃自动设置的 IP 地址，而使用服务器分配的 IP 地址和其他配制信息。

如果 DHCP 客户机已经从服务器上获得了一个租约，在其重新启动登录网络时将进行以下操作。

（1）如果在启动时客户机的租约仍然有效，它将尝试与 DHCP 服务器进行通信更新它的租约。

（2）如果在试图更新租约时无法找到 DHCP 服务器，则客户机尝试 PING 在租约中设置的默认网关。

（3）如果成功的 PING 到默认网关，则客户机认为它仍然在同一个网络中，它将继续使用现有的租约，在租期达到 50% 时它在后台继续尝试更新租约。

（4）如果无法成功的 PING 到默认网关，则客户机认为它已被移动到一个没有 DHCP 服务的网络中。客户机则利用前面所说的自动分配 IP 的功能给自己分配一个 IP 地址。

5.4.2　客户机如何获得配制信息

DHCP 客户机使用两种不同的方法与服务器进行通信并获得配制信息。

1．第一次启动登录网络时的初始化租约过程

当 DHCP 客户机启动登录网络时通过以下步骤从 DHCP 服务器获得租约。

（1）DHCP 客户机在本地子网中先发送 DHCP discover 信息，此信息以广播的形式发送，因为客户机现在不知道 DHCP 服务器的 IP 地址。

（2）在 DHCP 服务器收到 DHCP 客户机广播的 DHCP discover 信息后，它向 DHCP 客户机发送 DHCP offer 信息，其中包括一个可租用的 IP 地址。

（3）如果没有 DHCP 服务器对客户机的请求做出反应，可能发生以下两种情况。

① 如果客户使用的是 Windows 2000 操作系统且自动设置 IP 地址的功能处于激活状态，那么客户机自动给自己分配一个 IP 地址。

② 如果使用其他的操作系统或自动设置 IP 地址的功能被禁止，则客户机无法获得 IP 地址，初始化失败。但客户机在后台每隔 5 分钟发送 4 次 DHCP discover 信息直到它收到 DHCP offer 信息。

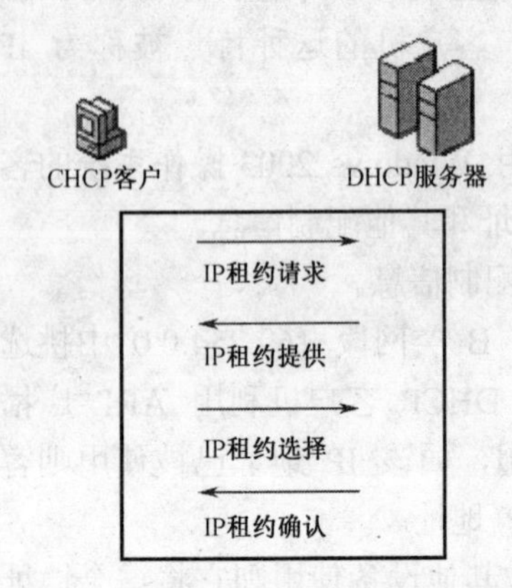

图 5-2 DHCP 客户机从 DHCP 服务器获得租约的过程

（4）一旦客户机收到 DHCP offer 信息，它发送 DHCP request 信息到服务器表示它将使用服务器所提供的 IP 地址

（5）DHCP 服务器在收到 DHCP request 信息后，即发送 DHCP positive 确认信息，以确定此租约成立，且此信息中还包含其他 DHCP 选项信息。

（6）客户机收到确认信息后，利用其中的信息配制它的 TCP/IP 属性并加入到网络中。

图 5-2 所示的是 DHCP 客户机从 DHCP 服务器获得租约的过程

（7）当客户机请求的是一个无效的或重复的 IP 地址时，则 DHCP 服务器在步骤（5）发送 DHCP negative 确认信息，客户机收到 DHCP negative 确认信息初始化失败。

2．DHCP 客户机更新租约的过程

在客户机重新启动或租期达到 50%时，客户机都需要更新租约

（1）客户机直接向提供租约的电位器发送请求，要求更新及延长现有地址的租约。

（2）如果 DHCP 服务器收到请求，则它发送 DHCP 确认信息给客户机，更新客户机的租约。

（3）如果客户机无法与提供租约的服务器取得联系，则客户机一直等到租期达到 87.5% 时，客户机才进入到一种重新申请的状态，它向网络上所有的 DHCP 服务器广播 DHCP discover 请求以便更新现有的地址租约。

（4）如有服务器响应客户机的请求，那么客户机使用该服务器提供的地址信息更新现有的租约。

（5）如果租约过期或无法与其他服务器通信，客户机将无法使用现有的地址租约。

（6）客户机返回到初始启动状态，利用前面所述的步骤重新获取 IP 地址租约。

5.5 DHCP/BOOTP Relay Agents（DHCP 中继代理）

如果用户需要建立多台 DHCP 服务器，但 DHCP 服务器与客户机分别位于不同的网段上，则用户的 IP Router 必须符合 RFC1542 的规定，即必须具备 DHCP/ BOOTP Relay Agent 的功能。

Relay Agent 是一个把某种类型的信息从一个网段传播到另一个网段的小程序。DHCP

relay agent 是一个硬件或程序，它能够把 DHCP/BOOTP 广播信息从一个网段传播到另一个网段上。

下面用一个实例来说明 Relay Agent 是如何工作的。

在子网2中的客户机C从子网1中的DHCP Server1上获得 IP 地址租约，如图5-3所示。

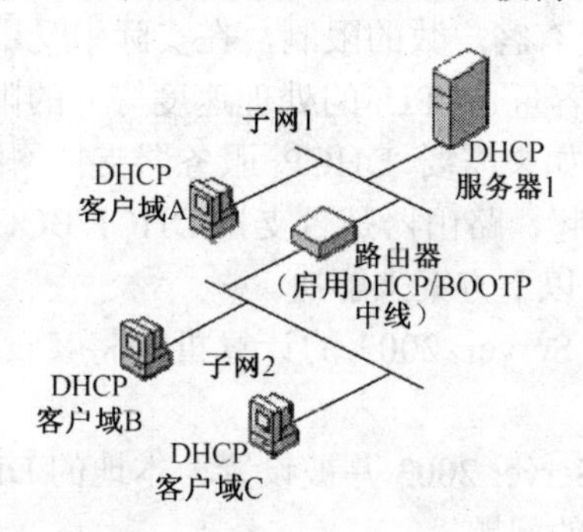

图5-3　DHCP中继代理的过程

DHCP 客户机C在子网2上广播 DHCP/BOOTP discover 消息（DHCPdiscover），广播是将消息以UDP（User Datagram Protocol）数据包的形式通过67端口发出的。

当 Relay Agent（在本例中是一个具有 DHCP/BOOTP Relay Agent 功能的路由器）接收到这个消息后，它检查包含在这个消息报头中的网关 IP 地址，如果 IP 地址为 0.0.0.0，则用 Relay Agent 或路由器的 IP 地址替换它，然后将其转发到 DHCP 服务器所在的子网 1 上。

当在子网 1 中的 DHCP Server1 收到这个消息后，它开始检查消息中的网关IP地址是否包含在 DHCP 范围内，从而决定它是否可以提供 IP 地址租约。

如果 DHCP Server1 含多个 DHCP 范围，消息中的网关 IP 地址（GIADDR）是用来确定从哪个 DHCP 范围中挑选 IP 地址并提供给客户。

DHCP Server1 将它所提供的 IP 地址租约（DHCP offer）直接发送到 Relay Agent。

路由器将这个租约利用广播的形式转发给 DHCP 客户机。

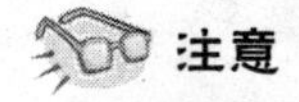

注意

如果要配制多台 DHCP 服务器，最好将它们分别放在不同的网段中，且每个 DHCP 服务器上都应建立独立的地址池，在地址池中应包含各个网段的 IP 地址。

5.6　任务实施1　客户机直接从DHCP服务器上获取IP地址

1．DHCP服务器安装前的规划

安装前的注意事项:

（1）DHCP服务器本身必须采用固定的IP地址；

（2）规划DHCP服务器的可用IP地址。

下面首先介绍如何规划 DHCP 的地址池，在规划 DHCP 服务器时需要考虑以下三方面的问题。

（1）需要建立多少个 DHCP 服务器。通常认为每 10 000 个客户需要两台 DHCP 服务器，一台作为主服务器，另一台作为备份服务器。但在实际工作中用户要考虑到路由器在网络中的位置，是否在每个子网中都建立 DHCP 服务器，以及网段之间的传输速度。如果两个网段间是用慢速拨号连接在一起，那么用户就需要在每个网段设立一个 DHCP 服务器。

对于一台 DHCP 服务器没有客户数的限制，在实际中受用户使用的 IP 地址所在的地址分类及服务器配制（如磁盘的容量、CPU 的处理速度等）的限制。

（2）如何支持其他子网。如果需要 DHCP 服务器支持网络中的其他子网，首先要确定网段间是否用路由器连接在一起，路由器是否支持 DHCP/BOOTP Relay Agent，如果路由器不支持 Relay Agent，那么使用以下方案来解决。

① 一台安装了 Windows Server 2003 的计算机并将其设置为使用 DHCP Relay Agent 组件。

② 一台安装了 Windows Server 2003 并被设置为本地的 DHCP 服务器的计算机。

（3）规划企业网所需考虑的问题。

① DHCP 服务器在网络中位置，将通过路由器的广播降至最低。

② 为每个范围的 DHCP 客户机指定相应的选项类型并设置相应的数值。

③ 充分认识到慢速广域网连接所带来的影响。

2．安装 DHCP 服务器的步骤

如果安装 Windows Server 2003 服务器时，没有安装网络组件则可以按照以下方法安装。

（1）启动【添加/删除程序】窗口。

（2）单击【添加/删除 Windows 组件】，出现【Windows 组件向导】对话框，从“组件”列表中选择【网络服务】复选框，如图 5-4 所示。

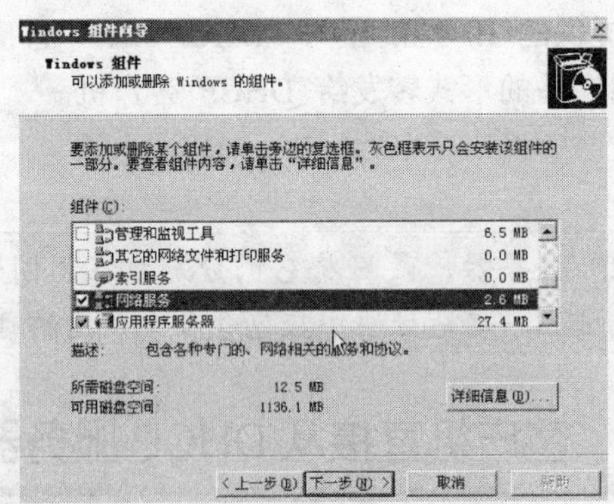

图 5-4　选择【网络服务】

（3）单击【详细信息】按钮，弹出“网络服务”对话框，从列表中选中【动态主机配置协议（DHCP）】复选框，如图 5-5 所示，单击【确定】按钮。

（4）单击【下一步】按钮，输入 Windows Server 2003 的安装源文件的路径，如果放入了安装光盘，则会自动寻找光盘内容进行安装，单击【确定】按钮，开始安装 DHCP 服务器。

（5）单击【完成】按钮，当返回到【添加/删除程序】窗口后，单击【关闭】按钮。安装完毕后在“管理工具”中多了一个【DHCP】管理器，如图 5-6 所示。

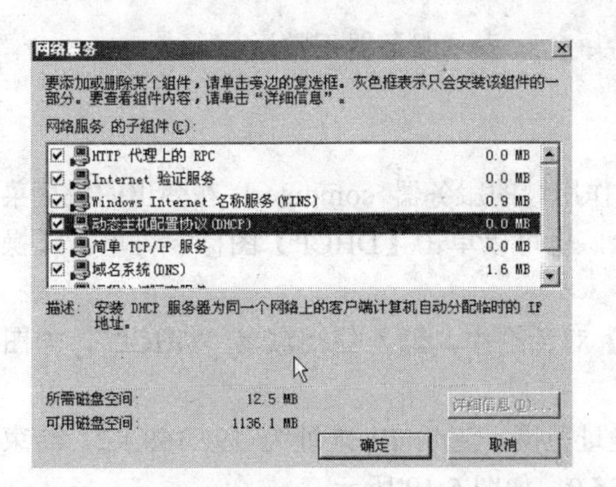

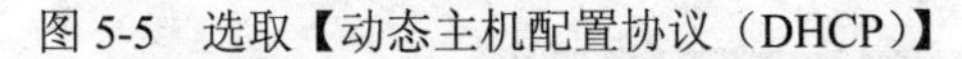
图5-5　选取【动态主机配置协议（DHCP）】

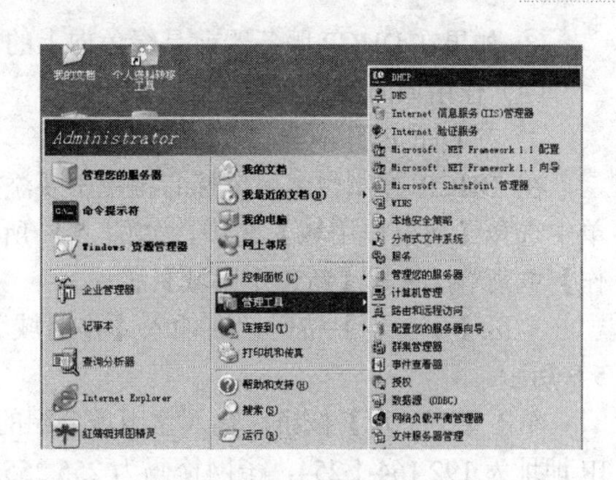

图5-6　【DHCP】管理器

3. 配置DHCP服务器

（1）启动DHCP控制台。

执行【开始】→【管理工具】→【DHCP】命令即可启动DHCP管理控制台，如图5-7所示。

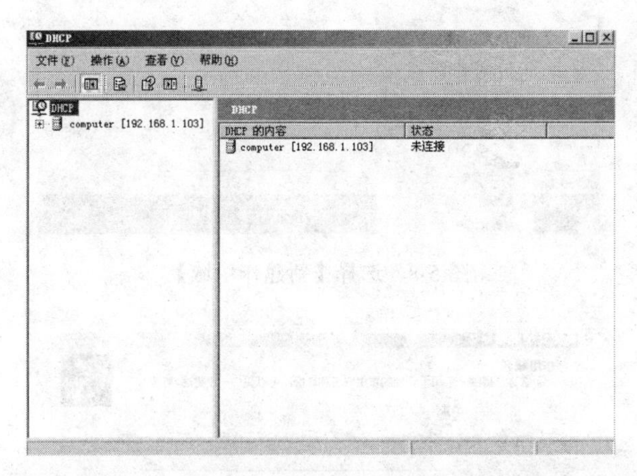

图5-7　DHCP控制台

（2）安装DHCP服务器。

在DHCP控制台中，单击【DHCP】图标，单击【操作】主菜单，在下拉菜单中选择【添加服务器】选项，在出现的【添加服务器】对话框中，输入服务器的计算机名称，也可以单击“浏览”按钮进行选择，然后单击【确定】按钮，服务器DHCP就已经出现在控制台上。

（3）DHCP服务器的启动、停止、授权。

① 如果在DHCP服务器前是红色向下的箭头，表示服务器还未授权，此时可以单击【DHCP】图标，单击【操作】主菜单，选择【管理授权的服务器】选项，在弹出的对话框中，单击【授权】按钮，此时会弹出输入DHCP服务器名称的对话框，在【名称或IP地址】栏中，输入“Win2003”，然后单击【关闭】按钮。

② 如果在DHCP服务器前是红色的叉子，表示服务器已经停止。

③ 如果在 DHCP 服务器前是绿色向上的箭头，表示服务器正常运行。

（4）作用域的创建及配置。

① 在 DHCP 服务器中添加作用域。

在 DHCP 控制台中用鼠标右键单击要添加作用域的服务器 computer，在弹出的快捷菜单中选择【新建作用域】选项，如图 5-8 所示，也可以单击【DHCP】图标，再单击【操作】主菜单，选择【新建作用域】选项。

单击【下一步】按钮，在输入【作用域名】对话框中，输入使用域名“DHCP”，如图 5-9 所示。

单击【下一步】按钮，输入作用域分配的地址范围，起始 IP 地址为 192.168.1.2，结束 IP 地址为 192.164-1.254，子网掩码为 255.255.255.0，如图 5-10 所示。

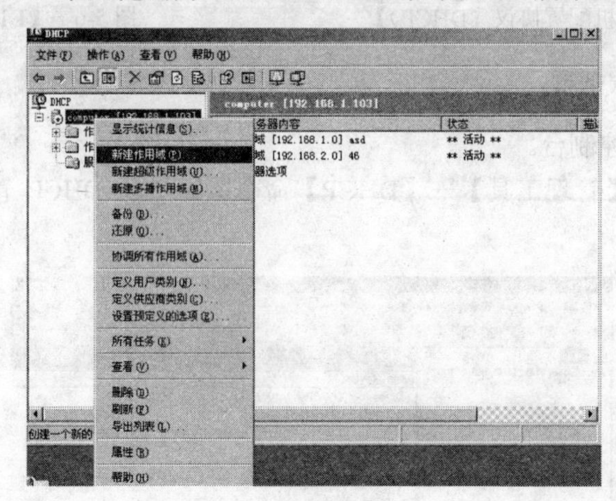

图 5-8　选择【新建作用域】

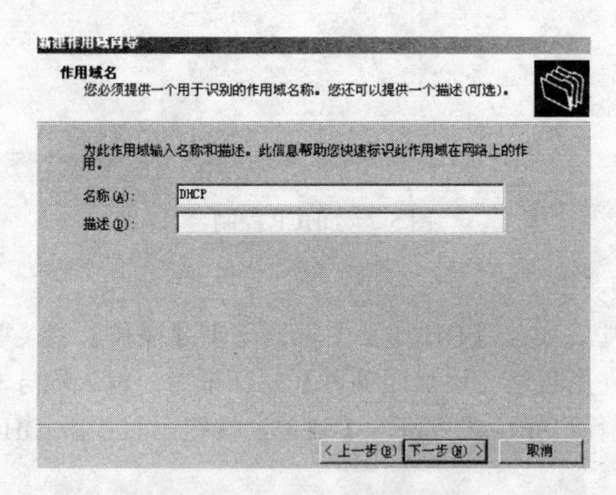

图 5-9　输入作用域的名称

单击【下一步】按钮，在【添加排除】对话框中输入需要排除的地址范围。在【起始 IP 地址】文本框中输入“192.168.1.110”，在【结束 IP 地址】文本框中输入“192.168.1.150”，如图 5-11 所示。单击【添加】按钮，排除范围加入到下方的【排除的地址范围】列表中，如图 5-12 所示。

单击【下一步】按钮，选择租约期限（默认为 8 天），可以自行输入，如图 5-13 所示。

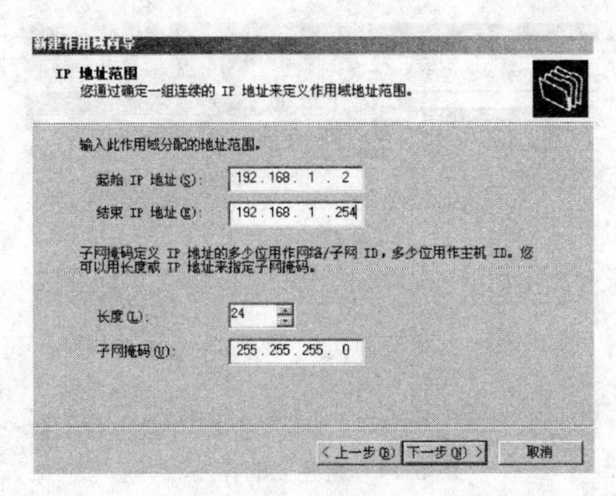

图5-10　IP地址范围

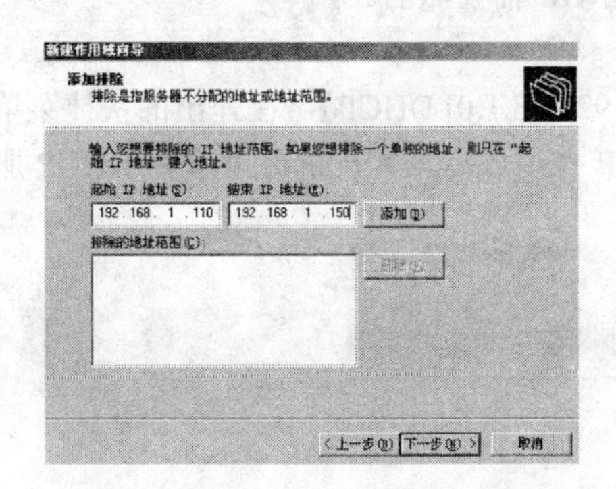

图5-11　输入IP地址排除范围

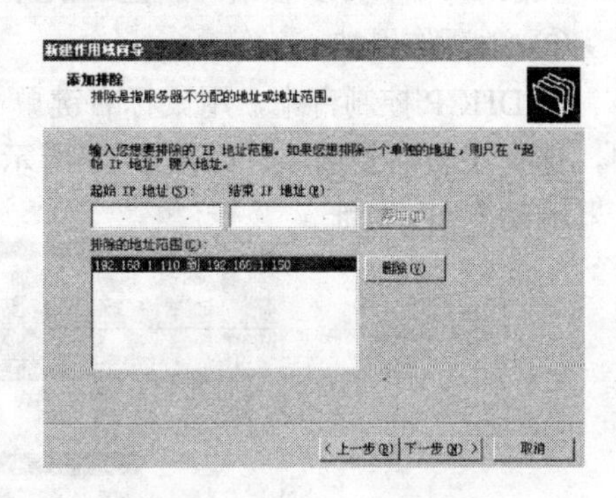

图5-12　添加排除的地址范围

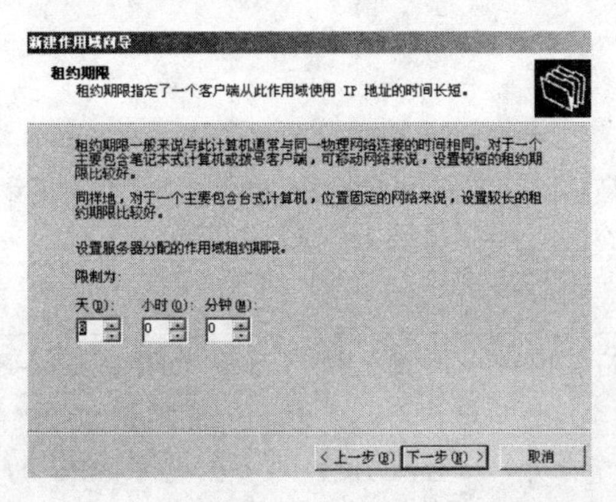

图5-13　租约期限

单击【下一步】按钮，选择【否，我想稍后配置这些选项】选项，单击【完成】按钮。

在 DHCP 控制台中出现新添加的作用域，如图 5-14 所示，在 DHCP 控制台中作用域下多了四项：

地址池：用于查看、管理现在的有效地址范围和排除范围。

地址租约：用于查看、管理当前的地址租用情况。

保留：用于添加、删除特定保留的 IP 地址。

作用域选项：用于查看、管理当前作用域提供的选项类型及其设置值。

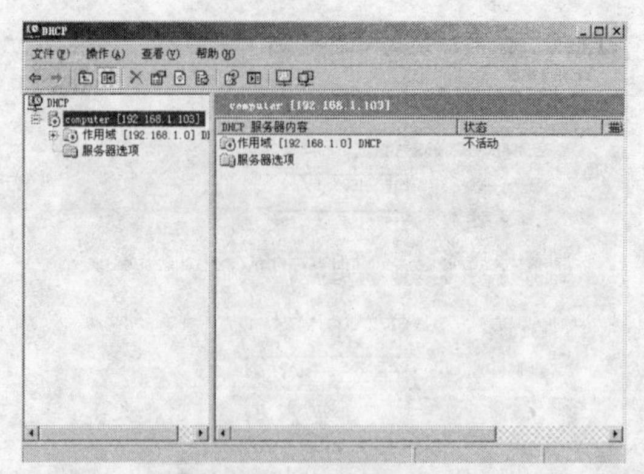

图 5-14　新建立的作用域

从图 5-14 中可以看出，新建立的作用域并没有活动，需要激活。

② 激活作用域。

在 DHCP 控制台中，用鼠标右键单击【作用域[192.168.1.0] DHCP】，在弹出的快捷菜单中，选择【激活】选项，如图 5-15 所示，激活 DHCP 作用域后，客户机可以分配 DHCP 服务器的动态 IP 地址。

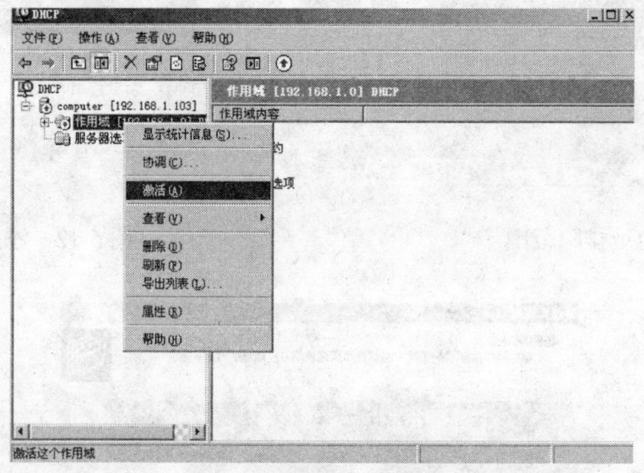

图 5-15　激活作用域

 **注意**

如果为提高容错性而在同一个网段上使用两台 DHCP 服务器，在分配 IP 地址范围时，要考虑到 DHCP 服务器的平衡使用的因素，一般采用 80/20 的规则，即将所有可用的 IP 地址范围按 8:2 的比率分开，一台 DHCP 服务器提供 80% 的 IP 地址租约，另一台提供其他 20%的 IP 地址租约。具体设置方法如下：假设要在某个网段上提供的 IP 地址范围为 192.168.1.1～192.168.1.254，把两台服务器的作用域分配的地址范围都设置为 192.168.1.1～192.168.1.254，只是在设置排除范围时加以区分，如下所述。

服务器 1

分配地址范围：192.168.1.1～192.168.1.254

排除地址范围：192.168.1.201～192.168.1.254

服务器 2

分配地址范围：192.168.1.1～192.168.1.254

排除地址范围：192.168.1.1～192.168.1.200

（5）保留特定的 IP 地址。

如果用户想保留特定的 IP 地址给指定的客户机，以便客户机在每次启动时都获得相同的 IP 地址，可以按照下面的方法设置。

① 启动【DHCP 控制台】。

② 出现【DHCP 控制台】窗口，在左侧窗口中用鼠标右键单击作用域中的【保留】选项，在弹出的快捷菜单中选择【新建保留】选项，也可以单击【操作】主菜单，选择【新建保留】选项。

③ 在弹出的【新建保留】对话框中，输入保留名称，在【IP 地址】文本框中输入要保留的 IP 地址，如 192.168.1.10，在【MAC 地址】文本框中输入与上述 IP 地址绑定的网卡号，如图 5-16 所示。

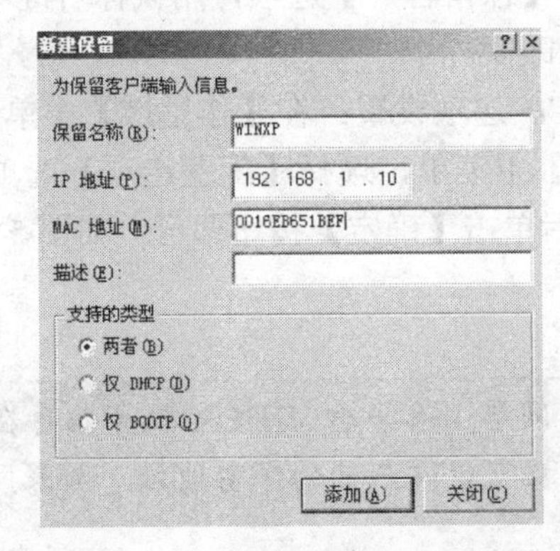

图 5-16　【新建保留】对话框

每一块网卡都有一个唯一的号码，可利用网卡附带的软件进行查看，利用 ipconfig/all 程序查看网卡 MAC 地址，如图 5-17 所示。

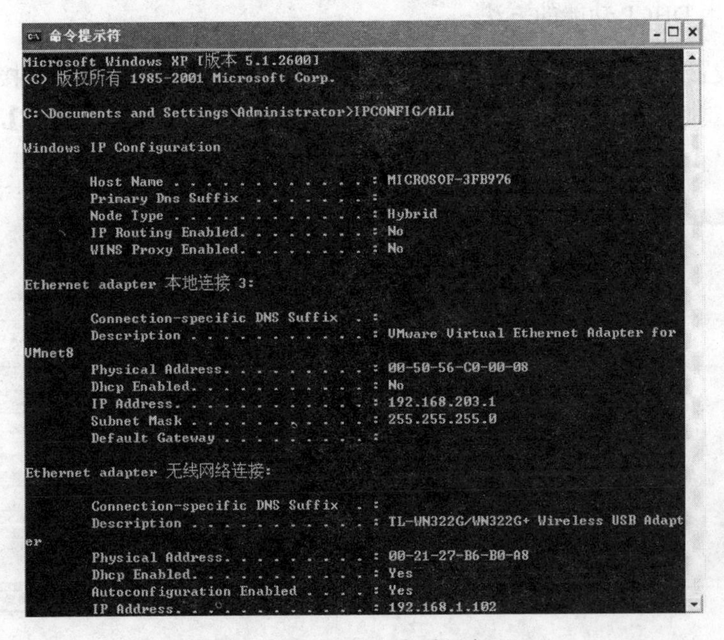

图 5-17　ipconfig/all 查看网卡 MAC

④ 如果需要添加其他保留位置，则重复第三步骤。

⑤ 添加完成后，用户可利用【作用域】→【地址租约】选项进行查看，如果客户机使用的仍然是以前的地址，可利用下面的方法进行更新。

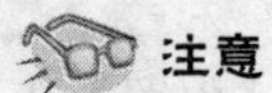
注意

在 Windows 2003 计算机中可利用命令 ipconfig /release 释放现有 IP 和 ipconfig /renew，更新 IP 地址。

⑥ 改变保留客户的信息：在【作用域】中单击【保留】，在右侧窗口中选择【保留客户】，单击【操作】主菜单，选择【属性】选项，做出相应的改变后单击【确定】按钮；也可以展开【保留】选项，选择【保留客户】选项，用鼠标右键单击，在弹出的快捷菜单中选择【属性】选项，并做出相应改变。

⑦ 改变保留客户的 DHCP 选项设置：在【作用域】中单击【保留】，在右侧窗口中选择【保留客户】，单击【操作】主菜单，选择【配置选项】选项，选择可用选项后，然后在【数据输入】输入相应的信息后单击【确定】按钮即可，如图 5-18 所示。

注意

如果在设置保留地址时，网络上有多台 DHCP 服务器存在，用户需要在其他服务器中将此保留地址排除，以便客户机可获得正确的保留地址。如果网卡号未满 12 个字符，则在输入时前面补 0。

4. DHCP 客户机的设置

DHCP 服务器安装设置完成后，客户机就可以启用 DHCP 功能，下面列出在 Windows XP 客户机上启用 DHCP 功能的方法。

在安装或设置 TCP/IP 后，在【控制面板】窗口中双击【网络和拨号连接】，双击【本地连接】，单击【属性】按钮，选择【Internet 协议（TCP/IP）】再选择【属性】，在弹出的【常规】选项中选中【自动获得 IP 地址】单选按钮，如图 5-19 所示。

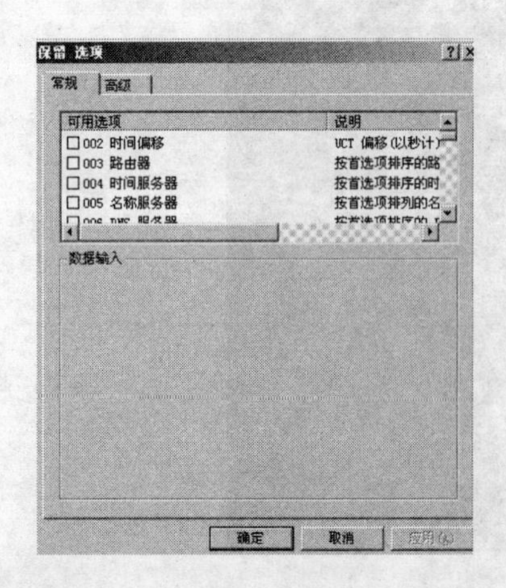

图 5-18　改变保留客户的 DHCP 选项设置

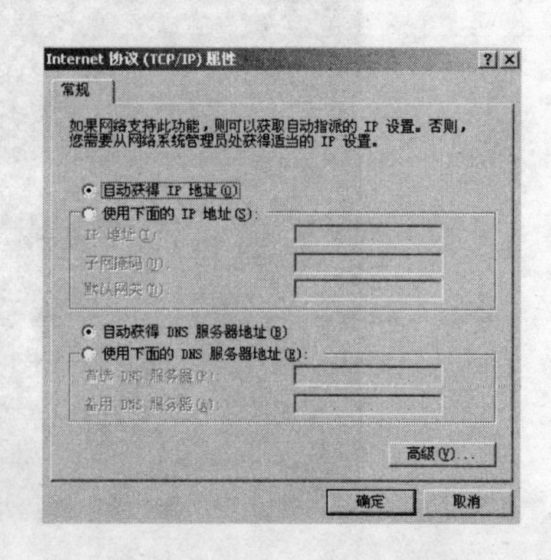

图 5-19　Windows 2003 客户机的 DHCP

完成了上面的任务后，DHCP 即可以实现动态分配的功能了。

5.7 任务实施 2 DHCP 的备份与还原

DHCP 服务器配置后有可能出现故障，因此，有必要进行备份，在出现故障时进行恢复，操作步骤如下。

1. 备份 DHCP 数据库文件

（1）使用鼠标右键单击需要备份的服务器，在弹出的快捷菜单中选择【备份】选项，如图 5-20 所示。

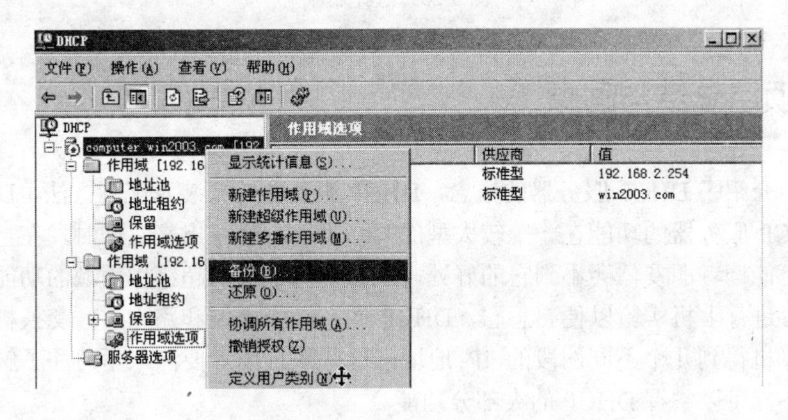

图 5-20 选择备份

（2）指定备份文件存放文件的位置，这里选择 C:\WINDOWS\system32\dhcp\backup，如图 5-21 所示。

（3）可以找到路径查看备份的文件，如图 5-22 所示。

图 5-21 选择备份位置

图 5-22 查看备份文件

2. 还原 DHCP 数据库文件

（1）使用鼠标右键单击需要还原的服务器，在弹出的快捷菜单中选择【还原】选项，如图 5-23 所示。

（2）找到存放备份文件的文件夹。选择默认的文件路径即可，单击【确定】按钮完成还原。

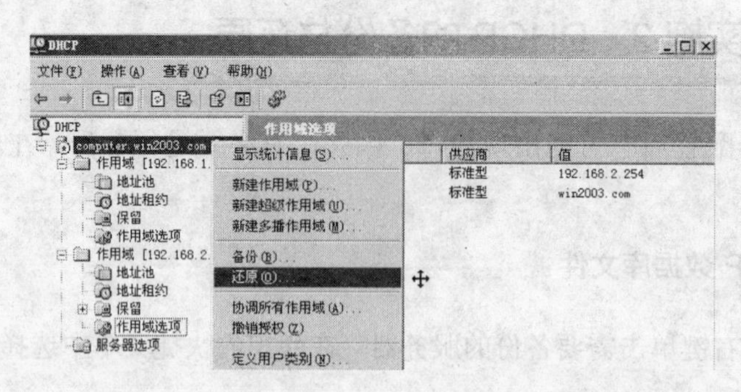

图 5-23　选择还原

5.8　项目总结与回顾

本项目中介绍了 DHCP 服务器的概念，DHCP 服务器的安装及配置方法，DHCP 的备份及还原，DHCP 服务器的功能在一个较大型的网络中就会体现出来，平时，在一般的小型网络环境中，可能读者朋友体会不到它的好处，DHCP 服务器的超级作用域的功能没有详细介绍，希望读者进行上机实验以便熟悉它，DHCP 的超级作用域和路由器，交换机进行结合，则可以让计算机得到几个不同网段的 IP 地址。这些都是读者要深入学习和了解的地方。相信通过本任务，可以掌握 DHCP 的大部分功能。

习　题

1．DHCP 服务器的 IP 地址可以使用动态地址吗？为什么？

2．DHCP 作用域的含义是什么？如何配置作用域？

3．在 DHCP 服务器和客户机两者之间，应先启动哪一个？当客户机不能从 DHCP 服务器获得 IP 地址时，如何解决？

4．在【本地连接】对话框中，服务器端安装了哪些网络组件？

5．客户机重新获得的 IP 地址每次都不一样吗？

6．为了让 DHCP 服务器能够正常提供 IP 地址，而客户机又可以获得 IP 地址，应如何在客户机和服务器上进行配置？

7．上机操作：完成下面的实验

实验　DHCP 服务器配置

一、实验目的

1. 了解 DHCP 的概念

2. 理解 DHCP 服务的工作原理

3. 掌握在 Windows Server 2003 服务器上配置 DHCP 服务器。

二、实验环境

1. DHCP 服务器：运行 Windows Server　2003 操作系统的 PC 一台；

2. 上网计算机，若干台，运行 Windows XP 操作系统；

3. 每台计算机都和校园网相连。也可以在虚拟机中通过几台计算机来完成实验，一台 Windows Server　2003 操作系统，其他的计算机为 Windows XP 计算机。

三、实验任务

1. 任务 1：配置 DHCP 服务器

配置要求如下：

在一个网络中，安装一台 Windows Server 2003，IP 地址为 192.168.11.200，将它配置为 DHCP 服务器，创建一个作用域，名称为子网 1，开始地址为 192.168.11.2，结束地址为 192.168.11.90，默认租约期限。DHCP 服务器配置实验环境如图 5-24 所示。

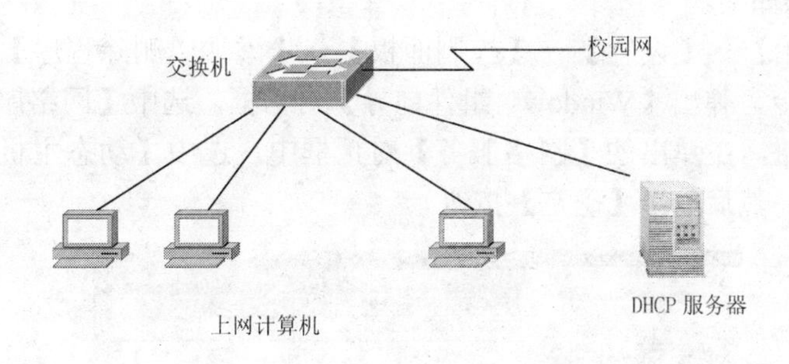

图 5-24　DHCP 服务器配置环境

2. 任务 2：在一台 DHCP 服务器上建立多个作用域

按照如图 5-25 和表 5-4 所示在 DHCP 服务器上建立 5 个 IP 作用域并进行 DHCP 服务器配置。在图 5-25 中的 DHCP 服务器中有 5 个作用域，分别是子网 1、子网 2、子网 3、子网 4 和子网 5，通过 DHCP 服务器为这 5 个子网的 DHCP 客户端分配 IP 地址。

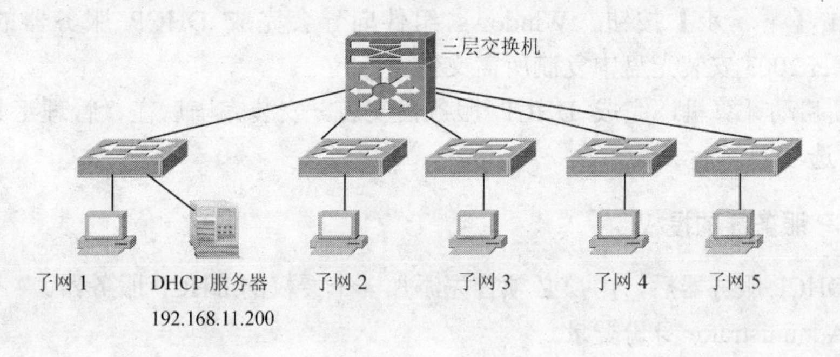

图 5-25　多个作用域示意图

表 5-4 DHCP 服务器作用域

作用域名称	开 始 地 址	结 束 地 址	网 关	DHCP 中继代理
子网 1	192.168.11.2	192.168.11.90	192.168.11.1	
子网 2	192.168.12.2	192.168.12.80	192.168.12.1	192.168.12.200
子网 3	192.168.13.2	192.168.13.110	192.168.13.1	192.168.13.200
子网 4	192.168.14.2	192.168.14.90	192.168.14.1	192.168.14.200
子网 5	192.168.15.2	192.168.15.100	192.168.15.1	192.168.15.200
服务器选项		DNS：192.168.11.244		
DHCP 服务器		192.168.11.200		

四、实验操作步骤

（一）任务 1 操作步骤

1. 安装 DHCP 服务器

在 Windows Server 2003 系统中默认没有安装 DHCP 服务器，需要另外单独安装。DHCP 服务安装步骤如下。

（1）执行【开始】→【设置】→【控制面板】→【添加 / 删除程序】→【添加 / 删除 Windows 组件】命令，弹出【Windows 组件向导】对话框，选中【网络服务】复选框，单击【详细信息】按钮，在弹出的【网络服务】对话框中，选中【动态主机配置协议】复选框，如图 5-26 所示，然后单击【确定】按钮。

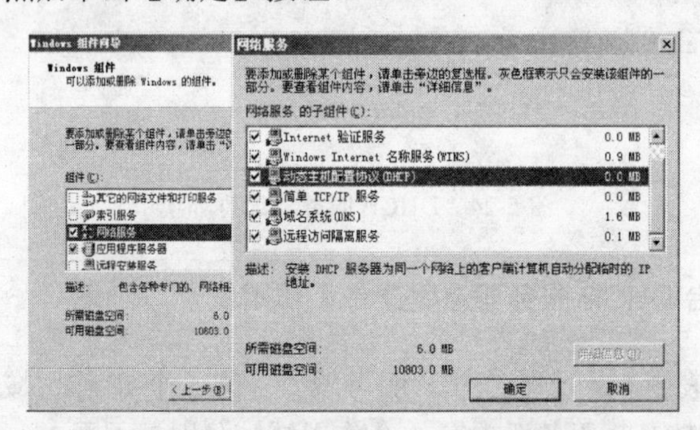

图 5-26 “DHCP 服务器”安装过程

（2）单击【下一步】按钮，Windows 组件向导会完成 DHCP 服务器的安装。并从 Windows Server 2003 安装光盘中复制所需文件。

（3）重新启动计算机，完成 DHCP 服务器安装。安装完毕后在“管理工具”中多了一个“DHCP”选项。

2. DHCP 服务器的授权

在安装 DHCP 服务器后，用户必须首先添加一个授权的 DHCP 服务器。

（1）以 Administrator 身份登录。

（2）选择【开始】→【程序】→【管理工具】→【DHCP】选项，进入【DHCP】控制台窗口。

（3）使用鼠标右键单击“DHCP”控制台窗口左边窗口的要授权的 DHCP 服务器，本例中为 xxzx-chujl.xpc.edu.cn，从弹出的菜单中选择【授权】选项，完成授权，如图 5-27 所示。再用鼠标右键单击要授权的 DHCP 服务器“xzx-chujl.xpc.edu.cn［192.168.11.200]”，在弹出的菜单中选择【授权】选项已经变为【撤销授权】选项。

在 Windows Server 2003 的网络中，如果 DHCP 服务器没有“授权”，是不能为网络中的客户端分配 IP 地址的。没有“授权”的 DHCP 服务器前面的“计算机图标”有一个红色的“箭头”，经过“授权”的 DHCP 服务器前面的“计算机图标”有一个绿色的“箭头”。

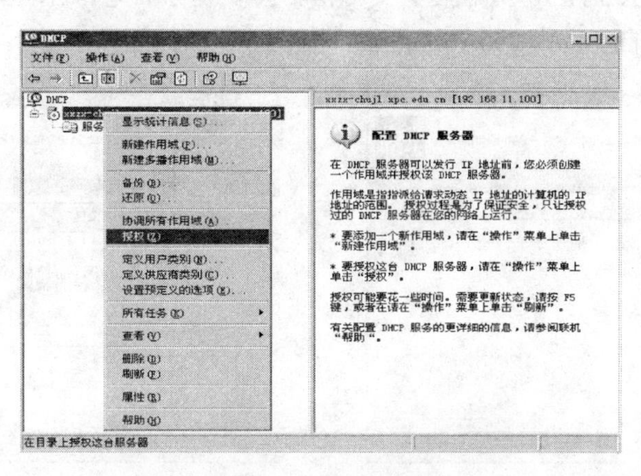

图 5-27　授权“DHCP 服务器”

（4）若要解除授权，只要通过使用鼠标右键单击该服务器，选择【撤销授权】选项即可。

（5）使用鼠标右键单击“DHCP”，从弹出的菜单中选择【管理授权的服务器】选项，弹出【管理授权的服务器】对话框，如图 5-28 所示，在此可以授权和撤销授权。

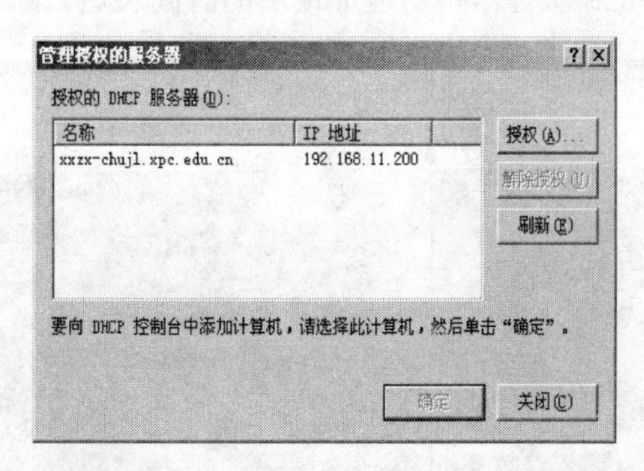

图 5-28　“管理授权的服务器”对话框

3. DHCP 服务器配置

在 Windows Server 2003 中 DHCP administrators 和 administrators 组内的成员可以执行 DHCP 服务器的管理工作，如新建作拥域、修改作拥域、修改配置等。DHCP User 组内的成员可以检查 DHCP 服务器内的数据库与配置，但无权修改。

（1）使用鼠标右键单击 DHCP 服务器的“计算机名（xzx-chujl.xpc.edu.cn［192.168.

11.200]）”，从弹出的菜单中选择【新建作用域】选项，弹出【新建作用域向导】对话框，单击【下一步】按钮，弹出“作用域名”对话框。在这里先建立“子网 1”的作用域。

在【名称】文本框中输入“子网 15”，在【描述】文本框中输入“为子网 1 的用户分配 IP 地址”，如图 5-29 所示。

（2）单击“下一步”按钮，弹出【IP 地址范围】对话框。在【起始 IP 地址】文本框中输入此作用域的开始 IP 为地址 192.168.11.2，在【结束 IP 地址】文本框中输入此作用域的结束 IP 地址为 192.168.11.90，【长度】文本框中会安装标准掩码自动变为 24，此时【子网掩码】文本框的数值自动变为 255.255.255.0，如图 5-30 所示。

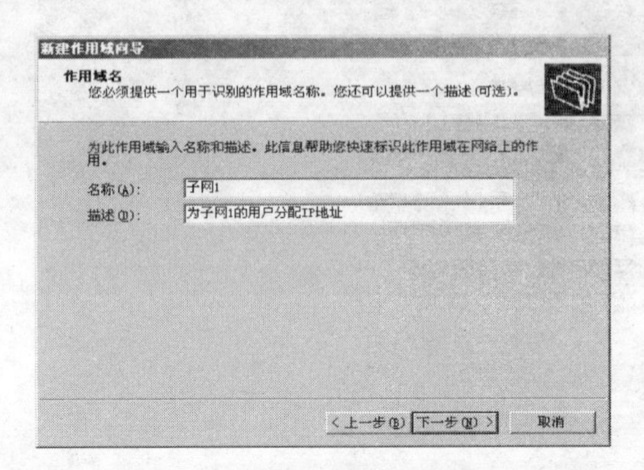

图 5-29 【作用域名】对话框

图 5-30 【IP 地址范围】对话框

（3）单击【下一步】按钮，弹出【添加排除】对话框，如图 5-31 所示。可设置在上一步设置的 IP 地址范围中哪一小段 IP 范围不分配给客户机。在此设置排除地址为 192.168.11.60～192.168.11.66，单击【下一步】按钮，弹出【租约期限】对话框，如图 5-32 所示，可设置客户机从 DHCP 服务器租用地址使用的时间长短，默认为 8 天。

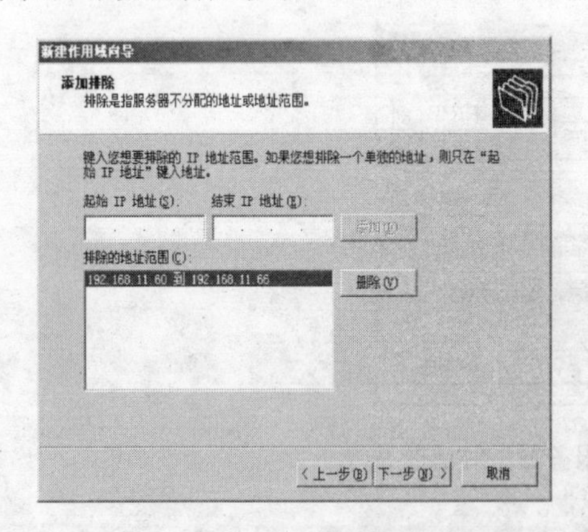

图 5-31 【添加排除】对话框

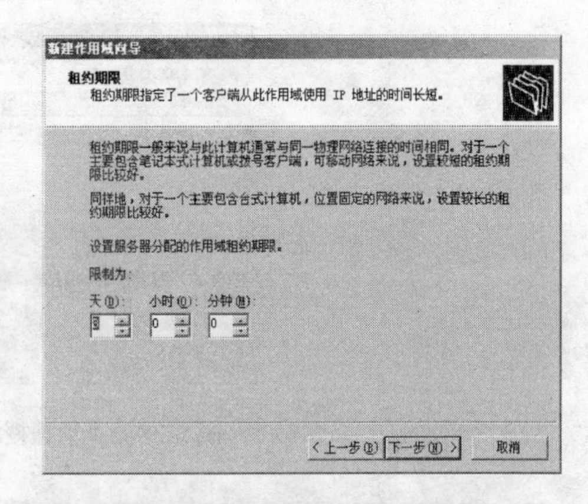

图 5-32 【租约期限】对话框

在实际工作中，如果网络中的计算机位置经常变动，如笔记本电脑，设置较小的租约期限比较好，如果网络中的计算机位置比较固定，如台式计算机，设置较长的租约期限比较好。

（4）单击【下一步】按钮，弹出【配置 DHCP 选项】对话框，选中【是，我想现在配

置这些选项】选项，单击【下一步】按钮，弹出【路由器（默认网关）】对话框，如图 5-33 所示，在【IP 地址】文本框中输入当前子网的网关地址 192.168.11.1，单击【添加】按钮。

（5）单击【下一步】按钮，弹出【激活作用域】对话框，选中【是，我想现在激活此作用域】选项，单击【下一步】按钮，单击【完成】按钮。结束新建作用域的工作，返回到 DHCP 控制台，如图 5-34 所示。

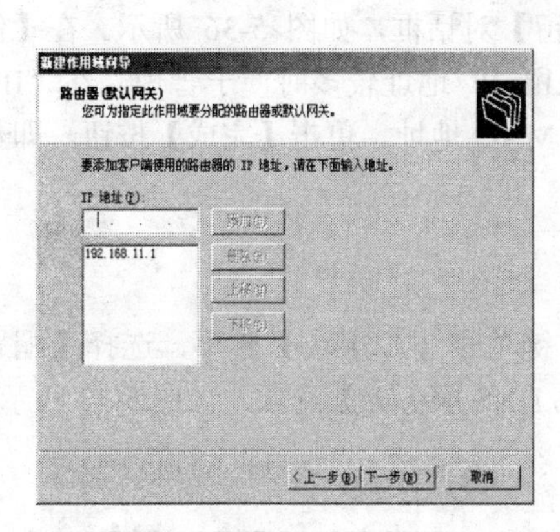

图 5-33　【路由器（默认网关）】对话框

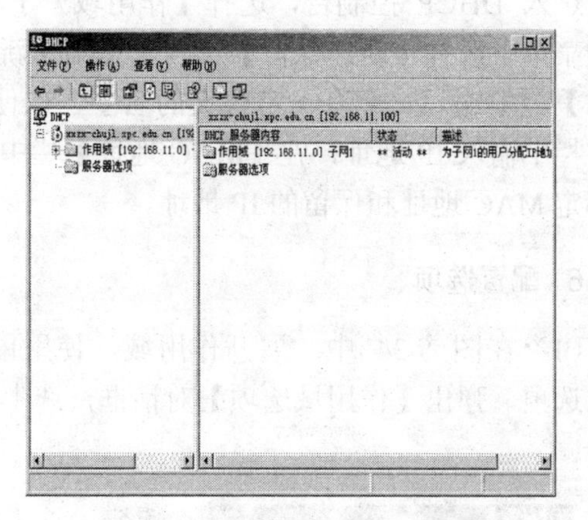

图 5-34　DHCP 控制台

4. 修改租约期限

租约期限的设置方法如下：

（1）执行【开始】→【程序】→【管理工具】→【DHCP】命令，进入 DHCP 控制台，双击 DHCP 服务器[xxzx-chujl]展开其子项，如图 5-34 所示。

（2）然后使用鼠标右键单击“作用域［192.168.11.0］子网 1”，在弹出的快捷菜单中选择【属性】选项，弹出【作用域［192.168.11.0］子网 1 属性】对话框，如图 5-35 所示。

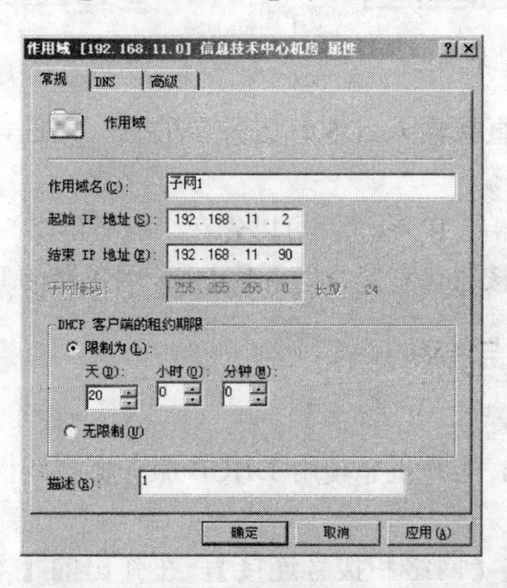

图 5-35　【作用域属性】对话框

在“DHCP 客户端的租约期限”域中的“天”栏中设置一个想要的天数，如这里设置为 20，即租约期限为 20 天。如选中【无限制】单选按钮则拥有永久使用期限。单击【应用】按钮，再单击【确定】按钮，设置完成，然后退出 DHCP 控制台。

5. 保留特定IP地址给客户端

（1）获取客户端计算机的MAC地址

在命令提示符状态下，执行ipconfig/all命令，找到网卡的MAC地址。

（2）设置MAC地址与固定IP地址的绑定

进入DHCP控制台，选择【作用域】子项中的【保留】项，使用鼠标右键单击并在弹出的菜单中选择【新建保留】选项，弹出【新建保留】对话框，如图5-36所示。在【保留名称】栏中输入一个有一定含义的名字，以便在保留IP地址较多时便于管理。在“IP地址”栏中输入IP地址，在【MAC地址】栏中输入MAC地址。单击【完成】按钮，即加入了绑定MAC地址和保留的IP地址。

6. 配置选项

（1）在图5-34中，展开作用域，使用鼠标右键单击【作用域】选项，选择【配置选项】选项，弹出【作用域选项】对话框，选中【006 DNS服务器】选项，如图5-37所示。

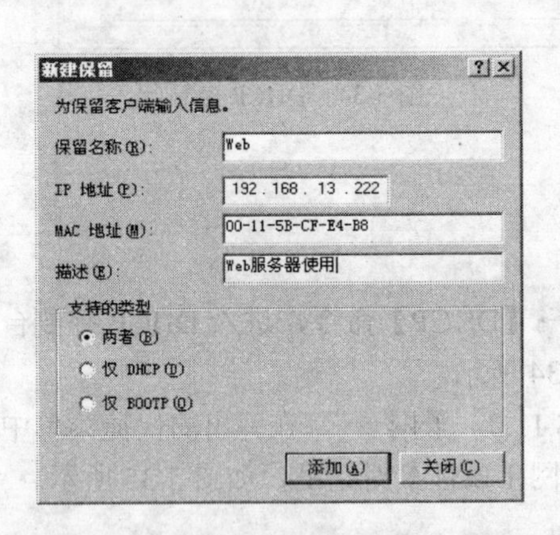

图5-36 IP地址和MAC地址绑定

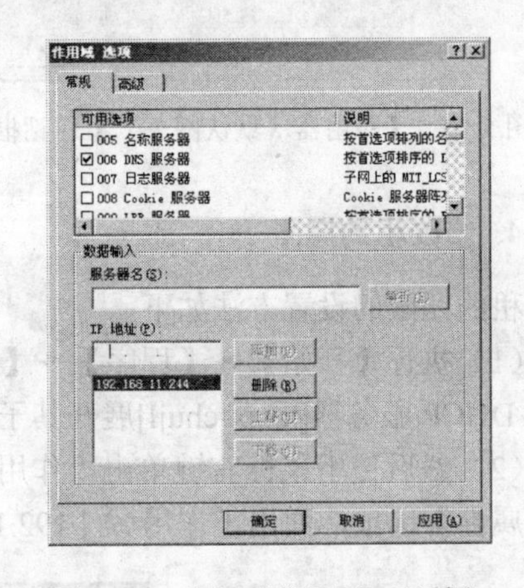

图5-37 【作用域选项】对话框

（2）在“IP地址”处直接输入DNS服务器的IP地址，依次单击【添加】和【确定】按钮完成。

如果不知道DNS服务器的IP地址，可以先在“服务器名”处输入DNS服务器的计算机名称，然后单击【解析】按钮让系统帮助查找DNS服务器的IP地址。

7. DHCP客户机的配置与测试

（1）DHCP客户机的配置

DHCP服务器设置好后，客户机想使用DHCP服务器自动提供的IP设置。需要进行如下设置。

在“控制面板”中双击【网络和拨号连接】，在弹出的【本地连接】对话框中，单击【属性】按钮，然后单击【Internet协议（TCP/IP）】选项，单击【属性】按钮，打开【Internet协议（TCP/IP）属性】对话框，选中【自动获得IP地址】和【自动获得DNS服务器地址】单选按钮，如图5-38所示。这样，客户机便成为DHCP的客户机，可以使用DHCP服务器自动提供的IP设置。

（2）DHCP 客户机的测试

在命令行提示符方式下，利用 ipconfig 命令可查看 IP 地址的获得；利用“ipconfig/all”命令可查看详细的 IP 设置（包括网卡的物理地址）；利用“ipconfig/releasee”命令可释放获得的 IP 地址；利用“ipconfig/renew”命令重新获得 IP 地址。

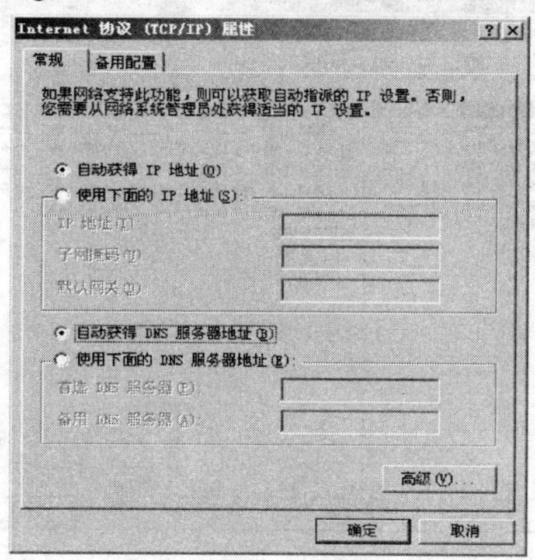

图 5-38　DHCP 客户机的设置

（二）任务 2 操作步骤

1. DHCP 中继代理

如果路由器没有中继代理的功能，可以在没有 DHCP 服务器的网段内，找一台 Windows Server 2003 计算机，启动 DHCP 中继代理的功能，它就可以将该网段内的 DHCP 信息转发到有 DHCP 服务器的网段内，如图 5-39 所示。

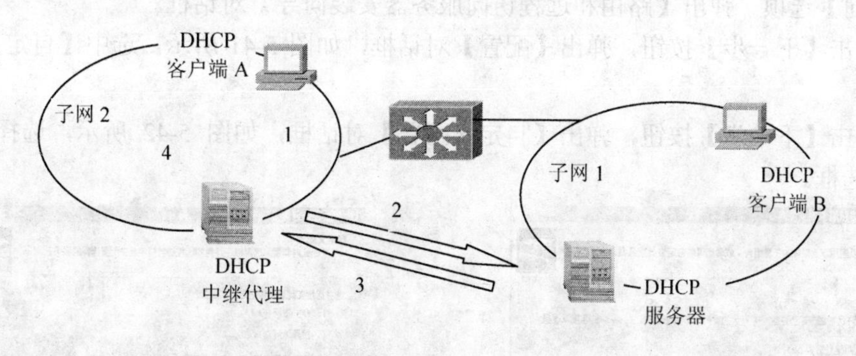

图 5-39　Windows Server 2003 中继代理

在图 5-39 中，子网 2 的 DHCP 客户端 A 通过 DHCP 中继代理从子网 1 的 DHCP 服务器上获得 IP 地址，其运行的过程如下。

（1）DHCP 客户端 A 利用广播信息（DHCP discover）寻找 DHCP 服务器。

（2）DHCP 中继代理收到此信息后，将其直接转发到另一网段的 DHCP 服务器。

（3）DHCP 服务器直接响应信息（DHCP offer）给 DHCP 中继代理。

（4）DHCP 中继代理将此信息（DHCP offer）广播给 DHCP 客户端 A。

2. 创建多个作用域

在 DHCP 服务器上按照表 5-4 所示创建 5 个作用域，创建过程在前面已经介绍过，在这里不再介绍，创建完这 5 个作用域后，DHCP 服务器控制台窗口如图 5-40 所示。

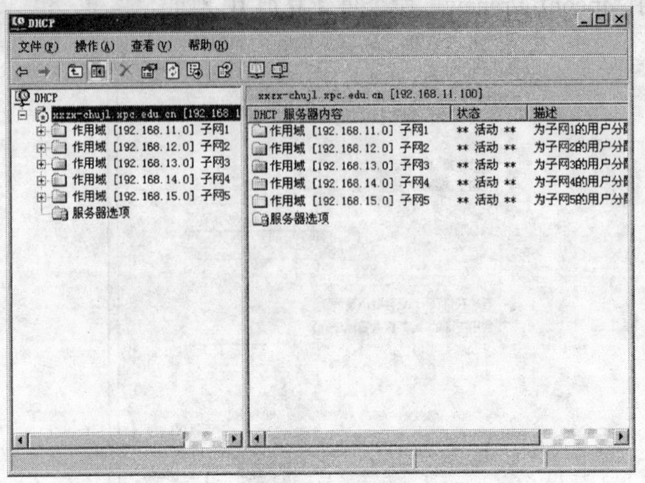

图 5-40　创建多个 DHCP 作用域

3. 配置 DHCP 中继代理

按照图 7.17 来配置子网 2 中的 DHCP 中继代理，以便当它收到 DHCP 客户端的 DHCP 信息时，可以将它转发到子网 1 的 DHCP 服务器。

（1）配置与启动“路由和远程访问”

① 执行【开始】→【程序】→【管理工具】→【路由和远程访问】命令，弹出【路由和远程访问】窗口，使用鼠标右键单击服务器图标，从弹出的菜单中选择【配置并启用路由和远程访问】选项。弹出【路由和远程访问服务器安装向导】对话框。

② 单击【下一步】按钮，弹出【配置】对话框，如图 5-41 所示，选中【自定义配置】单选按钮。

③ 单击【下一步】按钮，弹出【自定义配置】对话框，如图 5-42 所示，选择【ZLAN 路由】复选框。

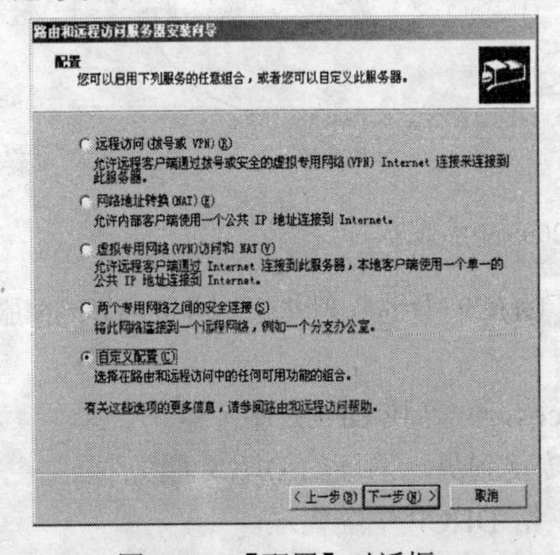

图 5-41　【配置】对话框

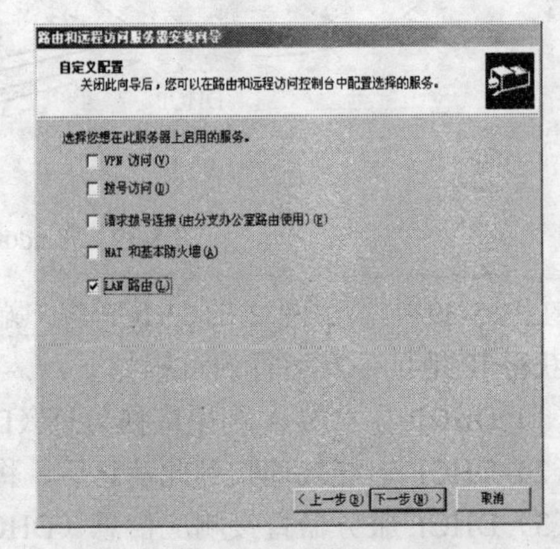

图 5-42　【自定义配置】对话框

④ 单击【下一步】按钮，选择开始路由和远程访问服务。完成配置和启动【路由和远程访问】，完成后如图 5-43 所示。

4. 配置 DHCP 中继代理

（1）在图 5-45 中，选择【IP 路由选择】选项，使用鼠标右键单击【常规】选项，在弹出的快捷菜单中选择【新增路由协议】选项，弹出【新路由协议】对话框，如图 5-44 所示。

（2）选择【DHCP 中继代理程序】选项，单击【确定】按钮。在【IP 路由选择】选项下新增【DHCP 中继代理程序】选项。

（3）在图 5-44 中，使用鼠标右键单击【DHCP 中继代理程序】选项，从弹出的菜单中选择【属性】选项，弹出【DHCP 中继代理程序属性】对话框，输入 DHCP 服务器的 IP 地址，单击【添加】按钮，如图 5-45 所示。单击【确定】按钮返回。

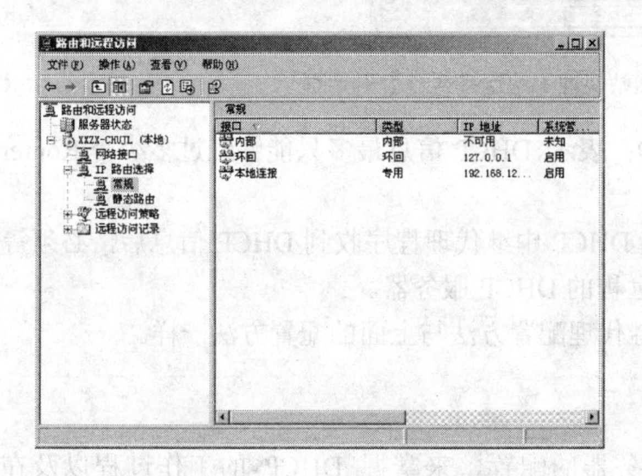

图 5-43 【路由和远程访问】窗口

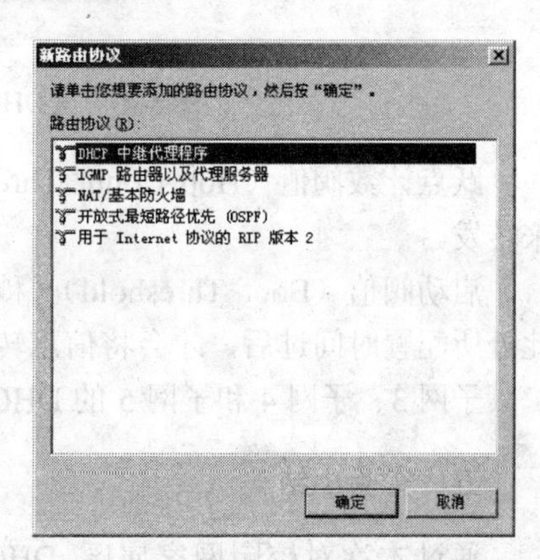

图 5-46 【新路由协议】对话框

（4）在图 5-44 中，使用鼠标右键单击【DHCP 中继代理程序】选项，从弹出的菜单中选择【新增接口】选项，弹出【DHCP 中继代理程序的新接口】对话框。选择【本地连接】（选择提供 DHCP 中继代理的网络接口，当此 DHCP 中继代理程序收到通过此接口传送来的 DHCP 包时，就会将包转发给 DHCP 服务器）选项，单击【确定】按钮，如图 5-46 所示。

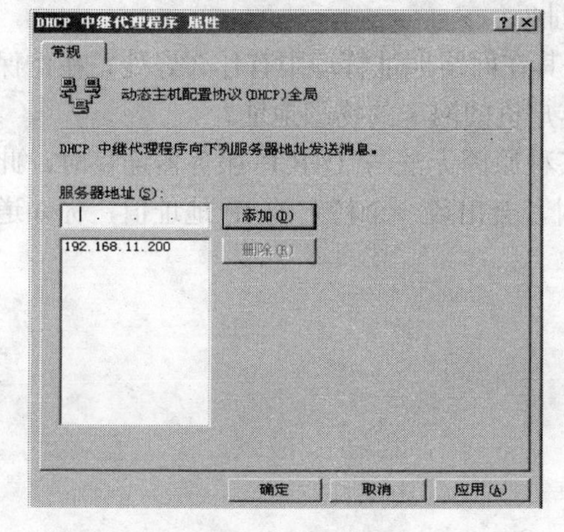

图 5-45 【DHCP 中继代理属性】对话框

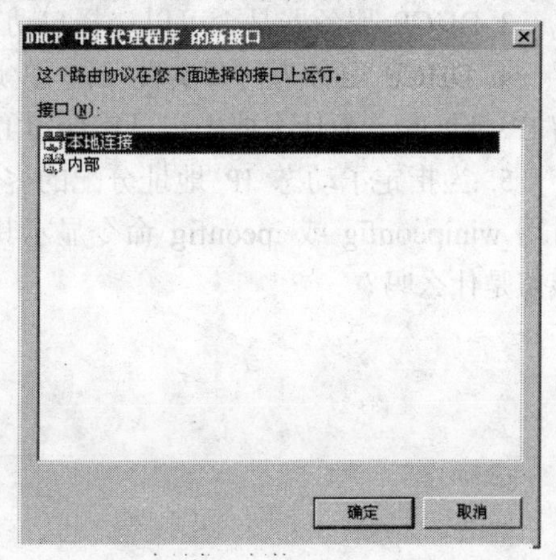

图 5-48 【DHCP 中继代理的新接口】对话框

（5）弹出【DHCP 中继站属性本地连接属性】对话框，如图 5-47 所示。单击“确定”按钮完成配置。

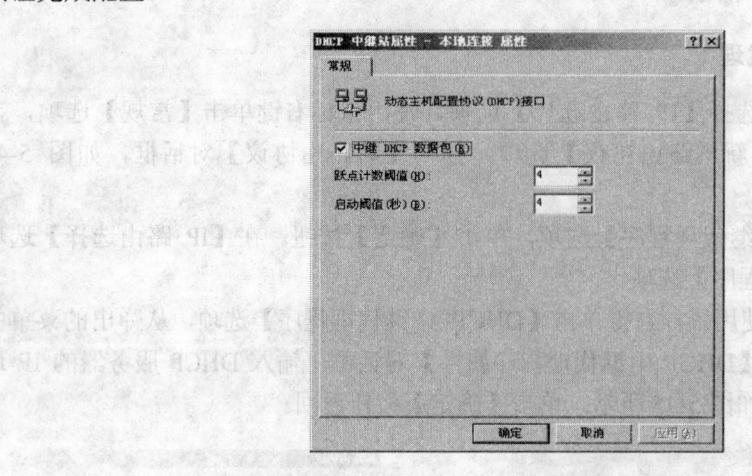

图 5-47 【DHCP 中继站属性本地连接属性】对话框

跃点计数阀值（Hop Count Threshold)：表示 DHCP 信息最多只能够经过多少个 Router 来转发。

启动阀值（Boot Threshold)（秒)：在 DHCP 中继代理程序收到 DHCP 信息后，必须等此处所配置时间过后，才会将信息转发给远程的 DHCP 服务器。

子网 3、子网 4 和子网 5 的 DHCP 中继代理配置方法与上面的配置方法一样。

五、实验小结

通过本次对校园网家属区 DHCP 服务器的配置，来掌握 DHCP 的工作过程以及在 Windows Server 2003 中配置 DHCP 服务器。

六、实验思考题

1. 在一个子网内如何配置两台 DHCP 服务器？

2. 如何配置 DHCP 服务器的超级作用域？

3. DHCP 服务器是否可以选择自动获得 IP 地址？

4. DHCP 服务为何要实现保留 IP 地址功能，其在网络地址管理中有什么好处？在作保留 IP 地址时，为什么要先记录需保留 IP 地址的客户机的网卡的物理地址？

5. 当指定了动态 IP 地址分配的客户机由于某种原因无法与 DHCP 服务器连接时，此时用 winipconfig 或 ipconfig 命令显示其 IP 配置时，会出现一个特定的 IP 地址值，你知道该值是什么吗？

项目6 实现Internet中的信息服务

6.1 任务1 Web服务器的安装配置与管理

任务分析

Web 服务器是为了实现局域网内的网站访问，同时也是为了实现广域网的网站访问而设计的服务，只有安装并配置了 Web 服务器，才能够正常访问网站程序。Web 服务可以说是现在互联网上最为常见的一种服务，因为上网时最常见的方式是浏览网页和查资料，即使打游戏也需要配置远端 Web 服务器才能操作使用。

如果读者正在学习关于站点发布的相关知识或者读者处于一个局域网的环境中，需要完成站点在局域网内部通过 IE 地址栏的 IP 地址访问网站，如果还需要通过域名来访问网站，则可以按照以下思路完成这个任务：首先需要找到一台配置为 Web 服务器的计算机，然后安装并启用 Web 服务，安装启用 Web 服务并正确配置后，当站点文件正常时，即可在服务器和客户机的 IE 地址栏上通过 IP 进行测试。其次，当需要在 IE 地址栏中输入域名来访问相关的网站时，就需要结合 DNS 服务器来完成这个任务，在 DNS 服务器中建立主机并指向网站文件夹所在的计算机的 IP 地址，只要解析成功，就可以通过域名来访问网站了。再次，在网络环境中如果用户的网站很多，全部放在一台计算机上，让客户机来访问不同的网站内容，这时，就有几种不同的方法来实现，改访问端口、改 IP 地址、改主机头，这些都能够在 IIS 控制台中结合 DNS 服务器来实现。根据以上的思路结合任务实施的步骤读者就能够完成这个任务。

相关知识

6.1.1 全球信息网（WWW）

全球信息网即 WWW（World Wide Web），又被人们称为 3W、万维网等，是 Inetrnet 上最受欢迎、最为流行的信息检索工具。Internet 中的客户使用浏览器只要简单地单击鼠标，即可访问分布在全世界范围内 Web 服务器上的文本文件，以及与之相配套的图像、声音和动画等，进行信息浏览或信息发布。

1. WWW 的起源与发展

1989 年，瑞士日内瓦 CERN（欧洲粒子物理实验室）的科学家 Tim Berners Lee 首次提出了 WWW 的概念，采用超文本技术设计分布式信息系统。在 1990 年 11 月，第一个 WWW 软件在计算机上实现。1991 年，CERN 就向全世界宣布 WWW 的诞生。1994 年，Internet 上传送的 WWW 数据量首次超过 FTP 数据量，成为访问 Internet 资源的最流行的方法。近年来，随着 WWW 的兴起，在 Internet 上大大小小的 Web 站点纷纷建立，当今的 WWW 成了全球关注的焦点。

WWW 之所以受到人们的欢迎，是由其特点所决定的。WWW 服务的特点在于高度的集成性，它把各种类型的信息（如文本、声音、动画、录像等）和服务（如 News、FTP、Telnet、Gopher、E-mail 等）无缝链接，提供了丰富多彩的图形界面。WWW 特点可归纳如下。

（1）用户可在全世界范围内查询、浏览最新信息。

（2）信息服务支持超文本和超媒体。

（3）用户界面统一使用浏览器，直观方便。

（4）由资源地址域名和 Web 网点（站点）组成。

（5）Web 站点可以相互链接，以提供信息查找和漫游访问。

（6）用户与信息发布者或其他用户相互交流信息。

由于 WWW 具有上述突出特点，它在许多领域中得到广泛应用。大学研究机构、政府机关，甚至商业公司都纷纷出现在 Internet 上。高等院校通过自己的 Web 站点介绍学院概况、师资队伍、科研和图书资料，以及招生招聘信息等。政府机关通过 Web 站点为公众提供服务、接受社会监督并发布政府信息。生产厂商通过 Web 页面用图文并茂的方式宣传自己的产品，提供优质的售后服务。

2. WWW 的工作模式

WWW 是基于客户机/服务器工作模式，客户机安装 WWW 浏览器或者简称为浏览器，WWW 服务器被称为 Web 服务器，浏览器和服务器之间通过 HTTP 协议相互通信，Web 服务器根据客户提出的需求（HTTP 请求），为用户提供信息浏览、数据查询、安全验证等方面的服务。客户端的浏览器软件具有 Internet 地址（Web 地址）和文件路径导航能力，按照 Web 服务器返回的 HTML（超文本标记语言）所提供的地址和路径信息，引导用户访问与当前页相关联的下文信息。Homepage 称为主页，是 Web 服务器提供的默认 HTML 文档，为用户浏览该服务器中的有关信息提供方便。

WWW 为用户提供页面的过程可分为以下三个步骤：

（1）浏览器向某个 Web 服务器发出一个需要的页面请求，即输入一个 Web 地址；

（2）Web 服务器收到请求后，在文档中寻找特定的页面，并将页面传送给浏览器；

（3）浏览器收到并显示页面的内容。

6.1.2 Internet 信息服务（IIS）

IIS 的含义是指 Internet 信息服务，Windows Server 2003、Windows Advanced Server 2003 的默认安装都带有 IIS，也可以在 Windows Server 2003 安装完毕后加装 IIS。IIS 是微

软出品的架设 Web、FTP、SMTP 服务器的一套整合软件，捆绑在 Windows 2003/2000 中。

IIS 默认的 Web（主页）文件存放于系统根区中的 %system%\Inetpub\wwwroot 中，主页文件就放在这个目录下，出于安全考虑，微软建议用 NTFS 格式化使用 IIS 的所有驱动器。

IIS 6.0 提供的 WWW 服务：一个 Web 站点是服务器的一个目录，允许用户访问。当建立 Web 站点时必须为每个站点建立一个主目录，这个主目录可以是实际的，也可以是虚拟的。对目录的操作权限可以设置：读取、写入、执行、脚本资源访问、目录浏览等，在一台 Windows 2003 的计算机上可以配置多个 Web 站点，可以设置访问站点的同时连接的用户数，现在很多公司提供的虚拟主机服务，就要限制站点的访问数。

6.1.3　统一资源定位器 URL

在 WWW 上浏览或查询信息，必须在浏览器上输入查询目标的地址，这就是 URL（Uniform Resource Locator，统一资源定位器），也称 Web 地址，俗称“网址”。URL 规定了某一特定信息资源在 WWW 中存放地点的统一格式，即地址指针。例如，http://www.microsoft.com 表示微软公司的 Web 服务器地址。URL 的完整格式如下：

协议+【://】+主机域名（IP 地址）+端口号+目录路径+文件名

URL 的一般格式：协议+【://】+主机域名（IP 地址）+目录路径

URL 的完整格式有以下基本部分组成：

（1）所有使用的访问协议；

（2）数据所在的计算机；

（3）请求数据的数据源端口；

（4）通向数据的路径；

（5）包含了所需数据的文件名。

其中，协议是指定服务连接的协议名称，一般有以下几种：

（1）http 表示与一个 WWW 服务器上超文本文件的链接；

（2）ftp 表示与一个 FTP 服务器上文件的链接；

（3）gopher 表示与一个 Gopher 服务器上文件的链接；

（4）new 表示与一个 Usenet 新闻组的链接；

（5）telnet 表示与一个远程主机的链接；

（6）wais 表示与一个 WAIS 服务器的链接；

（7）file 表示与本地计算机上文件的链接。

目录路径就是在某一计算机上存放被请求信息的路径。在使用浏览器时，网址通常在浏览器窗口上部的 Location 或 URL 框中输入和显示。下面是一些 URL 的例子。

（1）http://www.computerworld.com 计算机世界报主页。

（2）http://www.cctv.com 中国中央电视台主页。

（3）http://www.sohu.com 搜狐网站的搜索引擎主页。

（4）重庆婚介网的网址：Http://www.Cqhjw.com/。

6.1.4 HTTP 协议

HTTP 是 WWW 的基本协议，即超文本传输协议（Hyper Text Transfer Protocol）。超文本具有极强的交互能力，用户只需单击文本中的字和词组，即可阅读另一文本的有关信息，这就是超链接（Hyperlink）。超链接一般嵌在网页的文本或图像中。浏览器和 Web 服务器间传送的超文本文档都是基于 HTTP 协议实现的，它位于 TCP/IP 协议之上，支持 HTTP 协议的浏览器称为 Web 浏览器。除 HTTP 协议外，Web 浏览器还支持其他传输协议，如 FTP、Gopher 等。

HTTP 设计得简单而灵活，是【无状态】和【无连接】的基于 Client/Server 模式。HTTP 具有以下 5 个重要的特点。

（1）以 Client/Server 模型为基础

万维网以客户/服务器方式工作，每个万维网都有一个服务器进程。它不断地监听 TCP 的端口 80，以便发现浏览器是否向它发出建立连接请求。一旦监听到连接请求并建立了 TCP 连接之后，浏览器就向服务器发出浏览某个页面的请求，服务器接着返回所请求的页面内容。在服务器和浏览器之间请求和响应的交互必须遵循超文本传输协议 HTTP。

（2）简易性

HTTP 被设计成一个非常简单的协议，使得 Web 服务器能高效地处理大量请求。客户机要连接到服务器，只需发送请求方式和 URL 路径等少量信息。HTTP 规范定义了 7 种请求方式，最常用的有 3 种：GET、HEAD 和 POST，每一种请求方式都允许客户以不同类型的消息与 Web 服务器进行通信，Web 服务器也因此可以是简单小巧的程序。由于 HTTP 协议简单，HTTP 的通信与 FTP、Telnet 等协议的通信相比，速度快而且开销小。

（3）灵活性与内容–类型（content-type）标志

HTTP 允许任意类型数据的传送，因此可以利用 HTTP 传送任何类型的对象，并让客户程序能够恰当地处理它们。内容–类型标志指示了所传输数据的类型。例如，如果数据是罐头，内容–类型标志就是罐头上的标签。

（4）无连接性

HTTP 是【无连接】的协议，但值得特别注意的是，这里的【无连接】是建立在 TCP/IP 协议之上的，与建立在 UDP 协议之上的无连接不同。这里的【无连接】意味着每次连接只限处理一个请求。客户要建立连接需先发出请求，收到响应，然后断开连接，这实现起来效率十分高。采用这种【无连接】协议，在没有请求提出时，服务器就不会在那里空闲等待。完成一个请求之后，服务器即不会继续为这个请求负责，从而不用为保留历史请求而耗费宝贵的资源。这在服务器的一方实现起来是非常简单的，因为只需保留活动的连接（Active Connection），不用为请求间隔而浪费时间。

（5）无状态性

HTTP 是【无状态】的协议，这既是优点也是缺点。一方面，由于缺少状态使得 HTTP 累赘少，系统运行效率高，服务器应答快；另一方面，由于没有状态，协议对事务处理没有记忆能力，若后续事务处理需要有关前面处理的信息，那么这些信息必须在协议外面保存；另外，缺少状态意味着所需的前面信息必须重现，导致每次连接需要传送较多的信息。

6.1.5 HTML

HTML：超文本标记语言，它是制作万维网页面的标准语言，HTML 由两个主要部分构成，首部（head）和主体（body）。HTML 用一对或者几对标记来标志一个元素。

HTML 文档的样式如下：

```
<html>
<head>
<title>新建网页 1</title>
</head>
<body>
</body>
</html>
```

Script：它是一种脚本语言，由一系列的命令组成，IIS 6.0 提供了两种脚本语言：VBScript 和 JavaScript。

6.1.6 任务实施 Web 服务器的配置

通过完成下面的实验来实施这个任务

一、实验目的

1．理解 WWW 服务原理；
2. 掌握统一资源定位符 URL 的格式和使用；
3. 理解超文本传送协议 HTTP 和超文本标记语言；
4. 掌握 Web 站点的创建和配置。

二、实验环境

1. WWW 服务器：运行 Windows Server 2003 操作系统的 PC 一台；
2. 上网计算机，若干台，运行 Windows XP 操作系统；
3. 每台计算机都和校园网相连。

WWW 服务器配置实验环境如图 6-1 所示。

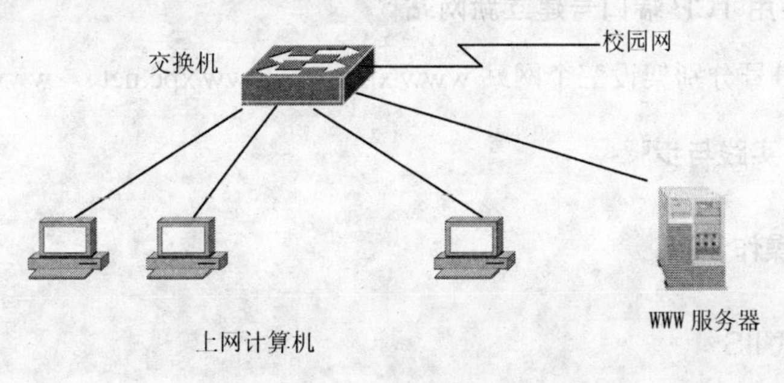

图 6-1 WWW 服务器配置环境图

三、实验任务

1. 任务 1：WWW 服务器的配置

任务配置要求：

（1）服务器端

在一台安装 Windows Server 2003 的计算机(IP 地址为 192.168.11.250，子网掩码为 255.255.255.0，网关为 192.168.11.1)上设置 1 个 Web 站点，要求端口为 80，Web 站点标识为“默认网站”；连接限制到 200 个，连接超时 600s；日志采用 W3C 扩展日志文件格式，新日志时间间隔为每天；启用带宽限制，最大网络使用 1024 KB/s；主目录为 D:\xpcWeb，允许用户读取和下载文件访问，默认文档为 default.asp。

（2）客户端

在 IE 浏览器的地址栏中输入 http:// 192.168.11.250 来访问刚才创建的 Web 站点。配合 DNS 服务器的配置，将 IP 地址设为 192.168.11.250 与域名为 www. xpc.edu.cn 对应起来，在 IE 浏览器的地址栏中输入 http:// www. xpc.edu.cn 来访问刚才创建的 Web 站点。

2. 任务 2：创建虚拟目录

按照表 6-1 中的设置，来练习建立实际目录和虚拟目录。

表 6-1　实际目录和虚拟目录

实际存储位置	别　名	URL 路径
C:\inetpub\wwwroot\linux	Linux	Http://www.xpc.cn/linux
D:\xunilinux	Xunilinux	Http://www.xpc.cn/xunilinux

3. 任务 3：利用主机头名称建立新网站

利用主机头名称分别架设三个网站 www.xpc.cn、www.xpc.net、 www.xpc.com。

4. 任务 4：利用 IP 地址建立新网站

利用 IP 地址分别架设三个网站 www.xpc.cn、www.xpc.net、 www.xpc.com。

5. 任务 5：利用 TCP 端口号建立新网站

利用 TCP 端口号分别架设三个网站 www.xpc.cn、www.xpc.net、 www.xpc.com。

四、实验操作实践与步骤

（一）任务 1 操作步骤

1. 安装与测试 IIS

（1）IIS 6.0 的安装

默认情况下，在 Windows Server 2003 中，IIS 6.0 并不在其安装过程中一同安装，如果

需要使用 IIS，还需要单独安装。在 Windows Server 2003 中添加 IIS 的方法如下。

① 依次执行【控制面板】→【添加/删除程序】→【添加/删除 Windows 组件】命令，打开【Windows 组件向导】对话框，双击【应用程序服务器】，弹出【应用程序服务器】对话框，如图 6-2 所示。选中【ASP.NET】和【Internet 信息服务】复选框，单击【详细信息】按钮，在弹出的【Internet 信息服务】对话框中，选中【公用文件】和【万维网服务】复选框，再次单击【详细信息】按钮，在弹出的【万维网服务】对话框中选中【Active Server Pages】、【万维网服务】和【远程管理（HTML）】复选框，然后单击 3 次【确定】按钮。

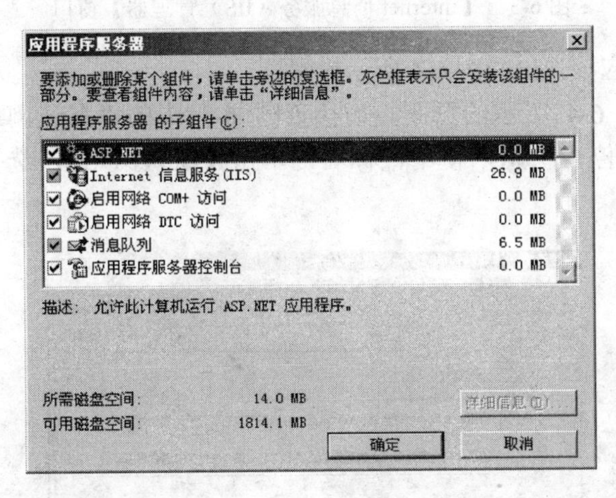

图 6-2　【应用程序服务器】对话框

② Windows 组件向导会完成 IIS 的安装。从 Windows Server 2003 安装光盘中复制所需文件。

③ 自行安装 IIS 时，它会被安装成最安全与“锁定”的状态，IIS 默认值提供静态属性服务。如果需要动态属性的话，需要自行解除锁定或安装相关组件。

（2）测试 IIS 是否安装成功

完成安装后，可以通过“IIS 管理器”来管理网站。

在 Windows Server 2003 中，提供了 Internet 信息服务管理器来对 IIS 6.0 进行管理，以系统管理员（Administrator）身份登录服务器，依次单击【开始】→【程序】→【管理工具】→【Internet 信息服务（IIS）管理器】选项，打开【Internet 信息服务管理器】窗口，如图 6-3 所示。从图 6-3 中可以看出已经有一个网站：“默认网站”。

在另一台计算机，利用 IE 来连接与测试网站。测试方法有以下几种。

利用 DNS 网址 http：//www.xpc.edu.cn 来连接网站。

利用 IP 地址 http：//192.168.11.250 来连接网站。

利用计算机名称 http：//server1 来连接网站，这种方法适合于局域网内的计算机。

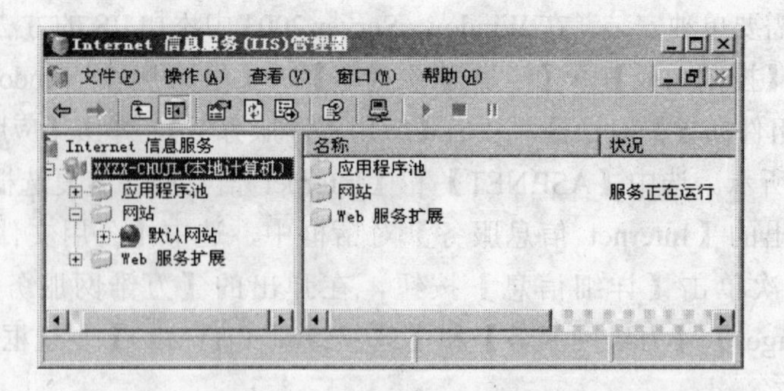

图 6-3 【Internet 信息服务（IIS）管理器】窗口

若连接成功，则应该弹出如图 6-4 所示的网页。

如果没有出现图 6-4 所示的页面，请检查图 6-3 中的“默认网站”右方是否显示有“正在运行”。若处于停止状态，使用鼠标右键单击【默认网站】，选择【启动】选项来激活此网站。

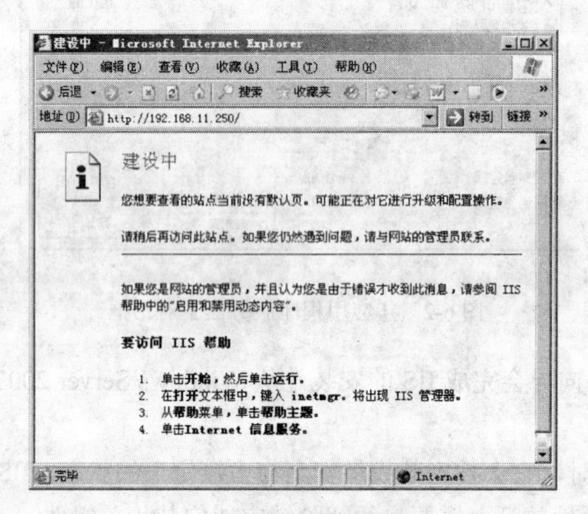

图 6-4 IIS 测试成功

（3）启用所需的服务

IIS 6.0 是以高度安全和锁定模式安装的。默认情况下，IIS 仅服务于静态 HTML 内容，这意味着 Active Server Pages（ASP）、ASP.NET、索引服务、在服务器端的包含文件（SSI）、Web 分布式创作和版本控制（WebDAV）、FrontPage Server Extensions 等功能将不会工作，除非启用它们。如果在未启用这些功能前使用 IIS 的这些功能，IIS 将返回错误信息，所以，应该在安装 IIS 6.0 后启用所需的服务。

从【管理工具】中打开【Internet 信息服务管理器】窗口，选择【计算机名称】→【Web 服务扩展】选项，在右侧的窗格中启用所需的服务，如图 6-5 所示。如需要启用 ASP 服务，在右侧选中 Active Server Pages 选项，然后单击【允许】按钮即可。

（4）IIS 启动

当 IIS 出现故障后，可以不用重新启动计算机而只启动 IIS。使用鼠标右键单击【Internet 信息服务】树下的【主机】，在弹出的菜单中执行【所有任务】→【重新启动 IIS】选项即可，如图 6-6 所示。

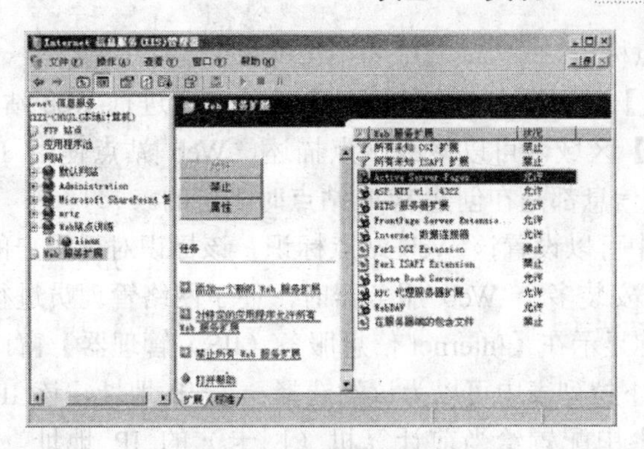

图 6-5　启用所需的服务

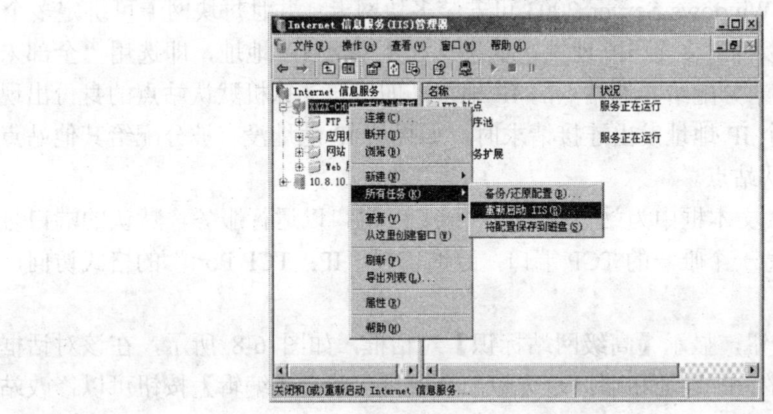

图 6-6　重新启动 IIS

2. 网站的基本配置

IIS 安装完成后，系统会自动建立一个“默认网站”，可以直接利用它来作为自己的网站或是自行建立一个新的网站。下面将利用“默认网站”来说明网站的设置。

首先选择要配置的 Web 站点，如“默认网站”，使用鼠标右键单击，在弹出的快捷菜单中选择【属性】选项，弹出【默认网站 属性】对话框。如图 6-7 所示。由 8 个选项卡组成，可以分别对 Web 站点各个方面的属性进行配置。

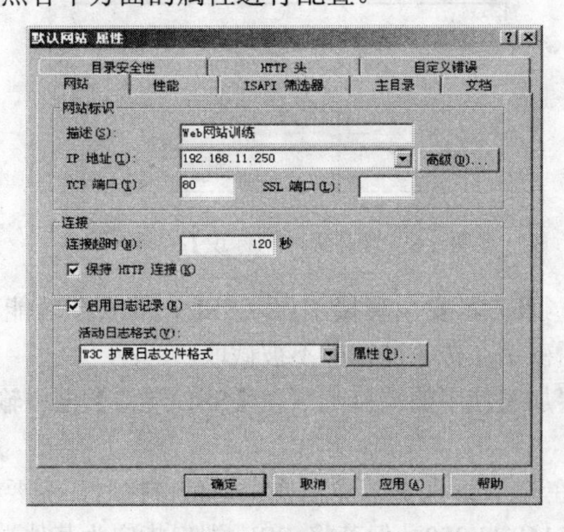

图 6-7　【默认网站 属性】对话框

（1）设置 Web 站点标识

在【默认网站属性】对话框中，在【网站】选项卡中进行 Web 站点标识设置。

① 在【网站标识】区域，可以修改站点描述、Web 站点使用 IP 地址、TCP 端口及 SSL 端口等信息。这些信息都是在创建 Web 站点时指定的。

② 在“描述”栏中可以设置该 Web 站点标识。该标识对于用户的访问没有任何意义，其作用只是当服务器中安装多个 Web 服务器时，便于网络管理员进行区分，即站点标识将作为 Web 服务器的名称显示在【Internet 信息服务（IIS）管理器】窗口目录树中。

③ 在“IP 地址”下拉列表中可以为该站选择一个 IP 地址，该 IP 地址必须是在【网络连接】→【本地连接】中配置给当前计算机（网卡）的 IP 地址。在下拉列表框中选择“192.168.11.250”。由于 Windows Server 2003 可安装多块网卡，并且每块网卡可绑定多个 IP 地址，因此，服务器可以拥有多个 IP 地址。如果这里不分配 IP 地址，即选用“全部未分配”，该站点将响应所有未分配给其他站点的 IP 地址，即以该计算机默认站点的身份出现。当用户向该计算机的一个 IP 地址发出连接请求时，如果该 IP 地址没有被分配给其他站点使用，将自动打开这个默认站点。

④ 在【TCP 端口】文本框中为站点指定一个 TCP 端口以运行服务，默认的端口号是 80。也可以设置其他任意一个唯一的 TCP 端口，这时需以“IP：TCP Port”的格式访问，否则将无法连接到该站点。

⑤ 单击【高级】按钮，显示【高级网站标识】对话框，如图 6-8 所示，在该对话框中可以为该站点添加其他的 IP 地址和端口，选中一个项目，单击【编辑】按钮可以修改站点的主机头值。

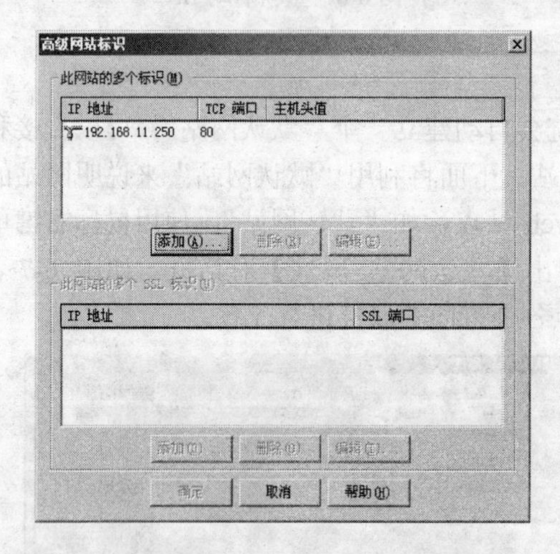

图 6-8 【高级网站标识】对话框

⑥ SLL 端口：Web 服务器安全套接字层（SSL）的安全功能利用一种称为“公用密钥”的加密技术保证会话密钥在传输过程中不被截取。

要指定安全套接字层加密使用的端口，须在【SSL 端口】框中输入端口号，该端口号的默认值为“443”。

用户的 Web 浏览器在与 Web 服务器建立安全通信链接时，需要通过 https://address 方式进行访问，如 https://192.168.11.250；但若将 SSL 端口指定为其他端口（非 443）时，必须

指定该端口，即 https://ipaddress:port，如 https://192.168.11.250:8080。

注意

只有使用 SSL 加密时才需要 SSL 端口号。

⑦ 在“连接”区域中，可以设置站点的连接属性，这些属性通常决定了站点的访问性能。例如，默认的连接超时为 120s。如果一个连接与 Web 站点未交换信息的时间达到指定的连接超时时间，Web 站点将中断该连接。选择【保持 HTTP 连接】复选框能够加快网站对用户的响应速度。

⑧ 选用一种格式（默认格式是 W3C 扩展日志文件格式）后，单击【属性】按钮可以对日志进行设置。

选定日志文件类型后，单击【属性】按钮，打开如图 6-9 所示的【日志记录属性】对话框。【常规】选项卡提供了一般性的日志文件的设置。可以在“日志文件目录”框中更改日志文件存储的路径。日志是一种持续性的记录手段，随着时间的推移，单个日志文件所记录的事件越来越多，也越来越大。为了防止日志文件太大所导致的存储及分析困难，应该在日志文件达到一定大小时新建一个文件。通常的判断方法有两种：一种是一定时间后新建文件和达到一定大小后新建文件。对于前者，只需选择“每小时”、“每天”、“每周”或“每月”即可在指定时间到达时自动生成新的日志文件，新文件将以时间命名，例如 yymmdd.log 或 mmdd.log。而另一种是当选择“当文件大小达到”并指定大小后，系统就可以在日志文件达到指定大小后生成新文件，在默认情况下，每 20 MB 就要生成一个新文件。

在图 6-9 中单击【高级】标签，打开【高级】选项卡，如图 9.10 所示。可以指定日志文件记录何种事件及相关对象的细节。只需选取相应对象的复选框即可。例如，如果需要记录客户访问站点内容所使用的服务器端口号，就应选择【服务器端口】复选框。

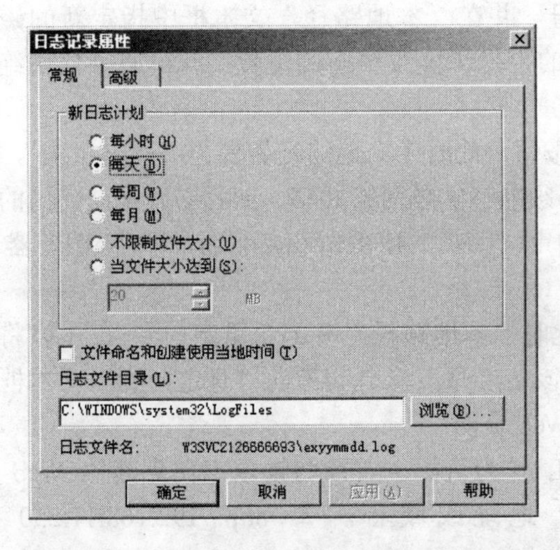

图 6-9 【日志记录属性】对话框

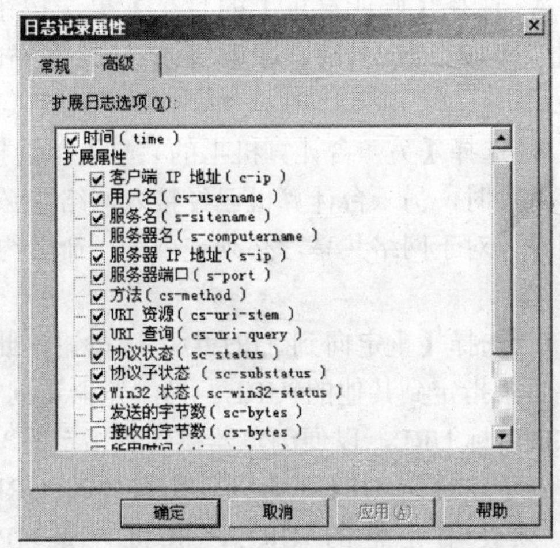

图 6-10 【高级】选项卡

（2）配置 Web 站点的性能

打开【性能】选项卡，如图 6-11 所示。可以设置所选网站占用的系统带宽（网站所用的总流量）和网站连接限制（允许的并发连接数量）。如果带宽有限，选中【限制网站可以使用的网络带宽】复选框，并在【最大带宽】文本框中输入合适的数值。如果服务器性能有限，选中【网站限制】区域中的【连接限制为】单选按钮，并设置一个合适的数值。

（3）设置主目录和目录文件权限

所谓主目录就是指保存 Web 网站内容的文件夹，当用户向该网站发出请求时，Web 服务器将自动从该文件夹中调取相应的文件显示给用户。【默认 Web 站点】的主目录为 c:\inetpub\wwwroot。主目录是在建立过程中指定的。更改 Web 站点的主目录的方法如下。

① 在“默认网站属性”对话框中单击【主目录】选项卡，如图 6-12 所示。

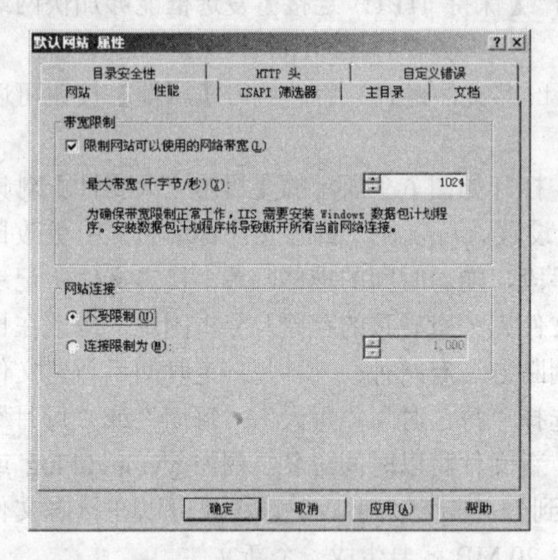

图 6-11 【性能】选项卡

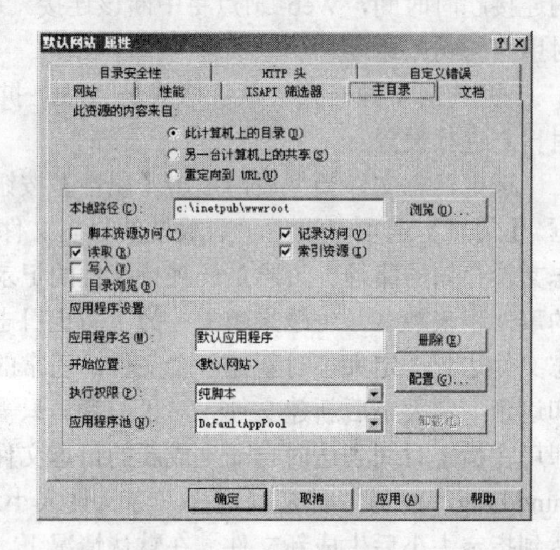

图 6-12 【主目录】选项卡

② 主目录可以来自三个位置：此计算机上的目录、另一台计算机上的共享和重定向到 URL。用户可以选择其中一种，这时本地路径的表示方法会随着选择位置的不同而不同。

A. 选择【此计算机上的目录】单选按钮，并在“本地路径”文本框中指定新的磁盘或目录，如 d:\xpcweb，即可将该 Web 网站的主目录修改至新的位置。此时必须使用绝对路径。

B. 选择【另一台计算机上的共享】单选按钮，此时【本地路径】变为“网络目录”，采用该选项时，另一台计算机已经接入网络并必须能够实现网络共享，而且必须是欲使用的共享目录。对于网络共享，必须使用统一命名约定（UNC）服务器和共享名，即“\\服务器名\共享名”。

C. 选择【重定向到 URL】单选按钮，此时“本地路径”变为“重定向到”，可以将新的主目录指定到其他的 URL。当浏览器访问该站点时，将自动指向“重定向到”文本框所提供的目标 URL，以便浏览器跳转到指定的 Web 页面。

对于重定向 URL，必须使用有效的 URL 作为目标。若欲将请求定向到其他 Web 站点，须使用完整的 URL，既可以是 IP 地址或域名，如 http://192.168.11.250 或 http://www.xpc.edu.cn/，也可以是某个文件夹或虚拟目录，如 http://192.168.11.250/pchome 或 http://www.xpc.edu.cn/mp3。

（4）设置默认文档

IIS 6.0 默认的主页文档文件名为 default.htm、default.asp、index.htm 和 default.aspx。默认文档的添加、删除以及更改顺序，都可以在“文档”选项卡中完成。其设置方法如下。

① 在【默认网站 属性】对话框中选择【文档】选项卡，如图 6-13 所示。

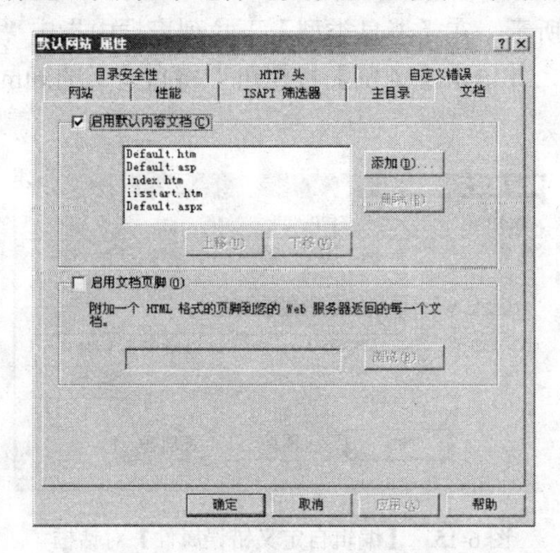

图 6-13　【文档】选项卡

② 如果要启用默认文档，选中【启用默认内容文档】复选框。

③ 如果要增加默认文档，单击【添加】按钮，弹出【添加默认文档】对话框，如图 6-14 所示。如添加【index.asp】，单击【确定】按钮，将添加到【默认文档】框中。在默认文档列表中选中刚刚添加的文件名，单击“↑”或“↓”箭头调整其显示的优先级。文档在列表中的位置越靠上意味着其优先级越高。通常客户机首先尝试加载优先级最高的主页，一旦不能成功下载，将降低优先级继续尝试。

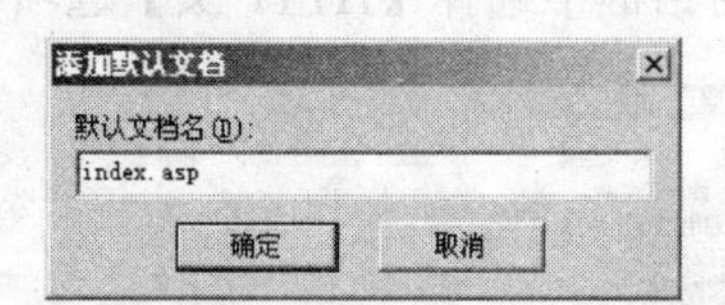

图 6-14　【添加默认文档】对话框

④ 如果要改变默认文档的搜索顺序，在默认文档列表中选中欲调整位置的文件名，单击“↓”或“↑”箭头即可调整其先后顺序。若欲将该文件名作为网站首选的默认文档，须将之调整至最顶端。

⑤ 如果要删除默认文档，在默认文档列表中选中欲删除的文件名，并单击【删除】按钮，即可将之删除。

⑥ 配置文档页脚。所谓文档页脚，又称 footer，是一种特殊的 HTML 文件，用于使网站中全部的网页上都出现相同的标记，大公司通常使用文档页脚将公司徽标添加到其网站中全部网页的上部或下部，以增加网站的整体感。为了使用文档页脚，首先要选择【文档】选项卡中的【启用文档页脚】复选框，然后单击【浏览】按钮指定页脚文件，文档页脚文件通常是一个.htm 格式的文件。

（5）自定义错误信息

自定义错误信息的方法如下。

① 在【默认网站属性】对话框中选择【自定义错误】选项卡，列出各种 HTTP 错误类型。

② 选择需要自定义的错误类型，单击【编辑属性】按钮。弹出【编辑自定义错误属性】对话框，如图 6-15 所示。在【消息类型】下拉列表框中指定“默认”，可以使用默认的错误信息；指定“文件”，并单击【浏览】按钮可以将自定义的.htm 文件作为该类型错误的信息指示文件。

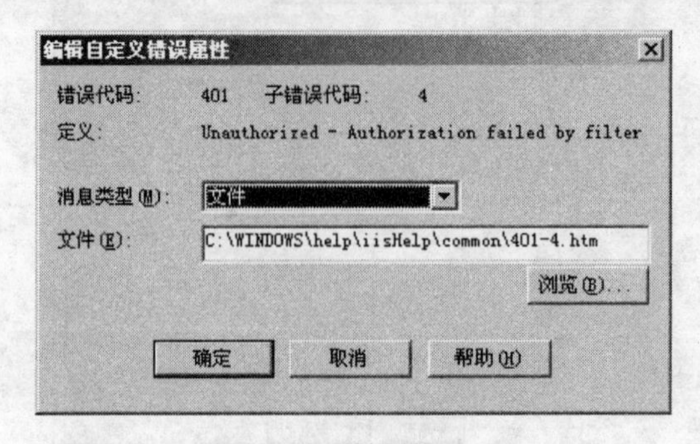

图 6-15 【编辑自定义错误属性】对话框

③ 还有一种方式是在【消息类型】下拉列表框中指定“URL”，并在“URL”栏中指定一个网页作为出错信息指示文件。使用 URL 方式时，必须保证所指定的 URL 位于本地服务器之上。

（6）设置内容自动失效和 HTTP 头

① 设置内容自动失效。

设置内容自动失效的方法如下。

A．在【默认网站属性】对话框中选择【HTTP 头】选项卡，如图 6-16 所示。

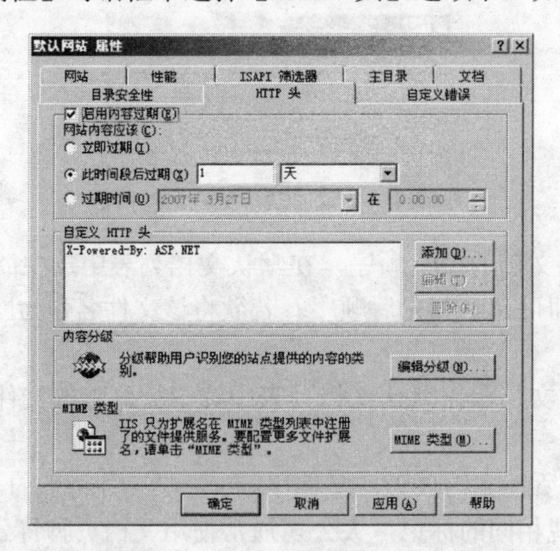

图 6-16 【HTTP 头】选项卡

B．选择【启动内容失效】复选框。

C．指定过期方式，可选的方式有立即过期、时间段后过期和过期时间 3 种：

- 立即过期：当浏览器下次请求该网页时，将下载该网页的新版本，永远不会从客户端的缓存中加载该网页。其结果是每次访问该页时，都需要重新从 Web 站点下载该网页。

- 此时间段后过期：指定若干时间以后网站内容过期。在该时间段结束之前，将从缓存中检索网页，而无须再从 Web 站点下载，从而提高了浏览速度。时间过期后，浏览器才从 Web 站点重新下载该网页。
- 过期时间：指定失效的具体日期和时间。在这一时间到来之前，客户端将从缓存中检索网页，只有时间过期后，浏览器才从 Web 站点重新下载该网页。

根据实际需要选择过期类型。例如，指定网页下载 3 天后过期，则选择【此时间段后过期】，然后选择数量 3，单位天。

D．依次单击【应用】和【确定】按钮完成。

② 自定义 HTTP 头

单击【自定义 HTTP 头】栏右侧的【添加】按钮，打开【添加/编辑自定义 HTTP 头】对话框，输入自定义 HTTP 头的名称及其值。单击【确定】按钮返回。该自定义的 HTTP 头将从 Web 服务器发送到客户浏览器。

③ 内容分级

Windows Server 2003 提供暴力、性、裸体和语言 4 个分级设置。

在图 6-16 所示的“HTTP 头”选项卡中单击【编辑分级】按钮，弹出【内容分级】对话框，如图 6-17 所示。选中【对此内容启用分级】复选项，在【类别】列表框中，依次选择暴力、性、裸体和语言 4 个类别之一，调节分级滑块，改变所选类别的分级级别。

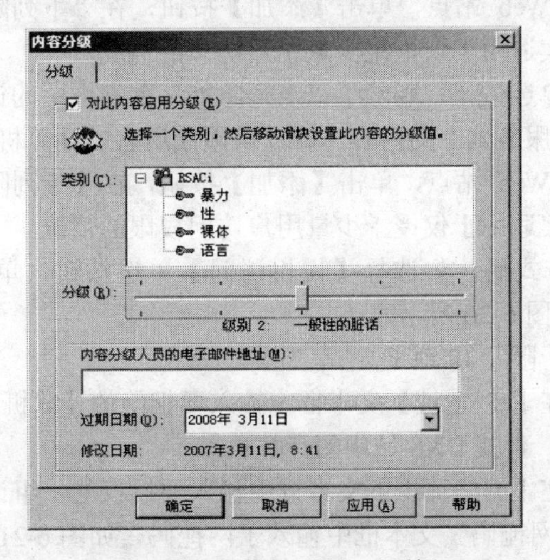

图 6-17　【内容分级】对话框

如果需要，可以设置内容分级人员的电子邮件地址和内容分级的过期时间。完成设置后，单击【确定】按钮返回到【默认网站属性】窗口，再单击【确定】按钮，保存设置。

（7）IP 地址及域名限制

IP 地址及域名限制是指通过适当的配置，即可允许或拒绝特定计算机、计算机组或域访问 Web 站点、目录或文件。例如，可以防止 Internet 用户访问 Web 服务器，方法是仅授予 Internet 成员访问权限而明确拒绝外部用户的访问。

限制 IP 地址和域名的方法如下。

① 在【默认网站属性】对话框中选择【目录安全性】选项卡，如图 6-18 所示。单击

【IP 地址和域名限制】区域中的【编辑】按钮，弹出【IP 地址和域名限制】对话框，如图 6-19 所示。通过下列两种方式限制 IP 地址的访问。

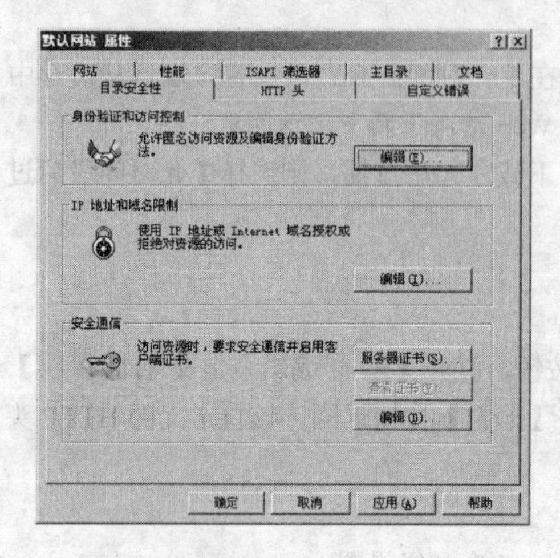

图 6-18 【目录安全性】选项卡

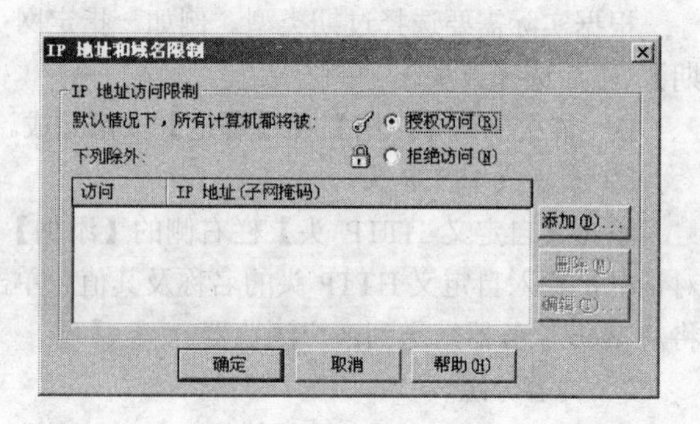

图 6-19 【IP 地址和域名限制】对话框

选择“授权访问”单选按钮，则除了【下列除外】列表框中的计算机外，其他所有的计算机都可访问该 Web 服务器上的内容，即默认地允许所有的计算机访问 Web 站点。如果要限制某些计算机访问该 Web 站点，单击【添加】按钮，在“下列除外”列表框中加入所限制访问的计算机。本方案适用于仅拒绝少量用户访问的情况。

选择“拒绝访问”单选按钮，则除了“下列除外”列表框中的计算机外，其他所有的计算机都不能访问该 Web 服务器上的内容，即默认限制所有的计算机访问 Web 站点。如果要允许某些计算机访问该 Web 站点，单击【添加】按钮，在【下列除外】列表框中加入所允许访问的计算机。该方案适用于仅授予少量用户访问权限的情况。

② 选择一种限制方式后，如选择【授权访问】单选按钮，单击【添加】按钮，打开【拒绝访问】对话框，如图 6-20 所示。

有以下三种类型用于限制 IP 地址。

一台计算机：需要在【IP 地址】文本框中输入要拒绝的计算机的 IP 地址；也可以通过单击【DNS 查找】按钮，查找 DNS 域中的计算机。

一组计算机：需要在【网络标识】文本框中输入要授权的一组计算机中的任何一台计算机的 IP 地址，并在“子网掩码”文本框中输入子网掩码，如图 6-21 所示。

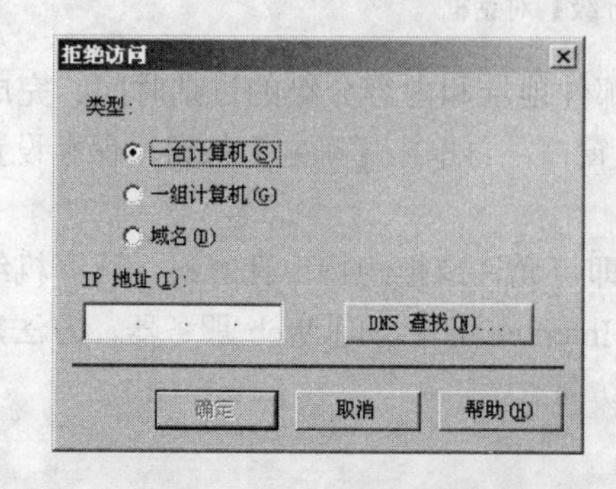

图 6-20 【拒绝访问】对话框

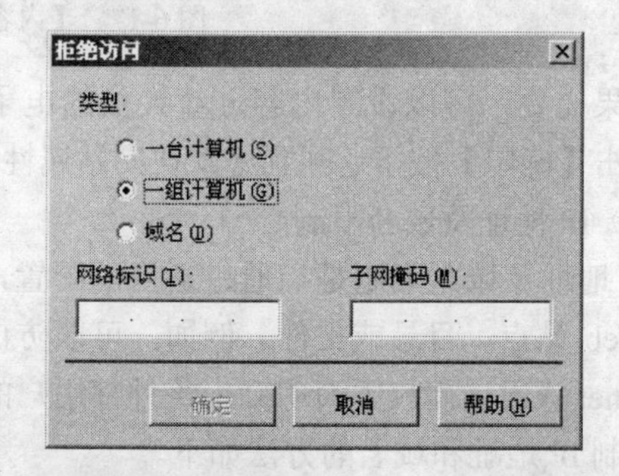

图 6-21 【一组计算机】限制 IP 地址

域名：需要在【域名】文本框中输入授权域的域名，如图 6-22 所示。

③ 单击【确定】按钮返回到【IP 地址及域名限制】对话框，再单击【确定】按钮，完成设置。

这样，被添加的一台计算机、一组计算机或一个域名的客户就不能访问服务器，而其他的客户则有访问权。

（8）身份验证和访问控制

【身份验证和访问控制】选项组允许配置 Web 服务器，是其在指派受限内容的访问权限之前确认用户的身份标识。但是必须先创建有效的 Windows 用户账户，然后配置这些账户的 NTFS 目录和文件访问权限，Web 服务器才能验证用户的身份。如果创建的 Web 站点只在局域网内使用，并且只允许授权用户访问，请在“身份验证方法”对话框中选择默认值。如果创建的 Web 站点允许匿名用户访问，或者允许 Internet 上的用户访问，请撤销“集成 Windows 身份验证”复选框。

设置匿名访问：

在图 6-18 所示的【目录安全性】选项卡，单击【身份验证和访问控制】区域中的“编辑”按钮，在弹出【身份验证方法】对话框，如图 6-23 所示。选中【启用匿名访问】复选项。默认的匿名账户由字母“IUSR-”和计算机名组成。

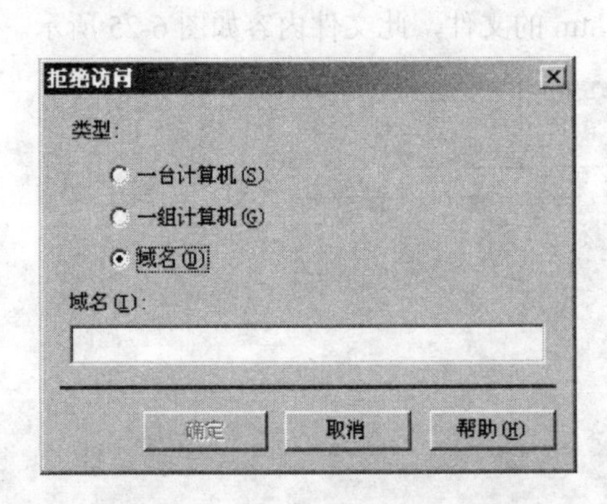

图 6-22　【域名】限制 IP 地址

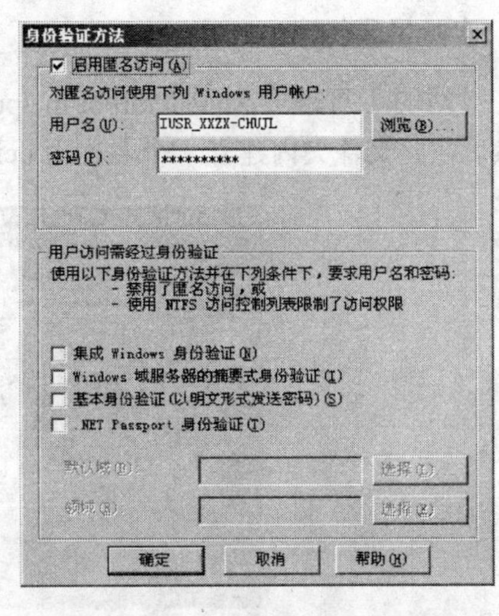

图 6-23　【身份验证方法】对话框

启用匿名账户后，就可以更改用户匿名请求的用户账户和密码。在“用户名”文本框中输入用户账户或单击“浏览”按钮，弹出“选择用户”对话框，如图 6-24 所示，选择一个现有的 Windows 用户账户。

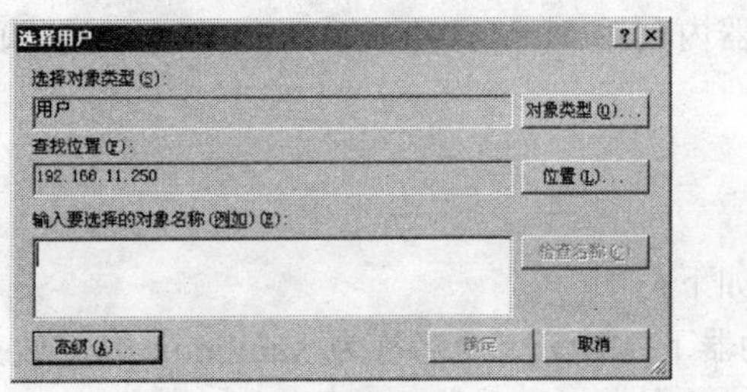

图 6-24　【选择用户】对话框

多次单击【确定】按钮，完成匿名访问设置。

（二）任务 2 操作步骤

对一个小型网站来说，可以将所有网页与相关文件都存放到网站的主目录之下，也就是在主目录之下建立子文件夹，然后将文件放到这些子文件夹内。这些子文件夹称为“实际目录”。

也可以将文件存储到其他文件夹内，这个文件夹可以位于本地计算机内的其他磁盘驱动器内或是其他计算机内，然后通过“虚拟目录（Virtual Directory）”映射到这个文件夹，每一个虚拟目录都有一个别名（Alias）。虚拟目录的好处是在不需要改变别名的情况下，可以随时改变其所对应的文件夹。

按照表 6-2 中的设置，来练习建立实际目录和虚拟目录。

表 6-2　文件路径设置

实际存储位置	别　名	URL 路径
C:\inetpub\wwwroot\linux	Linux	Http://www.xpc.cn/linux
D:\xunilinux	Xunilinux	Http://www.xpc.cn/xunilinux

1. 实际目录创建

在网站的主目录（%systemroot/inetpub\wwwroot）下，建立一个名称为 linux 的文件夹，然后在此文件夹内建立一个名称为 default.htm 的文件，此文件内容如图 6-25 所示。

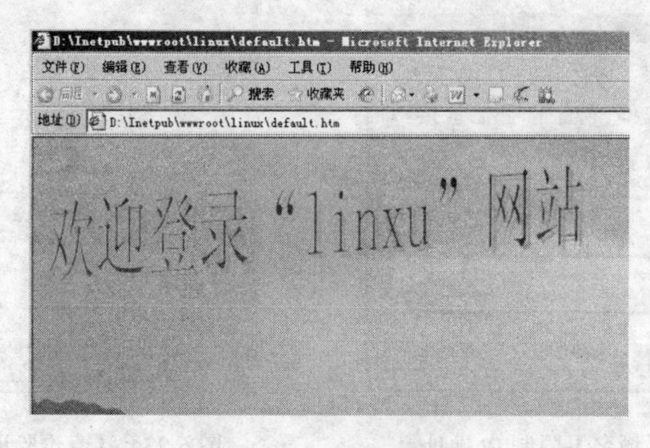

图 6-25　default.htm 内容

然后打开【Internet 信息服务（IIS）管理器】窗口，可以看到网站多了一个实际目录“linux”，如图 6-26 所示。

用户在客户端浏览器内利用 Http://192.168.11.250/linux 连接此实际目录后，将看到如图 6-27 所示的窗口。

2. 虚拟目录创建

创建虚拟目录过程如下：

（1）在 D 磁盘驱动器下，建立一个名称为 xunilinux 的文件夹，然后在此文件夹内建立一个名称为 default.htm 的文件，此文件内容如图 6-28 所示。

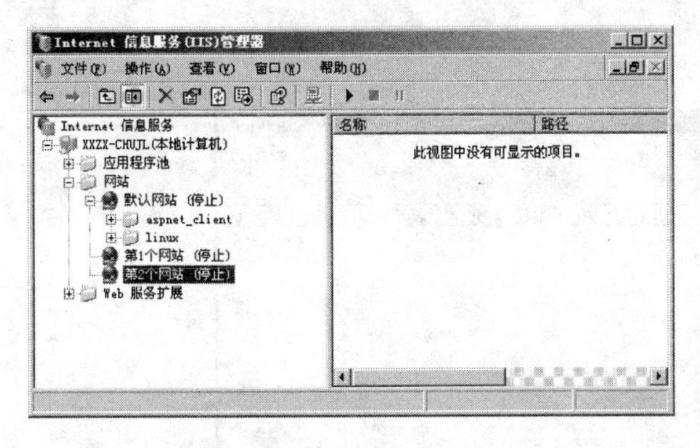

图 6-26　网站实际目录

图 6-27　浏览 linux 网站

图 6-28 default.htm 内容

（2）选择要在其中创建虚拟目录的 Web 站点，如第 1 网站，使用鼠标右键单击，在弹出的菜单中选择【新建】→【虚拟目录】选项，弹出【虚拟目录创建向导】对话框。

（3）单击【下一步】按钮，弹出【虚拟目录别名】对话框。在【别名】文本框中输入"xunilinux",如图 6-29 所示。

（4）单击【下一步】按钮，弹出【网站内容目录】对话框，在【路径】文本框中输入"D：\xunilinux",如图 6-30 所示。

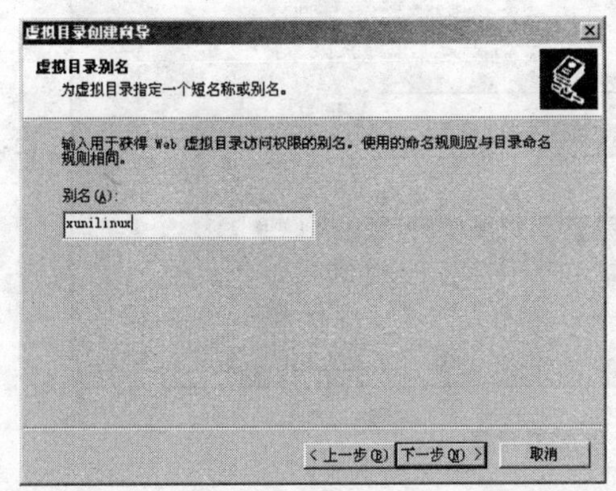

图 6-29　【虚拟目录别名】对话框

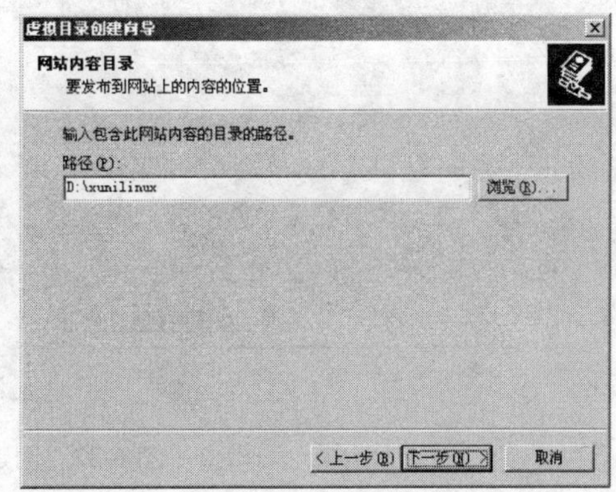

图 6-30　【网站内容目录】对话框

（5）单击【下一步】按钮，弹出【虚拟目录访问权限】对话框，在【权限】列表中选择【读取】和【运行脚本】等复选项，单击【下一步】按钮，单击【完成】按钮完成虚拟目录创建，打开【Internet 信息服务（IIS）管理器】窗口，可以看到网站多了一个虚拟目录

“xunilinux”。如图 6-31 所示。

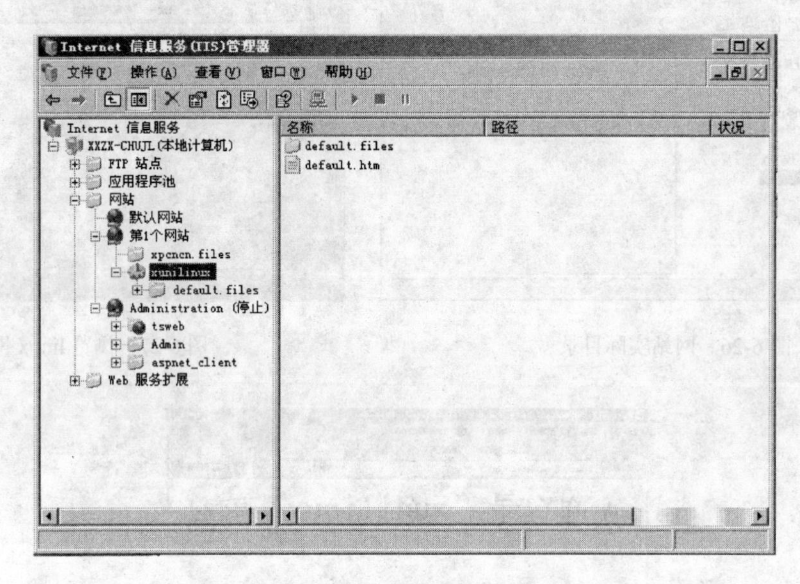

图 6-31　网站虚拟目录

（6）虚拟目录浏览，在客户端浏览器的【地址栏】中输入 http：//IP 地址/目录名或“http：//域名/目录名”，如 Http://www.xpc.cn/xunilinux，即可直接浏览建立的虚拟目录。

（7）也可以将另外一台计算机内的共享文件夹设为虚拟目录。在图 6-30 所示的对话框中，在【路径】文本框中按照“\\计算机名或 IP 地址\共享名”输入，但必须输入有权访问此文件夹的用户名和密码，如图 6-32 所示。

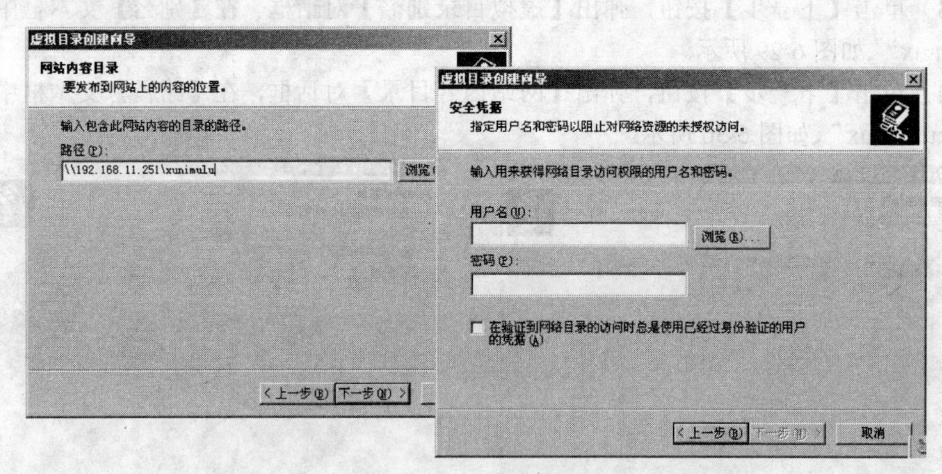

图 6-32　创建远程虚拟目录

（三） 任务 3 操作步骤

利用主机头名称来建立 www.xpc.cn、www.xpc.net、 www.xpc.com 三个网站，其设置如表 6-3 所示。

表 6-3　主机头设置

网站名称与主机头名称	IP 地址	主目录
www.xpc.cn	192.168.11.250	D:\xpccn
www.xpc.net	192.168.11.250	D:\xpcnet
www.xpc.com	192.168.11.250	D:\xpccom

1. 将网站名称与 IP 地址注册到 DNS 服务器

在 DNS 服务器上，新建 xpc.cn、xpc.net、xpc.com 三个区域，并分别添加主机，如图 6-33 所示。

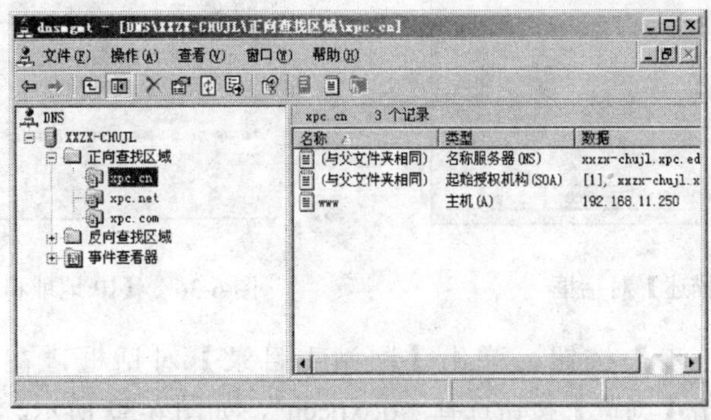

图 6-33　DNS 配置

2. 建立主目录

在 D 盘下，建立一个名称为 xpcncn 文件夹，以作为网站 www.xpc.cn 的主目录；建立一个名称为 xpcncom 文件夹，以作为网站 www.xpc.com 的主目录；建立一个名称为 xpcnnet 文件夹，以作为网站 www.xpc.net 的主目录。并分别在每一个文件夹下建立 default.htm 文件，作为该文件夹所对应网站的首页

3. 建立新网站 www.xpc.cn

在完成上述步骤后，接下来添加 www.xpc.cn 网站。

（1）执行【开始】→【管理工具】→【Internet 信息服务（IIS）管理器】选项，打开【Internet 信息服务（IIS）管理器】窗口，使用鼠标右键单击【Internet 信息服务】树下【网站】选项，在弹出的菜单中选择【新建】→【网站】选项，如图 6-34 所示。弹出【网站创建向导】对话框。

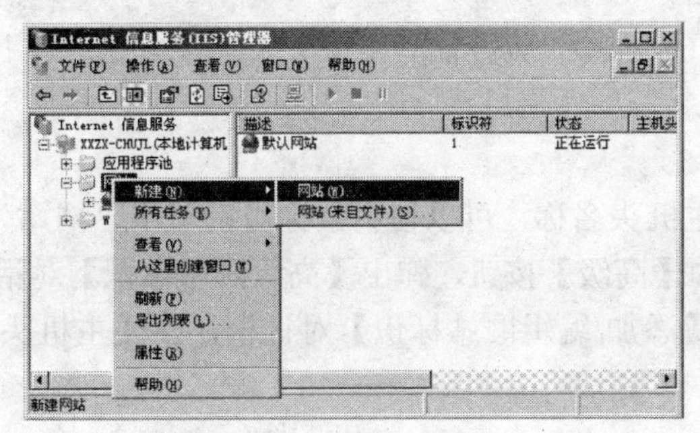

图 6-34　新建网站

（2）单击【下一步】按钮，弹出【网站描述】对话框，在【描述】栏中输入“第 1 个网站”，如图 6-35 所示。在【网站 IP 地址】下拉列表框中选择 IP 地址为“192.168.11.250”，在【此网站的主机头】框中输入“www.xpc.cn”，如图 6-36 所示。

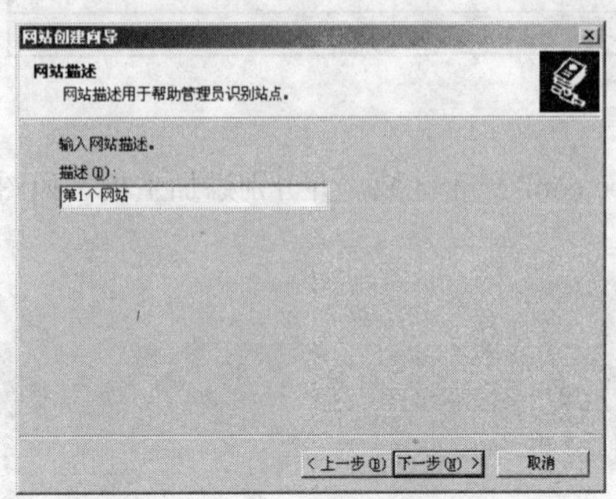

图 6-35　【网站描述】对话框

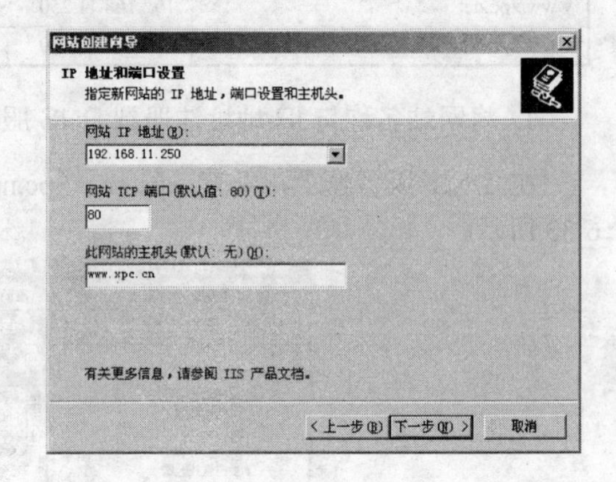

图 6-36　【IP 地址和端口设置】对话框

（3）单击【下一步】按钮，弹出【网站主目录】对话框，在【路径】框中输入“d:\xpccn”或通过单击【浏览】按钮选择“d:\xpccn”，如图 6-37 所示。

（4）单击【下一步】按钮，弹出【网站访问权限】对话框，默认选择即可，如图 6-38 所示。

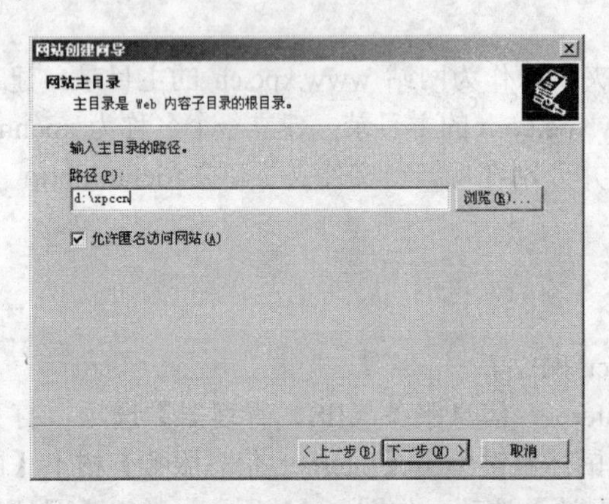

图 6-37　【网站主目录】对话框

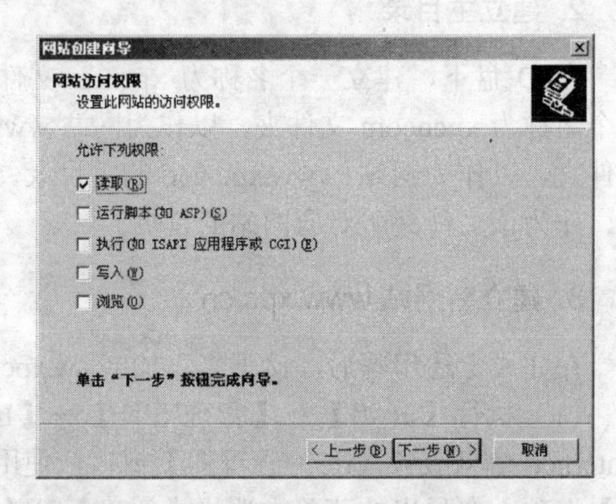

图 6-38　【网站访问权限】对话框

（5）单击【下一步】按钮，完成设置。

4. 修改主机头名称

如果要修改网站的主机头名称，可以使用鼠标右键单击“网站”，选择【属性】选项，单击【网站标识】栏中的【高级】按钮，弹出【高级网站标识】对话框，选择一个标识，单击【编辑】按钮，弹出【添加/编辑网站标识】对话框，在【主机头值】框中修改主机头名称，如图 6-39 所示。

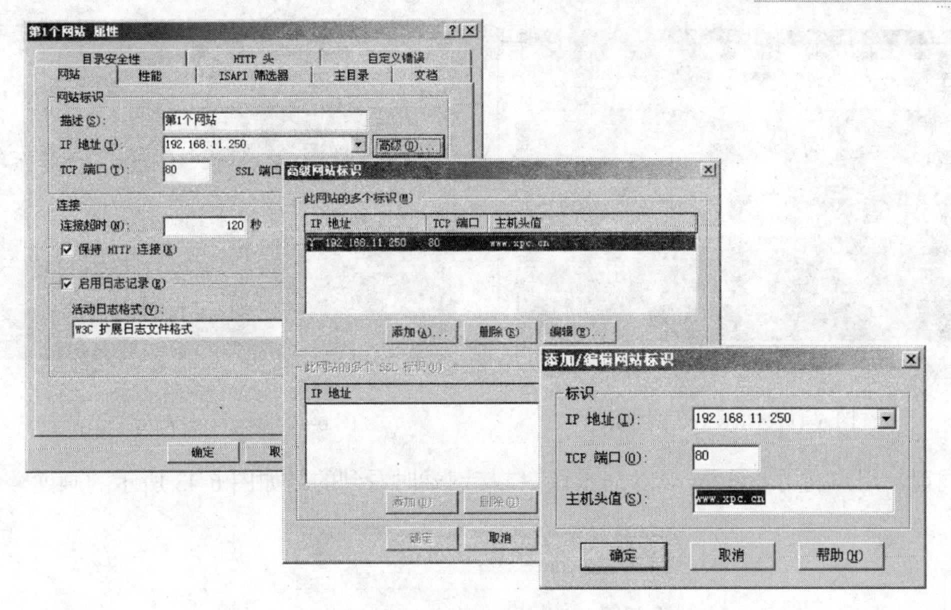

图 6-39　修改主机头名称

5. 建立新网站 www.xpc.com 和 www.xpc.net

按照建立新网站 www.xpc.cn 的方法建立新网站 www.xpc.com 和 www.xpc.net，注意将其主机头名称分别改为 www.xpc.com 和 www.xpc.net，主目录分别设为 d:\xpccom 和 d:\xpcnet。

完成后的【Internet 信息服务（IIS）管理器】窗口如图 6-40 所示。

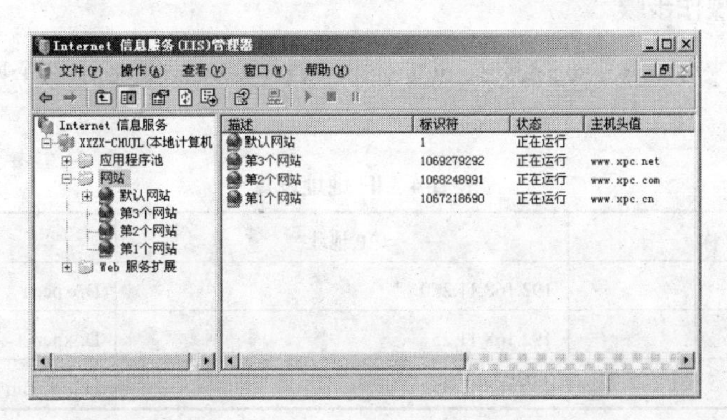

图 6-40　【Internet 信息服务（IIS）管理器】窗口

6. 利用浏览器来连接新网站

用户在浏览器内利用 http://www.xpc.cn 来连接网站时，其传送到 IIS 计算机的数据包内除了包含 IIS 计算机的 IP 地址之外，还包含着网址（主机头名称）www.xpc.cn，因此 IIS 计算机便可得知用户所要链接的网站为 www.xpc.cn，所以用户会看到如图 6-41 所示的画面。

同理，用户利用 http://www.xpc.com 来链接网站时看到的是如图 6-42 所示的画面。

图 6-41　www.xpc.cn 网站

图 6-42　www.xpc.com 网站

同理，用户利用 http://www.xpc.net 来链接网站时看到的是如图 6-43 所示的画面。

图 6-43　www.xpc.com 网站

（四）任务 4 操作步骤

利用 IP 地址来建立 www.xpc.cn、www.xpc.net、www.xpc.com 三个网站，其设置如表 6-4 所示。

表 6-4　IP 地址设置

网 站 名 称	IP 地址	主 目 录
www.xpc.cn	192.168.11.250	D:\xpccn
www.xpc.net	192.168.11.251	D:\xpcnet
www.xpc.com	192.168.11.252	D:\xpccom

1. 为计算机添加 IP 地址

为这台安装了 IIS 的计算机添加三个 IP 地址：192.168.11.250、192.168.11.251、192.168.11.252。可通过【开始】→【控制面板】→【网络连接】→【本地连接】→【属性】→【Internet 协议（TCP/IP）】→【属性高级】选项，单击【IP 地址】后面的【添加】按钮进行添加，如图 6-44 所示。

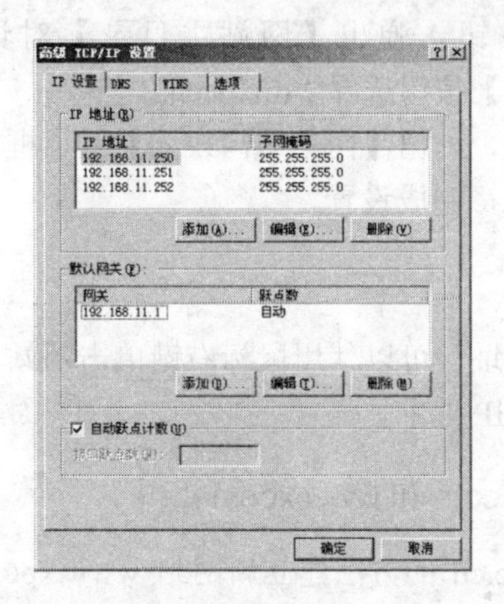

图6-44　高级 TCP/IP 设置

2. 将网站名称与IP地址注册到DNS服务器

在DNS服务器上，新建xpc.cn、xpc.net、xpc.com三个区域，并分别添加主机。

3. 建立主目录

在D盘下，建立一个名称为xpcncn文件夹，以作为网站www.xpc.cn的主目录；建立一个名称为xpcncom文件夹，以作为网站www.xpc.com的主目录；建立一个名称为xpcnnet文件夹，以作为网站www.xpc.net的主目录。

4. 建立新网站www.xpc.cn

在完成上述步骤后，接下来添加www.xpc.cn网站。

（1）执行【开始】→【管理工具】→【Internet信息服务（IIS）管理器】选项，打开【Internet信息服务（IIS）管理器】窗口，使用鼠标右键单击【Internet信息服务】树下【网站】选项，在弹出的菜单中选择【新建】→【网站】选项，弹出【网站创建向导】对话框。

（2）单击【下一步】按钮，弹出【网站描述】对话框，在【描述】栏中输入“第1个网站”。在【网站IP地址】下拉列表框中选择IP地址为“192.168.11.250”，如图6-45所示。

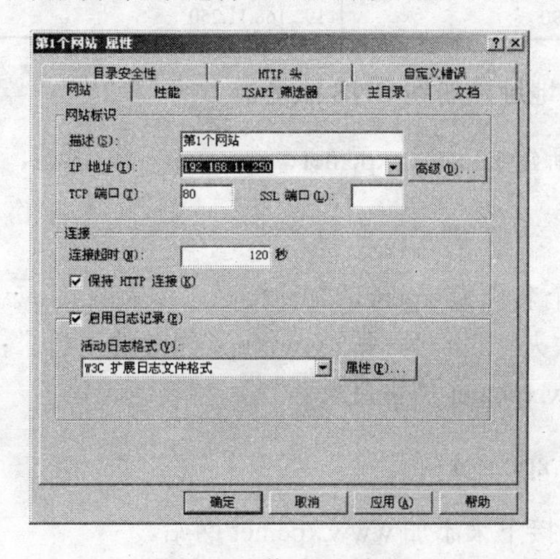

图6-45　修改IP地址

（3）单击【下一步】按钮，弹出【网站主目录】对话框，在【路径】框中输入“d:\xpccn”或通过单击【浏览】按钮选择“d:\xpccn”。

（4）单击【下一步】按钮，弹出【网站访问权限】对话框，默认选择即可。

（5）单击【下一步】按钮，完成设置。

5. 修改 IP 地址

如果要修改网站的 IP 地址，可以使用鼠标右键单击网站，选择【属性】选项，通过在【IP 地址】下拉列表框中选择 IP 地址。

6. 建立新网站 www.xpc.com 和 www.xpc.net

按照建立新网站 www.xpc.cn 的方法建立新网站 www.xpc.com 和 www.xpc.net，注意将其 IP 地址分别改为 192.168.11.251 和 192.168.11.252,主目录分别设为 d:\xpccom 和 d:\xpcnet。

7. 利用浏览器来链接新网站

用户在浏览器内利用 http://www.xpc.cn 来链接网站时，由于 www.xpc.cn 的 IP 地址为 192.168.11.250，因此 IIS 计算机便可得知用户所要链接的网站为 www.xpc.cn。

同理，用户利用 http://www.xpc.com 和 http://www.xpc.net 来链接网站时会连接到 192.168.11.251 和 192.168.11.252。

（五）任务 5 操作步骤

利用 IP 地址来建立 www.xpc.cn、www.xpc.net、 www.xpc.com 三个网站，其设置如表 6-5 所示。

表 6-5　IP 地址建立 3 个网站设置

网站名称	TCP 端口号	IP 地址	主目录
www.xpc.cn	80	192.168.11.250	D:\xpccn
www.xpc.net	8080	192.168.11.250	D:\xpcnet
www.xpc.com	8090	192.168.11.250	D:\xpccom

1. 将网站名称与 IP 地址注册到 DNS 服务器

在 DNS 服务器上，新建 xpc.cn、xpc.net、xpc.com 三个区域，并分别添加主机。

2. 建立主目录

在 D 盘下，建立一个名称为 xpcncn 文件夹，以作为网站 www.xpc.cn 的主目录；建立一个名称为 xpcncom 文件夹，以作为网站 www.xpc.com 的主目录；建立一个名称为 xpcnnet 文件夹，以作为网站 www.xpc.net 的主目录。

3. 建立新网站 www.xpc.net

在完成上述步骤后，接下来添加 www.xpc.net 网站。

（1）执行【开始】→【管理工具】→【Internet 信息服务（IIS）管理器】选项，打开【Internet 信息服务（IIS）管理器】窗口，使用鼠标右键单击【Internet 信息服务】树下【网站】选项，在弹出的菜单中选择【新建】→【网站】选项，弹出【网站创建向导】对话框。

（2）单击【下一步】按钮，弹出【网站描述】对话框，在【描述】栏中输入“第1个网站”。在【网站 IP 地址】下拉列表框中选择 IP 地址为“192.168.11.250”，在【网站 TCP 端口】栏中输入“8080”，如图 6-46 所示。

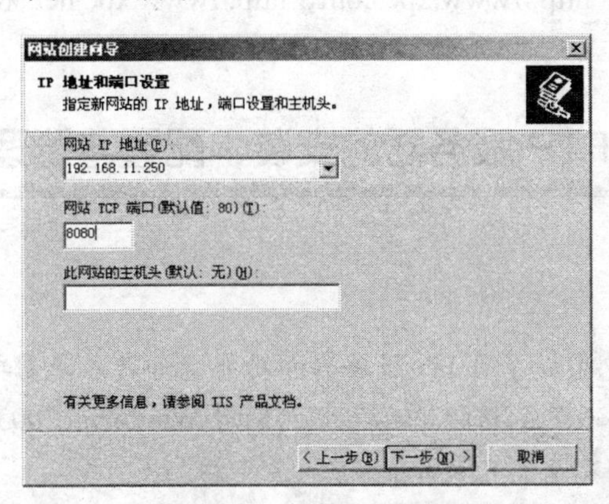

图 6-46　网站 TCP 端口

（3）单击【下一步】按钮，弹出【网站主目录】对话框，在【路径】框中输入“d:\xpcnet”或通过单击【浏览】按钮选择“d:\xpcnet”。

（4）单击【下一步】按钮，弹出“网站访问权限”对话框，默认选择即可。

（5）单击【下一步】按钮，完成设置。

4．修改 TCP 端口

如果要修改网站的 IP 地址，可以使用鼠标右键单击【网站】，选择【属性】选项，在【TCP 端口】框中更改 TCP 端口号，如图 6-47 所示。

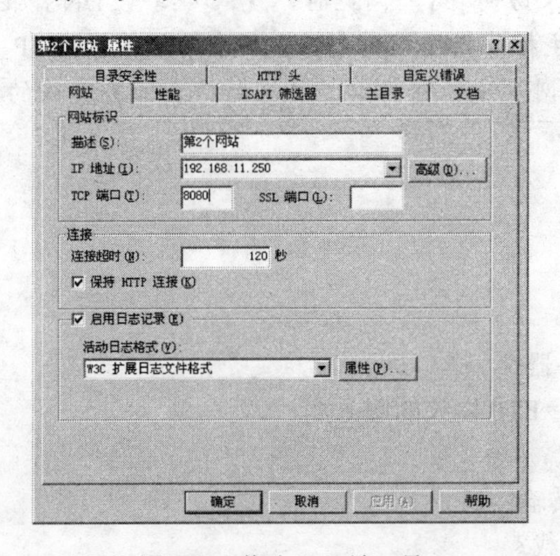

图 6-47　修改 TCP 端口号

5．建立新网站 www.xpc.com 和 www.xpc.cn

按照建立新网站 www.xpc.net 的方法建立新网站 www.xpc.com 和 www.xpc.cn，注意将其 TCP 端口号分别改为“8090”和“80”，主目录分别设为“d:\xpccom”和“d:\xpccn”。

6．利用浏览器来链接新网站

用户在浏览器内利用 http://www.xpc.com、http://www.xpc.net 和 http://www.xpc.cn 来链接网站。

典型任务 6.2　FTP 服务器的安装、配置与管理

任务分析

在 Windows 2003 中集成了 FTP 服务器的功能，如果只是需要一个简单的文件下载功能，对于文件的权限要求不是很高的情况，可以利用 Windows 2003 集成的 FTP 功能来配置 FTP 服务器，为用户提供文件下载服务。

另外，还要说明的是可以采用第三方软件 Serv-U 来进行 FTP 服务器的配置，比起 IIS 来，Serv-U 的管理功能强大得多，而且设置也很方便。

如果读者正想建立一个功能较全，管理较为方便的 FTP 站点，则可以按照以下思路完成这个任务：第一种方法是采用 Windows 2003 自己的 IIS 服务器来配置 FTP 服务器，并为客户机提供访问服务；第二种方法是用 Serv-U 第三方软件来实现。第二种方法中，首先，需要找到一台有资源要进行共享的计算机，在上面安装 Serv-U 这个软件，然后配置这个 FTP 服务器。其次，FTP 服务器建立好了，如果用户还不能访问，同时，还需要设置文件夹和文件的访问目录及权限，可以启动 FTP 控制台进行设置。设置了访问目录及权限，并添加了访问用户后，则可以在服务器和客户机上进行测试，输入 FTP 地址测试，如果还要输入域名来访问 FTP 网站时，就需要结合 DNS 服务器来完成这个任务，在 DNS 服务器中建立主机并指向网站文件夹所在的计算机的 IP 地址，只要解析成功，就可以通过域名来访问网站了。根据以上的思路结合任务实施的步骤读者就能够完成这个任务。

相关知识

6.2.1　预备知识

1．什么是 FTP 服务器？

FTP 服务器就是支持 FTP 协议的服务器。

2．什么是 FTP 协议？

FTP 协议就是文件传输协议。

3．什么是上传和下载？

上传就是把文件从本地计算机中复制到远程主机上；

下载就是把文件从远程主机复制到本地计算机。

4．FTP 服务器的登录方式

FTP 服务器的登录方式有：匿名登录；使用授权账户与密码登录。

6.2.2 架设 FTP 服务器的流程

1．申请 FTP 服务器地址或域名。

2．使用 FTP 服务器程序架设 FTP 服务器。

3．对 FTP 服务器进行相关的账户与信息配置。

4．在客户端登录并访问 FTP 服务器资源

6.2.3 使用 IIS 架设 FTP 服务器

1．安装 FTP 服务器

步骤：【开始】→【控制面板】→【添加或删除程序】→【添加/删除 Windows 组件】→【应用程序服务器】→【Internet 信息服务（IIS）】→【文件传输协议（FTP）服务】→按照 Windows 组件向导进行安装。

2．配置默认 FTP 服务器

使用鼠标右键单击【默认 FTP 站点】在弹出的快捷菜单中选择【属性】选项，在对话框内可以进行主目录、安全账户、消息等重要设置。

（1）设置 FTP 站点的最大用户连接数：【FTP 站点】选项卡→FTP 站点连接

（2）设置登录欢迎信息：【消息】选项卡

（3）设置允许匿名访问：【安全账户】选项卡→允许匿名连接

（4）设置 FTP 站点主目录路径和访问权限：【主目录】选项卡

（5）拒绝或允许某些用户访问站点：【目录安全性】选项卡

3．新建 FTP 服务器

使用鼠标右键单击【FTP 服务器】在弹出的快捷菜单中选择【新建】→【FTP 站点】选项，打开【FTP 站点创建向导】对话框按照向导进行设置。

FTP 用户隔离的方法有以下 3 种。

（1）不隔离用户：指所有用户登录到 FTP 站点后，访问的是同一个目录（即 FTP 站点的主目录）中的文件。

（2）隔离用户：指在 FTP 站点的主目录中为每一个用户创建一个子文件夹（文件夹的名称必须与用户的登录名相同），用户登录到 FTP 站点后，只能访问自己的子文件夹，不能访问其他用户的文件夹，实现不同用户的隔离。

（3）用 Active Directory 隔离用户：要实现用 Active Directory 隔离用户，首先要求管理员在 Active Directory 中为每一个用户指定其专用的主目录，用户必须用域用户账户登录此 FTP 站点，登录后只能访问自己主目录中的内容，不能访问其他用户的主目录。

4．建立隔离 FTP 站点的目录规则

在 NTFS 分区建立一个目录作为 FTP 站点的主目录，在其中创建一个名为

“LocalUser”的子文件夹，再在“LocalUser”子文件夹下创建一个“Public”子目录和以每个用户账号为名的个人文件夹。

通过匿名方式登录FTP站点时，只能浏览到“Public”子目录中的内容，若用个人账号登录FTP站点，则只能访问自己的子文件夹。

6.2.4 FTP访问

（1）直接在浏览器中输入ftp://IP地址（或域名）

（2）用cuteftp或者其他的FTP下载和上传软件进行验证。

（3）使用DOS命令行登录FTP服务器

【开始】→【运行】→“cmd”→“ftp”→“open IP 地址（或域名）”→输入用户名和密码；

输入“dir”命令，可查看当前FTP站点的文件目录；

输入“get 文件名”，可下载该文件；

输入“disconnect”，可切断与服务器的连接。

6.2.5 任务实施1 Windows 2003 FTP服务器的配置与管理

经过上面的简单介绍，可以了解Windows 2003的FTP服务器功能，下面进行实际操作。

实验所需要的环境：

1．VMware Workstation 虚拟机软件

2．Windows Server 2003 SP2 企业版原版光盘镜像

操作步骤如下：

1．安装FTP服务

执行【开始】→【控制面板】→【添加或删除程序】命令，在打开的“添加或删除程序”窗口中单击【添加/删除 Windows 组件】，在打开的“Windows 组件向导”对话框中双击【应用程序服务器】，在打开的“应用程序服务器”对话框中双击【Internet 信息服务(IIS)】，打开“Internet 信息服务（IIS）”对话框，选中【文件传输协议（FTP）服务】复选框，如图6-48所示。

2．创建不隔离用户FTP

（1）执行【开始】→【管理工具】→【Internet 信息服务（IIS）管理器】命令，在打开的“Internet 信息服务（IIS）管理器”窗口中展开FTP站点，使用鼠标右键单击默认FTP站点在弹出的快捷菜单中选择“停止”选项，如图6-49所示。

（2）使用鼠标右键单击FTP站点，在弹出的快捷菜单中选择【新建】→【FTP站点】选项，如图6-50所示。

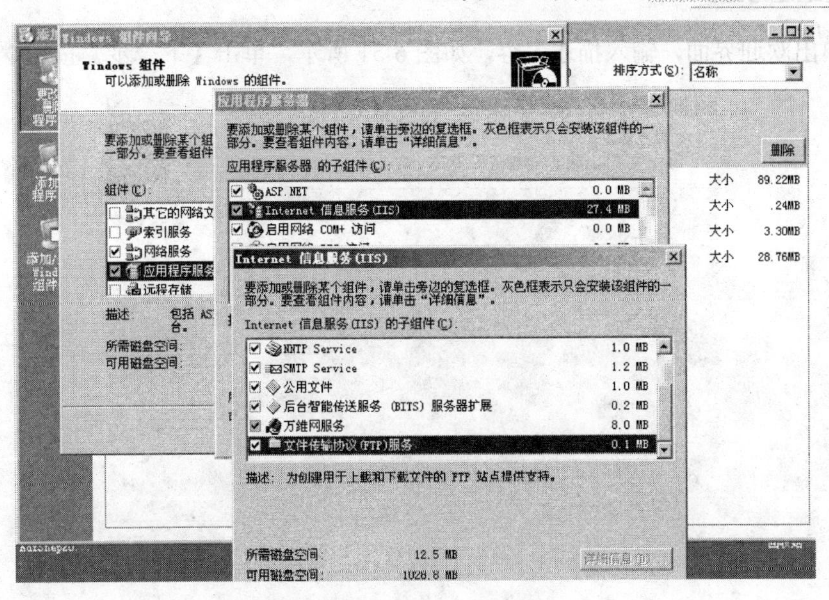

图 6-48　安装 FTP 服务

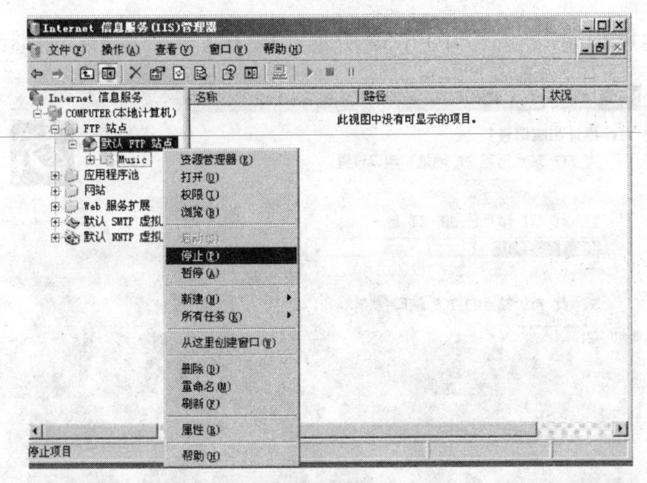

图 6-49　停止默认的 FTP 服务

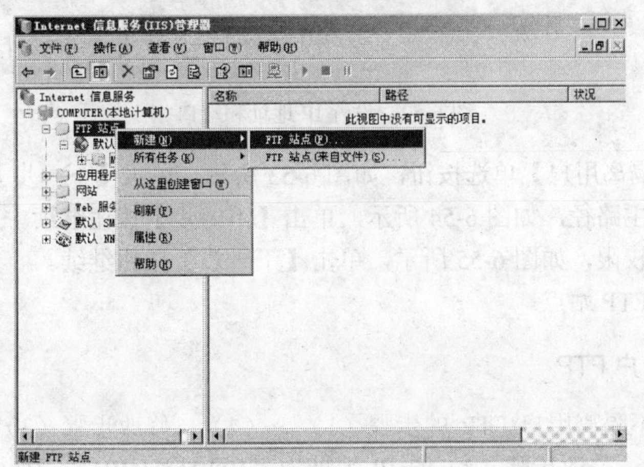

图 6-50　新建 FTP 站点

（3）弹出欢迎界面，输入描述内容，如图 6-51 所示，单击【下一步】按钮继续。

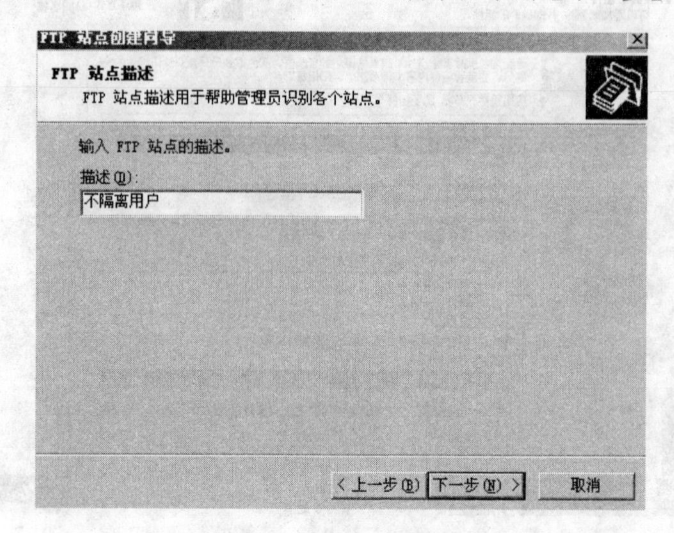

图 6-51　输入描述内容

（4）设置 IP 地址和端口号，如图 6-52 所示，单击【下一步】按钮继续。

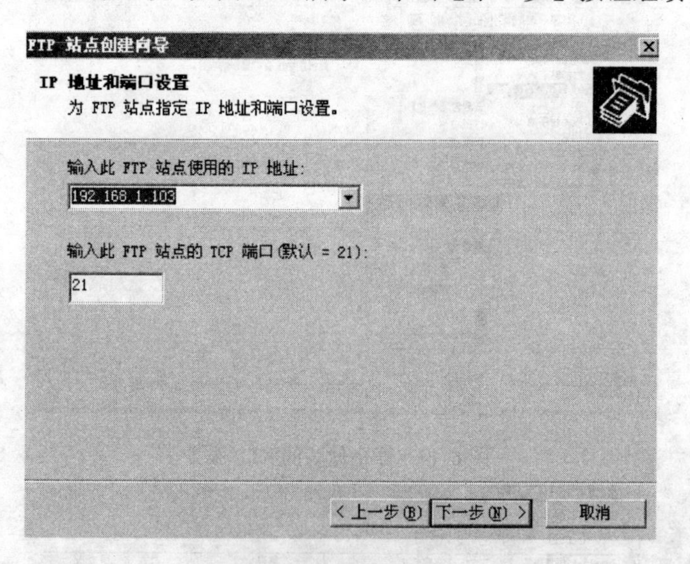

图 6-52　设置 IP 地址和端口

（5）选择【不隔离用户】单选按钮，如图 6-53 所示，单击【下一步】按钮继续。

（6）选择 FTP 主路径，如图 6-54 所示，单击【下一步】按钮继续。

（7）设置 FTP 权限，如图 6-55 所示，单击【下一步】按钮继续。

（8）成功建立 FTP 站点。

3．创建隔离用户 FTP

（1）参照创建不隔离用户 FTP 的步骤（1）～（4），修改步骤（3）中的名称为隔离用户，如图 6-56 所示；修改步骤（4）的 IP 地址为“192.168.1.104”，如图 6-57 所示，单击【下一步】按钮继续。

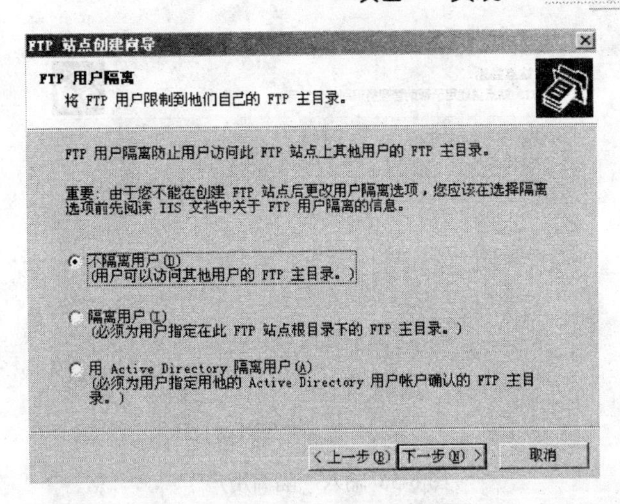

图 6-53　FTP 用户隔离的设置

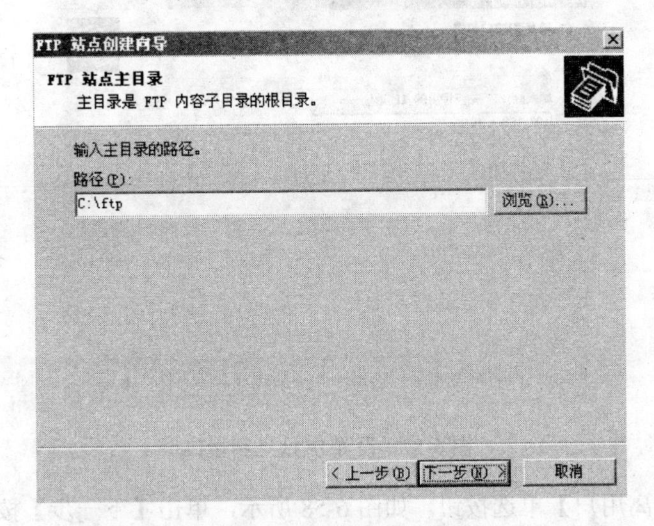

图 6-54　选择 FTP 主路径

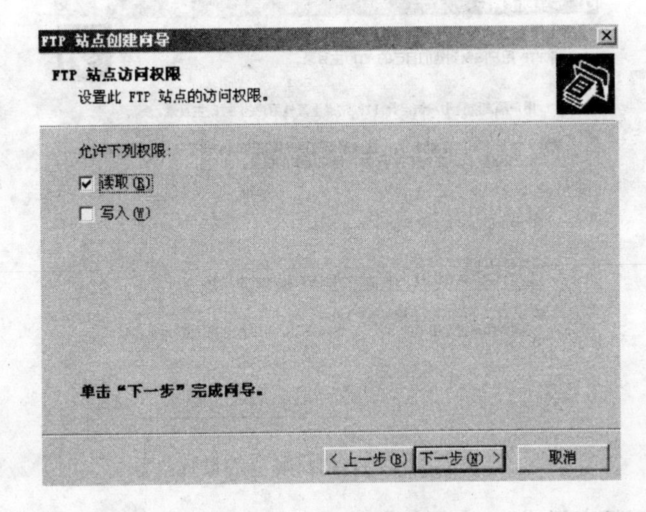

图 6-55　设置 FTP 权限

图 6-56 输入“隔离用户”

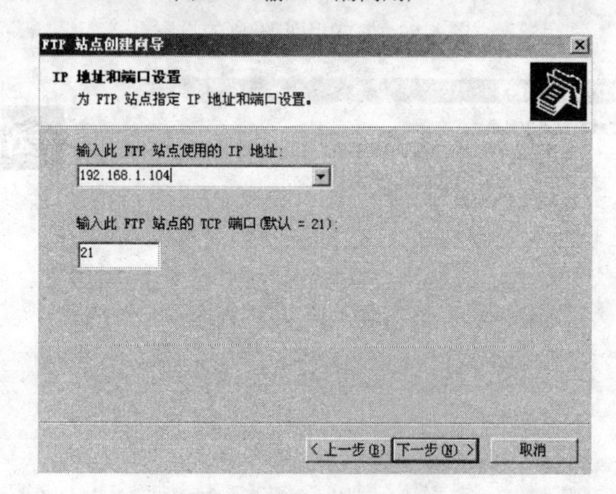

图 6-57 设置 IP 地址和端口

（2）选择【隔离用户】单选按钮，如图 6-58 所示，单击【下一步】按钮继续。

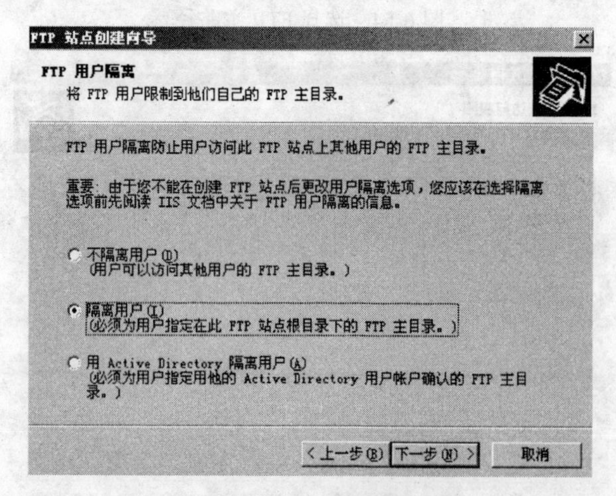

图 6-58 FTP 用户隔离的设置

（3）参考创建不隔离用户 FTP 的步骤（6）～（7），完成配置。

（4）FTP 站点创建完成。

4．建立系统账户

建立两个系统账户 user1 和 user2，用于 FTP 访问用户，建立方法是在【计算机管理】→【本地用户和组】→【用户】中创建，如图 6-59 所示。

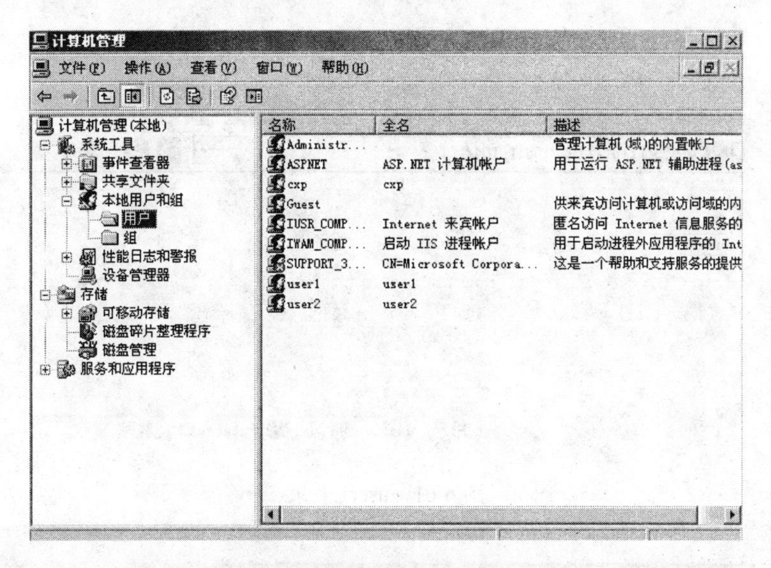

图 6-59　创建用户

5．建立文件夹

在主 FTP 目录下建立相应文件夹，并建立不同文件内容。

注意

假设主目录是 FTP，因为选择的是用户隔离模式，如果是在工作组模式下，就要在主目录下建立 localuser 文件夹，然后在其下建立与各个用户名相同的文件夹。如果是在域模式，需要在主目录下建立域服务器的 NetBios 名的文件夹，然后在其下建立与各个用户相同的文件夹，如图 6-60 所示。

图 6-60　建立用户文件夹

6．测试

在 IE 浏览器输入FTP://192.168.1.104，然后分别用 user1、user2 进行登录，可以分别访问自己的文件夹，如图 6-61 和图 6-62 所示。

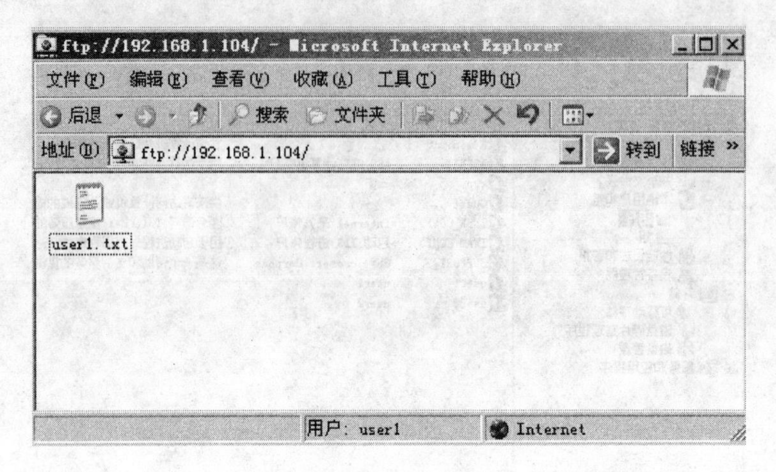

图 6-61　user1 登录

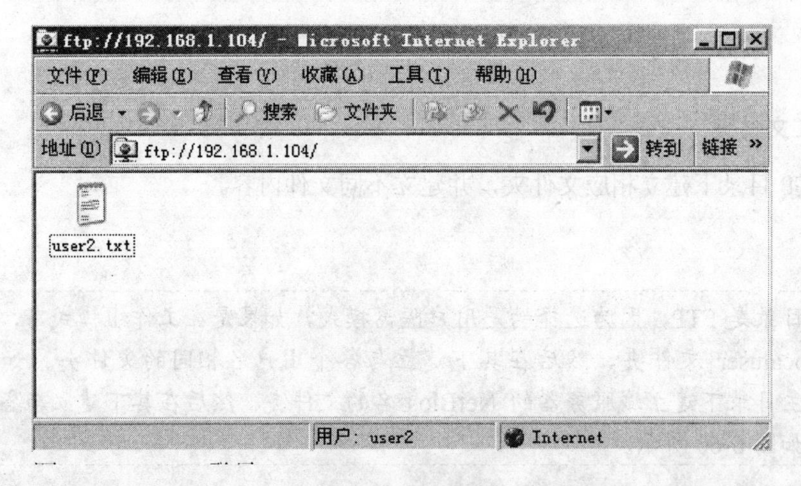

图 6-62　user2 登录

6.2.6　任务实施 2　Serv-U FTP 服务器的配置与管理

本任务主要是 Serv-U FTP 的安装、配置及使用。主要完成以下任务：

（1）安装 Serv-U FTP 软件。

（2）配置 Serv-U FTP 软件。

（3）应用 Serv-U FTP 软件建立 FTP 服务器。

需要的实验环境是：

（1）Serv-U FTP 软件安装盘。

（2）Windows 2003 或 Windows XP 计算机。

操作步骤如下：

1．安装 Serv-U FTP 软件

Serv-U 是著名的 FTP 服务端软件，可以方便地建立 FTP 服务器。下面将介绍 Serv-U FTP 的安装方法。Serv-U 软件运行在 Windows 9x/ 2000/ NT/ XP 下，下载地址http://www.serv-u.com/，安装英文软件后，再安装汉化补丁。

（1）运行安装程序。

双击【Serv-u 6.4 setup.exe】，运行安装程序，会弹出一个欢迎窗口，如图 6-63 所示，单击【下一步】按钮继续安装。

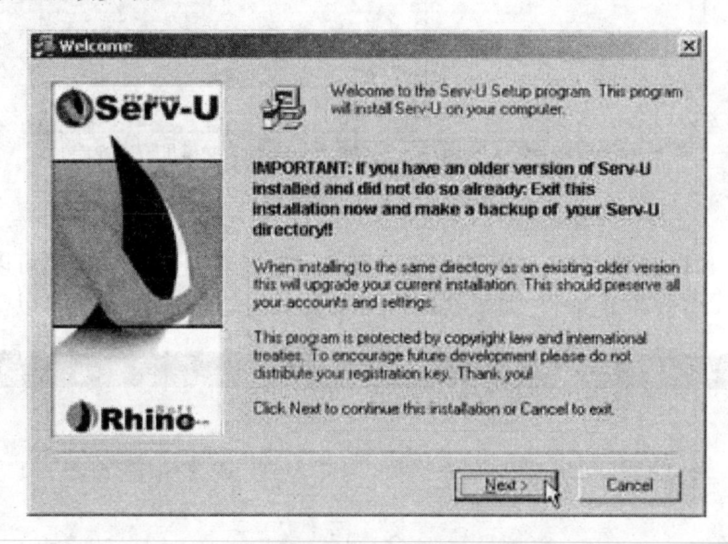

图 6-63　Serv-U FTP 安装欢迎窗口

（2）选择安装路径。

大家通常都会忽略安装路径，因为大家安装软件的习惯是把所有程序都安装到默认的%system%\program files\ 下。普通软件这样安装是可以的，但是这对于服务类软件和安全类软件是非常危险的。在默认情况下 user 对 program files 的权限是可访问可运行的，对于黑客来说，无须获得管理员权限就可随意关掉防火墙，把需要的文件共享，很简单就可以达到完全入侵的目的。所以建议把 Serv-U 安装到权限已设置好的安全目录中。

（3）安装后的简单向导。

安装完毕后 Serv-U 会询问用户几个问题，包括新建域的 IP、域名描述、服务端口、该域下的匿名用户、匿名用户的目录、建立其他用户等。这里可以什么也不选择，退出 Serv-U 后安装 Serv-U 的汉化补丁。

Serv-U 支持建立多个域，即多个 FTP 服务器；但这些服务器不能同时使用相同的端口，必须每个服务器使用不同的端口，计算机的可用网络端口有 65 535 个，除系统预留的端口，用户可以随意选择的端口还有很多。

下面介绍在 Serv-U 中建立 FTP 服务器的方法。

2．建立 FTP 服务器

（1）运行 Serv-U，展开<<本地服务器>>，使用鼠标右键单击，在弹出的快捷菜单中，选择【新建域】选项，如图 6-64 所示。

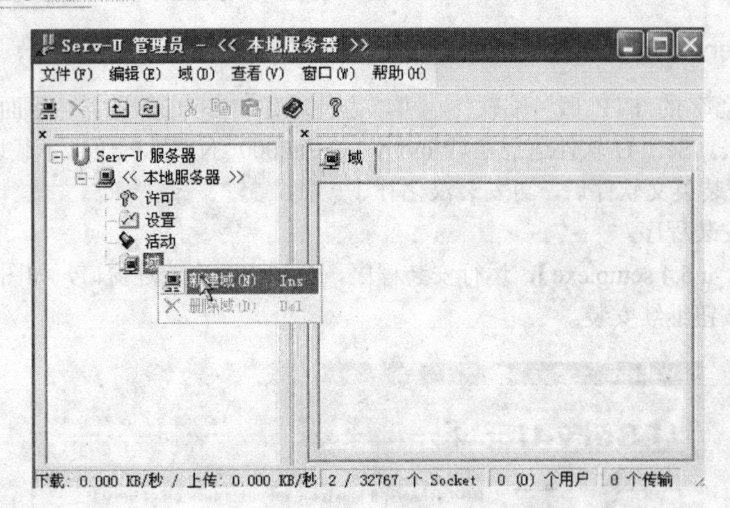

图 6-64 【新建域】窗口

（2）输入新建域的 IP 地址。新建域的 IP 地址可以输入固定的 IP，也可以留空使用任何可用的 IP 地址（动态 IP 地址），如图 6-65 所示。如使用动态 IP 地址的可以留空。

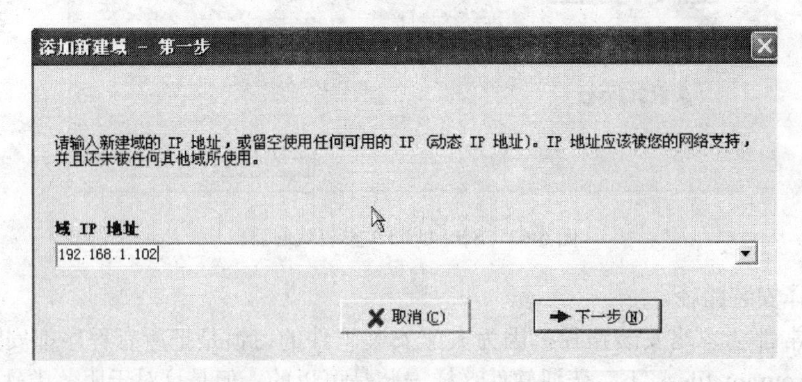

图 6-65 添加新建域的 IP 地址

（3）添加新建域的域名，可以在域名栏中输入任意域名，如输入“ftp.xp.com”，如图 6-66 所示。

（4）选择服务端口。默认的 FTP 端口是 21，如图 6-67 所示，管理员可以选择其他端口，但需要告诉用户。

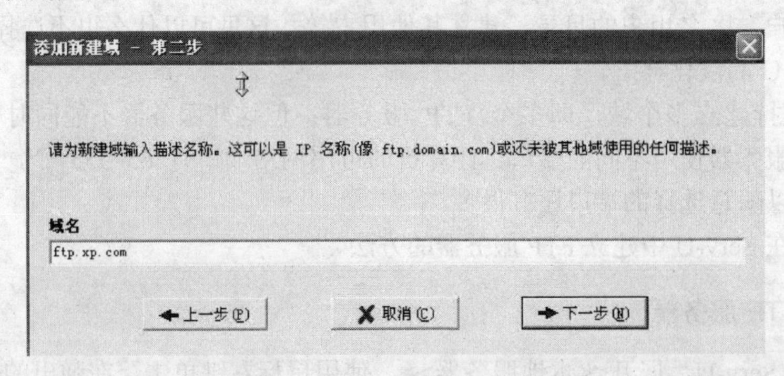

图 6-66 输入域名

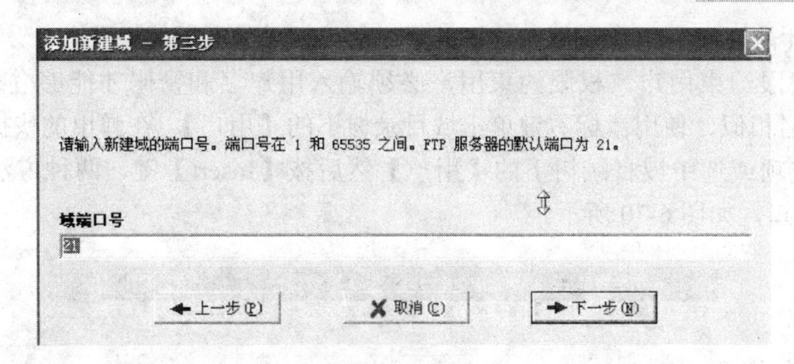

图 6-67　域端口号

（5）选择域类型。一般选择域类型存储于.INI 文件，如果设定 FTP 站点同时可访问量大于 500 人，可选择注册表，如图 6-68 所示。

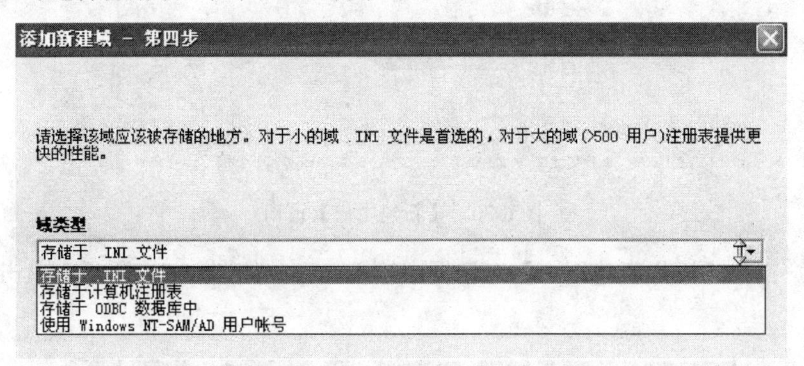

图 6-68　选择域类型

（6）成功创建域服务器，如图 6-69 所示。

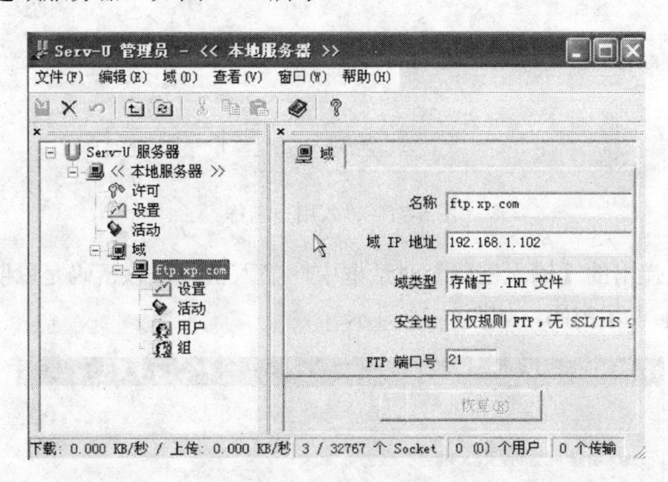

图 6-69　成功创建域服务器

3．配置 FTP 服务器

（1）添加用户

这里可以添加两种用户，一种是有匿名访问权限的 Anonymous，另一种是必须输入用户名称和密码才能访问 FTP 服务器。这两种用户都可以赋予不同的权限。

① 添加权限约束用户。权限约束用户必须输入用户名和密码才能够登录 FTP 服务器。与添加域名相似，使用鼠标右键单击域目录树下的【用户】，在弹出的快捷菜单中选择【新建用户】选项或选中域目录树下的【用户】然后按【Insert】键，两种方法都可以启动【新建用户】窗口，如图 6-70 所示。

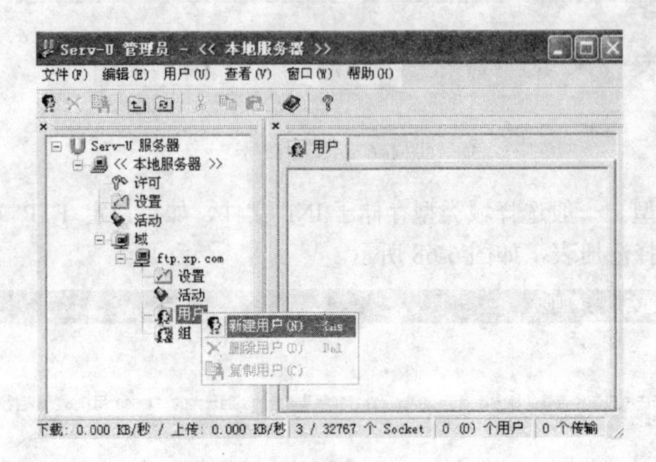

图 6-70 【新建用户】窗口

新建用户：在【添加新建用户】对话框中输入 cxp，如图 6-71 所示，单击【下一步】按钮。

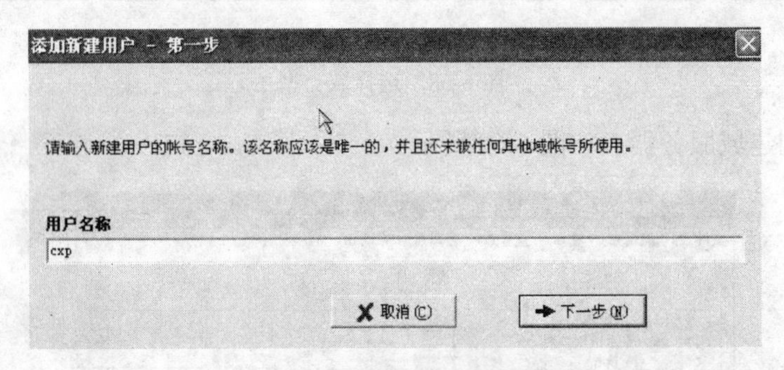

图 6-71 输入用户名称

输入密码：在弹出的【输入密码】对话框中，输入密码，该密码是以明文显示，Serv-U 没有以通用的【*】表示密码，如图 6-72 所示。

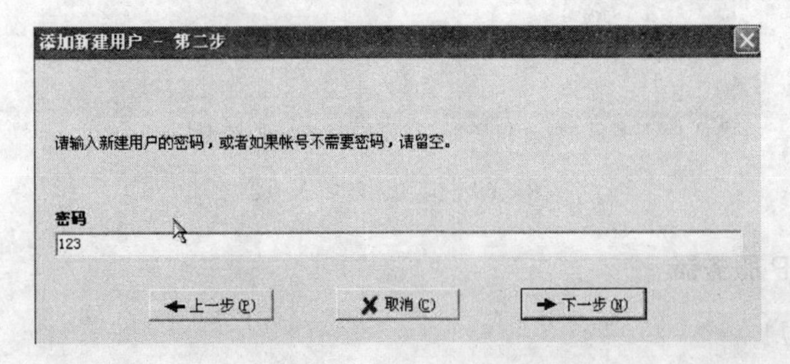

图 6-72 输入用户密码

指定目录路径：在输入密码后，单击【下一步】按钮，会弹出【请输入新建用户主目录】对话框，可以直接输入主目录路径或浏览选择文件夹路径，如图 6-73 所示。

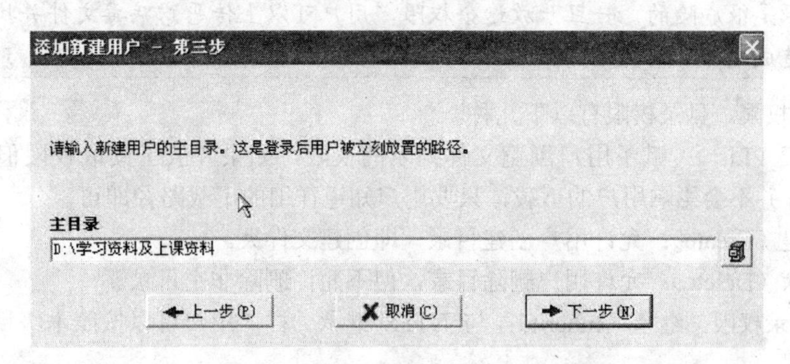

图 6-73　输入新建用户的主目录

锁定用户于主目录：在图 6-74 所示的窗口中询问管理员【是否锁定用户于主目录】，管理员为了安全应该选择【是】单选按钮，单击【完成】按钮。

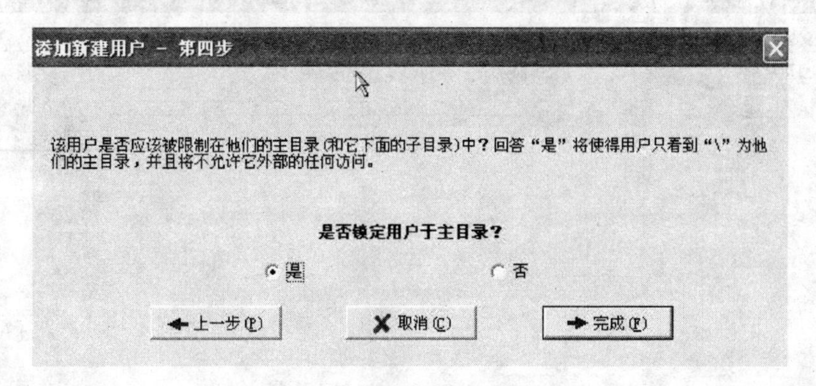

图 6-74　锁定用户于主目录

② 添加匿名用户。添加匿名用户与添加授权访问用户的方法一样，在【新建用户】对话框中，输入匿名用户的默认名称 Anonymous。

注意

Serv-U 会自动把用户名为 Anonymous 的用户识别成匿名用户。指定可访问目录和锁定主目录的方法一样。

（2）设置用户权限

主要介绍用户的权限，这些权限包括文件权限、目录权限、子目录权限。

① 文件权限。文件权限有以下几种。

- 读取（Read）：赋予用户读取（下载）文件的权限。
- 写入（Write）：赋予用户写入（上传）文件的权限。
- 追加（Append）：允许用户追加文件。
- 删除（Delete）：赋予用户删除文件的权限。
- 执行（Execute）：赋予用户执行文件的权限。

注意

这个权限是很危险的，一旦开放这个权限，用户可以上传恶意病毒文件并执行该文件，会给计算机造成无可估量的破坏。

② 目录权限。目录权限有以下几种。

- 列表（List）：赋予用户浏览文件列表的权限，如果开放了读取权限但关闭列表权限，并不会影响用户的下载，只要用户知道详细的下载路径即可。
- 创建（Create）：允许用户创建目录，即创建文件夹。
- 删除（Delete）：允许用户删除目录，但不允许删除非空目录。

③ 子目录权限。继承（Inherit）：与 NTFS 继承一样，用户可以按照本级目录的权限访问下一级目录。

例如：以用户 cxp 为例，可以设置文件权限为读取、写入、追加，目录权限为列表，子目录权限为继承，如图 6-75 所示。

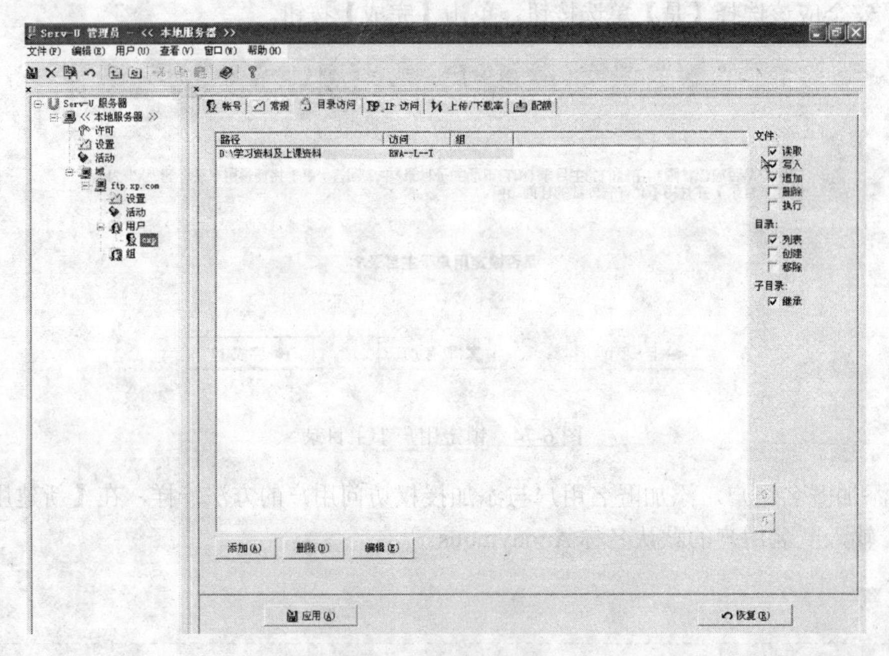

图 6-75 用户权限设置

（3）高级设置

① 用户组的使用。与 Windows 2003/2000 一样，Serv-U 也有类似的用户组别管理机制，只要按照所需的权限建立组，就无须再为每个用户重新定义权限。

例如，新建一个组 FTP，建立【组】的方法与建立用户的方法基本相同，在域目录树中，使用鼠标右键单击【组】，选择【新建组】，如图 6-76 所示。

在弹出的【添加新建组】对话框中，输入组名，如 FTP，单击【完成】按钮，如图 6-77 所示。

可以多创建几个组，设置不同的权限。

组创建完成后，可以为组设置权限，如可以给组 FTP 建立读取、列表、继承的权限，

如图 6-78 所示。

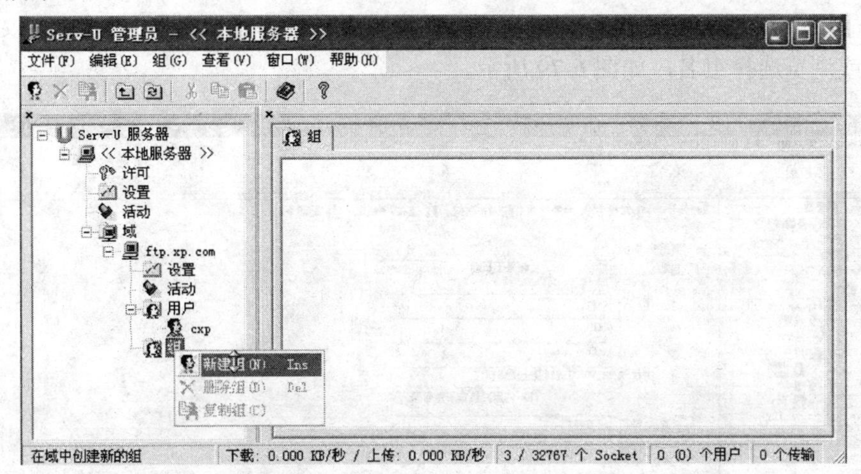

图 6-76　新建组窗口

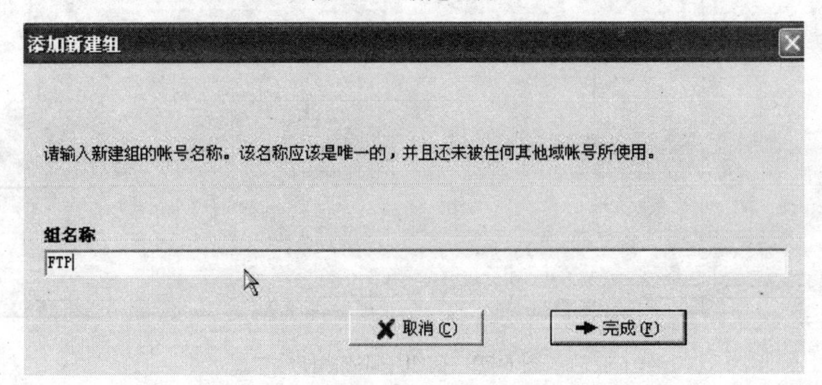

图 6-77　添加新建组

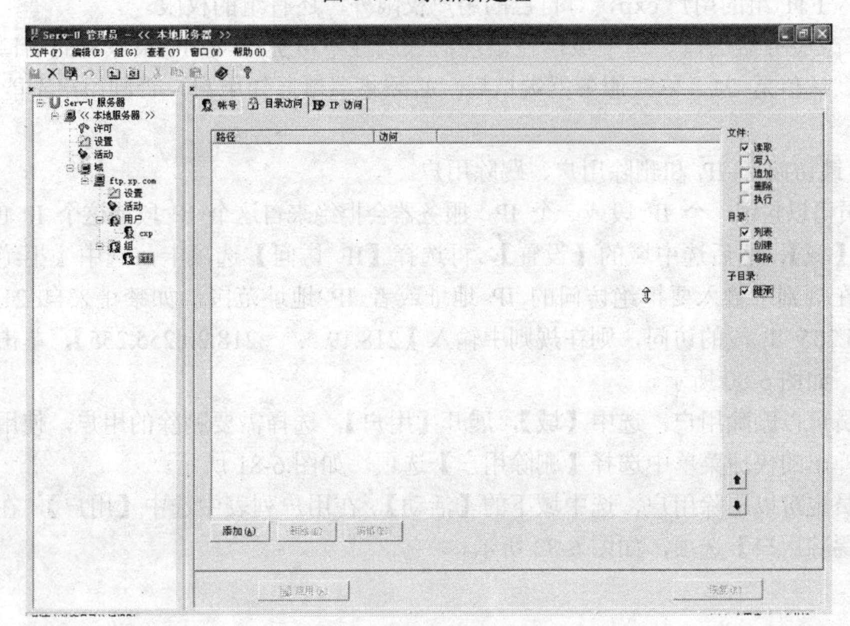

图 6-78　设置组的权限

当相应权限的组建立后，就可以向【组】里面添加【用户】了。方法是切换到域目录树中，展开【用户】，选择创建的用户，在右边的窗口中，选择【账号】，在【组】文本框中，输入组名或浏览选择组名，如图 6-79 所示。

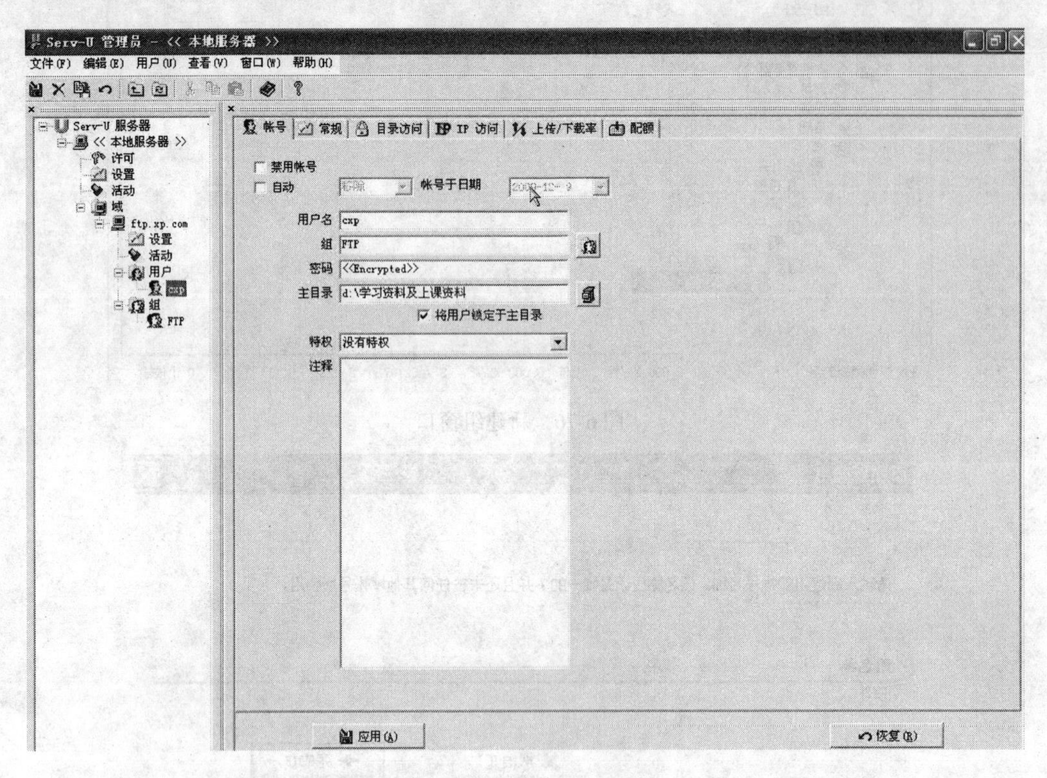

图 6-79　向组中添加用户

被列入 FTP 组的用户 cxp，有自己的用户权限外，还有组的权限。

② 修改服务器端口。选中域，在出现的域属性中可更改 FTP 服务器的端口（从 0～65535），默认值是 21。修改服务器端口后，必须将端口通知用户，否则用户不能访问 FTP 服务器。

③ 封锁访问者 IP 和删除用户、踢除用户。

管理员可以封锁一个 IP 段或一个 IP，服务器会拒绝来自这个 IP 段或这个 IP 的访问。

选中【域】，然后选中域的【设置】，再选择【IP 访问】选项卡，选中【拒绝访问】单选按钮，在规则中输入要拒绝访问的 IP 地址或者 IP 地址范围，如禁止来自 218.19.*.*～218.20.255.255 IP 段的访问，则在规则中输入【218.19.*.*～218.20.255.255】，单击【添加】按钮即可，如图 6-80 所示。

管理员可以删除用户，选中【域】，展开【用户】，选择需要删除的用户，使用鼠标右键单击，在弹出的快捷菜单中选择【删除用户】选项，如图 6-81 所示。

管理员也可以踢除用户，选中域下的【活动】，在用户列表中选中【用户】，在右边菜单中选择【踢除用户】选项，如图 6-82 所示。

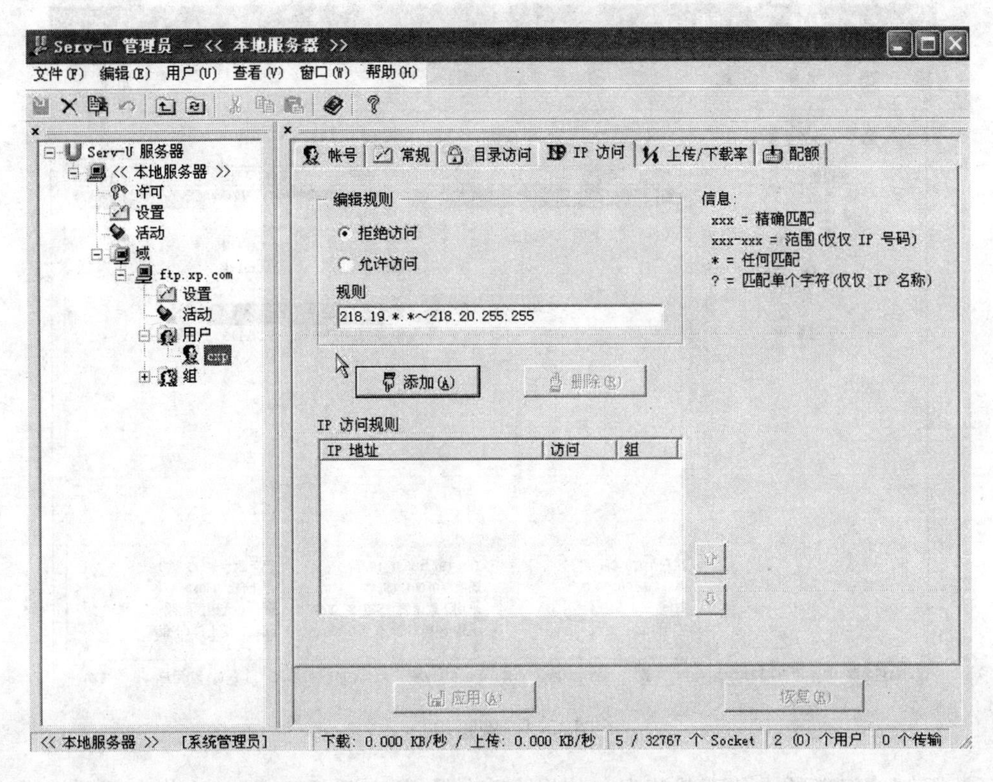

图 6-80　拒绝 IP 访问

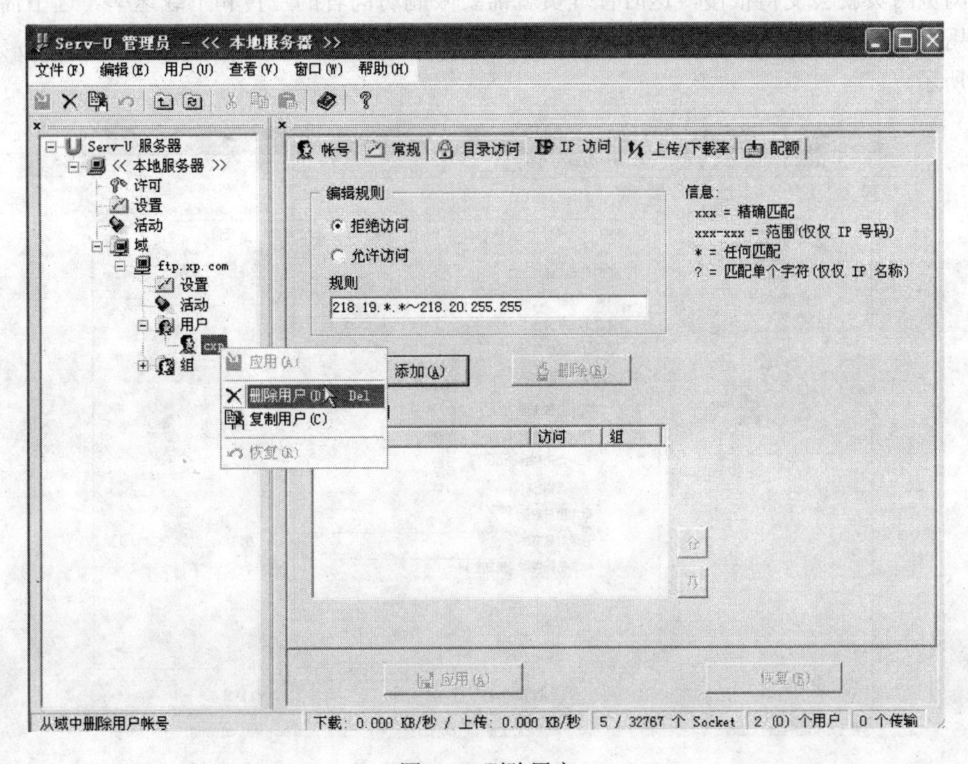

图 6-81 删除用户

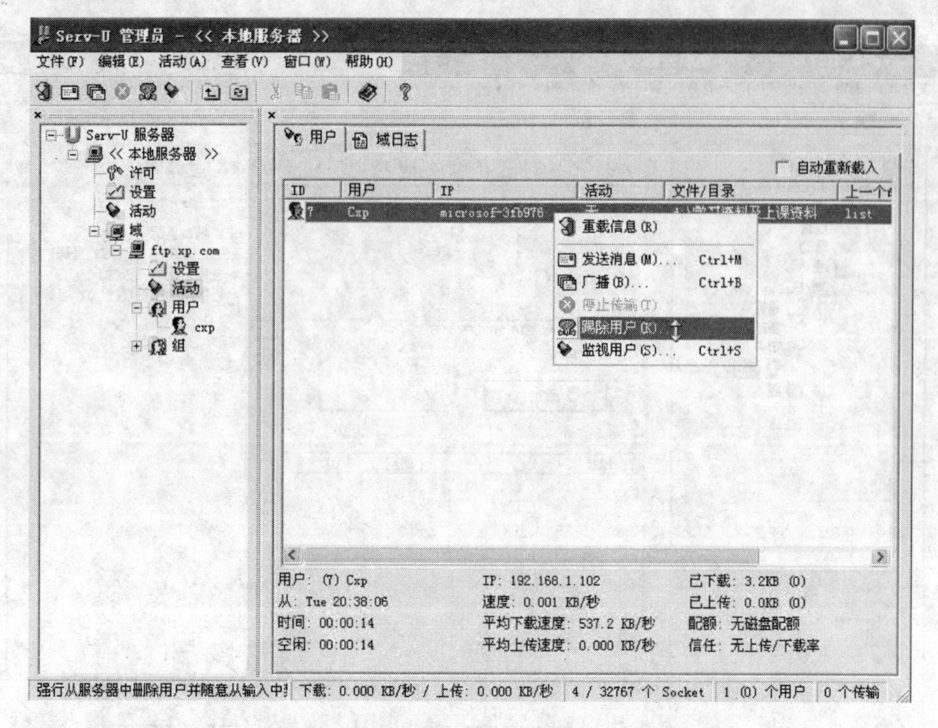

图 6-82　剔除用户

④ 限制访问者的上传下载速率。如果太多的用户访问 FTP 站点，将会使网站带宽变窄，浏览网页就会变得很慢，这时管理员就需要限制访问者的上传和下载速率。选中需要限制的用户，在“常规”选项中“最大上传/下载速度”栏中就可以指定该用户的速度，如图 6-83 所示。

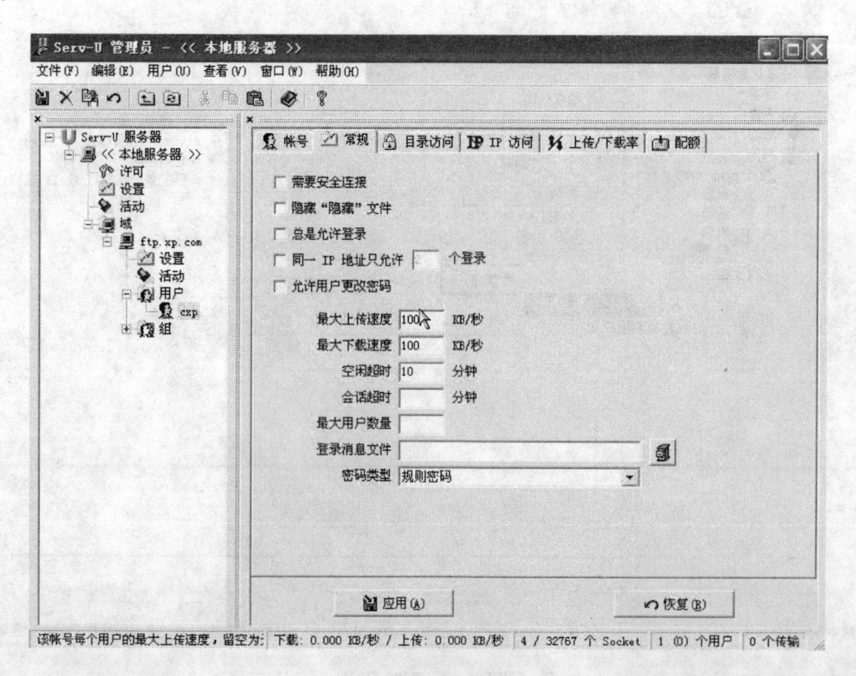

图 6-83　限制用户速度

⑤ 整个服务器的高级设置。管理员可以设定整个服务器的高级设置，在服务器名字（默认是本地服务器）下选择【设置】。

【常规】选项卡如图 6-84 所示。

在【最大上传速度】和【最大下载速度】中指定服务器的最大访问速度。

在【最大用户数量】中指定 FTP 服务器在同一时间内允许的访问者数量。

在【文件/目录只使用小写字母】中指定所有文件和目录是否只使用小写字母。

在【禁用反超时调度】忽略由客户使用的普通方法绕过任务超时。

在【拦截 FTP_bounce 攻击和 FXP】只允许活动模式传送到客户 IP，也禁止直接的服务器到服务器的传送。

在【对于[ ]秒内连接超过[ ]次的用户拦截[ ]分钟】中：自动拦截企图登录的用户，一般设定为 3 次。

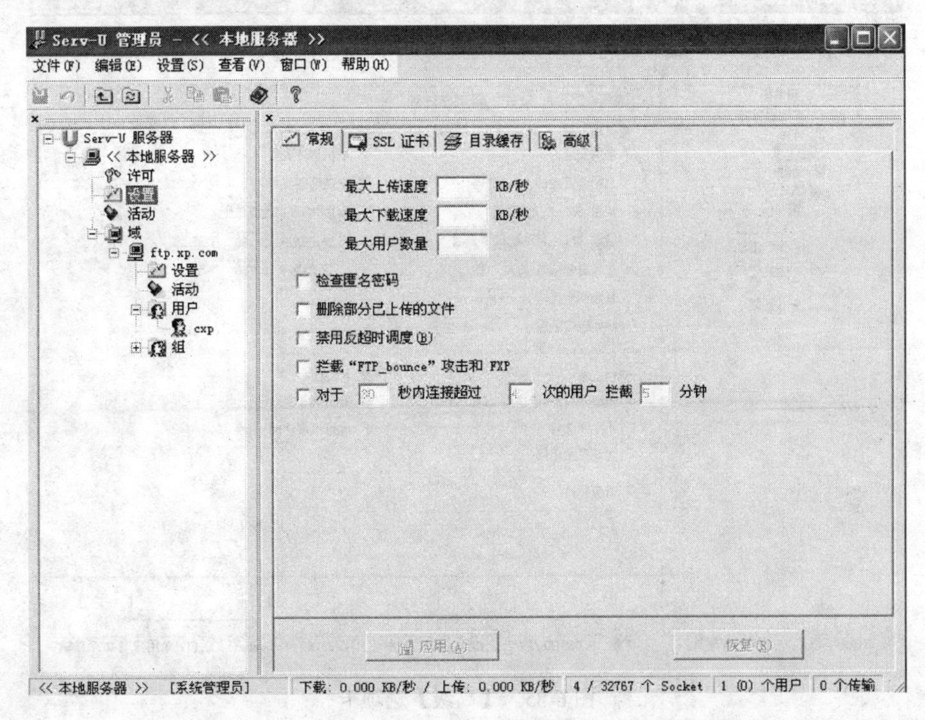

图 6-84　【常规】选项卡

【SSL 证书】选项卡：指定使用 SSL 连接，高级用户适用。

【目录缓存】选项卡：指定目录缓存大少以及监视缓存的使用情况。

【高级】选项卡如图 6-85 所示。

启用安全：强迫安全，禁止允许任何人在服务器上做任何事。

信息包超时：信息包的超时时间。

目录列表掩码：UNIX 风格访问掩码，用于目录列表。

PASV 端口使用范围：限制 PASV 的端口号，默认锁定为 1023～65535 之间。

文件上传：设定访问上传文件的权限。

允许无权/只读访问：先以无权身份访问上传文件，如失败则改用只读方式来访问。

不允许访问：不允许任何人访问正在上传的文件。

允许完全访问：允许其他用户访问正在上传的文件。

适应超时：在上传期间，服务器自动适应上传时的超时。

联机界外数据：解释 OOB 包到规则 TCP 流中。

发送连接信号：定时发送信号来检测断掉的连接。

禁用 Nagle 运算法则：发送下一个包之前不等待等候信号。

发送缓冲：指定发送的缓冲区大小，留空则自动调用堆栈。

接收缓冲：指定接收的缓冲区大小，留空则自动调用堆栈。

文件下载：设定文件下载的权限。

允许完全访问：允许其他客户或进程完全访问正在下载的文件。

允许读取访问：只允许其他用户或进程以只读方式访问正在下载的文件。

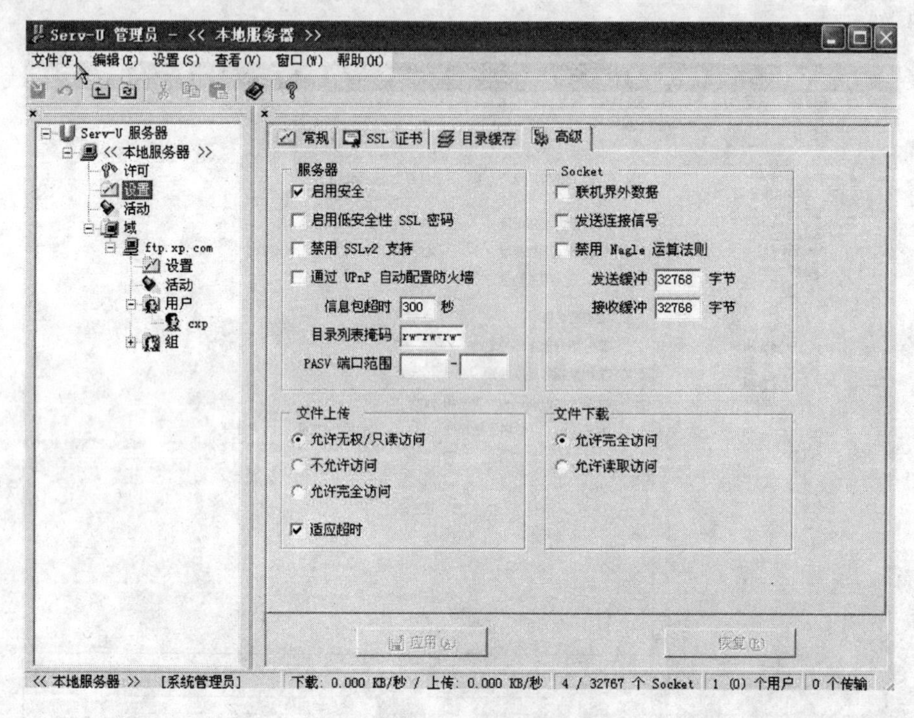

图 6-85 【高级】选项卡

4. FTP 访问

打开 Internet Explorer，输入创建的 FTP 地址，这里输入 IP“192.168.1.102”Internet Explorer 的状态栏会显示这些信息如下。

用户：匿名

区域：Internet

下载文件：选中需要的文件。在菜单栏中选中文件，然后选择【复制到文件夹】或直接使用鼠标右键单击需要下载的文件，在右键菜单中选择【复制到文件夹】选项。

不选择任何文件，然后单击菜单栏的“文件”，选择“登录”选项可使用其他的用户身份登录 FTP 服务器，如图 6-86～图 6-87 所示。

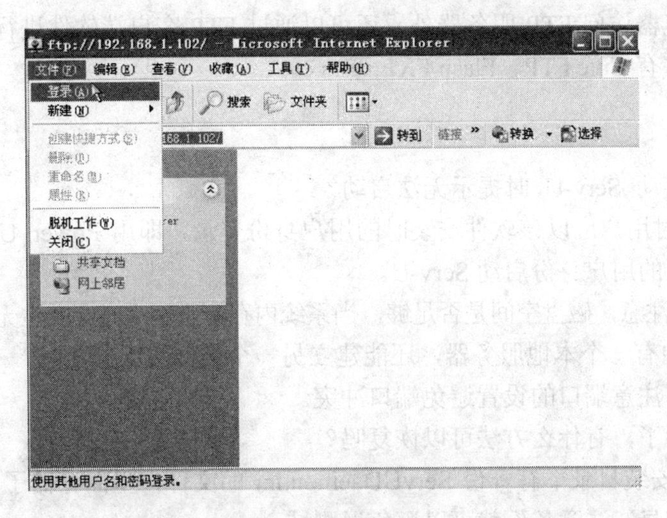

图 6-86　选择用户登录

登录身份

要登录到该 FTP 服务器，请键入用户名和密码。

FTP 服务器：　192.168.1.102

用户名(U)：　cxp

密码(P)：　***

登录后，可以将这个服务器添加到您的收藏夹，以便轻易返回。

FTP 将数据发送到服务器之前不加密或编码密码或数据。要保护密码和数据，请用 Web 文件夹(WebDAV)。

Learn more about using Web Folders.

匿名登录(A)　　保存密码(S)

登录(L)　取消

图 6-87　【登录身份】对话框

用户登录成功后，可以看到前面已经设置的 FTP 服务器上的资源，如图 6-88 所示。

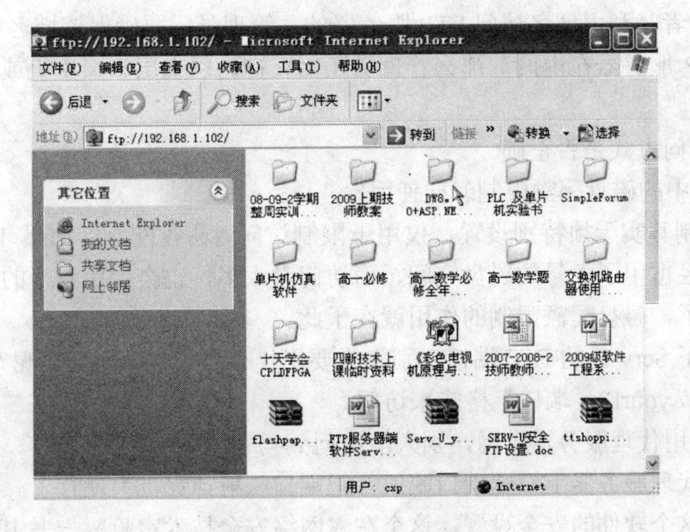

图 6-88　打开的 FTP 资源

除了通过浏览器访问 FTP 服务器外，还可以通过 FTP 客户端软件进行登录访问 FTP 服务器。客户端软件有 Cute FTP、Flash FXP 等。

5. 常见问题

（1）为什么启动 Serv-U 时提示无法启动？

Serv-U 启动时用户应以该软件安装时的用户身份登录，即用 Power User 安装最好使用 Power User 或以上的用户身份启动 Serv-U。

启动时还需要注意，磁盘空间是否足够，当系统内存严重不足时会发生无法启动 Serv-U。

（2）Serv-U 中有一个本地服务器，还能建立另一个类似的服务器吗？

可以，但需要注意端口的设置避免端口冲突。

（3）把域删除了，有什么方法可以恢复吗？

在 Serv-U 的安装目录下有一份 ServUDaemon.ini 的文件，里面存储了 Serv-U 的注册信息以及域的设置信息，注意备份就可以避免误删域。

（4）为什么通过 127.0.0.1 访问自己的 FTP 时会显示阅读文件夹时出错，请确认您有访问权限的错误提示？

如果把被访问的文件放到 NTFS 磁盘分区下，用户还需要在 NTFS 中赋予 Everyone 的访问权限。

（5）用户明明已经设置好了主路径，为什么还是不能访问？

如果用户在目录访问里面没有赋予用户的访问权限，就算指定了用户主目录还是一样不能访问，必须设置好这个权限。

（6）上传/下载比率究竟是什么意思？

这个比率指的是访问者如果同时在上传和下载，上传和下载之间的比率分配。例如，比率是 1/2，那么访问者在上传一条线程时还可以用两条线程进行下载。

（7）用户自己能访问，但别人不能访问，怎么回事？

这里有几个可能性。

① 防火墙把 FTP 的端口拦住了，如 Norton 防火墙只允许 21 出站而禁止进站。

② 如果访问者是利用域名访问 FTP 服务器的，管理员需要确保该域名能够访问。

③ 如果 FTP 服务器在内网，那么管理员还需要在内网上层出口主机或网络设备上设置好端口映射。

④ 对方的访问方式是否正确。

（8）Serv-U 中的磁盘配额限制怎样使用？

这个配额限制其实无须特别设置，仅用于限制访问者磁盘配额。如果 FTP 服务器的磁盘太小，系统已经占用了大量的磁盘空间，而访问者太多，也会占用不少的磁盘空间，这就需要限制访问者了，磁盘配额限制的作用就在于此。

（9）我更改了 Serv-U 的 FTP 端口，别人需要用什么方式来访问用户呢？

需要用【ftp:// yourIP：端口】格式来访问。

（10）用户使用代理服务器上网，别人能访问到吗？

用户可以在代理服务器上设置端口映射，把端口映射计算机上就行了。

只是要注意这个软件的安全设置，这个在《网络安全技术实验》一书中有介绍。

6.3 任务3　邮件服务器的配置与管理

项目分析

邮件服务器的配置同样是企业网络管理中经常要进行的任务之一。与 Web 网站、FTP 站点服务器一样，邮件服务器的配置方案也非常之多，但对于中小型企业来说，利用网络操作系统自带的方式进行配置是最经济的。

如果读者正处于一个局域网的环境中，用户暂时没有接入外网，或者用户的工作环境接入了外网，但是要求员工能够自己通过企业内部的邮局进行收发邮件。则可以按照以下思路完成这个任务：首先需要找到一台需要配置为邮件服务器的计算机，然后安装并启用邮件服务，正确配置 POP3 和 SMTP 服务后，则可以通过邮件客户端 Outlook Express 来进行邮件收发。根据以上的思路结合任务实施的步骤读者就能够完成这个任务。

除了以上的方法外，还可以通过第三方软件 Winmail Server 来实现邮件服务器的功能。

Winmail Server 是一款安全易用全功能的邮件服务器软件，不仅支持 SMTP/POP3/IMAP/Webmail/LDAP（公共地址簿）/多域/发信认证/反垃圾邮件/邮件过滤/邮件组/公共邮件夹等标准邮件功能，还有提供邮件签核/邮件杀毒/邮件监控/支持 IIS、Apache 和 PWS/短信提醒/邮件备份/TLS（SSL）安全链接/邮件网关/动态域名支持/远程管理/Web 管理/独立域管理员/在线注册/二次开发接口特色功能。它既可以作为局域网邮件服务器、互联网邮件服务器，也可以作为拨号 ISDN、ADSL 宽带、FTTB、有线通（CableModem）等接入方式的邮件服务器和邮件网关。因此它的功能应该比 Imail 还要强大。

Winmail Server 的环境和应用场合与 Imail 服务器和 Windows 自己的邮件服务器相比，应用环境要广泛得多，因为这个软件的功能较为强大，在网络环境中应用更多。读者可以按照以下思路完成这个任务：首先需要了解 Winmail 服务器和邮件账号的创建与管理的方法，然后找到一台需要的计算机，完成安装及配置。其次，需要创建邮件账号，然后在客户端进行测试可以通过 IP 地址测试，也可以通过域名访问测试，如果要通过域名访问，则需要在 DNS 中将主机的 IP 地址指向这个 Winmail 服务器的 IP 地址，完成后即可通过域名访问邮局，来进行邮件的收发。根据以上的思路结合任务实施的步骤读者就能够完成这个任务。

相关知识

6.3.1　Windows 2003 邮件服务器

在 Windows Server 2003 系统中，配置邮件服务器有以下两种主要途经。

（1）利用【配置您的服务器向导】进行。

（2）通过【添加或删除程序】安装相关组件进行。

邮件服务器系统由 POP3 服务、简单邮件传输协议（SMTP）服务及电子邮件客户端三个组件组成。其中的 POP3 服务与 SMTP 服务一起使用，POP3 为用户提供邮件下载服务，而 SMTP 则用于发送邮件以及邮件在服务器之间的传递。电子邮件客户端是用于读取、撰写以及管理电子邮件的软件。

Windows Server 2003 操作系统新增的 POP3 服务组件可以使用户无须借助任何工具软件，即可搭建一个邮件服务器。通过电子邮件服务，可以在服务器计算机上安装 POP3 组件，以便将其配置为邮件服务器，管理员可使用 POP3 服务来存储和管理邮件服务器上的电子邮件账户。

Windows Server 2003 初始安装完毕后，POP3 服务组件并没有被安装。因此在配置 POP3 服务之前，必须首先要安装相应的组件，然后才可以进行诸如身份验证方法的设置、邮件存储区设置、域及邮箱的管理等工作。

POP3 服务提供三种不同的身份验证方法来验证连接到邮件服务器的用户。在邮件服务器上创建任何电子邮件域之前，必须选择一种身份验证方法。只有在邮件服务器上没有电子邮件域时，才可以更改身份验证方法。

1. 本地 Windows 账户身份验证

如果邮件服务器不是活动目录域的成员，并且希望在安装了邮件服务的本地计算机上存储用户账户，那么可以使用【本地 Windows 账户】身份验证方法来进行邮件服务的用户身份验证。本地 Windows 账户身份验证将邮件服务集成到本地计算机的安全账户管理器(SAM)中。通过使用安全账户管理器，在本地计算机上拥有用户账户的用户就可使用与由 POP3 服务提供的或本地计算机进行身份验证的相同的用户名和密码。

本地 Windows 账户身份验证可以支持一个服务器上的多个域，但是不同域上的用户名必须唯一的。

如果以相应的用户账户创建一个邮箱，则该用户账户将被添加到【POP3 用户】本地组中。即使在服务器上拥有相同的用户账户，【POP3 用户】组的成员也不能在本地登录服务器。使用计算机的本地安全策略可以增强对本地登录的限制，因此仅授权的用户有本地登录权限，这样可以提高服务器的安全性。另外如果用户不能本地登录到服务器，并不影响其使用 POP3 服务。

本地 Windows 账户身份验证同时支持明文和安全密码身份验证(SPA)的电子邮件客户端身份验证。其中的明文以不安全和非加密的格式传输用户数据，所以不推荐使用明文身份验证。而 SPA 要求电子邮件客户端使用安全的身份验证传输用户名和密码，因此推荐使用该方法来取代明文身份验证。

2. Active Directory 集成的身份验证

如果安装 POP3 服务的服务器是活动目录域的成员或者是活动目录域控制器，则可以使用活动目录集成的身份验证。同时，使用活动目录集成的身份验证，可以将 POP3 服务集成到现有的活动目录域中。如果创建的邮箱与现有的活动目录用户账户相对应，则用户就可以使用现有的活动目录域用户名和密码来收发电子邮件。

可以使用活动目录集成的身份验证来支持多个 POP3 域，这样就可以在不同的域中建立相同的用户名。

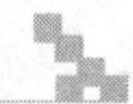

在使用活动目录集成的身份验证，并且拥有多个 POP3 电子邮件域时，当创建一个邮箱，应该确保考虑新邮箱的名称与其他 POP3 电子邮件域中现有邮箱的名称是否相同。每个邮箱都与一个活动目录用户账户相对应。

活动目录集成的身份验证同时支持明文和安全密码身份验证(SPA)的电子邮件客户端身份验证。如果将一个正在使用本地 Windows 账户身份验证的邮件服务器升级到域控制器，必须按照下面的步骤来进行。

（1）删除 POP3 服务中所有现有的电子邮件账户及域。

（2）创建活动目录。

（3）将本地 Windows 账户身份验证方法更改为活动目录集成的身份验证方法。

（4）重新创建域及相应的邮箱。

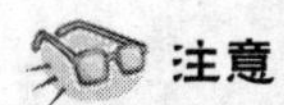 **注意**

如果不按照以上推荐的升级过程，有可能会造成 POP3 服务不能正常工作。另外，当使用活动目录集成的身份验证时，同时若要管理 POP3 服务，则必须登录到活动目录域，而不是登录到本地计算机上。

采用以上两种身份验证机制的活动目录域，可以实现对客户端连接的身份验证机制。在【POP3 服务】控制台使用鼠标右键单击计算机名，选择【属性】选项，将显示“计算机属性”对话框。选择其中的【对所有客户端连接要求安全密码身份验证（SPA)】复选框，即可启用该域中所有电子邮件客户端的身份验证。SPA 仅支持活动目录集成的身份验证和本地 Windows 账户身份验证。如果启用了 SPA，则用户的电子邮件客户端也必须配置为使用 SPA。如果配置邮件服务器要求安全密码身份验证，只会影响 POP3 服务而不会影响简单邮件传输协议（SMTP）服务。

6.3.2　Winmail Server 邮件服务器

随着信息化进程的加快，越来越多的企业都通过网络进行网上贸易。而网上贸易中电子邮件则是最普遍的沟通方式。作为企业来说，既要考虑到成本，也要考虑到企业的形象。

如果选择免费的电子信箱，虽然成本低了，但是却充斥着垃圾邮件，而且不符合企业的形象；而使用企业信箱，虽然能够以企业的域名作为后缀，但成本又太高。为此很多企业选择了自己架设邮件服务器，这样既经济实惠，又符合企业形象。那么在架设邮件服务器的过程中，到底选择什么样的产品呢？在这里向大家推荐 Winmail，在它的帮助下可以轻松的为企业提供邮件服务。

如果还没有 Winmail Server 安装包，可以到 http://www.magicwinmail.com下载最新的安装程序。在安装系统之前，还必须选定操作系统平台，Winmail Server 可以安装在 Windows NT4、Windows 2000、Windows XP 及 Windows 2003/Vista/2008 等 Win32 操作系统。

1. Winmail 服务器安装

在安装过程中和一般的软件类似，下面只给一些要注意的步骤，如安装组件、安装目录、运行方式及设置管理员的登录密码等。

（1）开始安装。双击下载来的安装文件，即可启动安装向导，如图 6-89 所示。

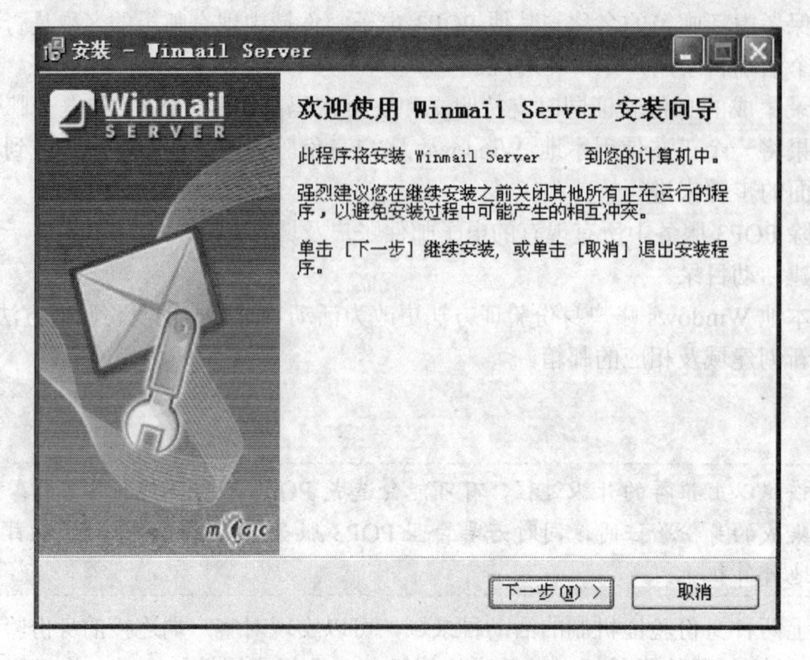

图 6-89　安装向导欢迎窗口

（2）选择安装目录。可以将软件安装在默认的目录，如图 6-90 所示。

图 6-90　选择安装目录

（3）选择安装组件。在安装过程中要选择完全安装，即安装服务器程序和管理端工具，如图 6-91 所示。

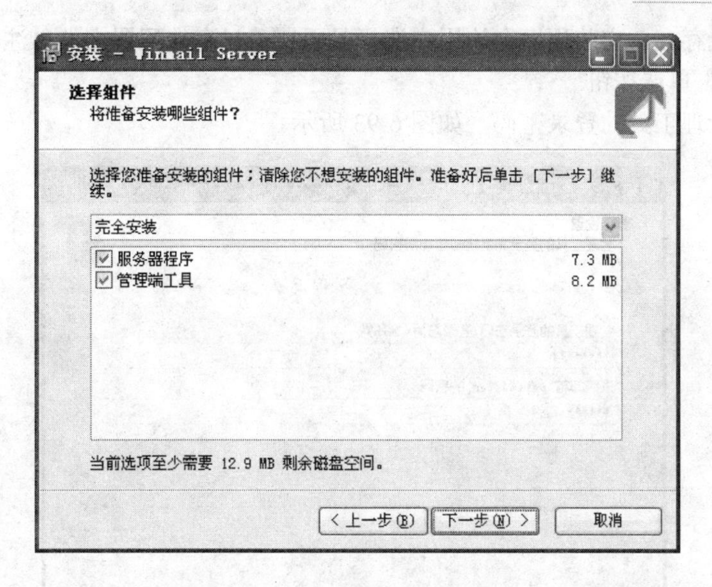

图 6-91　选择安装组件

说明：Winmail Server 主要的组件有服务器核心和管理工具两部分。服务器核心最主要是完成 SMTP、POP3、ADMIN、HTTP 等服务功能；管理工具主要是负责设置邮件系统，如设置系统参数、管理用户、管理域等。

（4）选择附加任务。需要注意的是在选择附加任务时需要选择服务器类型，如果选择【注册为服务】单选按钮，那么该程序在启动时则可以享受与系统服务一样的待遇，但必须保证操作系统是 Windows 2000/XP/2003；如果选择【单独运行】单选按钮，那么则是作为普通应用程序直接运行，在这里建议大家将其选中【注册为服务】单选接钮，如图 6-92 所示。

图 6-92　选择附加任务

服务器核心运行方式主要有两种：作为系统服务运行和单独程序运行。以系统服务运行仅当操作系统平台是 Windows NT4、Windows 2000、Windows XP 及 Windows 2003 时，才能有效；以单独程序运行适用于所有的 Win32 操作系统。同时在安装过程中，如果是检测到配置文件已经存在，安装程序会让用户选择是否覆盖已有的配置文件，注意升级时要选中【保留原有配置】单选按钮。

（5）设置管理工具的登录密码，如图 6-93 所示。

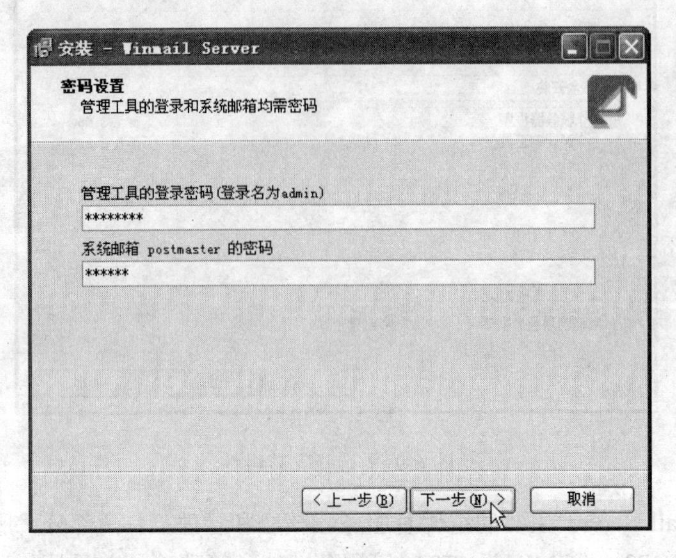

图 6-93　设置管理工具的登录密码和系统邮箱密码

在上一步中，如果选择覆盖已有的配置文件或第一次安装，则安装程序还会让用户输入系统管理员密码和系统管理员邮箱的密码，为了安全请设置一个安全的密码，当然以后是可以修改的。

（6）单击【下一步】按钮显示安装完成对话框，如图 6-94 所示。

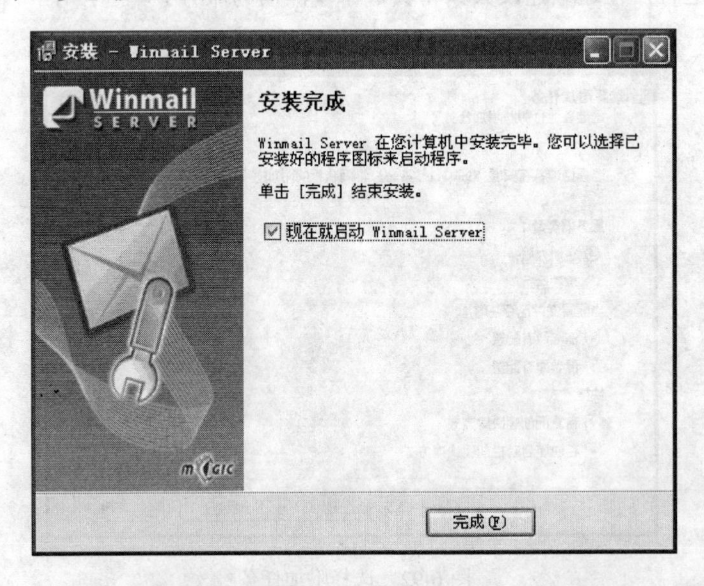

图 6-94　安装成功

（7）系统安装成功后，安装程序会让用户选择是否立即运行 Winmail Server 程序。如果程序运行成功，将会在系统托盘区显示图标；如果程序启动失败，则用户在系统托盘区看到图标，这时用户可以到 Windows 系统的【管理工具】→【事件查看器】查看系统【应用程序日志】，了解 Winmail Server 程序启动失败原因。

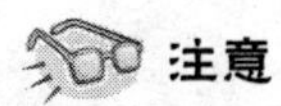

如果提示重新启动系统，请务必重新启动。

2．初始化配置

在安装完成后，管理员必须对系统进行一些初始化设置，系统才能正常运行。服务器在启动时如果发现还没有设置域名会自动运行快速设置向导，用户可以用它来简单快速的设置邮件服务器。当然用户也可以不用快速设置向导，而用功能强大的管理工具来设置服务器。

1）使用快速设置向导设置

初次启动 Winmail Server 时会弹出快速设置向导对话框，如图 6-95 所示，输入一个要新建的邮箱地址及密码，单击【设置】按钮，设置向导会自动查找数据库是否存在要建的邮箱以及域名，如果发现不存在向导会向数据库中增加新的域名和新的邮箱，同时向导也会测试 SMTP、POP3、ADMIN、HTTP 服务器是否启动成功。设置结束后，在【设置结果】栏中会报告设置信息及服务器测试信息，设置结果的最下面会给出有关邮件客户端软件的设置信息。

图 6-95 快速设置向导

为了防止垃圾邮件，强烈建议启用 SMTP 发信认证。启用 SMTP 发信认证后，用户在客户端软件中增加账号时也必须设置 SMTP 发信认证。

注意

图 6-95 中的两个复选框要选中，以便用户进行 Web 远程邮件注册，同时进行发信认证。

2）使用管理工具设置

（1）登录管理端程序，运行 Winmail 服务器程序或双击系统托盘区的图标，启动管理工具，如图 6-96 所示。

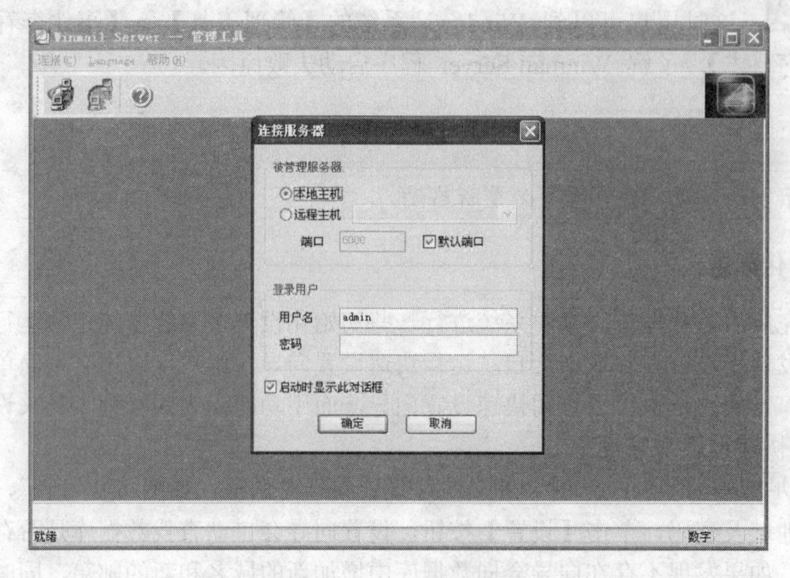

图 6-96　管理工具登录

管理工具启动后，用户可以使用用户名(admin)和在安装时设定的密码进行登录。

（2）检查系统运行状态。管理工具登录成功后，使用【系统设置】→【系统服务】查看系统的 SMTP、POP3、ADMIN、HTTP、IMAP、LDAP 等服务是否正常运行。绿色的图标表示服务成功运行，红色的图标表示服务停止，如图 6-97 所示。

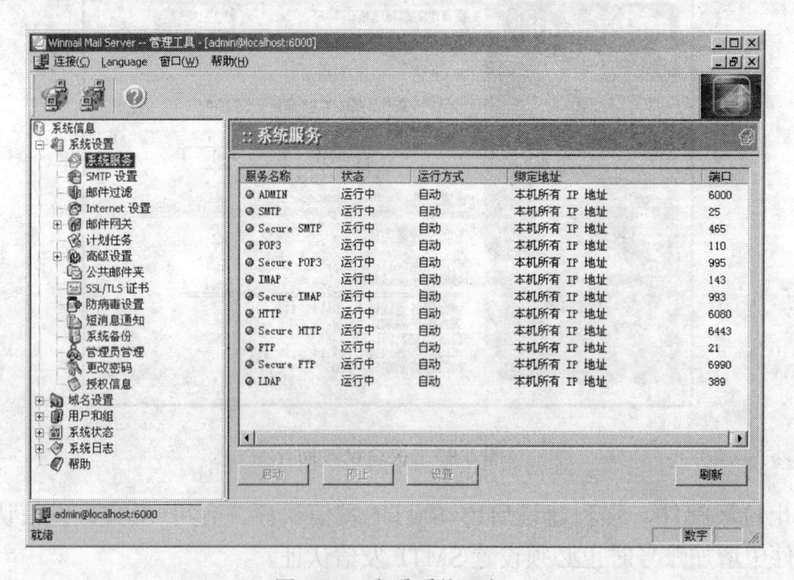

图 6-97　查看系统服务

如果发现 SMTP、POP3、ADMIN、HTTP、IMAP 或 LDAP 等服务没有启动成功，请使用【系统日志】→【SYSTEM】查看系统的启动信息，如图 6-98 所示。

如果出现启动不成功，一般情况都是端口被占用无法启动，请关闭占用程序或者更换端口再重新启动相关的服务。如果找不到占用程序，可以用一个名为 Active Ports 的工具软件查看那个程序占用了端口，可到 http://www.magicwinmail.com/进行下载。

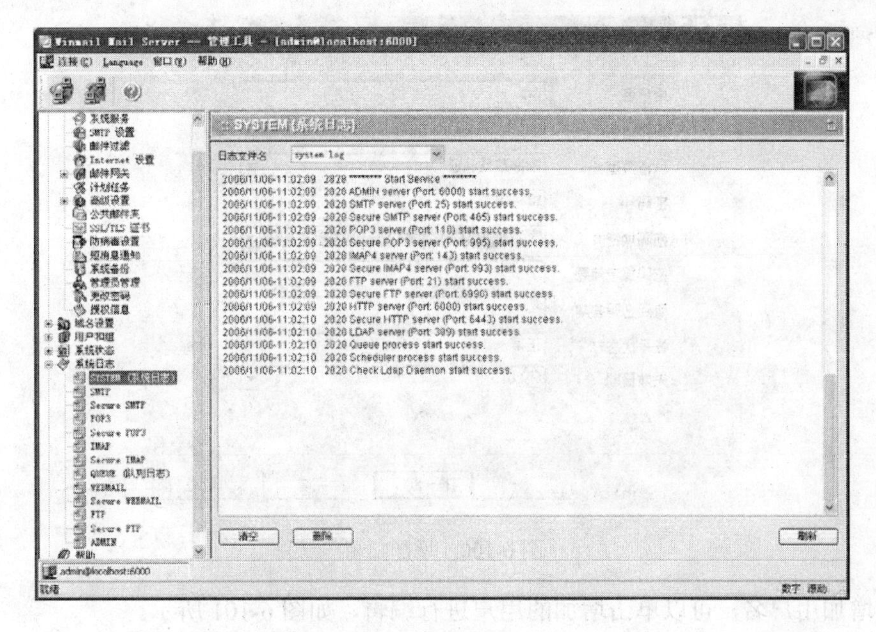

图 6-98　系统日志

（3）设置邮件域，为邮件系统设置一个域。请使用【域名设置】→【域名管理】，如图 6-99 所示。

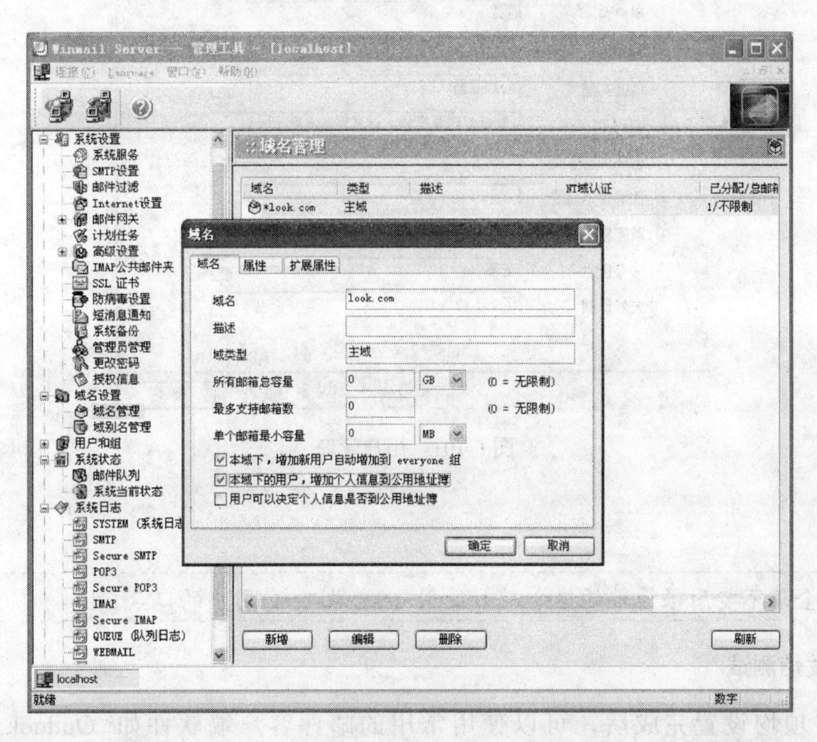

图 6-99　域名管理

（4）增加邮箱，用户成功增加域后，可以使用【用户和组】→【用户管理】加入几个邮箱，如图 6-100 所示。

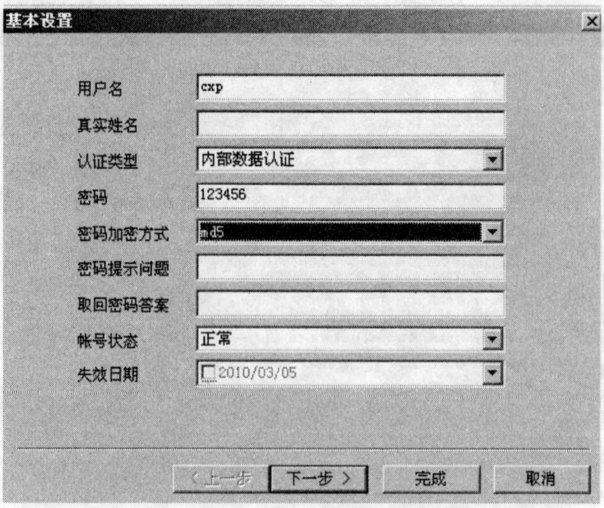

基本设置

用户名 cxp
真实姓名
认证类型 内部数据认证
密码 123456
密码加密方式 md5
密码提示问题
取回密码答案
帐号状态 正常
失效日期 2010/03/05

< 上一步　下一步 >　完成　取消

图 6-100　增加邮箱

（5）增加用户名，可以单击增加的用户进行编辑，如图 6-101 所示。

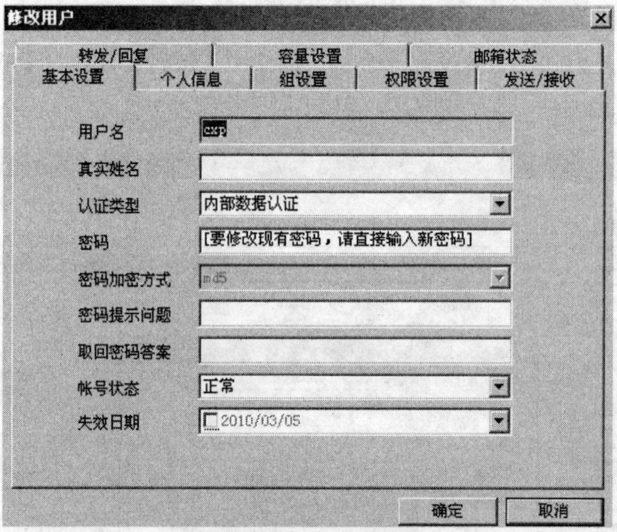

修改用户

转发/回复　容量设置　邮箱状态
基本设置　个人信息　组设置　权限设置　发送/接收

用户名 cxp
真实姓名
认证类型 内部数据认证
密码 [要修改现有密码，请直接输入新密码]
密码加密方式 md5
密码提示问题
取回密码答案
帐号状态 正常
失效日期 2010/03/05

确定　取消

图 6-101　用户管理

注意

为了安全请不要用很简单的口令，如使用 test 做 test 用户的口令。

3．收发信测试

以上各项均设置完成后，可以使用常用的邮件客户端软件如 Outlook Express、Outlook、Foxmail 来测试，【发送邮件服务器(SMTP) 】和【接收邮件服务器(POP3) 】项中设置为邮件服务器的 IP 地址或主机名，POP3 用户名和口令要输入用户管理中设定的用户名和口令。

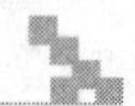

可以用 Outlook Express 来进行邮件收发测试，本处略。下面介绍一下 Webmail 测试。

Winmail 系统支持 Webmail 收发邮件，安装完成后用浏览器进行测试。

（1）登录 Webmail，登录地址是http://yourserverip:6080/，此时输入“http://127.0.0.1:6080/”，出现登录窗口，输入用户名和密码进行登录，如图 6-102 所示。

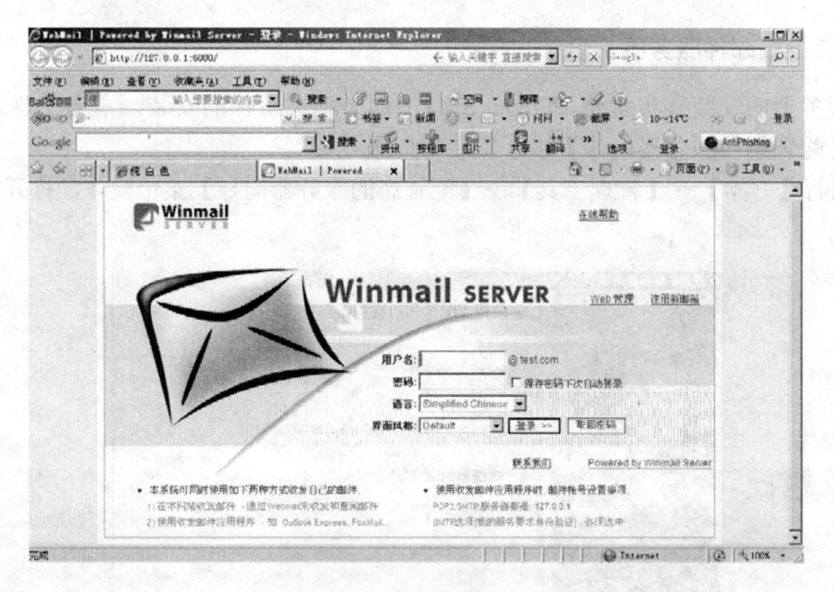

图 6-102　Webmail 登录

（2）登录后进入收件箱，可以看到有一封注册欢迎信，如图 6-103 所示。

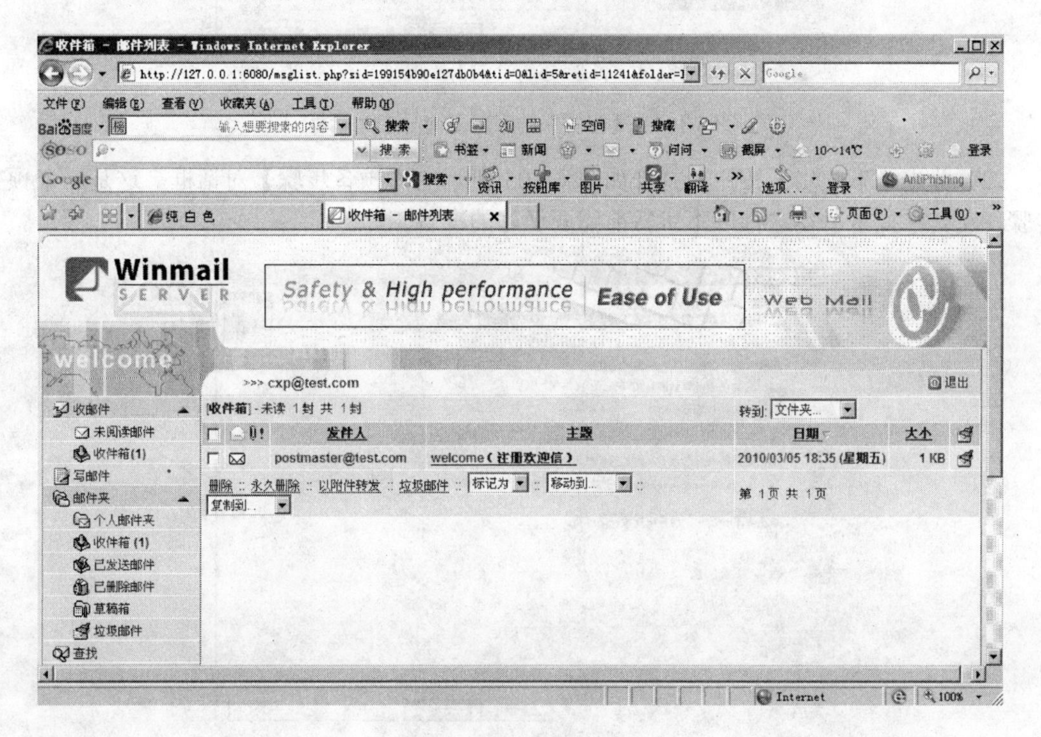

图 6-103　Webmail 文件夹列表

当然，也可以通过这个窗口进行发信测试。

6.3.3 任务实施 1 Windows 2003 邮件服务器安装与配置

1. 安装配置邮件服务器

邮件服务器的安装其实就是 POP3、SMTP 服务相关组件的安装，本文主要为大家介绍如何利用【配置您的服务器向导】进行安装邮件服务器。

（1）执行【开始】→【管理工具】→【配置您的服务器向导】菜单操作，打开如图 6-104 所示对话框。

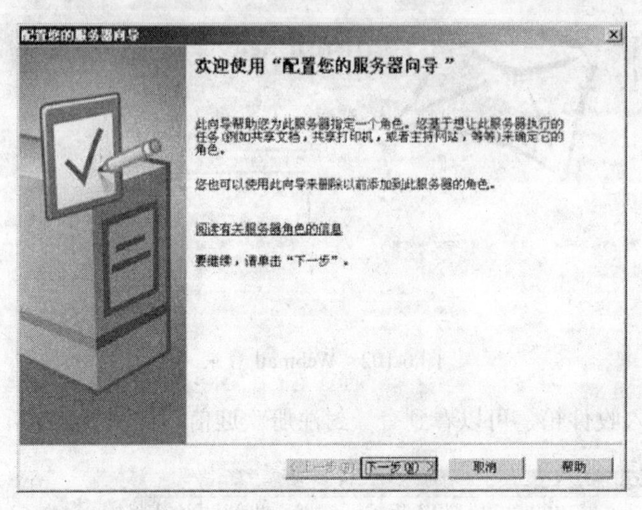

图 6-104 【配置您的服务器向导】对话框

（2）单击【下一步】按钮，打开如图 6-105 所示的【预备步骤】对话框。这是一个预备步骤，在其中提示了在进行以下步骤前需要做好的准备工作。

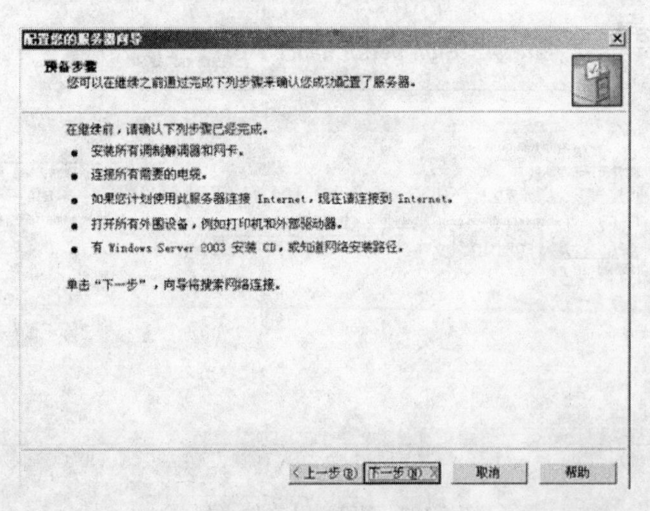

图 6-105 【预备步骤】对话框

（3）单击【下一步】按钮，打开如图 6-106 所示的【服务器角色】对话框。在其中选择【邮件服务器(POP3，SMTP)选项。

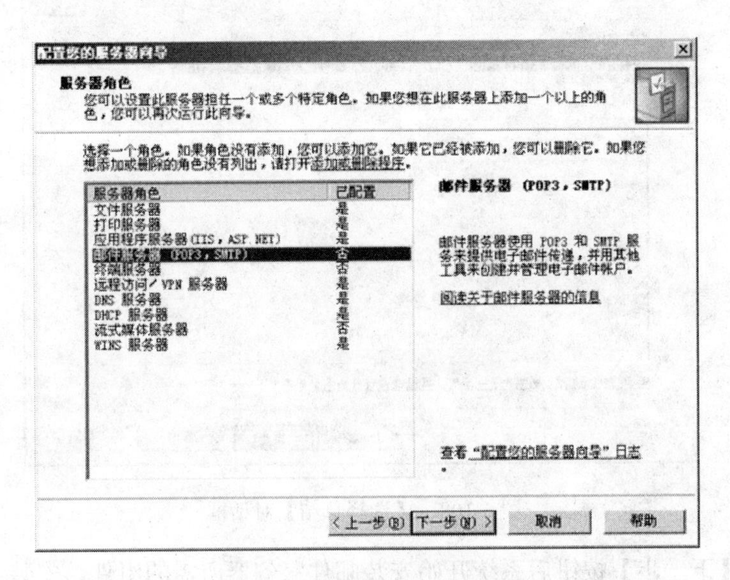

图 6-106　【服务器角色】对话框

（4）单击【下一步】按钮，打开如图 6-107 所示的【配置 POP3 服务】对话框。在其中要求选择邮件服务器中所使用的用户身份验证方法，一般如果是在域网络中，选择【Active Directory 集成的】这种方式，这样邮件服务器就会以用户的域账户进行身份认证。然后在【电子邮件域名】中指定一个邮件服务器名，本示例为 grfwgz.mail。

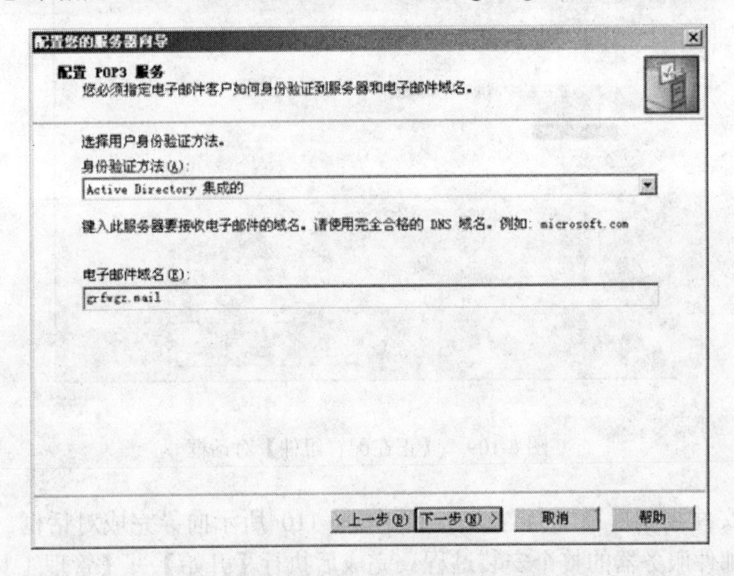

图 6-107　【配置 POP3 服务】对话框

（5）单击【下一步】按钮，打开如图 6-108 所示的【选择总结】对话框。这是一个选择总结对话框，在列表中总结了以上配置选择。

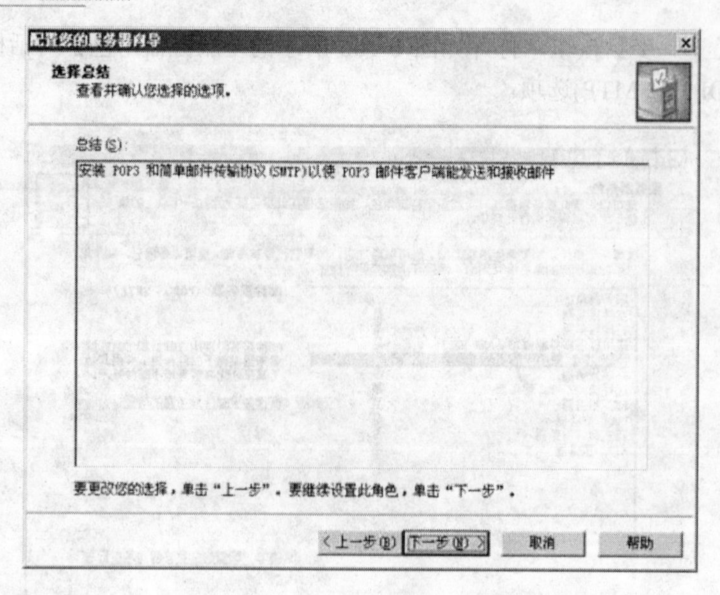

图 6-108 【选择总结】对话框

（6）单击【下一步】按钮后系统开始安装邮件服务器所需的组件，安装进程如图 6-109 所示。不过在此过程中，系统会提示用户指定 Windows Server 2003 系统源程序所在位置，以便复制所需文件。

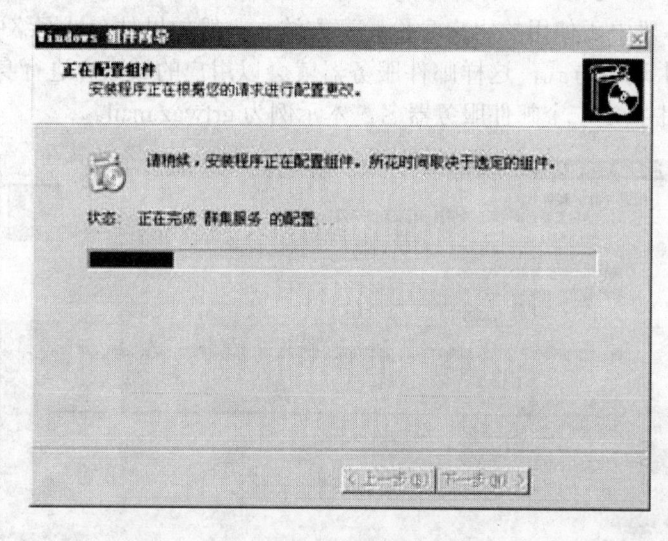

图 6-109 【正在配置组件】对话框

（7）完成文件复制后系统会自动打开如图 6-110 所示向导完成对话框。直接单击【完成】按钮完成邮件服务器的整个安装过程。完成后执行【开始】→【管理工具】→【管理您的服务器】菜单操作，在打开的如图 6-111 所示【管理您的服务器】窗口中即可见到刚才安装的邮件服务器。单击【管理此邮件服务器】超链接即可打开“邮件服务器”窗口，如图 6-112 所示。

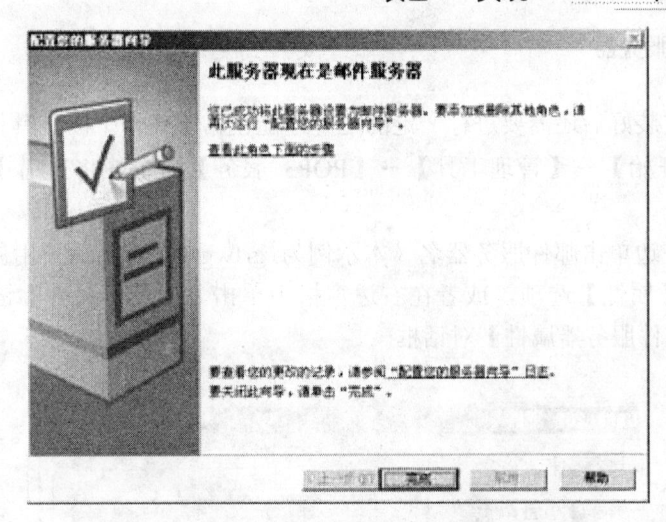

图 6-110　【此服务器现在是邮件服务器】对话框

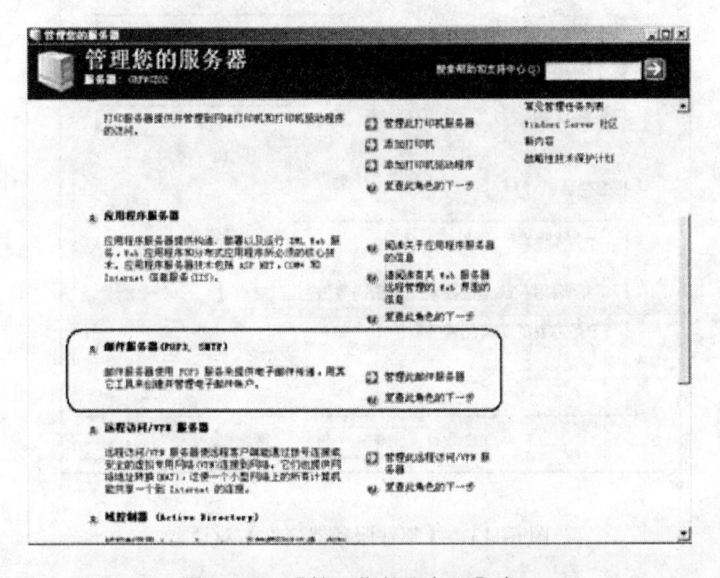

图 6-111　【管理您的服务器】窗口

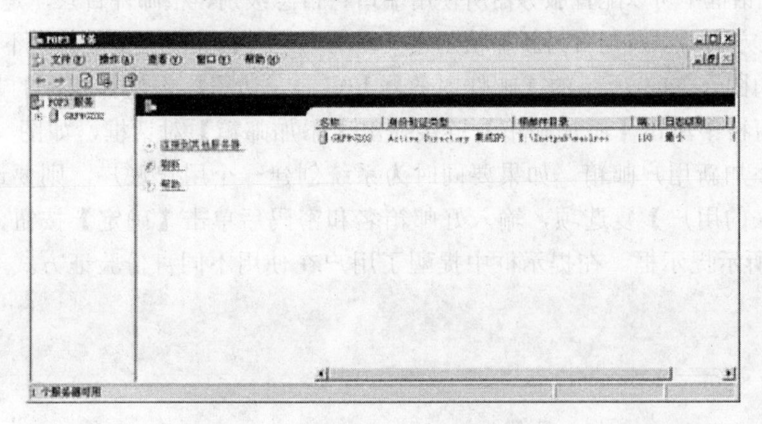

图 6-112　【邮件服务器】窗口

2．配置邮件服务器

邮件服务器安装好后还需要进行一定的配置才能正常工作。下面是具体的配置步骤。

（1）执行【开始】→【管理工具】→【POP3 服务】命令，将弹出【邮件服务器】对话框。

（2）在窗口左边单击邮件服务器名（本示例为 grfwgz02），然后使用鼠标单击右键，在弹出菜单中选择【属性】选项，或者在右边窗格中单击【服务器属性】链接，都可打开如图 6-113 所示【邮件服务器属性】对话框。

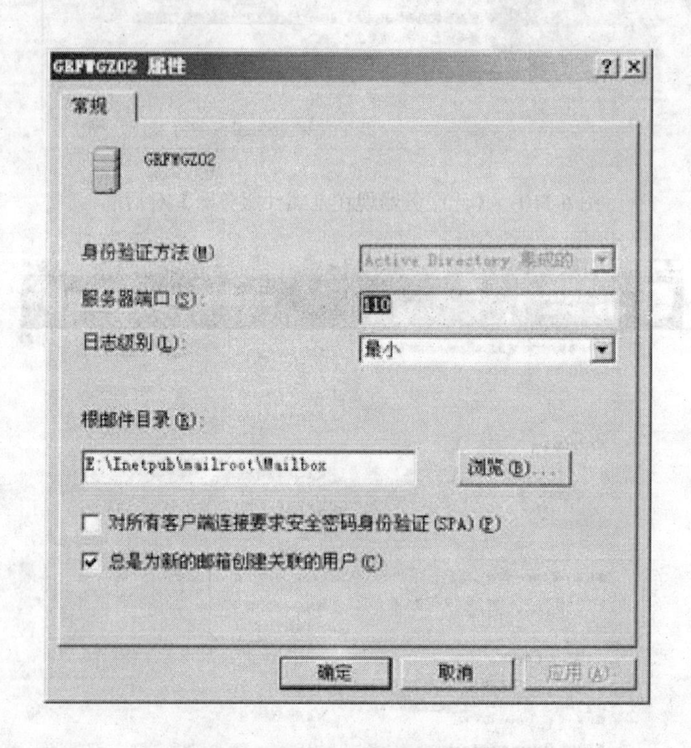

图 6-113 【邮件服务器属性】对话框

在这个对话框中可以配置服务器所使用端口、日志级别、根邮件目录，是否要采取安全密码身份验证方式，以及是否为新邮箱创建关联的用户。具体配置很简单，不再多述。

（3）在如图 6-112 所示的【邮件服务器】窗口左边窗格中选择相应的邮件服务器域名，在右边窗格中单击【添加邮箱】链接弹出【添加邮箱】对话框，如图 6-114 所示。在这里可以添加新用户邮箱。如果要同时为系统创建一个用户账户，则要选择【为此邮箱创建相关联的用户】复选项，输入好邮箱名和密码后单击【确定】按钮，系统会弹出如图 6-115 所示提示框。在提示框中提醒了用户在使用不同身份验证方式下的用户邮箱账户名称。

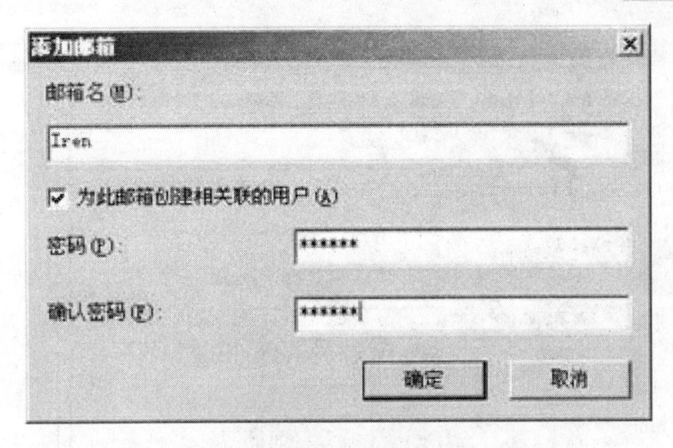

图 6-114　【添加邮箱】对话框

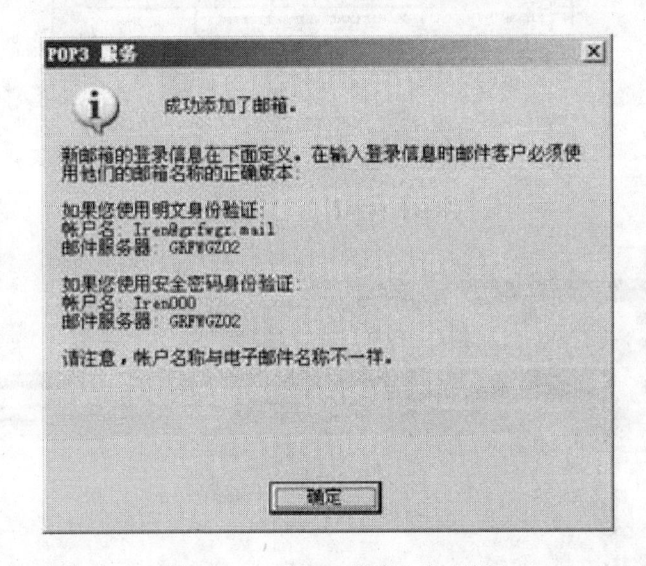

图 6-115　【POP3 服务】提示框

小提示：当所创建的用户邮箱名与域系统中已有用户账户名一样时，就不要选择【为此邮箱创建相关联的用户】复选项了，直接输入与用户账户一样的邮箱名即可。这样，系统会自动在它们的用户账户中配置以邮件服务器域名为尾缀的电子邮件地址，如图 6-116 所示。否则将创建一个以所输入的用户名+000 为用户名的用户账户，就像图 6-116 中提示那样的 Iren000，这是因为原来在系统中已存在一个 Iren 用户账户。

添加了用户邮箱后的邮件服务器窗口如图 6-117 所示。此时在【状态】列中显示【已解锁】，表示用户可以使用邮箱了。如果要禁用某用户的邮箱，则只需在相应用户邮箱上使用鼠标右键单击，在弹出菜单中选择【锁定】选项即可。

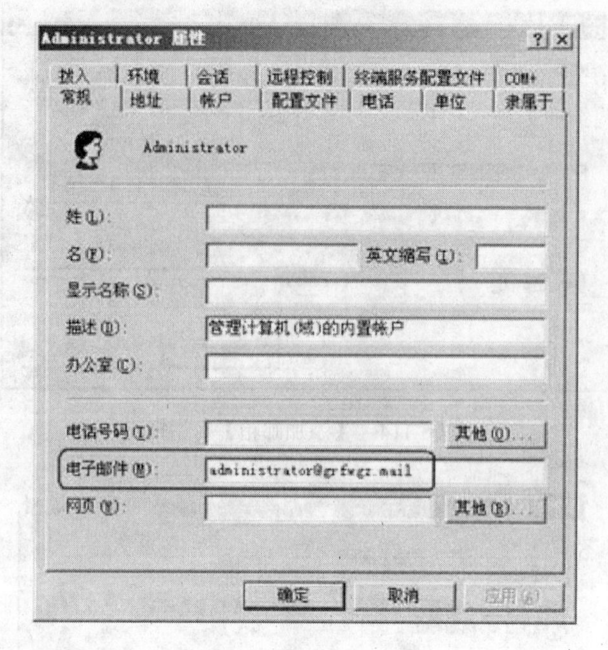

图 6-116　【常规】选项卡

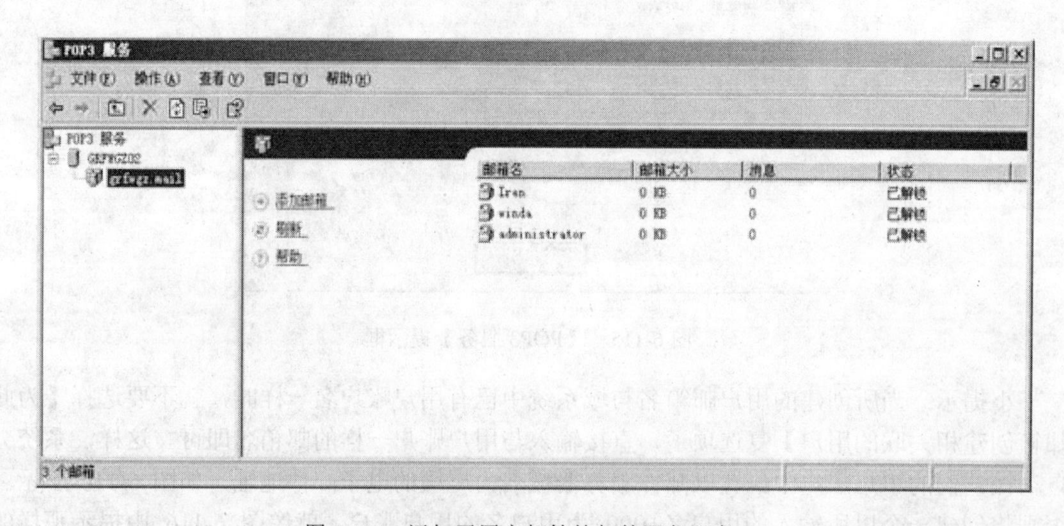

图 6-117　添加了用户邮箱的邮件服务器窗口

（4）除了可以向已有域邮件服务器中添加用户邮箱外，还可以在邮件服务器添加多个隶属于不同域系统的邮箱系统。方法是在如图 6-112 所示邮件服务器窗口中选择邮件服务器，然后在右边的窗格中单击【新域】链接，打开如图 6-118 所示对话框。在其中输入新的邮件服务器域名，单击【确定】按钮即可。这样在一个邮件服务器中就可以为多个不同域系统担当邮件服务器角色。

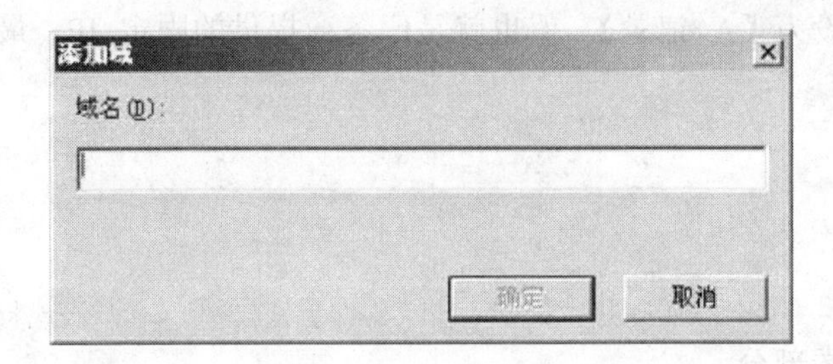

图 6-118　【添加域】对话框

6.3.4　任务实施 2　Winmail Server 邮件服务器的架设

在前面的相关知识部分对 Winmail Server 邮件服务器进行了详细的介绍，这部分只需要按照上面的介绍进行操作即可。

1．安装 Winmail 服务器软件。

2．启动 Winmail 服务器软件，进行域名设置，创建邮件。

3．通过客户端邮件软件和 Webmail 浏览器界面进行邮件收发测试。

6.4　项目总结与回顾

通过本项目中的几个任务介绍了 Web 服务器、FTP 服务器、邮件服务器的配置与使用技巧。其中 通过 Web 服务器实验任务的实施，介绍 Web 站点的创建和配置，利用主机头名称、IP 地址和 TCP 端口号分别架设三个网站 www.xpc.cn、www.xpc.net、www.xpc.com。

在 FTP 服务器部分，介绍了 Windows 2003 和 Serv-U 两种方法架设 FTP 服务器的方法，本任务中介绍了 Windows Server 2003 自带的 FTP 功能，这个功能可以满足一般用户的文件使用功能，特别是在隔离用户和不隔离用户的建立，比原来的单纯的匿名访问，可以实现较多的功能，这样用户可以进行登录访问，可以访问自己的文件夹。Serv-U 这个 FTP 服务器也进行了详细介绍

在邮件服务器部分，介绍了 Windows 2003 和 Winmail 两种方法架设邮件服务器，并详细介绍了操作步骤。本任务主要为大家介绍了在 Windows Server 2003 操作系统下如何设置内部邮件服务器，相信在用户架设自己的企业邮件服务器时，会有很大的参考意义。同时，较为详细地介绍了 Winmail 服务器软件的安装及配置，这个软件功能是很强大的，应用范围很广，完全可以满足一个企业的邮件收发需要，要注意的是如果只是在局域网内部进行邮件收发，则域名管理中的域名可以任意设置和输入，如果要在互联网中进行邮件收发，则需要在申请的互联网的域名管理中进行域名设置，即登录申请的域名后台后，单击产品服务中的【域名管理】，选择自己企业的域名进入设置后，单击【增加新记录】，将其类型设置为【MX-MX 记录】，值设为固定的 IP 地址或主机名；另外如果 MX 记录的值为主机名，那么还要新建【A 记录】。单击【增加新记录】，然后将其 PR 值设为主机名的

前缀，将【类型】设为【A 记录】，值也就是服务商提供的固定 IP，最后单击【新增】按钮即可。

习 题

一、Web 服务器部分

1. 实验思考题

（1）在同一 WWW 服务器上能否建立多个 Web 网站？若能建立，在配置时有哪些注意事项？

（2）WWW 虚拟目录的执行和脚本权限的含义各是什么？其使用有何区别？

2. 上机完成下面的操作实验

实验一：

站点一：	站点二：
站点说明：考试 1 端口号：80 IP 地址：192.168.11.2xx 主目录：c:\test1 主目录中有 index.htm 文件，内容为 test1 默认主页名：index.htm	站点说明：考试 2 端口号：80 IP 地址：192.168.11.2xx-100 主目录：c:\test2 主目录中有 default.htm 文件，内容为 default 默认主页名： default.htm

验证：在 IE 中输入 http://IP 地址 1 和 http://IP 地址 2 可以分别访问这两个不同的站点。

实验二：

站点一：	站点二：
站点说明：第一个站点 IP 地址：192.168.11.2xx 端口号：80 主目录：c:\zhan1 主目录中有 index.htm 文件，内容为 zhan1 默认主页名： index.htm	站点说明：第二个站点 IP 地址：192.168.11.2xx 端口号：8080 主目录：c:\zhan2 主目录中有 default.htm 文件，内容为 zhan2 默认主页名： default.htm

验证：在 IE 中输入 http://IP 地址:端口 1 和 http://IP 地址:端口 2 可以分别访问这两个不同的站点。

实验三：

站点一：	站点二：
站点说明：主页 1 IP 地址：192.168.11.2xx 端口号：80 主机名：www.abc.com 主目录：c:\home1 主目录中有 index.htm 文件，内容为 home1 默认主页名： index.htm	站点说明：主页 2 IP 地址：192.168.11.2xx 端口号：80 主机名：www.xyz.com 主目录：c:\home2 主目录中有 default.htm 文件，内容为 home2 默认主页名： default.htm

验证：在 IE 中输入 http://主机名 1 和 http://主机名 2 可以分别访问这两个不同的站点。

实验四：

目的：建一个名称为“我的个人网站”的站点，根目录为 C 盘根目录上的 myweb 目录，网站默认网页为 index.htm 和 index.html，把 C 盘根目录的 aa 目录，设置为网站的虚拟目录 bb。

验证：在 myweb 目录中放一张网页，在 IE 浏览器中输入 http://IP 地址，应该能访问该网页。在 aa 目录中放一张网页，用 http://IP 地址/bb 应该能访问该网页。

二、FTP 服务器部分

1．新建域一定要输入 IP 地址吗？

2．如何建立新用户并对用户进行目录访问及配额设置？

3．如何建立组并将用户添加进组？

4．FTP 客户端如何访问 FTP 服务器？

5．上机操作：Serv-U FTP 服务器上机实验。

（1）建立一个 FTP 服务器，建立匿名、普通用户（2 个，一个是 user，一个是 admin）设置不同的权限。

（2）3 个用户分别指向不同的文件夹。并且 admin 这个用户可以浏览 user 的文件夹，而 user 不能浏览 admin 的文件夹。（具体要求：匿名用户访问 D:\匿名用户文件夹，user 访问 D:\匿名用户文件夹及 D:\user 文件夹，admin 访问 D:\匿名用户文件夹及 D:\user 文件夹，同时还要访问 E:\）。

三、邮件服务器部分

1．如何通过 Windows Server 2003 建立邮件服务器？

2．如何进行邮件收发的测试？

3．上机操作：上机实验 Windows Server 2003 邮件服务器的安装及配置。

4．比较本项目中的几种邮件服务器的区别。

5．如何安装 Winmail 服务器软件？

6．如何在 Winmail 服务器软件中创建域和创建用户？

7．如何进行邮件收发？

8．上机操作：上机实验完成本任务 Winmail 服务器的全部操作。

项目 7　打印服务的配置与管理

☞任务分析

现在在日常工作中，除了项目 2 和项目 3 工作组网络和域网络提到的文件和文件夹资源的共享使用之外，在客户机上还经常性需要打印文件，而此时打印机可能并没有安装在自己的计算机上，这就需要进行网络打印，而要进行网络打印，则需要安装打印服务器，并进行配置才能实现客户机用户的需求。

如果读者和读者单位的用户想使用服务器上打印机来打印文件，读者可以按照以下思路完成这个任务：首先，要将直接连接打印机的服务器安装打印机的驱动程序，安装方法可以根据安装程序提示一步步完成。然后将这个打印机进行共享，同时还要在这个打印服务器上根据前面项目上介绍的创建用户和设置用户权限的方法来添加在客户机可以使用这个打印机的用户。其次，完成打印机的共享后，在客户机上通过网上邻居和映射网络驱动器的方法，进入到共享打印机的图标进行网络打印机的安装，也可以直接在客户端启动打印机安装向导，在安装过程中选择安装网络打印机，输入网络打印机的路径进行安装，安装完成后，如果安装成功，同时，打印服务器上的创建的用户在客户机上有权限使用打印机，则可以在客户机上远程打印文件了。根据这个思路结合任务实施的步骤即可完成这个任务。

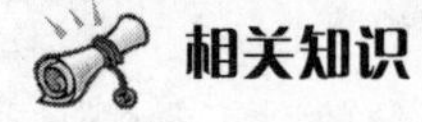

7.1　Windows 打印服务器

一般的打印服务器是指在一台充当打印服务器的计算机上安装打印机驱动程序，然后共享打印机，客户端再安装网络打印机，实现网络打印。

7.2　专用打印服务器

这种打印服务器一边是连接打印机的端口，另一边是连接网络的 RJ45 端口，作用就好比是给打印机添加一块网卡一样，使打印机能在网络上共享使用。但是这种共享，和在某一台计算机上安装打印机然后在共享不同。使用了这种打印服务器，打印机就不再需要依托计算机直接连接在网络上就可以工作了。

这种打印服务器的概念很简单：用户把打印机连接到服务器上，安装驱动程序并且在网络上共享就行了。所有使用打印机的用户只要在自己的工作站上安装对打印机的支持就行了。这种支持根据具体使用的操作系统而不同。例如，Windows 3x 计算机如果与打印服务器连接，需要在本地装入全部驱动程序。但是，Windows NT 版本以上的计算机与打印服务器的连接不需要，它们会自动把所有驱动程序下载过来。

如果打印服务器仅仅是一台打印服务器，没有其他部件，则所需要的只是一台好打印机。由于磁盘上只需要存储操作系统、相应驱动程序和假脱机文件，所以磁盘空间并不重要。对于大多数 LAN，有一台容量为 500MB 的 IDE 驱动器就足以满足需要了。打印服务器的内存很重要，因为打印服务器使用自己的内存以弥补打印机内存的不足，但服务器不需要像应用程序服务器那样安装太多的内存。即使 CPU 速度对于良好的打印服务器也不重要，例如，一台人们不愿抛弃的 486 计算机收拾干净以后，就可以成为一台良好的专用打印服务器。

打印服务器设备可以方便地把多台打印机连接到一台设备上。专用的打印服务器设备可以直接插入网络，并且可以实现对多台打印机的网络访问，这种设备由另一台计算机控制。

为什么要使用一台打印服务器设备，而不使用连接一台打印机的计算机呢？因为一台这种设备可以在网络上的同一个位置连接两台、三台，甚至 5 台打印机，而普通 PC 只能连接 1～2 台打印机。另一个原因是费用，即使考虑到 PC 价格下降的因素，如果没有空余计算机，使用打印服务器设备一般比购买一台新 PC 便宜得多。

打印服务器的出现让网络打印或共享打印进行得相当轻松。不过，打印服务器的安装还需要注意，毕竟它与普通打印机的安装有着很多不同。

1）打印服务器安装第一步

在打印服务器与局域网之间架设一条物理“通道”。如果打印服务器是外置式的话，只需将网线插入到其网络连接口中，再用打印信号线将打印服务器与打印机连接好就行了。倘若打印服务器为内置式的，那么只要将内置打印服务器的插卡直接插入到打印机插槽中就可以了，再用网络线，将打印机“接入”到局域网中。

2）打印服务器安装第二步

根据局域网操作系统的不同，来安装合适的通信协议，并设置好网络参数。正常情况下，应该安装 TCP/IP 协议，并为打印服务器“分配”一个独立的 IP 地址；要是网络系统为 NOVELL 的话，还必须安装“IP/IPX”协议；这一步设置成功后，就会自动在局域网中创建好一个 TCP/IP 端口号，必须记下该端口号及 IP 地址，因为在设置打印共享时，需要用到它们。

为打印服务器“分配”IP 地址，是通过专业的管理工具来实现的，建议最好使用打印服务器随机赠送的管理工具来管理打印服务器。例如，对于 HP 310x 打印服务器来说，就能使用 hp web jetadmin6.2 工具。

3）打印服务器安装第三步

设置打印共享。为了能让局域网中的其他工作站，可以访问到打印机，必须将与打印服务器相连的打印机，安装到局域网中的一台主机上，并将打印机设置为共享才可以。

在安装时，可以依次执行【开始】→【设置】→【打印机】命令，再双击【添加打印机】图标，当出现安装向导窗口提示时要安装【本地打印机】还是【网络打印机】时，必须选中【本地打印机】，毕竟网络打印命令，还需要在本地主机上发出。

当安装向导界面提示你选择打印端口时，必须选中【创建新端口】选项，并在【类型】

栏中选中【Standard TCP/IP Port】，单击【下一步】按钮后，会出现【添加端口】设置窗口，将前面得到的端口号及IP地址输入这里。

再单击【下一步】按钮后，设置好设备类型，以后单击【完成】按钮，就能完成打印服务器本地化安装了。安装完成后在服务器中，设置这台打印机为“共享”。

4）打印服务器安装第四步

在其他工作站中安装网络打印机。其他工作站需要访问网络打印机时，可以打开添加打印机向导窗口，并在该窗口中，选中【网络打印机】，以后的安装方法与普通的方法几乎一致。

配置打印机设置是在该打印机的打印机属性中进行，配置打印服务器设置是在打印服务器属性中进行。必须以管理员或管理员组的成员身份登录，才能执行配置。

5）如何配置打印机设置

注意，对于不同的打印机，可以配置的选项可能也不同。下面说明了如何配置在大多数打印机中都可用的一般设置。

单击【开始】按钮，然后在弹出的菜单中单击【打印机和传真机】图标。

使用鼠标右键单击要配置的打印机，然后选择【属性】选项。

使用下列任意方法（如果合适的话）都可配置想要的选项。

（1）配置分隔页

单击【高级】选项卡，然后单击分隔页。

要添加分隔页，请在【分隔页】框中输入要用作分隔页的文件的路径，然后单击【确定】按钮。或者单击【浏览】按钮，找到要使用的文件，单击【打开】按钮，然后单击【确定】按钮。

要删除分隔页，请删除【分隔页】框中的条目，然后单击【确定】按钮。

（2）配置打印处理器

单击【高级】选项卡，然后单击【打印处理器】。

在【默认数据类型】框中，单击要使用的数据类型，然后单击【确定】按钮。

添加用于 Windows 其他版本的打印机驱动程序：

单击【共享】选项卡，然后单击其他驱动程序。

单击要添加的驱动程序旁边的复选框，将其选中，然后单击【确定】按钮。

（3）修改用户访问权限

单击【安全性】选项卡，然后执行下列工作之一。

要更改现有用户或组的权限，请在【组或用户名称】列表中单击要修改其权限的组或用户。

要为新用户或组配置权限，请单击【添加】按钮。在【选择用户或组】对话框中，输入要为其设置权限的用户或组的名称，然后单击【确定】按钮。

在用户或组的权限列表中，单击要允许的权限旁边的复选框，将其选中，或者单击要拒绝的权限旁边的复选框，将其选中。或者要从【组或用户名称】列表删除用户或组，单击【删除】按钮。

6）如何配置打印机服务器设置

单击【开始】按钮，然后在弹出的菜单中单击【打印机和传真机】图标。

在【文件】菜单上，单击服务器属性。

使用下列任意方法（根据需要）都可配置想要的选项：

（1）配置打印机的端口设置。

单击【端口】选项卡。

要配置端口，请在【这台服务器上的端口】框中单击要配置的端口，然后单击配置端口。在“传输重试”框中输入秒数（如果打印机失去响应达到此秒数，就会得到通知），然后单击“确定”。

要添加新端口，请单击添加端口，然后在【可用端口类型】框中单击要添加的端口类型，然后单击“新端口”。在【输入端口名称】框中输入要指定给新端口的名称，然后单击“确定”按钮。

要删除端口，请在【这台服务器上的端口】框中单击要删除的端口，单击删除端口，然后单击“是”按钮确认删除。

（2）添加、删除或重新安装当前打印机驱动程序：

单击【驱动程序】选项卡。

在【安装的打印机驱动程序】框中单击要修改的驱动程序，然后单击添加、删除或重新安装 （根据需要）。

按照屏幕上显示的说明添加、删除或重新安装该打印机驱动程序。

打开或关闭打印机通知：

单击【高级】选项卡，然后单击【远程文档打印完成时发出通知】复选框，将其选中或清除。

单击【高级】选项卡。单击要记录后台打印选项（或多个选项）旁边的复选框，将其选中或清除。

单击【确定】。

7.3 Internet 打印服务

局域网中通过打印机共享来实现打印资源的合理利用，通过在 Windows Server 2003 下配置 Internet 打印服务也可以在 Internet 这个最大的网络中实现打印机共享服务。随着 IPP（Internet Printing Protocol，因特网打印协议）的完善，任何一台支持 IPP 协议的打印机只要连接到因特网上，并且拥有自己的 Web 地址，那么，而所有因特网上的计算机只要知道这台打印机的 Web 地址，就可以访问和共享此台打印机，完成自己的打印作业。其实，在 Windows Server 2000 的时代已经有了 Internet 打印服务，而在 Windows Server 2003 中，这个功能得到了完善，Windows Server 2003 更注重安全，所以需要启用相关设置才能实现 Internet 打印服务，这一点不同于 Windows Server 2000 的默认设置。这种方法可以实现本地文档，通过 Internet 实现异地远距离打印，这个功能的应用范围还是很广泛的。

1. IPP 因特网打印协议打印原理

简单地说，IPP 协议是一个基于 Internet 应用层的协议，它面向终端用户和终端打印设

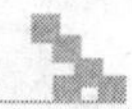

备。IPP 基于常用的 Web 浏览器，采用 HTTP 和其他一些现有的 Internet 技术，在 Internet 上从终端用户传送打印任务到支持 IPP 的打印输出设备中，同时向终端设备传送打印机的属性和状态信息。通过 IPP 打印设备，用户可通过 Internet 快速、高效、实用地实现本地或远程打印，无须进行复杂的打印机安装和驱动安装。下面以一个打印作业过程为例介绍 IPP 协议的工作原理。

（1）IPP 打印输出设备的寻址和定位。

IPP 打印输出设备可以是一台支持 IPP 协议的打印机，也可以是一台支持 IPP 协议的打印机服务器加上一台或几台打印机。由于需要支持 IPP 协议，IPP 打印输出设备与普通打印输出设备要有一定区别。实现它必须具有独立的内部处理器，同时还要有符合要求的存储器容量。再者它要具有接入 Internet 的网络接口，支持 Internet 的常用通信协议，同时还要支持 SNMP（Simple Network Management Protocol，简单网络管理协议），即支持 IP 地址自动网络分配。

支持 IPP 的打印设备连接到 Internet 后，将自动获得一个 IP 地址，成为 Internet 上的一个独立的终端设备。一个终端计算机可以通过浏览器寻址这台打印设备，寻址过程可以通过输入 IP 地址，也可通过输入打印机名称进行。如果此时这台打印设备开机并且在线，它将向寻址它的计算机返回打印机的属性信息，包括支持的打印介质类型、尺寸和是否支持彩色等。

（2）传送打印作业、打印机状态信息、取消打印作业

终端计算机将要打印的作业信息数据包（包括打印作业的名称、所使用的介质、打印分数、打印内容等）按照 IPP 协议进行编码，并按照协议发送到 IPP 打印设备中，IPP 打印设备将接收到的信息按照协议进行解码，并根据自己的属性解释生成打印内容。打印机在开始打印以前和打印过程中要向寻址它的终端计算机传送自己的状态信息，如耗材状态、介质状态等。目前的 IPP 1.0 中终端计算机可对 IPP 打印设备进行取消和终止已经开始的打印作业的控制功能。

2．Internet 打印实现过程

Internet 打印流程如下：

（1）用户输入打印设备的 URL（统一资源定位符），通过 Internet 连接到打印服务器。

（2）HTTP 请求通过 Internet 发送到打印服务器。

（3）打印服务器要求客户端提供身份验证信息。这样能够确保只有经过授权的用户才能在打印服务器上打印文件。

（4）当用户获得授权可以访问打印服务器后，服务器使用活动服务器页（Active Server Pages）。

（5）当用户连接 Internet 打印网页上的任何打印机时，客户端计算机首先尝试在本地寻找该打印机的驱动程序。如果没有找到适合的驱动程序，打印服务器将会生成一个 cabinet 文件（.cab 文件，又称为 Setup 文件），其中包含正确的打印机驱动程序文件。打印服务器把 .cab 文件下载到客户端计算机上。客户端计算机提示用户允许下载该 .cab 文件。

（6）当用户连接到 Internet 打印机后，他们可以使用 Internet 打印协议（Internet Printing Protocol，IPP）把文件发送到打印服务器。

运行 Windows 2003 SP4 的客户端计算机默认可以使用 Internet 打印。然而，用户必须首先通过打印服务器的身份验证，才能够使用连接到该服务器的任何打印机。

3．服务器端的安装和配置

Windows 系列操作系统通过 IIS 的 ASP 解析功能和文件和打印共享服务提供 Internet 打印服务，安装 Internet 打印服务器的过程包括服务器 IIS 和打印的安装配置，服务器提供 Internet 打印服务，用户通过 Internet 连接 Internet 打印服务器完成打印作业。下面以 Windows Server 2003 为例，说明 Internet 打印服务服务器的安装和配置过程。

（1）安装并设置打印机共享。

首先要在能够上网的机器上安装 Windows Server 2003 操作系统，并将打印机连接到这台计算机上。以打印机 HP LaserJet 1000。这台打印机使用的是 USB 的端口，安装过程有严格的先后顺序：先安装驱动程序，然后在把打印机插入 USB 接口，操作系统的即插即用功能立即发现新硬件，并且自动寻找到打印机驱动并且安装到 USB 打印接口。下面设置打印机共享：打开【打印机和传真】，使用鼠标右键单击，选择 HP Deskjet F2200 series，启用共享，共享名保持不变，仍然为 HP Deskjet F2200 series，以下步骤要用到这个共享名。

（2）安装 IIS 和 Internet 打印组件。

从上面的分析可以看出， Internet 打印服务依赖 IIS（Internet Information Server，Internet 信息服务器），要先安装 IIS 才能通过 Internet 打印服务。很多用户在安装 Windows 2003 时就默认安装了 IIS，安装 IIS 组件和 Internet 打印服务，不同于 IIS5.0，IIS6.0 默认情况下不安装 Internet 打印服务组件，需要自定义安装过程。

单击【控制面板】中的【添加/删除程序】图标，打开“添加/删除程序”窗口，单击【添加/删除 Windows 组件】，弹出【Windows 组件向导】对话框，选中【Internet 信息服务】复选框，再依次单击【下一步】按钮就可以完成安装了。

如果是 IIS 早期版本，IIS 的安装过程到此基本完成了，但是 Windows Server 2003 服务器默认不启动 ASP 脚本功能，而且默认的 IIS6 的安装中不包括 Internet 打印服务组，需要自定义安装，接上面的步骤：【应用程序服务器】→【Internet 信息服务】→【详细】→【Internet 打印】，如图 7-1 所示，再依次单击【下一步】按钮就可以完成安装了。

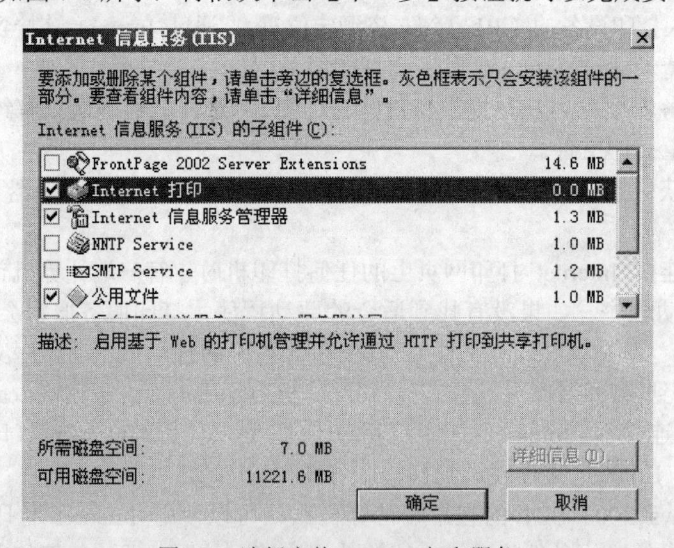

图 7-1 选择安装 Internet 打印服务

在 Windows Server 2003 中，不仅 ASP 解析被关闭，Internet 打印功能也被关闭了，需

要手工启动，执行【开始】→【管理工具】→【Internet 信息服务管理】命令，打开“Internet 信息服务（IIS）管理器”窗口，选择【Web 服务扩展】，选择【Internet 打印】和【Active Server Pages】，然后单击【允许】按钮，如图 7-2 所示。安装好 IIS 后，Internet 用户就可以在 Internet 上通过 Web 浏览器访问这台计算机了。

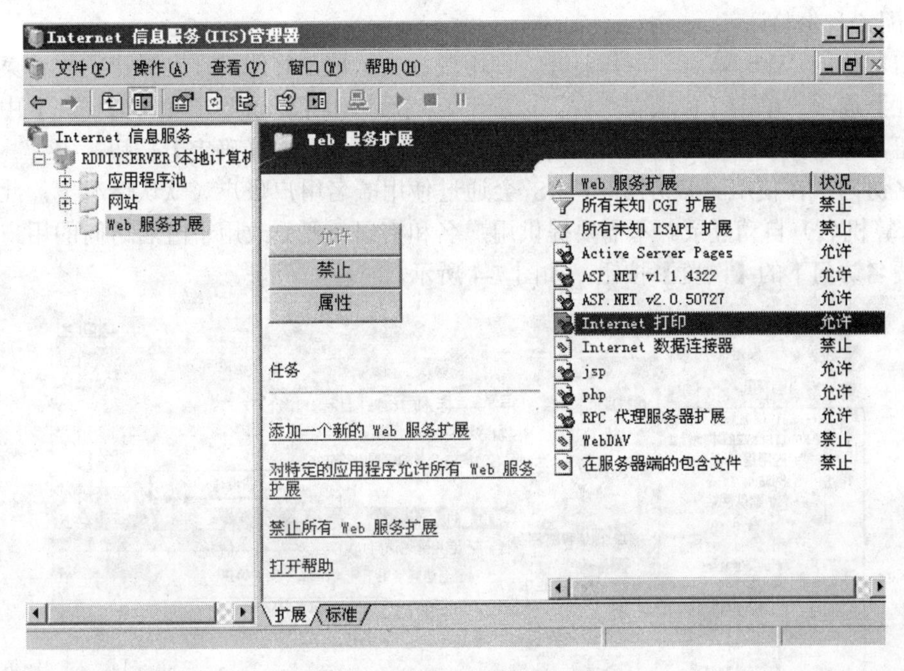

图 7-2 设置 Web 服务扩展

检验 Internet 打印服务是否能正常工作的方法是在 Web 浏览器的地址栏输入 http://127.0.0.1//printers/ipp_0001.asp，这个地址用来查看位于名为本地的打印服务器上的所有打印机的列表，如果出现列表，表示安装成功了，如图 7-3 所示。

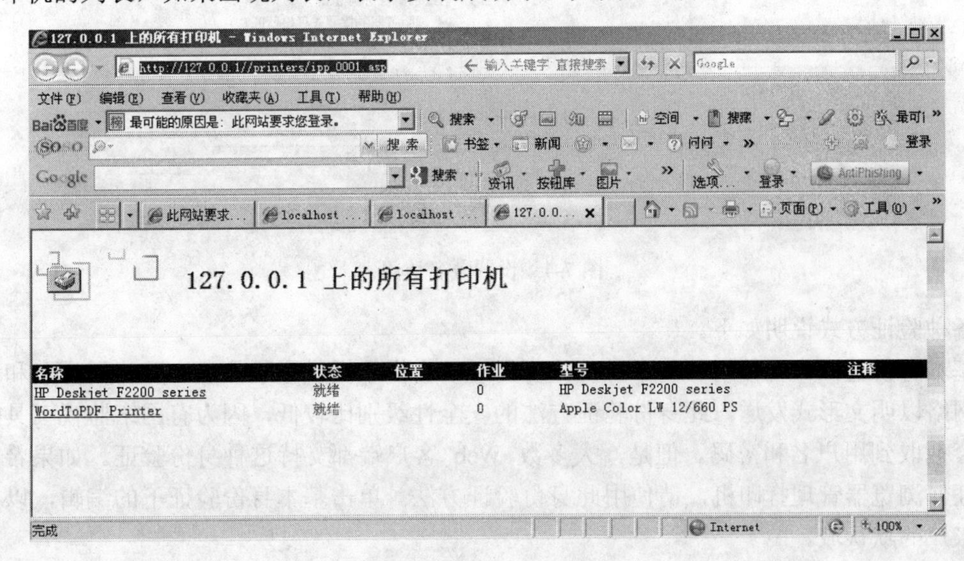

图 7-3 显示的打印机列表

（3）管理打印服务器

Internet 打印服务的安全管理非常重要，配置打印服务器的安全性是配置打印服务器的重点，通过配置身份验证和 IP 地址及域名限制来管理打印服务器，要配置打印服务器，使用【Internet 服务管理器】。

① 配置身份验证

单击默认的 Web 站点，将其展开，使用鼠标右键单击打印机，在弹出的快捷菜单中选择【属性】选项。单击【目录安全性】选项卡，然后单击【身份验证和访问控制】中的【编辑】按钮，并选择下面某种要使用的身份验证方法，然后单击【确定】按钮。

匿名访问：在使用匿名访问时，IIS 会通过使用匿名用户账户（默认情况下，此账户是 IUSR_计算机名）自动登录。不需要提供用户名和密码。要更改用于匿名访问的用户账户，请单击匿名访问下的【浏览】按钮，如图 7-4 所示。

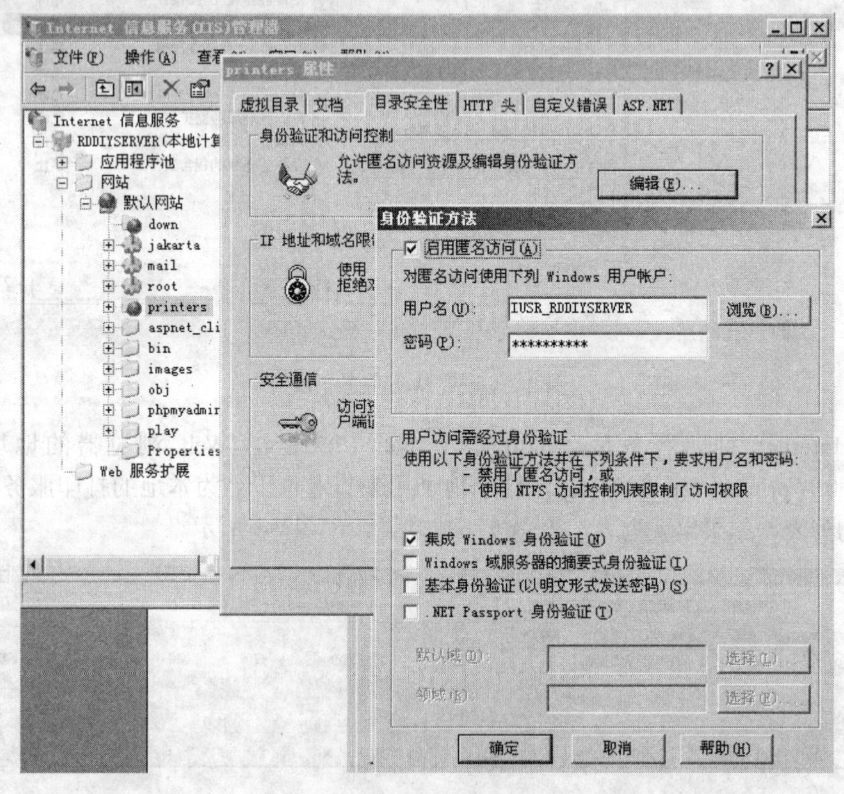

图 7-4　设置匿名访问

各种验证方式说明如下。

基本身份验证：在使用“基本身份验证”时，会提示提供登录信息，并将用户名和密码通过网络以明文形式发送。此身份验证方法的安全性级别比较低，因为有网络监视工具的人可能会截取到用户名和密码。但是，大多数 Web 客户端都支持这种身份验证。如果希望能够从任何浏览器管理打印机，请使用此身份验证方法。单击基本身份验证下的编辑，以指定用户账户的默认域。

摘要式身份验证：摘要式身份验证采用的是一种质询/响应的机制，它在网络上发送摘要（也称为哈希），而不发送密码。在摘要式身份验证期间，IIS 向客户端发送质询以创建一个摘要，然后将该质询发送给服务器。然后，客户端发送一个基于用户密码和数据（对于客户端和服务器都是已知的）的摘要，作为对质询的响应。服务器使用与客户端相同的过程创建自己的摘要，其用户信息获取自 Active Directory。如果服务器创建的摘要与客户端创建的摘要相匹配，则 IIS 将认为客户端通过了身份验证。只能在 Active Directory 域部署中使用摘要式身份验证。同基本身份验证相比，摘要式身份验证只有少许改进。攻击者可以记录客户端和服务器之间的通信，然后使用此通信信息重播该事务。

集成 Windows 身份验证：集成 Windows 身份验证既可以使用 Kerberos v5 身份验证协议，也可以使用自己的质询/响应身份验证协议。此身份验证方法更安全。但是，只有 Internet Explorer 2.0 或更高版本才支持这种方法，而且无法通过 HTTP 代理连接使用这种方法。

.NET Passport 身份验证：Microsoft® .NET Passport 是一个用户身份验证服务，并且是 Microsoft .NET Framework 的一个组件。通过使用 .NET Passport 单次登录服务和快递购买服务，企业可给客户提供一种快速、方便而安全的方法来进行登录并在站点上进行交易。可以使用 .NET Passport 单次登录服务将登录名映射到数据库中的信息，以便通过目标广告、促销信息和内容给 .NET Passport 成员提供具有个性化的 Web 体验。

② 配置 IP 地址及域名限制

单击【IP 地址及域名限制】下的【编辑】按钮。在显示的【IP 地址及域名限制】对话框中，完成以下步骤之一：要允许访问，请选择【授权访问】单选按钮，然后单击【添加】按钮，在显示的【拒绝访问】对话框中，选择所需的选项，然后单击【确定】按钮。所选的计算机、计算机组或域即被添加到【授权访问】的拒绝列表中。

要拒绝访问，请选择【拒绝访问】单选按钮，然后单击【添加】按钮。在显示的【授权访问】对话框中，指定所需的选项，然后单击【确定】按钮。指定的计算机、计算机组或域就会添加到【拒绝访问】的授权列表中，如图 7-5 所示。

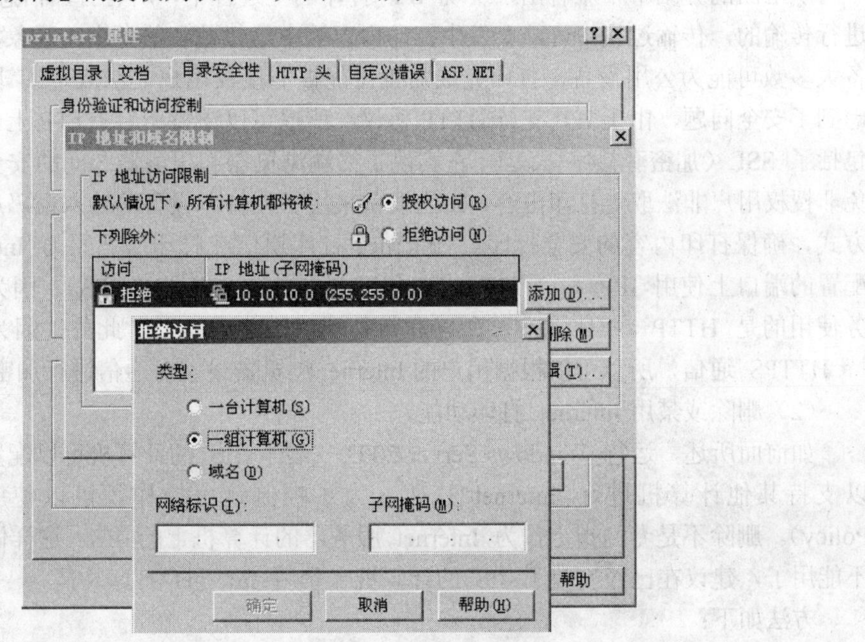

图 7-5　设置 IP 地址及域名限制

4．客户端安装 Internet 打印服务

客户端通过 Web 浏览器完成打印驱动的安装和管理网络任务，Internet 打印用户软件要求：Windows 系列操作系统和 IE6.0 以上， Web 浏览器版本在 6.0 或者更早的版本不能使用 Internet 打印。

需要连接 Internet 打印服务器完成打印任务的用户的计算机，安装网络打印的过程和配置类似 LAN 的网络打印安装和配置，方法是在 IE 地址栏输入 URL（或者 IP 地址）和共享名称。例如： http://113.205.51.110//printers/ipp_0001.asp。

出现服务器上的共享打印机，单击名称为 HP Deskjet F2200 series 的打印机， 出现 Internet 打印管理内容，因为目前还没有安装打印机驱动程序，单击【连接】按钮，提示确认是否连接打印机。单击【是】按钮，通过网络下载并且安装驱动程序到本地进行安装，安装完成后，在远程计算机的【打印机和传真】中将会出现 Internet 打印机图标。

验证打印机属性，发现一个打印端口指向本地，并且设置为默认，另一个打印端口指向 Internet 端口，这是需要的打印设备。安装完成后，就可以向使用本地打印机一样使用 Internet 打印资源了，注意打印时选择打印目标为 Internet 打印机。

5．实现 Internet 打印

在连接到打印机时，打印服务器会将相应的打印机驱动程序下载到用户的计算机。在完成安装之后，打印机的图标会添加到计算机上的【打印机】文件夹中。可以使用、监视和管理打印机，就好像打印机连接到自己的计算机一样。

6．Internet 打印服务安全问题

（1）加密的通信过程。

从上面的介绍中不难看出，实现 IPP 打印的全过程中，所有打印信息都是通过 Internet 进行传输的，传输过程中可能会发生打印内容被中途拦截和信息窜改现象，同时 IPP 打印设备大多数可能为公用设备，打印完成后也可能被非授权用户非法取走。 因此，IPP 充分考虑到了安全问题，由于 IPP 支持 HTTP 协议，所以可以支持所有 HTTP 上的安全协议，其中包括了 SSL（加密套接字协议），它实现了终端浏览器和服务器之间的安全信息交换。为避免非授权用户非法取走打印内容，IPP 设备采用了在打印设备端输入密码后才能打印内容的方式，确保打印内容的安全打印。 Internet 打印通信在打印服务器为 Internet 打印服务所配置的端口上使用 IPP 和 HTTP 或安全超文本传输协议（HTTPS）。因为 Internet 打印服务使用的是 HTTP 或 HTTPS，所以通常是端口 80 或 443。此外，因为 Internet 打印支持 HTTPS 通信，所以可以根据用户的 Internet 浏览器设置对通信进行加密。

（2）删除或禁用 Internet 打印功能。

如前面所述，运行 Windows Server 2003 安装了 IIS 的计算机可以配置为打印服务器，以支持其他计算机进行 Internet 打印。为了控制这一操作，可以使用组策略（Group Policy）。删除不是专门指定作为 Internet 服务器的计算机上的 IIS，这样做 IIS 的其他功能不能用了，建议在已经安装了 IIS 的计算机上禁用 Internet 打印功能。

方法如下：

① 在运行 Windows 2000 SP4 的计算机上，按照“帮助”中的指示并根据是否希望

把组策略对象（GPO） 应用于组织单位、域或网站来进行操作，从而用正确的方式开启组策略。

② 在组策略中，单点【计算机配置】，双击【管理模板】，然后单击【打印机】。

③ 在显示详细信息的窗格中，双击【基于 Web 的打印】。

④ 选择【禁用】选项。

说明：上述组策略设置相当于把注册表项目 \\Hkey_Local_Machine\Software\Policies\Microsoft\Windows NT\Printers 设置为 DisableWebPrinters。

如果允许在运行 IIS 的计算机上进行 Internet 打印，参考前面的安全设置，严格控制能够访问服务器的 Internet 打印网站的用户，将访问打印机的权限限制在少数用户 ID 的范围内。

对用户而言，Internet 打印功能导致 Office 提示打印机不可用，已经安装 Internet 打印功能的用户，要删除 Internet 打印功能的只需要删除 Internet 打印提供商注册表键就可以了。

① 执行 【开始】→【设置】→【控制面板】命令，打开“控制面板”窗口。

② 在【控制面板】中，双击【管理工具】，然后双击【服务】。

③ 停用 Print Spooler 服务。

④ 使用 Microsoft Registry Editor（Microsoft 注册表编辑器：Regedit.exe） 从注册表中删除以下键：HKEY_LOCAL_MACHINE\SYSTEM\CurrentControlSet\Control\Print\Providers\Internet Print Provider。

⑤ 重新启动 Print Spooler 服务。

7.4　任务实施　网络共享打印的实现

在知识链接部分给读者介绍了三种打印服务，现在只选择其中一种进行介绍，其他的打印服务器的安装步骤可以参见知识链接部分，读者朋友自己进行练习。

如果想为网络中的计算机提供共享打印服务，首先需要将打印机设置为共享打印机。为了能够对打印服务器进行有效管理，还需要在网络中部署打印服务器。

下面以在 Windows Server 2003 安装设置打印服务器为例进行介绍。其操作步骤如下。

1. 服务器端安装打印服务器

（1）在【开始】菜单中依次单击【管理工具】→【配置您的服务器向导】菜单项，打开【配置您的服务器向导】对话框。在欢迎对话框和【预备步骤】对话框中直接单击【下一步】按钮，系统开始检测网络配置。如未发现问题则打开【服务器角色】对话框，在【服务器角色】列表中选中【打印服务器】选项，并单击【下一步】按钮，如图 7-6 所示。

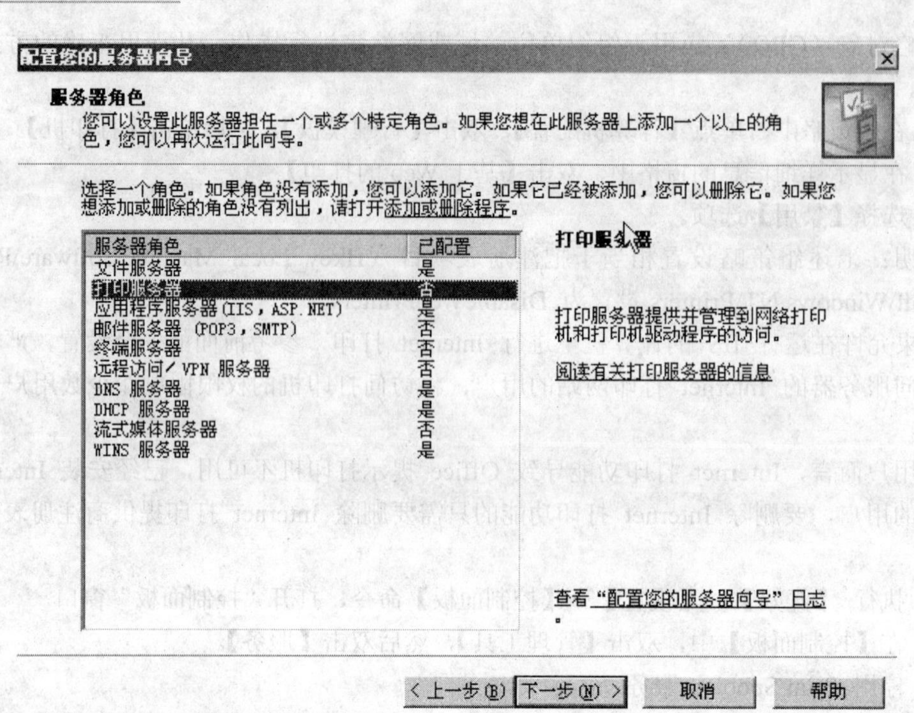

图 7-6 【服务器角色】对话框

（2）打开【打印机和打印机驱动程序】对话框，在该对话框中可以根据局域网中的客户端计算机所使用 Windows 系统版本来选择要安装的打印机驱动程序。建议选中【所有 Windows 客户端】单选按钮，并单击【下一步】按钮，如图 7-7 所示。

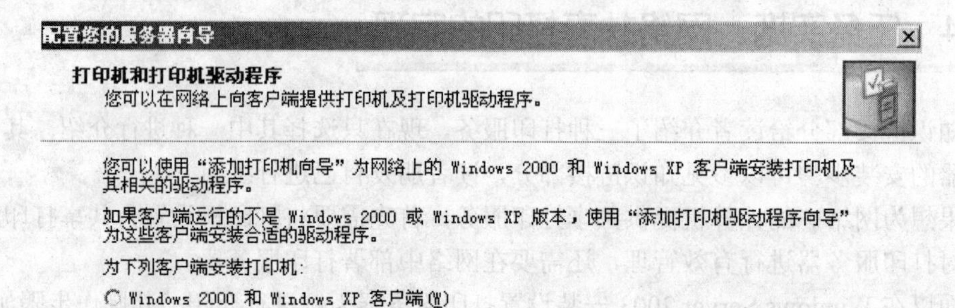

图 7-7 【打印机和打印机驱动程序】对话框

（3）在打开的【选择总结】对话框中直接单击【下一步】按钮，打开【添加打印机向导】对话框。在欢迎对话框中单击【下一步】按钮，打开【本地或网络打印机】对话框。在这里可以选择打印机的连接方式，选中【连接到此计算机的本地打印机】单选按钮，并取消选中【自动检测并安装即插即用打印机】复选框。单击【下一步】按钮，如图7-8所示。

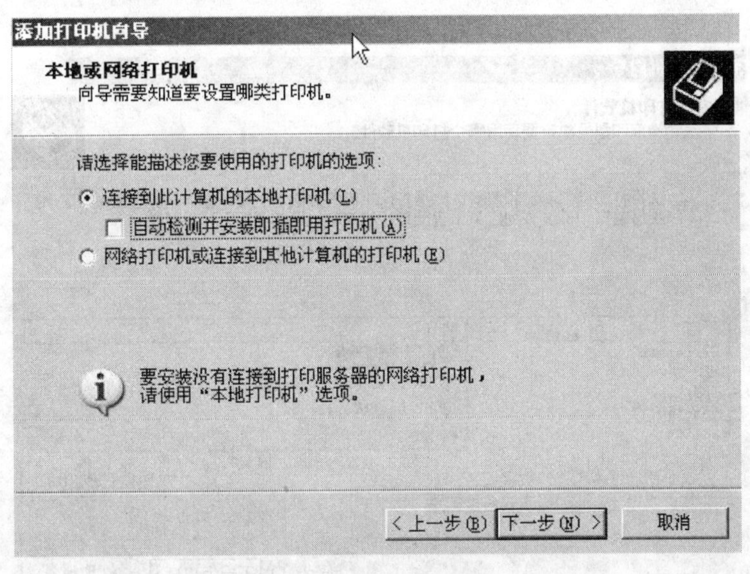

图7-8　【本地或网络打印机】对话框

特别提示：如果与计算机连接的打印机不属于即插即用设置，则建议取消选中【自动检测并安装即插即用打印机】复选框。

（4）打开【选择打印机端口】对话框，此处需要设置打印机的端口类型。目前办公使用的打印机主要为LPT（并口）或USB端口，其中以LPT端口居多。本例所使用的打印机为USB端口，选中【使用以下端口】单选按钮，并在下拉列表中选择【USB001（Virtual printer　port for USB）】选项，单击【下一步】按钮，如图7-9所示。

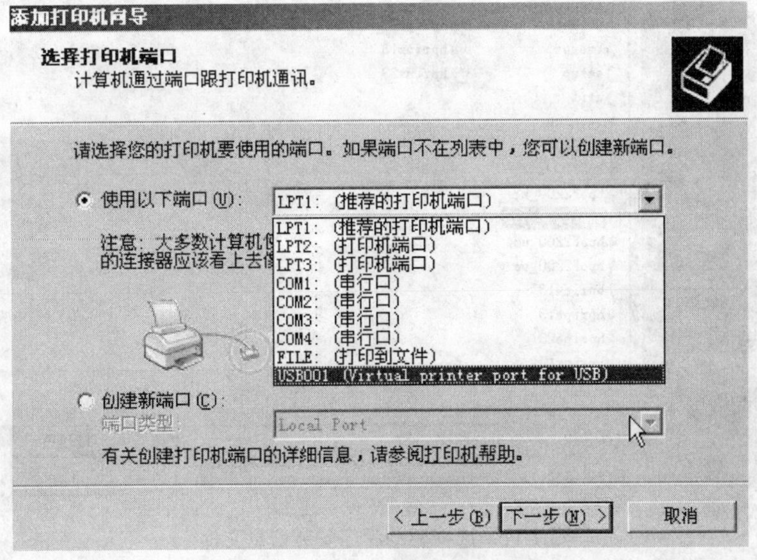

图7-9　【选择打印机端口】对话框

特别提示：如果打印机为USB端口（或是网卡接口），则应该选中【创建新端口】单选按钮，并根据需要创建合适的端口。

（5）打开【安装打印机软件】对话框，在【厂商】和【打印机】列表框中选择合适的打印机的型号。如果列表框中没有合适的打印机型号，则可以单击【从磁盘安装】按钮，如图7-10所示。

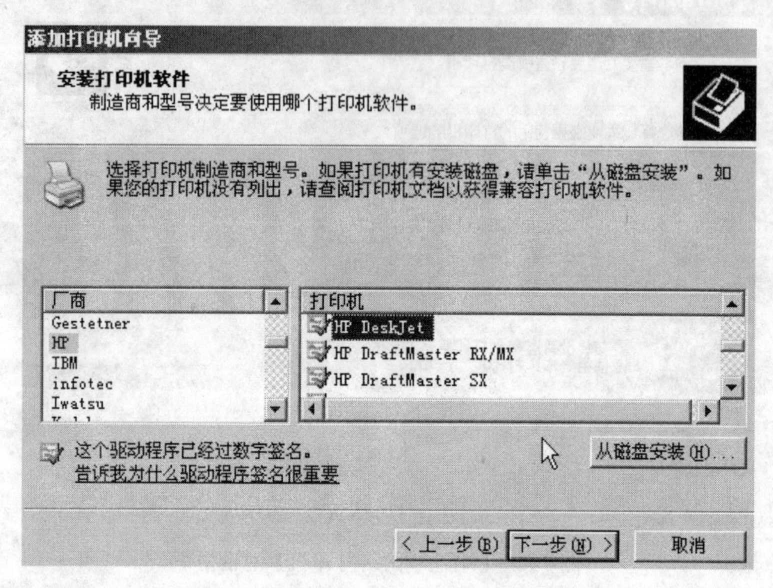

图7-10　单击【从磁盘安装】按钮

（6）在打开的【从磁盘安装】对话框中单击【浏览】按钮，打开【查找文件】对话框。在本地磁盘中找到该打印机在Windows 2000/XP系统中的驱动程序安装信息文件，并依次单击【打开】→【确定】按钮，如图7-11所示。

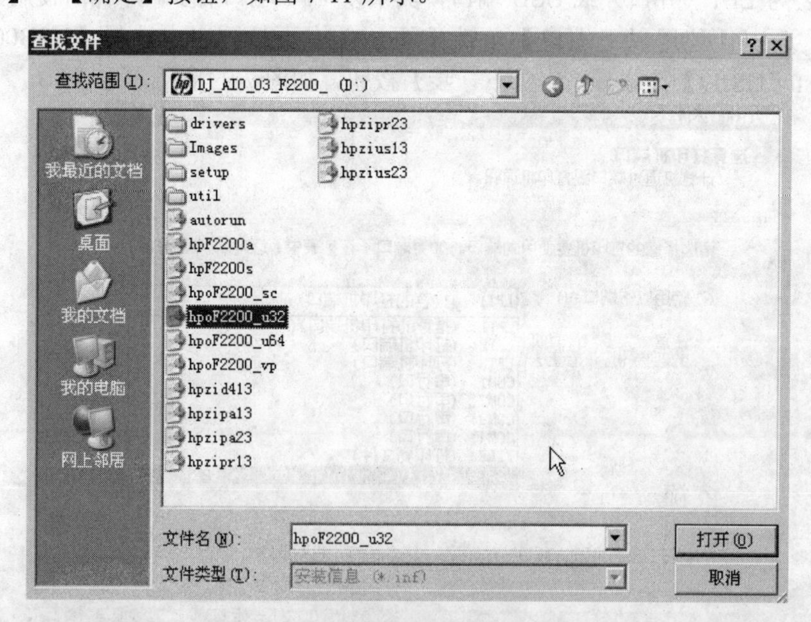

图7-11　选择驱动程序安装信息文件

（7）打开【安装打印机软件】对话框，在【打印机】列表框中会显示要安装的打印机名称。单击【下一步】按钮，如图 7-12 所示。

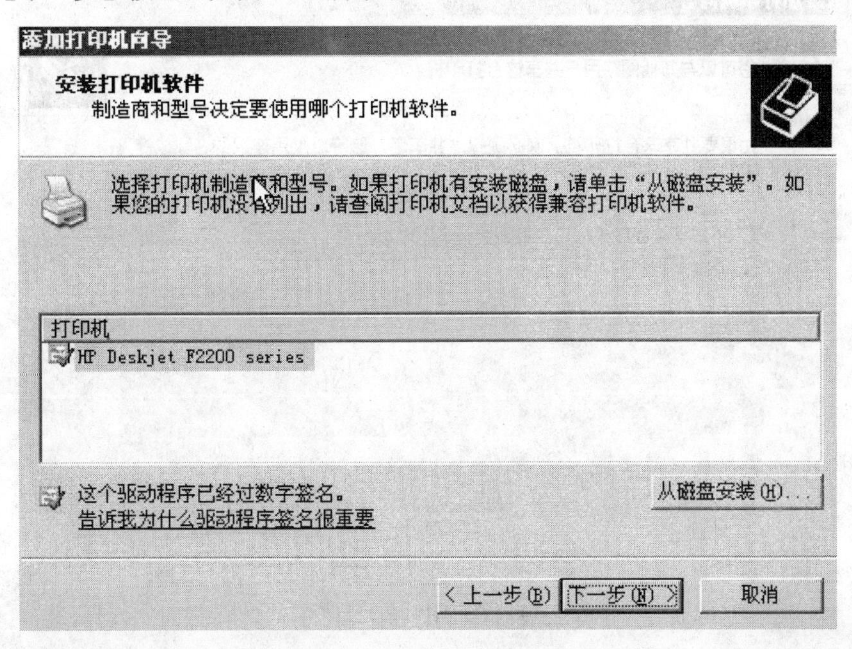

图 7-12　【安装打印机软件】对话框

（8）在打开的【命名打印机】对话框中，用户可以为要安装的打印机指派一个名称。默认将打印机的完整名称作为打印机名，保持默认设置，并单击【下一步】按钮，如图 7-13 所示。

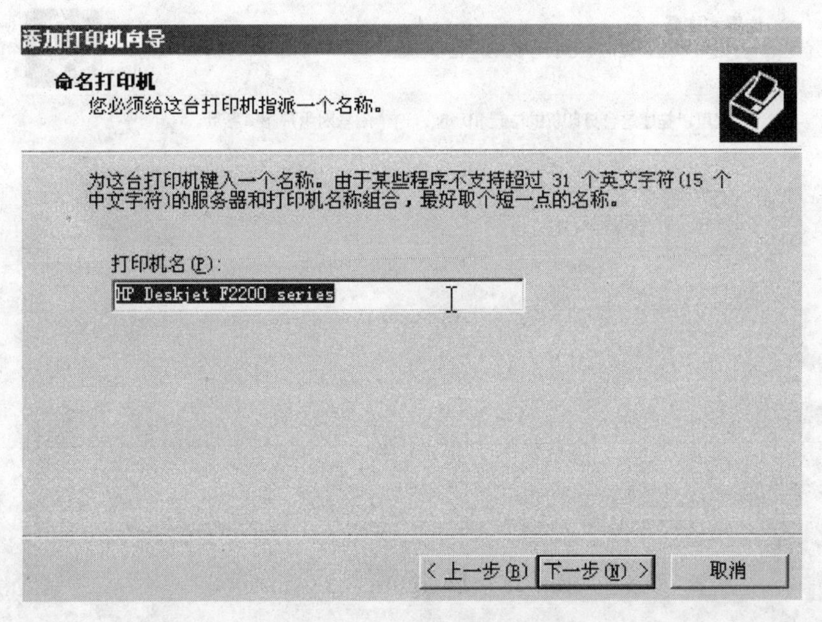

图 7-13　【命名打印机】对话框

（9）打开【打印机共享】对话框，选中【共享名】单选按钮，并在其右侧的编辑框中输入这台打印机在网上的共享名称。设置完毕单击【下一步】按钮，如图 7-14 所示。

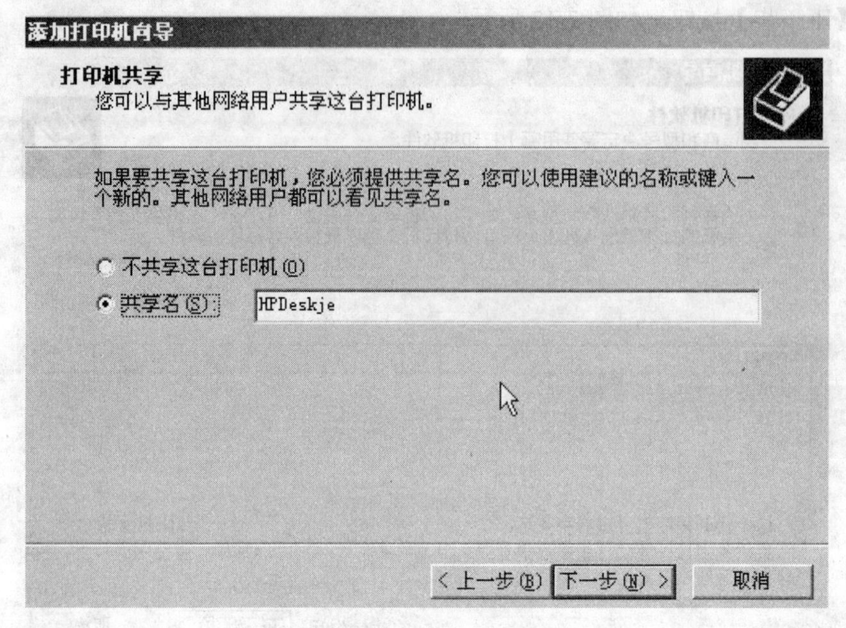

图 7-14 “打印机共享”对话框

（10）在打开的【位置和注释】对话框中用于输入对共享打印机的说明性文字，这对用户使用和管理共享打印机很有帮助。分别在【位置】和【注释】编辑框中输入合适的文字信息，并单击【下一步】按钮，如图 7-15 所示。

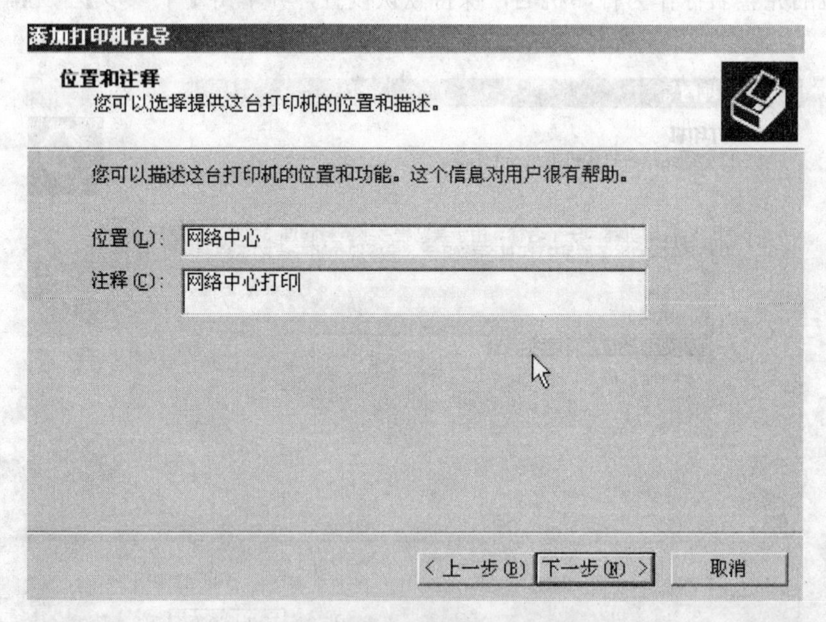

图 7-15 【位置和注释】对话框

（11）打开【打印测试页】对话框，此处用于选择在安装完毕后是否打印测试页，以帮助用户确认打印机安装是否正确。保证打印机已经连接到这台计算机中，打开打印机电源并放好纸张。然后选中【是】单选按钮，并单击【下一步】按钮，如图 7-16 所示。

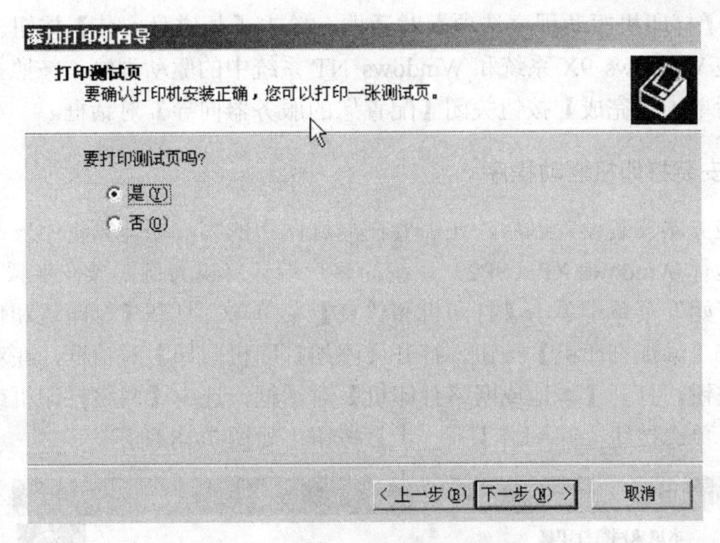

图 7-16　【打印测试页】对话框

（12）在打开的【正在完成添加打印机向导】对话框中，取消选中【重新启动向导，以便添加另一台打印机】复选框，并单击【完成】按钮。安装向导开始安装打印机驱动程序，完成安装后会自动打印测试页。如果打印机能成功打印测试页，说明打印机已经成功安装，并在打开的测试页打印对话框中单击【正确】按钮。

特别提示：在安装打印机驱动程序的过程中可能会出现软件未通过 Windows 徽标测试的【硬件安装】对话框，一般情况下单击【仍然继续】按钮即可。

（13）因为在第（12）步中的【打印机和打印机驱动程序】对话框中选中了【所有 Windows 客户端】单选按钮，因此会打开【添加打印机驱动程序向导】对话框，要求继续安装其他 Windows 版本的驱动程序。在欢迎对话框中直接单击【下一步】按钮。

（14）在打开的【处理器和操作系统选择】对话框中，选中所有的 x86 处理器复选框，并单击【下一步】按钮，如图 7-17 所示。

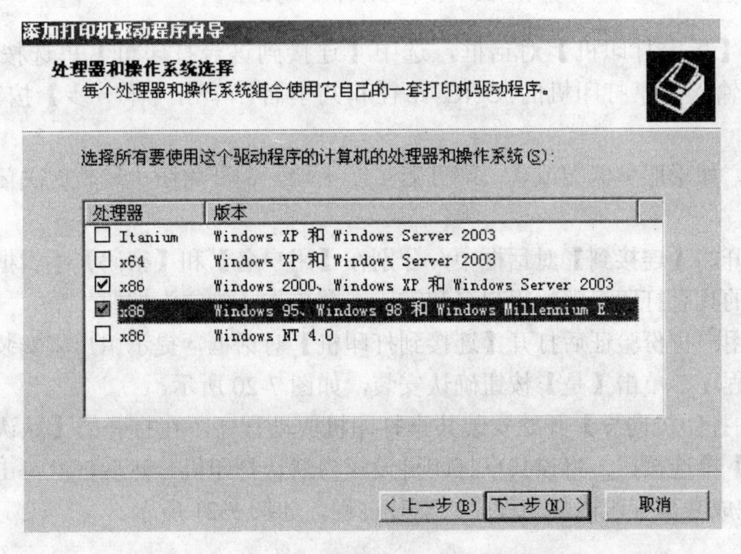

图 7-17　【处理器和操作系统选择】对话框

（15）打开【打印机驱动程序选项】对话框，单击【从磁盘安装】按钮。在本地磁盘中选择该打印机在 Windows 9X 系统和 Windows NT 系统中的驱动程序，按照提示进行安装即可。完成安装后单击【完成】按钮关闭【配置您的服务器向导】对话框。

2．客户端安装打印机驱动程序

完成打印服务器安装设置以后，还需要在局域网中的客户端计算机中安装共享打印机的驱动程序。以运行 Windows XP（SP2）系统的客户端计算机为例，操作步骤如下所述：

（1）在“开始”菜单中单击【打印机和传真】菜单项，打开【打印机和传真】窗口。在任务窗格中单击【添加打印机】按钮，打开【添加打印机向导】对话框，在欢迎对话框中单击【下一步】按钮。打开【本地或网络打印机】对话框，选中【网络打印机或连接到其他计算机的打印机】单选按钮，并单击【下一步】按钮，如图 7-18 所示。

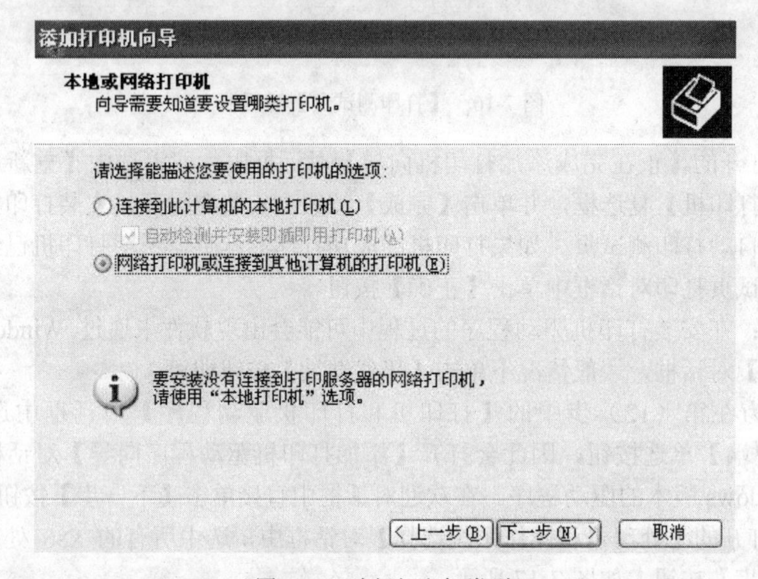

图 7-18 选择打印机类型

（2）打开【指定打印机】对话框，选中【连接到这台打印机】单选按钮，并在【名称】编辑框中输入共享打印机的 UNC 路径和共享名。单击【下一步】按钮，如图 7-19 所示。

特别提示：如果服务器端或客户端开启了防火墙，需要将防火墙暂时关闭或配置防火墙规则。

（3）在打开的【连接到】对话框中，分别在【用户名】和【密码】编辑框中输入在打印服务器中设置的具有打印权限的用户名和密码，并单击【确定】按钮。

（4）通过用户身份验证后打开【连接到打印机】对话框，提示用户将安装来自服务器上的打印机驱动程序，单击【是】按钮确认安装，如图 7-20 所示。

（5）【添加打印机向导】开始安装共享打印机驱动程序，在打开的【默认打印机】对话框中选中【是】单选按钮，将该共享打印机设置为默认打印机。然后依次单击【下一步】→【完成】按钮完成共享打印机驱动程序的安装过程，如图 7-21 所示。

添加打印机向导

指定打印机

如果不知道打印机的名称或地址，您可以搜索符合您的需求的打印机。

要连接到哪台打印机?

○浏览打印机(W)

⊙连接到这台打印机(或者浏览打印机，选择这个选项并单击“下一步”)(C):

名称: \\computer\HPDeskje

例如: \\server\printer

○连接到 Internet、家庭或办公网络上的打印机(O):

URL:

例如: http://server/printers/myprinter/.printer

< 上一步(B)　下一步(N) >　取消

图 7-19　输入共享打印机 UNC 路径

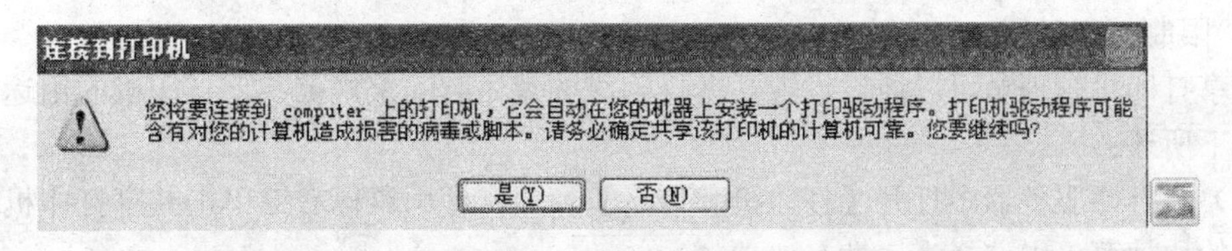

图 7-20　【连接到打印机】对话框

添加打印机向导

默认打印机

如果不指定打印机，您的计算机会把文档送到默认打印机。

是否希望将这台打印机设置为默认打印机?

⊙是(Y)

○否(O)

< 上一步(B)　下一步(N) >　取消

图 7-21　【默认打印机】对话框

（6）客户端成功安装打印机驱动程序后，在客户端可以看见已经安装的打印机图标，如图 7-22 所示。

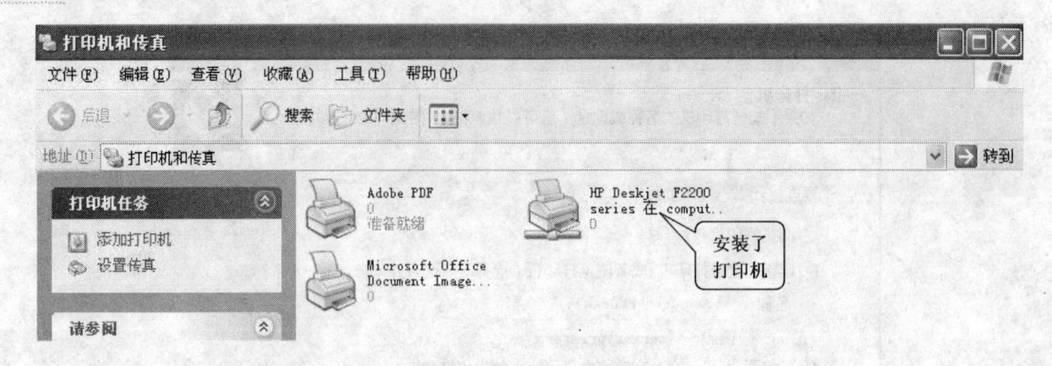

图 7-22 客户端安装了打印机

到此为止，用户即可在客户端计算机中将打印作业直接提交给共享打印机进行打印了。

3. 管理共享打印机

通过打印服务器能够对共享打印机进行有效管理，其中对共享打印机的使用时间和打印权限进行控制是最基本的管理内容。

1）限制打印时间

共享打印机管理员可以通过设置共享打印机的使用时间来规范共享打印机的用途，操作步骤如下所述：

（1）在打印服务器中打开【打印机和传真】窗口，使用鼠标右键单击共享打印机名称，在弹出的快捷菜单中选择【属性】选项。

（2）打开共享打印机属性对话框。切换到【高级】选项卡。选中【使用时间从】单选按钮，然后单击时间微调框设置起止时间。最后单击【确定】按钮使设置生效，如图 7-23 所示。

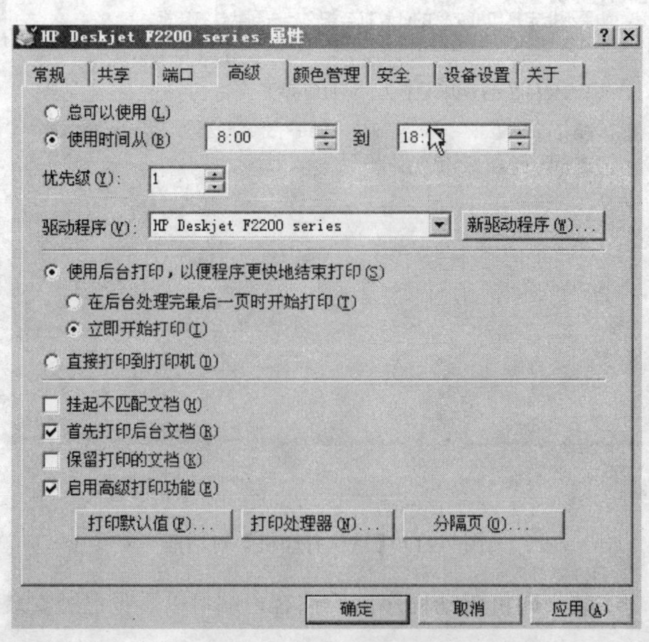

图 7-23 【高级】选项卡

特别提示：如果仅仅希望对一部分用户限制使用时间，而对其他用户则无使用时间限制，可以创建两个逻辑打印机，并单独设置使用时间。

2）指派打印权限

默认情况下，打印服务器中的每个用户账户均拥有使用共享打印机打印文档的权限，并且系统管理员拥有打印、管理打印机和管理文档的权限。通过设置共享打印机的使用权限，可以有效阻止非法用户私自使用共享打印机。以禁止某个普通用户使用打印机打印文档为例，操作步骤如下所述。

（1）在共享打印机属性对话框中切换到【安全】选项卡，然后依次单击【添加】→【高级】→【立即查找】按钮会显示搜索结果。例如，选择 cxp 这个用户，则会在【选择用户或组】对话框中的空白区域显示出已经选择的用户，并依次单击【确定】按钮，如图 7-24 所示。

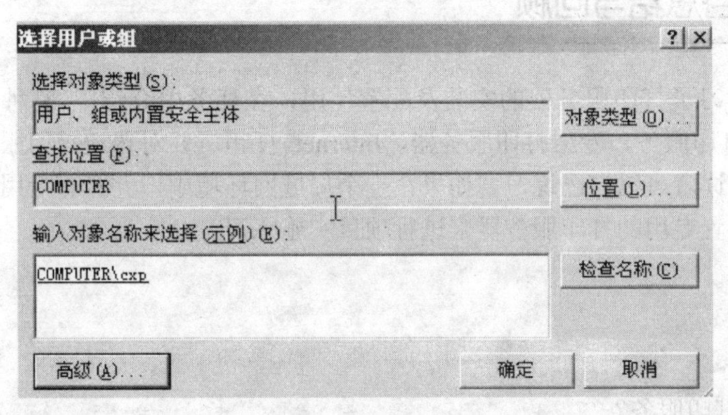

图 7-24　选择目标用户

（2）返回【安全】选项卡，在组或用户名称列表中选中添加的目标用户（如 cxp）。然后在 cxp 的权限列表中选中【拒绝】、【允许】的权限，如图 7-25 所示。

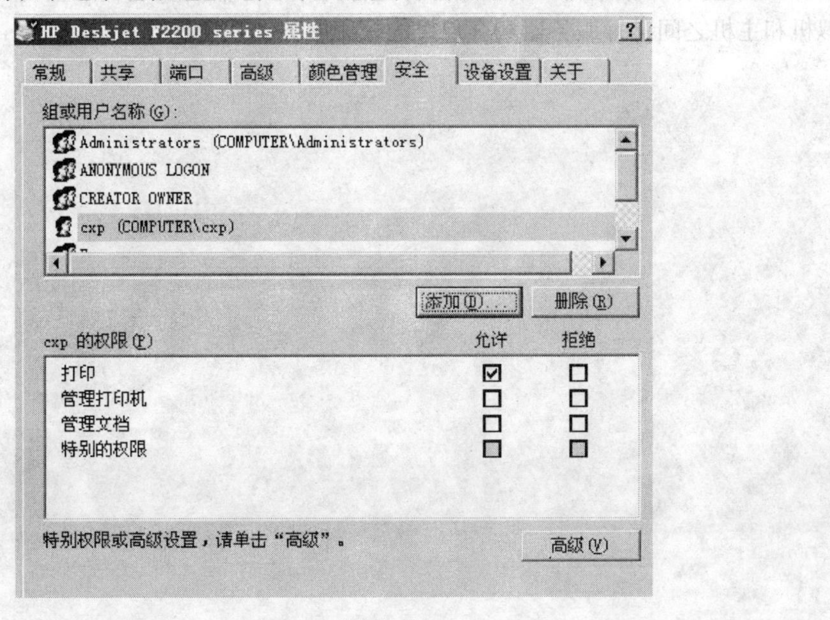

图 7-25　设置权限

（3）打开【安全】对话框，在基于 Windows 系统的网络或系统平台中，【拒绝】权限优先于【允许】权限被执行，因此会提示用户是否设置拒绝权限。单击【是】按钮即可，如图 7-26 所示。

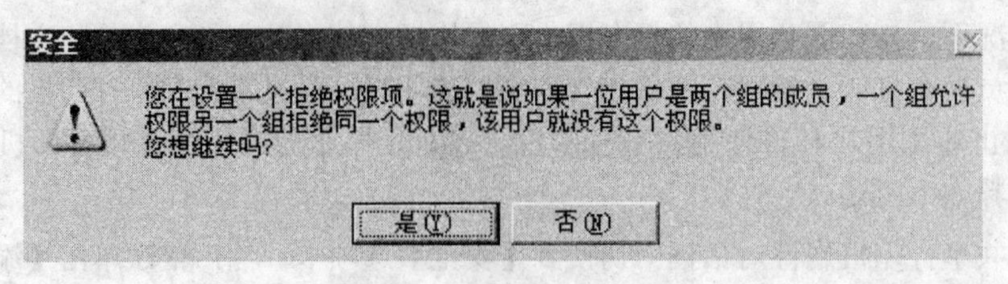

图 7-26 【安全】对话框

7.5 项目总结与回顾

本项目中学习了打印服务器的安装及配置使用，在任务中介绍了 3 种打印服务器，即 Windows 普通打印服务，专用打印服务器，Internet 打印。并对普通打印服务进行了任务实施，其他的项目读者可以自己练习。如果在一个局域网环境中，并且有专用的打印服务器，可以通过安装配置专用的打印服务器来进行项目实施练习。

习 题

1．有哪些打印服务？

2．专用打印服务器如何进行硬件安装和软件安装？

3．如何安装和配置 Internet 打印服务？

4．上机操作：根据自己的实验条件进行打印服务器的安装及配置使用。（提示：可以在虚拟机和主机之间进行服务器和客户机的打印服务的使用操作）

项目 8　维护与管理网络

8.1 任务 1　用 GHOST 进行数据备份与恢复

任务分析

当系统崩溃时，重装操作系统及应用软件是很费时的，并且，如果在网络中，崩溃的计算机是域控制器，又是为网络中其他计算机提供服务的服务器，当它不能启动时，这个问题将更为严重，因此，为了快速恢复系统，下面将介绍利用 GHOST 为核心技术的数据备份与恢复技术。

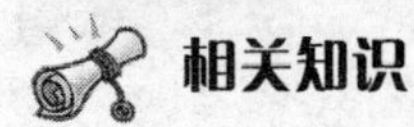

8.1.1　一键备份恢复工具软件的使用

如果系统崩溃或者中毒，就会进不了系统，或者遭受病毒的惨痛经历。如果学会如何备份恢复系统，就会解决以上的遭遇。

1．一键备份恢复系统简介

一键备份恢复系统版本有很多，其中一键 GHOST 是比较典型的一键备份恢复软件。一键 GHOST 是“DOS 之家”首创的硬盘备份/恢复启动工具盘，可以对任意分区一键备份/恢复。GHOST 本来只能在 DOS 环境下运行，之后出现了硬盘版，可以在 Windows 下备份恢复了。

注意

1．一键备份恢复所针对的是 C 盘。因此重要的文件放在 C 盘。

2．确保备份时系统是完好的无病毒，最好进行一次碎片整理。

3．确保最后一个盘符容量大小在 2GB 以上，备份的文件默认是放在最后一个盘符下。另外，由于一键备份系统，默认是对 C 盘进行备份，当 C 盘容量很大，在进行备份时，产生的镜像文件，也很大，这对最后一个盘的容量要求将也会增大。

2．一键备份恢复 GHOST 的使用

（1）安装

从网上下载安装软件，解压，并双击【一键 GHOST 硬盘版.exe】，如图 8-1 所示。一直单击【下一步】按钮，直到最后单击【完成】按钮，如图 8-2 所示。

图 8-1　一键 GHOST 安装向导

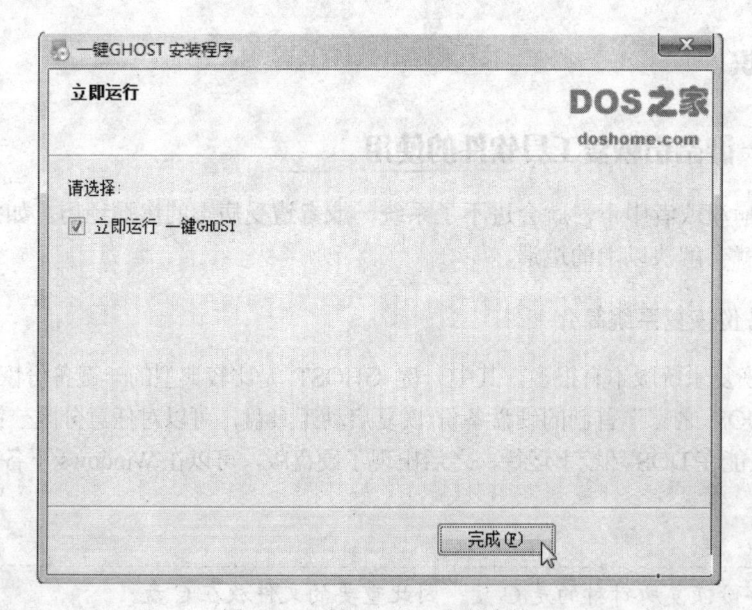

图 8-2　一键 GHOST 安装完毕

（2）运行

执行【开始】→【程序】→【一键 GHOST】→【一键 GHOST】命令，将打开一键 GHOST 主界面，如图 8-3 所示。

3．备份和恢复

在图 8-3 中，单击【一键备份 C 盘】就可以备份了，备份文件将保存在计算机的最后一个盘符下。在图 8-3 中单击【一键恢复 C 盘】按钮就可以将自己计算机上原先已经备份好的

系统文件恢复。也可以根据图 8-3 中的【中文向导】来备份与恢复系统。

此外在开机菜单中运行一键 GHOST，如图 8-4 所示。在开机时选择运行一键 GHOST，也能进入到系统备份与恢复功能，实现备份与恢复系统。

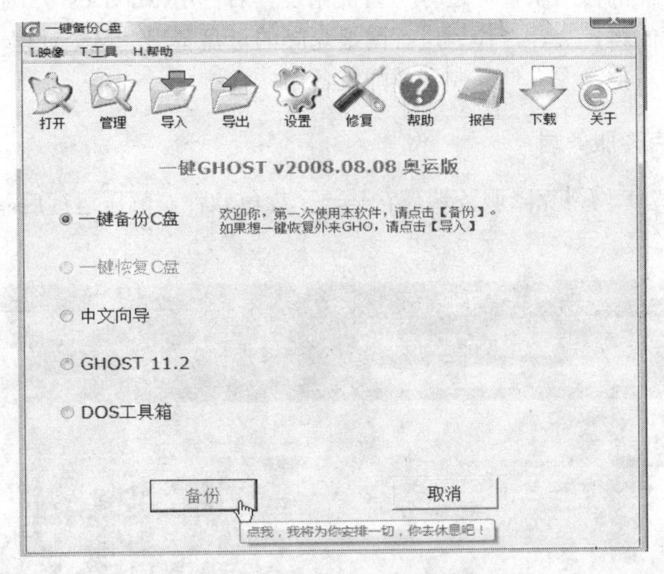

图 8-3　一键 GHOST 主界面

图 8-4　Windows 开机菜单

8.1.2　用网络克隆批量安装系统

前面介绍了一键备份与恢复系统，那个软件对于单机的恢复是能够完成的，如果遇到下面的情况，就不好解决了。

单位有两个计算机房，各有 50 台计算机，时间长了，好多计算机感染了病毒，运行速度很慢，有些软件也该升级了，因此想把机房的计算机全部重装系统。一台一台全部安装是很繁重的工作，因此，可以考虑使用网络克隆批量安装系统。

1. 安装 MaxDos

下载 MaxDos7.0 标准版，它是个只有 7.67MB 体积的小软件，然后通过网络教室软件把它传到各台计算机上逐一安装，虽然有点麻烦，但却一劳永逸，以后就可以用这个软件对计算机进行维护或网络克隆了。

2．制作母盘镜像

把其中一台计算机的C盘格式化，全新安装Windows XP SP3操作系统，在线升级系统到最新版，装上所需的常用软件，进行一番优化设置后，用MaxDos 7.0自带的GHOST工具制作一个系统盘的镜像文件，作为进行网络克隆的母盘备用。这个过程一定注意保证系统的纯净。备份完成后把镜像文件复制到教师机备用。

3．设置网络克隆服务端

下载MaxDos7.0网络克隆服务端，它是一个绿色软件，解压运行后，出现如图8-5所示的界面。

图8-5 设置MaxDos7.0网络克隆服务端

在“启动网卡”后面的IP地址是服务端传输至客户端的网卡IP地址，服务端会自动识别出来。在起始IP位置中设置DHCP分配的IP地址开始段。

注意

一定要和服务端IP在同一个网段内，这里用的是1号机的IP地址192.168.0.11。子网掩码设为255.255.255.0。其他选项保持默认设置即可。设置好后单击【保存】按钮，进入“克隆设置”选项，如图8-6所示。

【会话名称】默认为MAX，不能修改。由于是网络克隆至客户端，所以在【选择克隆任务】选项组中选中【恢复镜像】单选按钮。【选择模式】为【普通模式】。在【镜像文件路径】区域中浏览找到前面做好的GHOST镜像文件。完成后单击【下一步】按钮，在出现的窗口中选中【分区克隆】单选按钮。在【自动参数（计划任务）】中设为【连接30个客户机自动开始】，这样只要把30台学生机打开进入到MaxDos 7.0的自动网络克隆状态，服务端就会自动开始传输数据。

以上所有设置都完毕后，单击【下一步】按钮进入刚才的【网络设置】界面，单击下面

的【完成设置】按钮，这样所有的服务端设置到此完毕，程序将自动打开 GHOSTSRV 服务端进入等待发送状态。

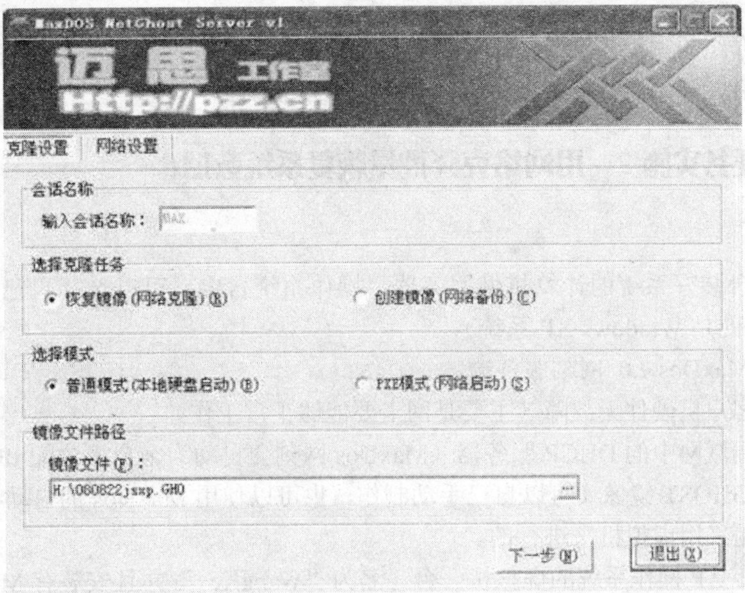

图 8-6　“克隆设置”选项

4．设置客户端

作为客户端的 50 台学生机开机启动到选择菜单时，向下选中 MaxDos7.0，输入密码进入 MaxDos7.0 选择菜单，如图 8-7 所示，然后默认自动进入【全自动网络克隆】，再选择【全自动网刻】，软件会自动打开 GHOST 11.5 窗口，等待接收服务端数据。这几步都是自动进行的，所以输入密码进入 MaxDos7.0 后就不用再管了。

图 8-7　进入 MaxDos7.0 选择菜单

在服务端设置的是连接达 50 台后自动启动，所以最后一台计算机启动进入 MaxDos7.0 全自动网刻状态后，服务端就开始自动向客户机传送数据。总共只用了 30 分钟，一个机房的网络克隆就全部完成了。

提示：MaxDos7.0 的网络克隆仍然是用的 GHOST 网络多播的方法，但它内置了丰富的网卡驱动，可以自动识别多种网卡，而且全部是中文化界面，不需要像其他网络克隆软件那样要制作相应网卡驱动的批处理文件、要设置 DHCP 服务器，它让网络克隆变得更为简单、实用。

8.1.3　任务实施 1　备份与恢复数据

根据前面介绍的知识，安装一键备份与恢复软件，可以在网上下载一键备份与恢复硬盘版，安装完成后，开始运行一键备份系统与一键恢复系统。

8.1.4　任务实施 2　用网络克隆批量恢复系统数据

准备工作：

（1）有一台装好系统的计算机做服务器，操作系统自定，可以选择自己使用的操作系统，（这里使用的是 Windows XP 系统）

（2）下载 MaxDos 7.0 网刻服务端。

（3）保证客户机硬件无故障（主要是网卡要能够正常工作）。

（4）停止局域网中的 DHCP 服务器（MaxDos 网刻会自动为客户机分配 IP 地址）。

（5）制作 GHOST 镜像（可以自己手动制作，也可以使用 MaxDos 的自动备份）。

实验环境是采用虚拟机来进行的。

（1）安装有 XP 操作系统的虚拟机一台，名为“WangKe ”并且安装有 MaxDos7.0 网刻服务端服务器上有制作好的 GHOST 镜像，镜像在 D:\MAXBAK 文件夹下（注意：是隐藏的），网卡的 IP 地址为 172.16.1.1(网卡桥接到 9 网段)

（2）一台没有系统的客户机一台，网卡同样桥接到 9 网段（客户机与服务器要保证在同一个局域网内）

实验操作：

（1）打开 MaxDos7.0 服务器端的控制台，对克隆进行相应的设置，如图 8-8 所示。

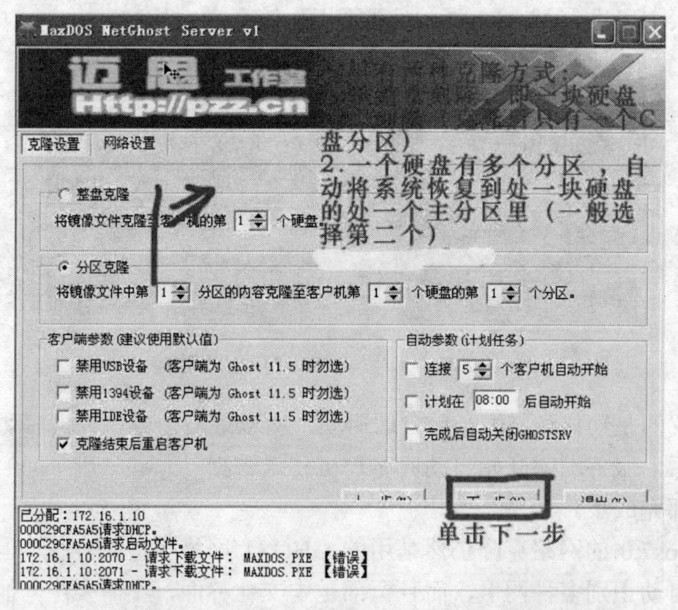

图 8-8　选择克隆方式

（2）进行网络设置，如图 8-9 所示。

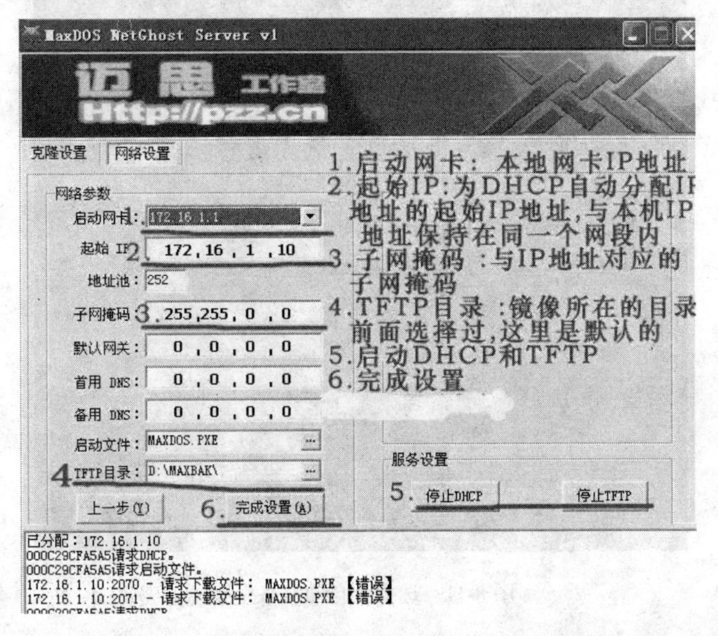

图 8-9 进行网络设置

（3）当网络设置完成，就会弹出如图 8-10 所示的对话框，这时服务器设置已经完成了。

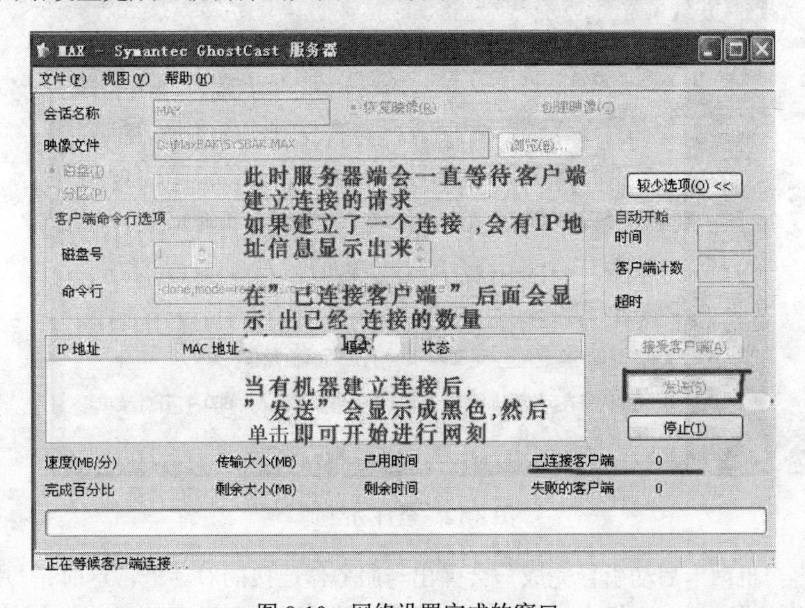

图 8-10 网络设置完成的窗口

（4）当服务器设置完成后，就可以进行客户端网刻引导了。使用的是做好的光盘引导，即 MaxDos7.1，带有网刻功能。只需进行正确的引导，即可开始。可以使用全自动的功能。客户机启动后，选择【全自动网络克隆】选项，如图 8-11 所示。

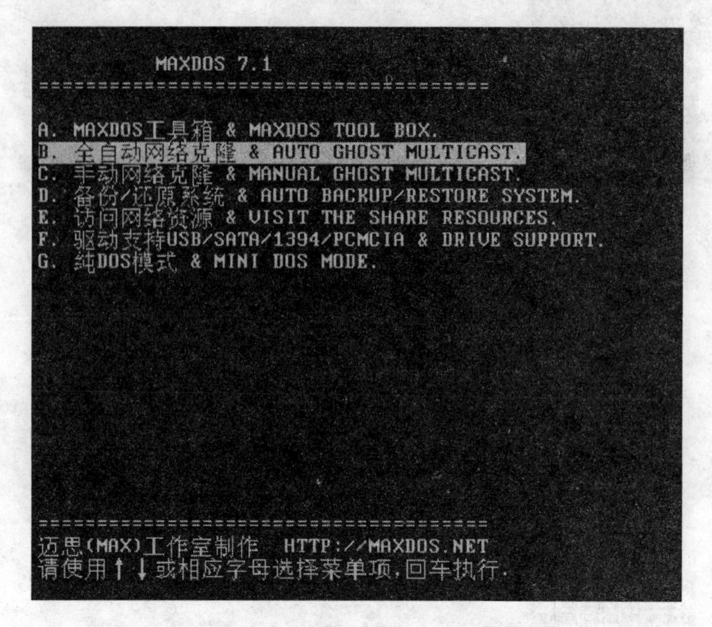

图 8-11　选择全自动网络克隆

（5）全自动网刻如图 8-12 所示。

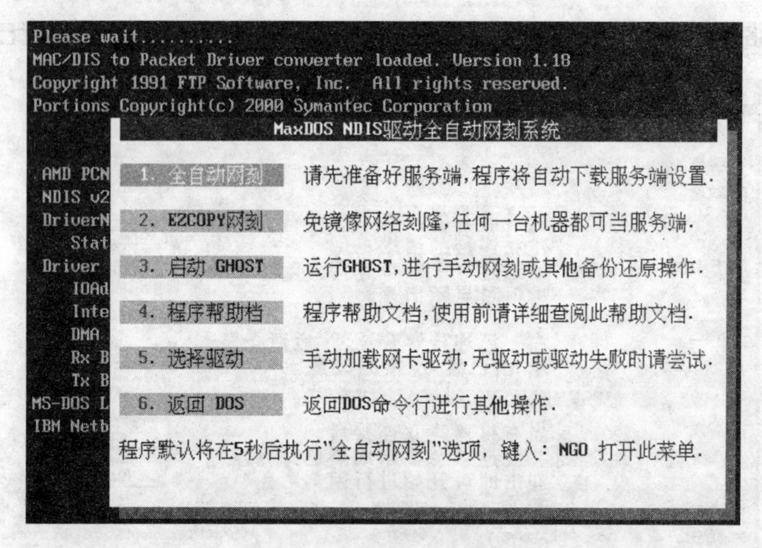

图 8-12　全自动网刻

（6）当客户机网卡启动引导完成，会弹出与服务器连接的对话框，这时是与服务器进行连接，如果连接成功，客户机会一直显示此界面，等待服务器发送数据。建立连接成功，在服务器端上也会显示出来，会有连接数量及连接机器的 IP 信息。如果建立连接失败，客户机会有信息提示，做出相应的调整即可。

（7）进行了一台机器的引导，这时不要忙着单击“发送”按钮开始文件传送。还可以对其他未安装系统的机器进行引导，当把所有需要安装系统的机器引导完成，显示连接画面时，查看服务器上控制台的信息，确定无误即可单击“发送”按钮开始进行网刻了。图 8-13 所示的就是文件正在发送。

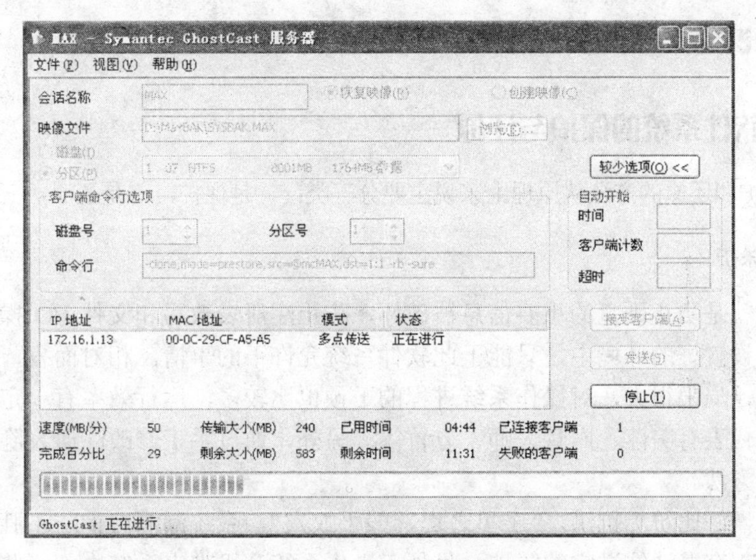

图 8-13　文件正在发送

（8）如果网刻成功，会弹出成功的提示信息，如图 8-14 所示。这时客户机上就会发现所有系统都已经安装完成了。

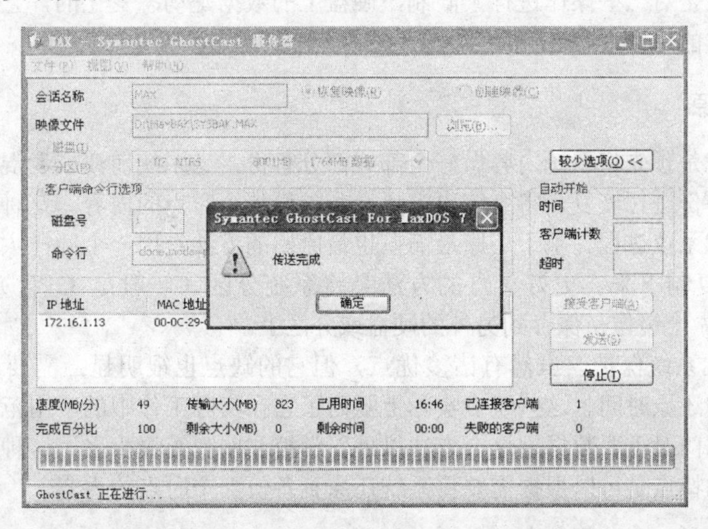

图 8-14　网刻成功

8.2 任务 2　硬盘数据保护

任务分析

长期以来，学校机房、网吧等人员流动大，机器很多的场所，系统管理员的工作都非常烦琐，经常要重新安装系统、查杀病毒等。如何对硬盘中现有的操作系统和软件进行保护和还原就成了一个课题。并且当硬盘数据由于误删除和误格式化后会造成数据丢失，这就需要对硬盘数据进行保护，同时也可以通过软件对硬盘数据进行恢复。

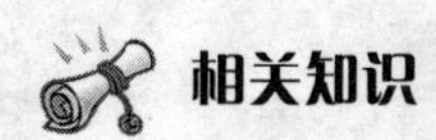

相关知识

8.2.1 软件系统的保护与还原

系统的保护和还原的方法从原理上来说主要分三类：一是保护，二是还原，三是虚拟还原。

1. 系统保护

系统保护就是防止硬盘的重要信息被破坏，防止注册表改写和文件 I/O 操作等。用户被置于一个预先设置好的环境中，只能干此软件系统允许干的事情。相对而言，这种方法对用户的约束太多，局限很大，对操作系统进程的干预也比较多，运行效率有一定影响。基于这种思路的软件代表有美萍、网管大师、方竹等。另外，通过手工修改注册表隐藏一些系统功能也属于这种方法。

系统保护，好比筑堤抗洪，“千里之堤，毁于蚁穴”，系统漏洞可谓防不胜防，事实上水平高点的用户都有办法饶过它的防护。另外，操作系统升级带来系统内部一些功能变化，这些软件也必须做相应修改，很被动。总的来说，这类软件从思路来说是一种被动防御的姿态，效果不会太理想。

系统保护只是对一些操作进行了限制，硬盘上的数据是动态变化的，它不能根据需要恢复到某一个时点的系统内容。

2. 系统还原

系统还原就是预先将系统内容做好全部或部分备份，当系统崩溃或者混乱需要重新安装时，将原来的备份进行恢复，将系统内容还原到备份那个时点的内容。这种方法不干预用户的操作，不干扰系统进程。基于还原最简单也最原始的方法是用一个同样大的硬盘一比一地将系统克隆或复制下来。更好一点的方法是将系统分区（一般是 C 盘）用 GHOST 或 WINIMAGE 等做个镜像，保存到另外的硬盘或分区上。

系统还原比系统保护，虽然有诸多优点，但它的缺点也很明显：需要占用很大硬盘空间，需要大量的还原时间。这些缺点实际上阻碍了它在实际工作中的应用范围，除了家庭用户和一些重要部门对重要数据用这个方法以外，学校和网吧等极少采用这种“笨”办法。

系统还原的特点是可以根据需要将系统还原到备份那个时点的内容。

3. 虚拟还原 feedom.net

虚拟还原的工作原理实际上是基于系统保护的，但它的保护做在系统的最底层，先于操作系统，类似于引导型病毒（A 型病毒）。它对系统进程有一定干扰，但是这个干扰几乎可以不被察觉。它不干预用户的任何操作，对普通用户来说，可以当它是透明的——根本不存在。

虚拟还原的工作方式又类似于系统还原，可以在需要的时候将系统进行“备份”，这个备份的速度非常快，最多十几秒就可以完成。它需要占用少量硬盘空间，占用率低于数据量的千分之一。同时它的还原速度也是惊人的，同样最多需要十几秒钟。

正由于虚拟还原同时具有系统保护和系统还原的优点，又尽可能避免了它们的一些重要缺点，所以基于虚拟还原方式的软件越来越受到用户青睐。这些软件的代表有还原精灵、虚拟还原、硬盘还原卡（其实是做在硬件上的软件，主要为了防止盗版）等。

虚拟还原的保护看上去相当神奇，如果按系统还原的工作原理来理解，从硬盘占用到还原速度绝对不可思议。它的保护原理在后面再和大家一起分析。

4．虚拟还原软件介绍

其实，用得较多的软件只是一个 Recovery Genius（还原精灵），另外一个名叫“虚拟还原”的软件。至于硬盘还原卡，就像当年的汉卡、防病毒卡等，是一个特定时期的特定的产物，实际上也是将软件的功能集成在硬件中来实现。

8.2.2　数据恢复

下面简要介绍几个软件。

1．DiskGenius

DiskGenius 是一款磁盘分区及数据恢复软件。支持对 GPT 磁盘(使用 GUID 分区表)的分区操作。除具备基本的分区建立、删除、格式化等磁盘管理功能外，还提供了强大的已丢失分区搜索功能、误删除文件恢复、误格式化及分区被破坏后的文件恢复功能、分区镜像备份与还原功能、分区复制、硬盘复制功能、快速分区功能、整数分区功能、分区表错误检查与修复功能、坏道检测与修复功能。提供基于磁盘扇区的文件读写功能。支持 VMware、Virtual PC、 VirtualBox 虚拟硬盘格式。支持 IDE、SCSI、SATA 等各种类型的硬盘。支持 U 盘、USB 硬盘、存储卡(闪存卡)。支持 FAT12/FAT16/FAT32/NTFS/EXT3 文件系统。

2．EasyRecovery

EasyRecovery 是世界著名数据恢复公司 Ontrack 的技术杰作。其 Professional（专业）版更是囊括了磁盘诊断、数据恢复、文件修复、E-mail 修复全部 4 大类目 19 个项目的各种数据文件修复和磁盘诊断方案。

（1）其支持的数据恢复方案包括以下内容。

- 高级恢复：使用高级选项自定义数据恢复。
- 删除恢复：查找并恢复已删除的文件。
- 格式化恢复：从格式化过的卷中恢复文件。
- Raw 恢复：忽略任何文件系统信息进行恢复。
- 继续恢复：继续一个保存的数据恢复进度。
- 紧急启动盘：创建自引导紧急启动盘。

（2）其支持的磁盘诊断模式包括以下内容。

- 驱动器测试：测试驱动器以寻找潜在的硬件问题。
- SMART 测试：监视并报告潜在的磁盘驱动器问题。
- 空间管理器：磁盘驱动器空间情况的详细信息。
- 跳线查看：查找 IDE/ATA 磁盘驱动器的跳线设置。
- 分区测试：分析现有的文件系统结构。
- 数据顾问：创建自引导诊断工具。

3．数据恢复大师

数据恢复大师是一款功能强大，提供了较低层次恢复功能的硬盘文件恢复软件,只要数据没有被覆盖掉，文件就能找得到，请将数据恢复大师软件安装到空闲的盘上，在恢复之前不要往需要恢复的硬盘分区里面写入新的文件。

本软件支持 FAT12、FAT16、FAT32、NTFS 文件系统，能找出被删除/快速格式化/完全格式化/删除分区/分区表被破坏或者 Ghost 破坏后的硬盘文件，对于删除的文件，本软件有独特的算法来进行恢复，可以恢复出被认为无法恢复的文件，目录和文件的恢复效果非常好；对于格式化的恢复，本软件可以恢复出原来的目录结构，即使分区类型改变了也能直接扫描出原分区的目录，无须将分区返回原来的类型；对于分区丢失或者重新分区，可以通过快速扫描得到原来的分区并且列出原来的目录结构，速度非常快，一般几分钟就可以看到原来的目录结构；对于 Ghost 破坏的恢复，没有覆盖到的数据还可以恢复回来；对于分区打不开或者提示格式化的情况，能够快速列出目录，节省大量的扫描时间，扫描到的数据可以把已删除的和其他丢失的文件区分开来，可以准确地找到需要恢复的数据。

支持各种存储介质内所存放的文件恢复，包括 IDE/SATA/SCSI/SD 卡/手机内存卡/USB 硬盘等，支持 Word/Excel/PPT/JPG/BMP/CDR/PSD/WPS/WAV/AVI/MPG/MP4/3GP/PDF 等各种文件格式的恢复。

在互联网中还有很多其他的数据恢复软件，读者可以查阅。

8.2.3 任务实施　硬盘数据恢复

下面以 DiskGenius 来进行操作说明。

（1）启动 DiskGenius 软件后的界面如图 8-15 所示。

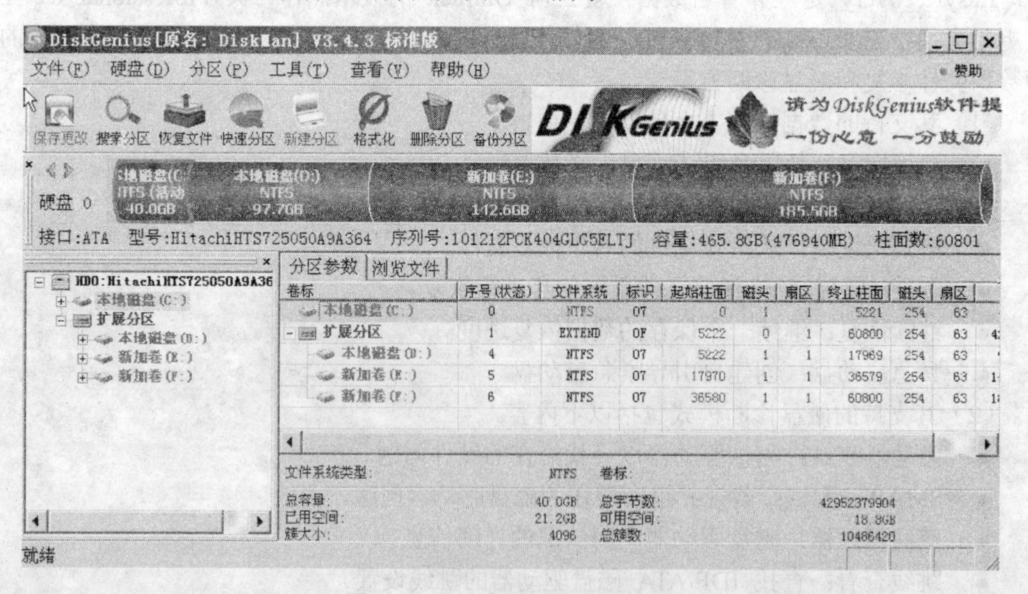

图 8-15　DiskGenius 软件的界面

（2）在需要恢复的分区上用鼠标右键单击，选择【已删除或格式化后的文件恢复】选项，如图 8-16 所示。

图 8-16　选择【已删除或格式化后的文件恢复】

（3）弹出如图 8-17 所示的对话框。在这个对话框中如果是误删除了文件，则选择【恢复误删除的文件】单选按钮，如果是整个分区被格式化了，则可以选择【恢复整个分区的文件】单选按钮。

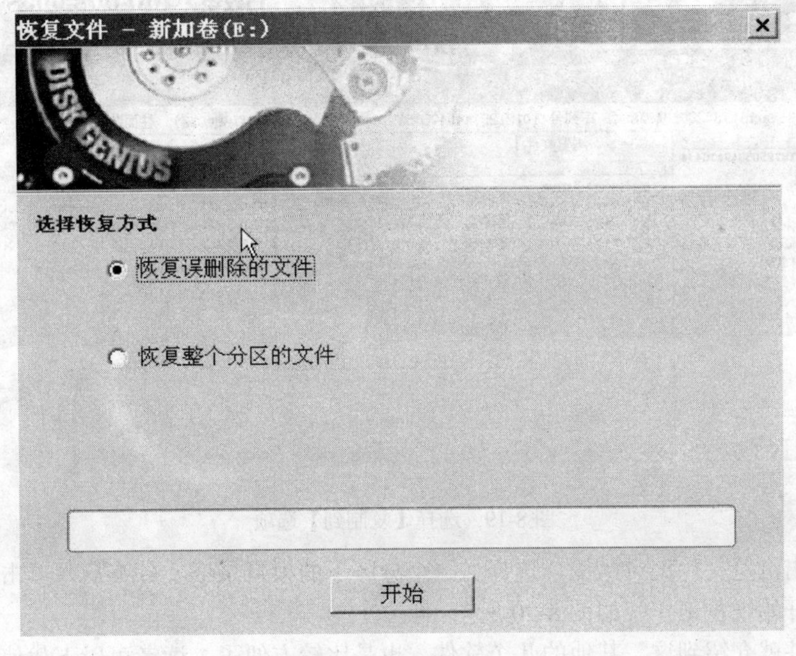

图 8-17　选择恢复方式

（4）单击【开始】按钮，开始搜索文件，如图 8-18 所示。

（5）搜索完成后，在图 8-19 的左边选择要恢复的文件夹，在右边选择要恢复的文件，用鼠标右键单击，在弹出的快捷菜单中选择【复制到】选项。

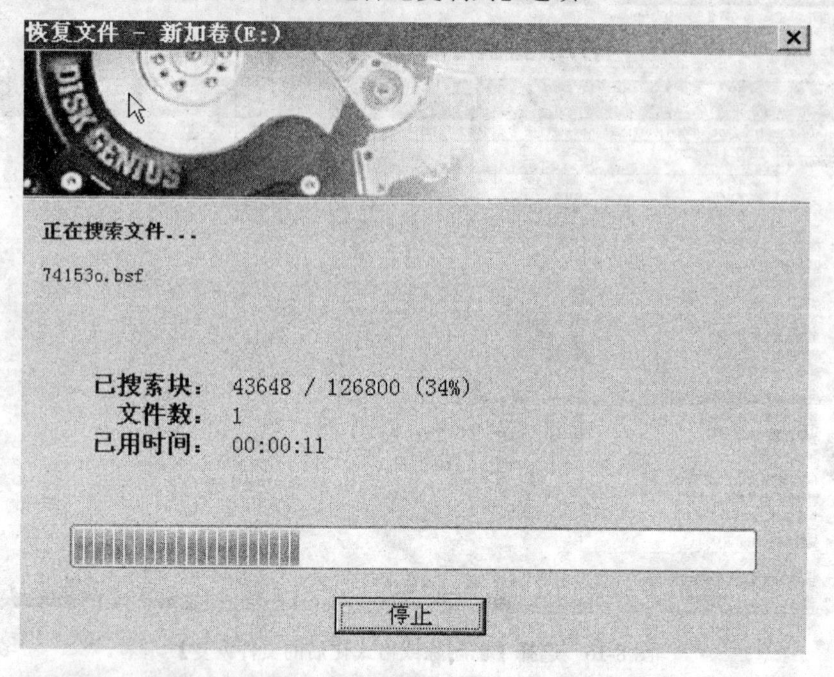

图 8-18 搜索文件

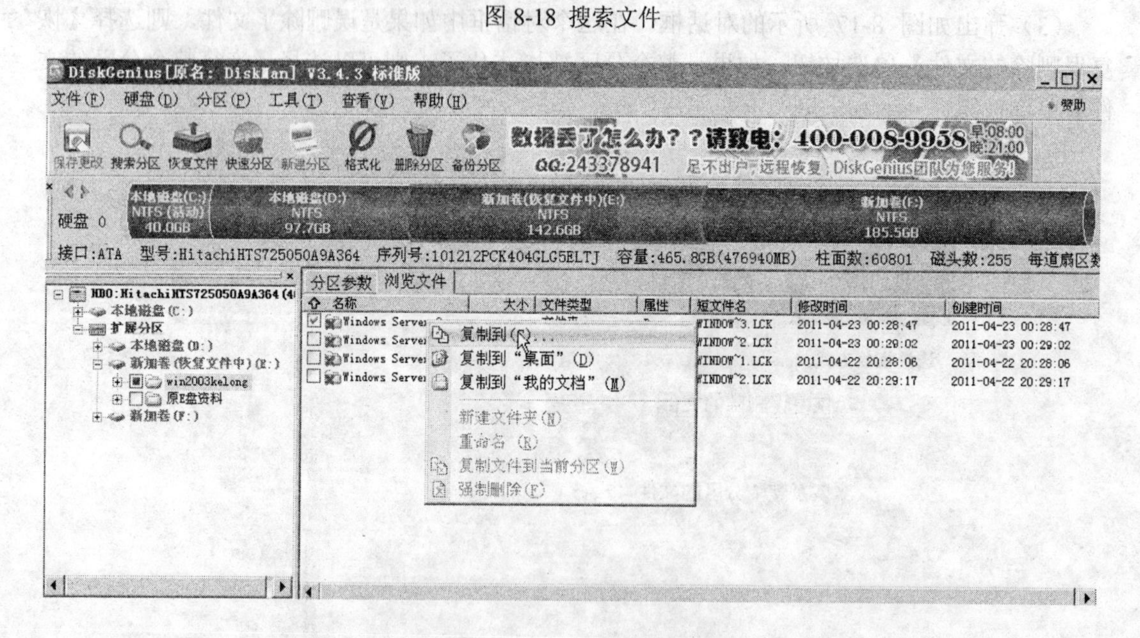

图 8-19 选择【复制到】选项

（6）弹出浏览文件夹对话框，选择另一个分区下的根目录或文件夹后，单击“确定”按钮，就可以开始恢复工作，如图 8-20 所示。

这个软件就介绍到这，其他的几个软件，也是比较方便了，读者可以下载使用。

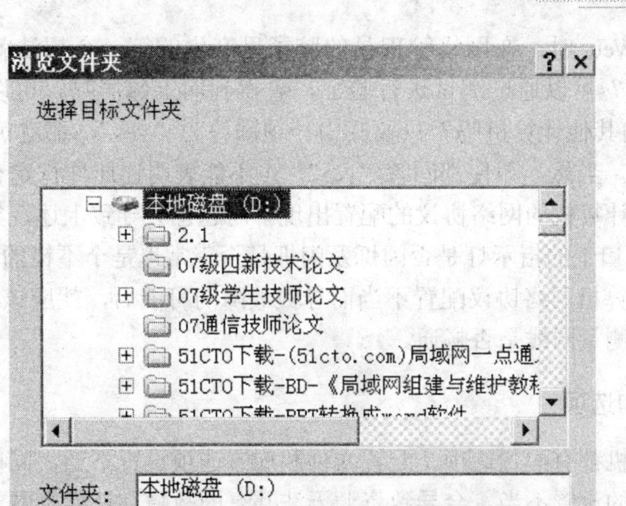

图 8-20 选择恢复文件夹

8.3 任务3 处理常见网络故障

任务分析

前面的项目中介绍的网络的组建共享及数据恢复等技术，网络组建好后，在使用过程中出现故障是必然的，因此，简要介绍网络故障的排除方法，使读者能够排除简单的网络故障，恢复网络的正常使用。

相关知识

8.3.1 局域网常见故障原因

当组建好了一个小型局域网后，为了使网络运转正常，网络维护就显得很重要了。由于网络协议和网络设备的复杂性，许多故障解决起来并非像解决单机故障那么简单。网络故障的定位和排除，既需要长期的知识和经验积累，也需要一系列的软件和硬件工具，更需要智慧。因此，多学习各种最新的知识是每个网络管理员都应该做到的。

网络故障的原因是多种多样的，虽然故障原因多种多样，但总的来讲不外乎就是硬件问题和软件问题，说得再确切一些，这些问题就是网络连接性问题、配置文件和选项问题及网络协议问题。

1. 网络连接性

网络连接性是故障发生后首先应当考虑的原因。连通性的问题通常涉及网卡、跳线、信息插座、网线、Hub、交换机、Modem 等设备和通信介质。其中，任何一个设备的损坏都会导致网络连接的中断。连通性通常可采用软件和硬件工具进行测试验证。例如，当某一台计算机不能浏览 Web 时，在网络管理员的脑子里产生的第一个想法就是网络连通性的问题。到底是不是呢？可以通过测试进行验证。看得到网上邻居吗？可以收发电子邮件吗？ping 得到网络内的其他计算机吗？只要其中一项回答为“yes”，那就可以断定本机到 Hub 的连通性没有问题。当然，即使都回答“No”，也不能表明连通性肯定有问题，而是可能会有问题，因为如果计算机的网络协议的配置出现了问题也会导致上述现象的发生。另外，看一看网卡和 Hub 接口上的指示灯是否闪烁及闪烁是否正常也是个不错的主意。

排除了由于计算机网络协议配置不当而导致故障的可能后，就应该查看网卡和 Hub 的指示灯是否正常，测量网线是否畅通。

2. 配置文件和选项

服务器、计算机都有配置选项，配置文件和配置选项设置不当，同样会导致网络故障。例如，服务器权限的设置不当，会导致资源无法共享的故障。计算机网卡配置不当，会导致无法连接的故障。当网络内所有的服务都无法实现时，应当检查 Hub 和交换机。

3. 网络协议

没有网络协议，网络设备和计算机之间就无法通信，是不能实现资源共享 Modem 上网的。

8.3.2 网络的常见故障现象

1. 连通性故障

（1）故障表现

连通性故障通常表现为以下几种情况：

① 计算机无法登录到服务器；

② 计算机无法通过局域网接入 Internet；

③ 计算机在“网上邻居”中只能看到自己，而看不到其他计算机，从而无法使用其他计算机上的共享资源和共享打印机；

④ 计算机无法在网络内实现访问其他计算机上的资源；

⑤ 网络中的部分计算机运行速度异常的缓慢。

（2）故障原因

以下原因可能导致连通性故障：

① 网卡未安装、未安装正确或与其他设备有冲突；

② 网卡硬件故障；

③ 网络协议未安装或设置不正确；

④ 网线、跳线或信息插座故障；

⑤ Hub 电源未打开、Hub 硬件故障或 Hub 端口硬件故障；

⑥ UPS 电源故障。

（3）排除方法

① 确认连通性故障

当出现一种网络应用故障时，如无法接入 Internet，首先尝试使用其他网络应用，如查找网络中的其他计算机或使用局域网中的 Web 浏览等。如果其他网络应用可正常使用，如虽然无法接入 Internet，却能够在“网上邻居”中找到其他计算机，或可 ping 到其他计算机，即可排除连通性故障原因。如果其他网络应用均无法实现，继续下面操作。

② 看 LED 灯判断网卡的故障

首先查看网卡的指示灯是否正常。正常情况下，在不传送数据时，网卡的指示灯闪烁较慢，传送数据时，闪烁较快。无论是不亮，还是长亮不灭，都表明有故障存在。如果网卡的指示灯不正常，需关掉计算机更换网卡。对于 Hub 的指示灯，凡是插有网线的端口，指示灯都亮。由于是 Hub，所以，指示灯的作用只能指示该端口是否连接有终端设备，不能显示通信状态。

③ 用 ping 命令排除网卡故障

使用 ping 命令，ping 本地的 IP 地址或计算机名（如 ybgzpt），检查网卡和 IP 网络协议是否安装完好。如果能 ping 通，说明该计算机的网卡和网络协议设置都没有问题。问题出在计算机与网络的连接上。因此，应当检查网线和 Hub 及 Hub 的接口状态，如果无法 ping 通，只能说明 TCP/IP 协议有问题。这时可以在计算机的“控制面板”的“系统”中，查看网卡是否已经安装或是否出错。如果在系统中的硬件列表中没有发现网络适配器，或网络适配器前方有一个黄色的“!”，说明网卡未安装正确。需将未知设备或带有黄色的“!”网络适配器删除，刷新后，重新安装网卡。并为该网卡正确安装和配置网络协议，然后进行应用测试。如果网卡无法正确安装，说明网卡可能损坏，必须换一块网卡重试。如果网卡安装正确则原因是协议未安装。

④ 如果确定网卡和协议都正确的情况下，还是网络不通，可初步断定是 Hub 和双绞线的问题。为了进一步进行确认，可再换一台计算机用同样的方法进行判断。如果其他计算机与本机连接正常，则故障一定是先前的那台计算机和 Hub 的接口上。

⑤ 如果确定 Hub 有故障，应首先检查 Hub 的指示灯是否正常，如果先前那台计算机与 Hub 连接的接口灯不亮说明该 Hub 的接口有故障（Hub 的指示灯表明插有网线的端口，指示灯不能显示通信状态）。

⑥ 如果 Hub 没有问题，则检查计算机到 Hub 的那一段双绞线和所安装的网卡是否有故障。判断双绞线是否有问题可以通过“双绞线测试仪”或用两块三用表分别有两个人在双绞线的两端测试。主要测试双绞线的 1、2 和 3、6 四条线（其中 1、2 线用于发送，3、6 线用于接收）。如果发现有一根不通就要重新制作。

通过上面的故障压缩，就可以判断故障出在网卡、双绞线或 Hub 上。

2. 协议故障

（1）协议故障的表现

协议故障通常表现为以下几种情况。

① 计算机无法登录到服务器。

② 计算机在“网上邻居”中既看不到自己，也无法在网络中访问其他计算机。

③ 计算机在“网上邻居”中能看到自己和其他成员，但无法访问其他计算机。

④ 计算机无法通过局域网接入 Internet。

（2）故障原因分析

① 协议未安装：实现局域网通信，需安装 NetBEUI 协议。

② 协议配置不正确：TCP/IP 协议涉及的基本参数有 4 个，包括 IP 地址、子网掩码、DNS 和网关，任何一个设置错误，都会导致故障发生。

（3）排除方法

打开【控制面板】→【网络】→【配置】选项，查看已安装的网络协议，必须配置以下各项：NetBEUI 协议和 TCP/IP 协议，Microsoft 友好登录，拨号网络适配器。如果以上各项都存在，重点检查 TCP/IP 是否设置正确。在 TCP/IP 属性中要确保每一台计算机都有唯一的 IP 地址，将子网掩码统一设置为 255.255.255.0，网关要设为代理服务器的 IP 地址（如 192.168.0.1）。另外必须注意主机名在局域网内也应该是唯一的。最后，用 ping 命令来检验一下网卡能否正常工作。

（1）ping 127.0.0.1

127.0.0.1 是本地循环地址，如果该地址无法 ping 通，则表明本机 TCP/IP 协议不能正常工作；如果 ping 通了该地址，证明 TCP/IP 协议正常，则进入下一个步骤继续诊断。

（2）ping 本机的 IP 地址

使用 ipconfig 命令可以查看本机的 IP 地址，ping 本机的 IP 地址，如果 ping 通，表明网络适配器（网卡或者 Modem）工作正常，则需要进入下一个步骤继续检查；反之则是网络适配器出现故障。

（3）ping 本地网关

本地网关的 IP 地址是已知的 IP 地址。ping 本地网关的 IP 地址，ping 不通则表明网络线路出现故障。如果网络中还包含有路由器，还可以 ping 路由器在本网段端口的 IP 地址，不通则此段线路有问题，通则再 ping 路由器在目标计算机所在同段的端口 IP 地址，不通则是路由出现故障。如果通，最后再 ping 目的机的 IP 地址。

（4）ping 网址

如果要检测的是一个带 DNS 服务的网络（如 Internet），上一步 ping 通了目标计算机的 IP 地址后。仍然无法连接到该机，则可以 ping 该机的网络名，如：ping www.sohu.com.cn，正常情况下会出现该网址所指向的 IP 地址，这表明本机的 DNS 设置正确而且 DNS 服务器工作正常，反之就可能是其中之一出现了故障。

8.3.3 网络故障的排除过程

在开始动手排除故障之前，最好先准备一支笔和一个记事本，然后，将故障现象认真仔细记录下来。在观察和记录时一定注意细节，排除大型网络故障如此，一般十几台计算机的小型网络故障也如此，因为有时正是一些最小的细节使整个问题变得明朗化。

1．识别故障现象

作为管理员，在排故障之前，也必须确切地知道网络上到底出了什么毛病，是不能共享资源，还是找不到另一台计算机，如此等等。知道出了什么问题并能够及时识别，是成功排除故障最重要的步骤。为了与故障现象进行对比，作为管理员必须知道系统在正常情况下是怎样工作的，反之，是不好对问题和故障进行定位的。

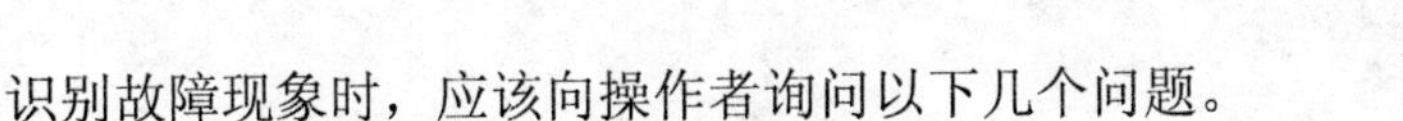

识别故障现象时，应该向操作者询问以下几个问题。

（1）当被记录的故障现象发生时，正在运行什么进程（即操作者正在对计算机进行什么操作）。

（2）这个进程以前运行过吗？

（3）以前这个进程的运行是否成功？

（4）这个进程最后一次成功运行是什么时候？

（5）从哪时起，哪些发生了改变？

带着这些疑问来了解问题，才能对症下药排除故障。

2．对故障现象进行详细描述

当处理由操作员报告的问题时，对故障现象的详细描述显得尤为重要。如果仅凭他们的一面之词，有时还很难下结论，这时就需要管理员亲自操作一下刚才出错的程序，并注意出错信息。例如，在使用 Web 浏览器进行浏览时，无论输入哪个网站都返回"该页无法显示"之类的信息。使用 ping 命令时，无论 ping 哪个 IP 地址都显示超时连接信息等。诸如此类的出错消息会为缩小问题范围提供许多有价值的信息。对此在排除故障前，可以按以下步骤执行：

（1）收集有关故障现象的信息；

（2）对问题和故障现象进行详细描述；

（3）注意细节；

（4）把所有的问题都记下来；

（5）不要匆忙下结论。

3．列举可能导致错误的原因

作为网络管理员，则应当考虑，导致无法查看信息的原因可能有哪些，如网卡硬件故障、网络连接故障、网络设备（如集线器、交换机）故障、TCP/IP 协议设置不当等。

注意

不要着急下结论，可以根据出错的可能性把这些原因按优先级别进行排序，一个个先后排除。

4．缩小搜索范围

对所有列出的可能导致错误的原因逐一进行测试，而且不要根据一次测试，就断定某一区域的网络是运行正常或是不正常。另外，也不要在自己认为已经确定了的第一个错误上停下来，应直到测试完为止。

除了测试之外，网络管理员还要注意：千万不要忘记去看一看网卡、Hub、Modem、路由器面板上的 LED 指示灯。通常情况下，绿灯表示连接正常（Modem 需要几个绿灯和红灯都要亮），红灯表示连接故障，不亮表示无连接或线路不通。根据数据流量的大小，指示灯会时快时慢的闪烁。同时，不要忘记记录所有观察及测试的手段和结果。

5．隔离错误

经过一番折腾后，这时基本上知道了故障的部位，对于计算机的错误，可以开始检查该计算机网卡是否安装好、TCP/IP 协议是否安装并设置正确、Web 浏览器的连接设置是否得当等一切与已知故障现象有关的内容。然后剩下的事情就是排除故障了。

 注意

在开机箱时，不要忘记静电对计算机的危害，要正确拆卸计算机部件。

6．故障分析

处理完问题后，作为网络管理员，还必须搞清楚故障是如何发生的，是什么原因导致了故障的发生，以后如何避免类似故障的发生，拟定相应的对策，采取必要的措施，制定严格的规章制度。

8.3.4 网络故障的排除方法

1．分层故障排除法

1）层次化的故障排除思想

过去的十几年，互联网络领域的变化是惊人的，但有一件事情没有变化：论述互联网络技术的方法都与 OSI 模型有关，即使新的技术与 OSI 模型不一定精确对应，但所有的技术都仍然是分层的。因此，重要的是要培养一种层次化的网络故障分析方法。

分层法思想很简单：所有模型都遵循相同的基本前提——当模型的所有低层结构工作正常时，它的高层结构才能正常工作。在确信所有低层结构都正常运行之前，解决高层结构问题完全是浪费时间。

例如：在一个帧中继网络中，由于物理层的不稳定，帧中继连接总是出现反复失去连接的问题，这个问题的直接表现是到达远程端点的路由总是出现间歇性中断。这使得维护工程师第一反应是路由协议出问题了，然后凭借着这个感觉来对路由协议进行大量故障诊断和配置，其结果是可想而知的。如果他能够从 OSI 模型的底层逐步向上来探究原因的话，维护工程师将不会做出这个错误的假设，并能够迅速定位和排除问题。

2）各层次的关注点

（1）物理层

物理层负责通过某种介质提供到另一设备的物理连接，包括端点间的二进制流的发送与接收，完成与数据链路层的交互操作等功能。

物理层需要关注的是电缆、连接头、信号电平、编码、时钟和组帧，这些都是导致端口处于 Shut down 状态的因素。

（2）数据链路层

数据链路层负责在网络层与物理层之间进行信息传输；规定了介质如何接入和共享；站点如何进行标识；如何根据物理层接收的二进制数据建立帧。

封装的不一致是导致数据链路层故障的最常见原因。当使用 Show interface 命令显示端

口和协议均为 up 时，基本可以认为数据链路层工作正常；而如果端口 up 而协议为 down，那么数据链路层存在故障。

链路的利用率也和数据链路层有关，端口和协议是好的，但链路带宽有可能被过度使用，从而引起间歇性的连接失败或网络性能下降。

（3）网络层

网络层负责实现数据的分段打包与重组，以及差错报告，更重要的是它负责信息通过网络的最佳路径。

地址错误和子网掩码错误是引起网络层故障最常见的原因；互联网络中的地址重复是网络故障的另一个可能原因；另外，路由协议是网络层的一部分，也是排错重点关注的内容。

排除网络层故障的基本方法是：沿着从源到目的地的路径查看路由器上的路由表，同时检查那些路由器接口的 IP 地址。通常，如果路由没有在路由表中出现，就应该通过检查来弄清是否已经输入了适当的静态、默认或动态路由，然后，手工配置丢失的路由或排除动态路由协议选择过程的故障以使路由表更新。

2．分块故障排除法

Show 命令的介绍中提及了锐捷多业务模块化系列路由器 Running-config 文件的组织结构，它是以全局配置、物理接口配置、逻辑接口配置、路由配置等方式编排的。其实还能够以另一种角度看待这个配置文件，该配置分为以下几块：

（1）管理部分（路由器名称、口令、服务、日志等）；

（2）端口部分（地址、封装、cost、认证等）；

（3）路由协议部分（静态路由、RIP、OSPF、BGP、路由引入等）；

（4）策略部分（路由策略、策略路由、安全配置等）；

（5）接入部分（主控制台、Telnet 登录或哑终端、拨号等）；

（6）其他应用部分（VPN 配置、Qos 配置等）。

上述分类给故障定位提供了一个原始框架，当出现一个故障案例现象时，可以把它归入上述某一类或某几类中，从而有助于缩减故障定位范围。

例如，当使用“Show ip route”命令，结果只显示出了直连路由，那么问题可能发生在哪里呢？看上述的分块，发现有三部分可能引起该故障：路由协议、策略、端口。如果没有配置路由协议或配置不当，路由表就可能为空；如果访问列表配置错误，就可能妨碍路由的更新；如果端口的地址、掩码或认证配置错误，也可能导致路由表错误。

3．分段故障排除法

如果两个路由器跨越电信部门提供的线路而不能相互通信时，分段故障排除法是有效的。如：

主机到路由器 LAN 接口的这一段

路由器到 CSU/DSU 接口的这一段

CSU/DSU 到电信部门接口的这一段

WAN 电路

CSU/DSU 本身问题

路由器本身问题

4．替换法

当在检查硬件是否存在问题时最常用的方法。当怀疑是网线问题时，更换一根确定是好的网线试一试；当怀疑是接口模块有问题时，更换一个其他接口模块试一试。

8.3.5 任务实施 网络测试与故障诊断与排除

可以将前面的工作组网络和域网络的实验拿来进行故障测试和排除，例如，在工作组网络中，两台计算机不能互相访问，或者一边的文件夹能够打开，另一边不能打开，提示拒绝访问，这些对于读者来说都是设置类的故障，或者在两台计算机中输入对方的 IP 地址，提示查找不到对方的计算机，这些都是故障，如这些故障，首先要做的是检查网络的属性设置的各个项目，然后用 DOS 下的命令进行故障排除。

常用 DOS 命令

1．ping 命令

ping 命令是用于确定本地主机是否能与另一台主机成功交换数据包。根据返回的信息，可以推断 TCP/IP 参数（因为现在网络一般都是通过 TCP/IP 协议来传送数据的）是否设置正确，以及运行是否正常、网络是否通畅等。但 ping 成功并不代表 TCP/IP 配置一定正确，有可能要执行大量的本地主机与远程主机的数据包交换，才能确信 TCP/IP 配置无误。

ping 命令可以在 MS-DOS 窗口下运行，执行格式如下：

ping 网址

例如：ping 127.0.0.1

2．ipconfig 命令

ipconfig 这个命令，通常只被用户用来查询本地的 IP 地址、子网掩码、默认网关等信息。ipconfig、ping 是在诊断网络故障或查询网络数据时常用的命令，它们的使用也很简单，即使不知道它们的应用格式，也可以通过“ipconfig/?”或“ping/?”这种标准的 DOS 命令帮助方式来获取相关信息。

3．tracert 命令

tracert 命令能够追踪访问网络中某个结点时所走的路径，也可以用来分析网络和排查网络故障。例如，想知道自己访问 sohu.com.cn 时走的是怎样一条路线，就可以在 DOS 状态下输入 tracert sohu.com.cn，执行后经过一段时间等待，系统会反馈出很多 IP 地址。最上方的 IP 地址是本地的网关，而最后面一个地址就是 sohu.com.cn 网站的 IP 地址了。换句话说，从上至下，便是访问 sohu.com.cn 所走过的“足迹”。

4．netstat 命令

netstat 命令是一个监控 TCP/IP 网络的实用的工具，它可以显示实际的网络连接以及每一个网络接口设备的状态信息。netstat 命令的参数不是很多，常用 netstat-r 来监视网络的连接状态，非常管用。

在网络出现故障时，经常交替使用上面 4 个命令，以方便查找故障。

8.4 项目总结与回顾

在本项目中主要介绍了系统的安装与恢复、网络恢复、数据恢复、故障排除，特别是网络故障排除需要长期的经验积累，并要掌握常规的测试工具和测试方法。

习 题

1．如何进行一键备份与恢复系统？
2．如何进行网络安装系统？
3．数据恢复的软件有哪些？举例说明操作方法。
4．有哪些常用的网络故障？如何排除网络故障？

项目 9　网络安全与设置

9.1 任务 1　系统安全策略与设置

任务分析

Windows 2003 系统是比较安全的系统，在现在的局域网和互联网中都是作为服务器来使用，但是它的安全性也不是说高枕无忧，也需要进行设置才能更好地发挥它的安全性功能。

相关知识

网上流传的很多关于 Windows Server 2003 系统的安全配置，但是仔细分析后发现很多都不全面，并且很多仍然配置的不够合理，并且有很大的安全隐患，下面将详细的介绍 Windows Server 2003 的安全设置。

配置的服务器需要提供支持的组件如下：（ASP、ASPX、CGI、PHP、FSO、JMAIL、MySql、SMTP、POP3、FTP、3389 终端服务、远程桌面 Web 连接管理服务等），这里前提是已经安装好了系统和 IIS，包括 FTP 服务器、邮件服务器等，这些具体配置方法的就不再重复了，现在着重阐述一下关于安全方面的配置。

9.1.1　NTFS 磁盘权限设置

关于系统的 NTFS 磁盘权限设置，大家可能看了就懂了，但是 Windows Server 2003 服务器有些细节地方需要注意的。

C 盘只给 Administrators 和 system 权限，其他的权限不给，其他的盘也可以这样设置，这里给的 system 权限也不一定需要给，只是由于某些第三方应用程序是以服务形式启动的，需要加上这个用户，否则造成启动不了，如图 9-1 所示。

Windows 目录要加上给 users 的默认权限，删除 everyone 即可。否则 ASP 和 ASPX 等应用程序就无法运行。

另外，在 C:/Documents and Settings/这里相当重要，后面的目录中的权限根本不会继承从前的设置，如果仅仅只是设置了 C 盘给 Administrators 权限，而在 All Users/Application Data 目录下会出现 everyone 用户有完全控制权限，这样入侵者可以跳转到这个目录，写入脚本或者文件，再结合其他漏洞来提升权限；譬如利用 Serv-U 的本地溢出提升权限，或系统遗漏有补丁、数据库的弱点，甚至社会工程学等方法，从前不是有人曾说：“只要给我一

个 webshell，我就能拿到 system"，这的确是有可能的。在用作 Web/FTP 服务器的系统中，建议是将这些目录都设置成锁死。其他每个盘的目录都按照这样设置，每个盘都只给 Administrators 权限，如图 9-2 所示。

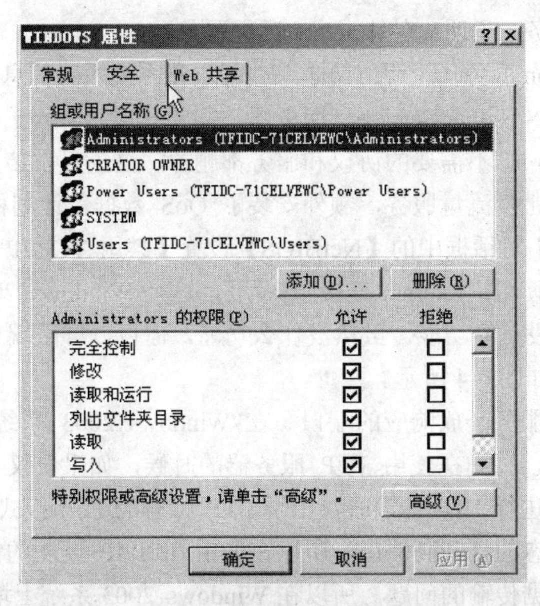

图 9-1　Windows 属性设置

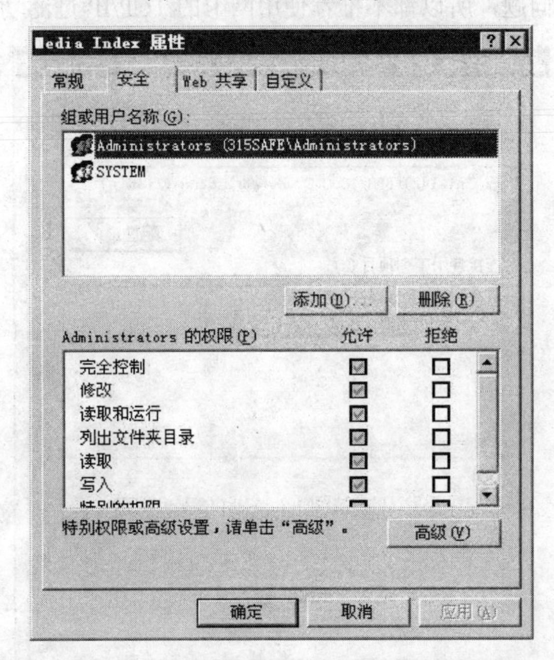

图 9-2　每个盘都只给 Administrators 权限

9.1.2　禁用必要的服务

把不必要的服务都禁止掉，尽管这些不一定能被攻击者利用得上，但是按照安全规则和标准上来说，多余的东西就没必要开启，减少一份隐患。

- 禁用 Remote Registry 服务（说明：禁止远程连接注册表）
- 禁用 task schedule 服务（说明：禁止自动运行程序）
- 禁用 server 服务（说明：禁止默认共享）
- 禁用 Telnet 服务（说明：禁止 telnet 远程登录）
- 禁用 workstation 服务（说明：防止一些漏洞和系统敏感信息获取）
- TCP/IP NetBIOS Helper Service（服务器不需要开启共享）

在“网络连接”中，把不需要的协议和服务都删掉，这里只安装了基本的 Internet 协议（TCP/IP），由于要控制带宽流量服务，额外安装了 QoS 数据包计划程序，如图 9-3 所示。在【高级 TCP/IP 设置】对话框中的【NetBIOS】设置【禁用 TCP/IP 上的 NetBIOS（S)】。在【高级】选项卡中，使用“Internet 连接防火墙”，这是 Windows 2003 自带的防火墙，在 Windows 2000 系统中没有的功能，虽然没什么功能，但可以屏蔽端口，这样已经基本达到了一个 IPSec 的功能，如图 9-4 所示。

这里按照所需要的服务开放响应的端口。在 Windows 2003 系统中，不推荐用 TCP/IP 筛选中的端口过滤功能，譬如在使用 FTP 服务器的时候，如果仅仅只开放 21 端口，由于 FTP 协议的特殊性，在进行 FTP 传输时，由于 FTP 特有的 Port 模式和 Passive 模式，在进行数据传输时，需要动态的打开高端口，所以在使用 TCP/IP 过滤的情况下，经常会出现连接后无法列出目录和数据传输的问题。所以在 Windows 2003 系统上增加的 Windows 连接防火墙能很好地解决这个问题，所以都不推荐使用网卡的 TCP/IP 过滤功能，如图 9-5 所示。

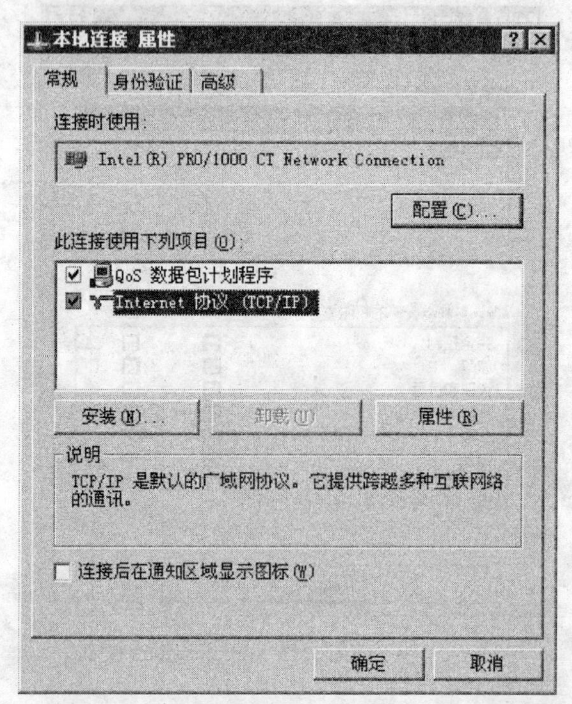

图 9-3　查看 QoS 数据包计划程序

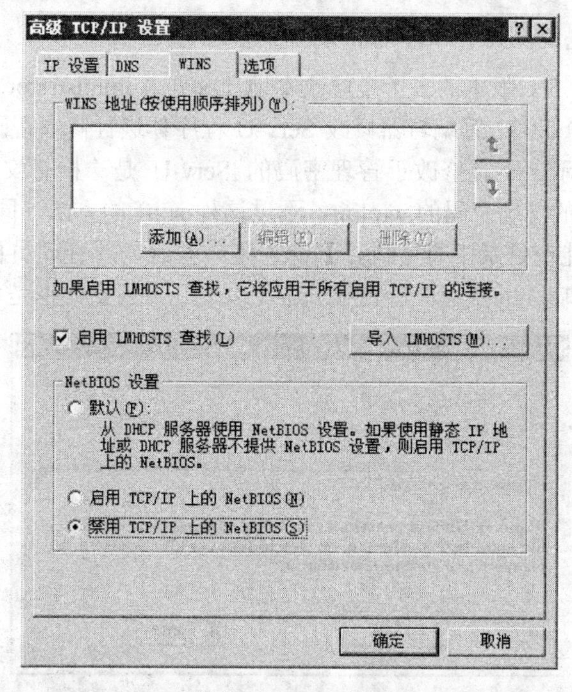

图 9-4　TCP/IP 设置

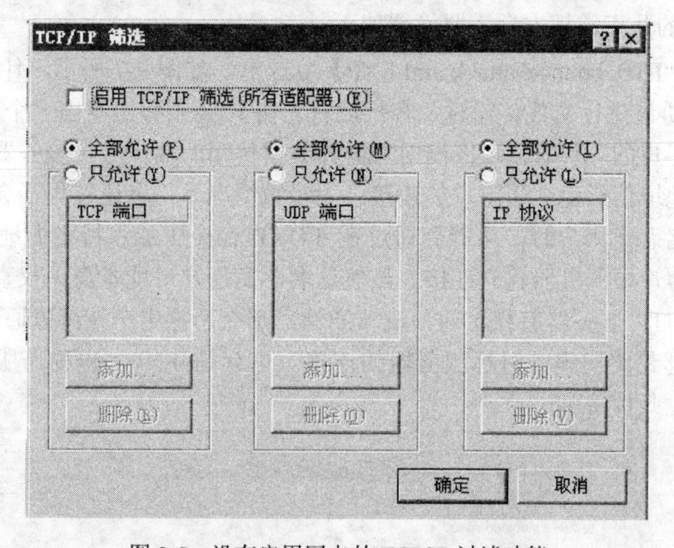

图 9-5　没有启用网卡的 TCP/IP 过滤功能

9.1.3　Serv-U FTP 服务器的设置

一般来说，不推荐使用 Serv-U 做 FTP 服务器，主要是漏洞出现的太频繁了，但是也正是因为其操作简单，功能强大，过于流行，关注的人也多，才被发掘出 bug 来，换成其他的 FTP 服务器软件也一样不见得安全到哪儿去。

当然，这里也有一款功能跟 Serv-U 同样强大，比较安全的 FTP 软件：Ability FTP Server

下载地址：http://www.315safe.com/showarticle.asp?NewsID=4096

设置也很简单，先说说关于 Serv-U 的安全设置。

首先，6.0 比从前 5.x 版本的多了个修改本地 Local Administrator 的密码功能，其实在 5.x 版本中可以用 ultraedit-32 等编辑器修改 Serv-U 程序体进行修改密码端口，6.0 修补了这个隐患，如图 9-6 所示。不过修改了管理密码的 Serv-U 是一样有安全隐患的，采用本地 sniff 方法获取 Serv-u 的管理密码的 exploit，不过这种 sniff 的方法，同样是在获得 webshell 的条件后还得有一个能在目录中有【执行】的权限，并且需要管理员再次登录运行 Serv-U administrator 时才能成功。所以管理员要尽量避免以上几点因素，也是可以防护的。

Set or Change Administrator Password

Old password

New password

Repeat new password

Warning: Once a password is set it is required to administer the local server. There is no way to recover the password, so please make sure to remember it.

OK　Cancel

图 9-6　修改本地 Local Administrator 的密码功能

另外 Serv-U 的几点常规安全需要设置如下：

选中【Block "FTP_bounce"attack and FXP】复选框，如图 9-7 所示。什么是 FXP 呢？通常，当使用 FTP 协议进行文件传输时，客户端首先向 FTP 服务器发出一个“PORT”命令，该命令中包含此用户的 IP 地址和将被用来进行数据传输的端口号，服务器收到后，利用命令所提供的用户地址信息建立与用户的连接。大多数情况下，上述过程不会出现任何问题，但当客户端是一名恶意用户时，可能会通过在 PORT 命令中加入特定的地址信息，使 FTP 服务器与其他非客户端的机器建立连接。虽然这名恶意用户可能本身无权直接访问某一特定机器，但是如果 FTP 服务器有权访问该机器的话，那么恶意用户就可以通过 FTP 服务器作为中介，仍然能够最终实现与目标服务器的连接。这就是 FXP，也称跨服务器攻击。选中后就可以防止发生此种情况。

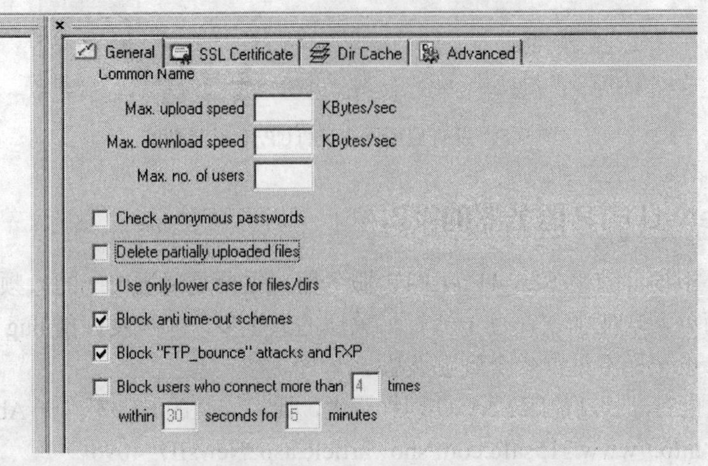

图 9-7　选中【Block "FTP_bounce"attack and FXP】

另外也可以选中【Block anti time-out schemes】复选框。其次，在【Advanced】选项卡中，检查【Enable security】是否被选中，如果没有，选择它，如图 9-8 所示。

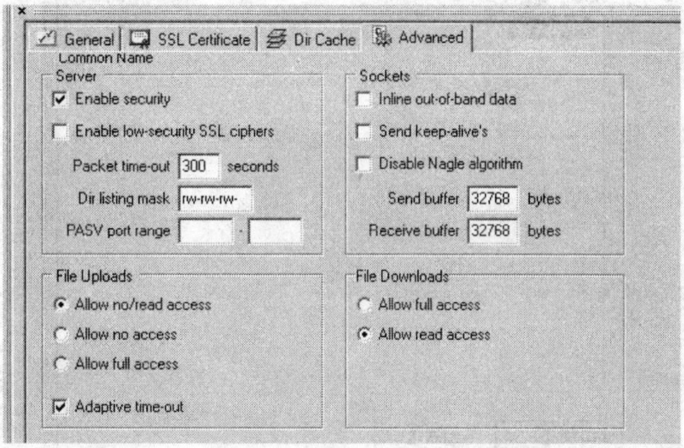

图 9-8 选择相关选项

9.1.4 IIS 的安全

删掉 c:/inetpub 目录，删除 IIS 不必要的映射。

首先是每一个 Web 站点使用单独的 IIS 用户，譬如这里，新建立了一个名为 www.315safe.com，权限为【Guest】，如图 9-9 和图 9-10 所示。

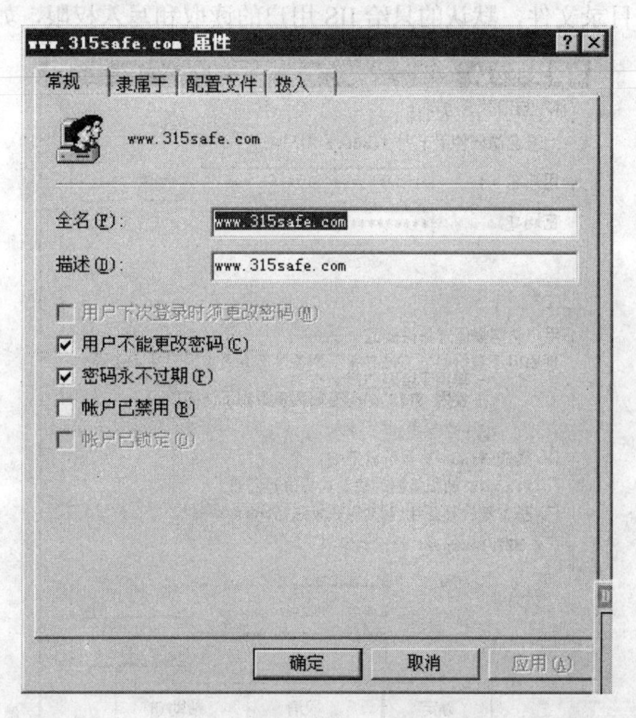

图 9-9 【常规】选项卡

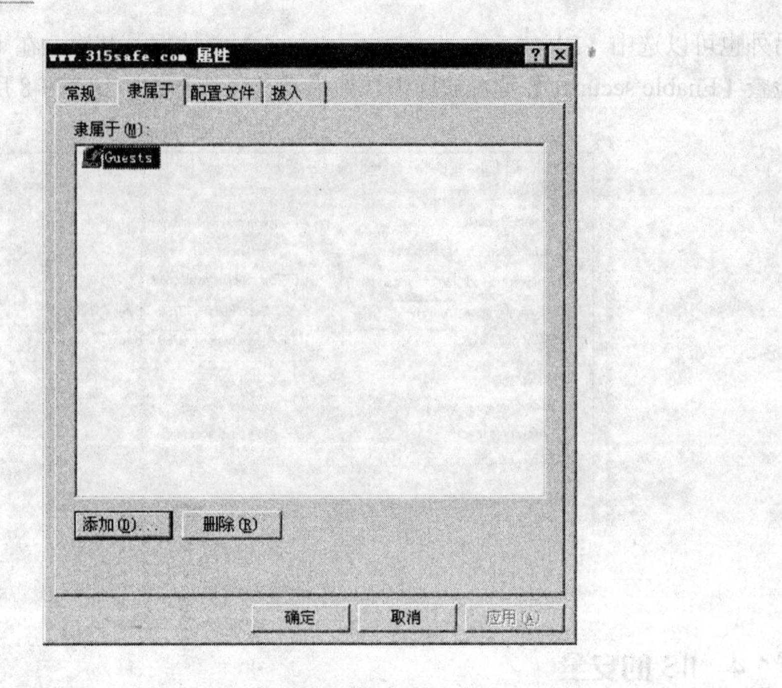

图 9-10　【隶属于】选项卡

在 IIS 中的站点属性里【目录安全性】→【身份验证和访问控制】里设置匿名访问使用下列 Windows 用户账户的用户名、密码都使用 www.315safe.com 这个用户的信息，在这个站点相对应的 Web 目录文件，默认的只给 IIS 用户的读取和写入权限，如图 9-11 所示。

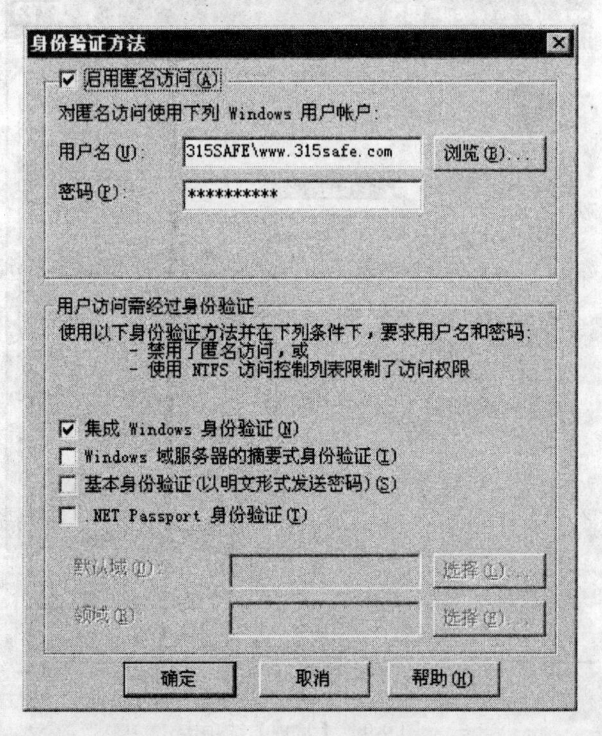

图 9-11　身份验证方法设置

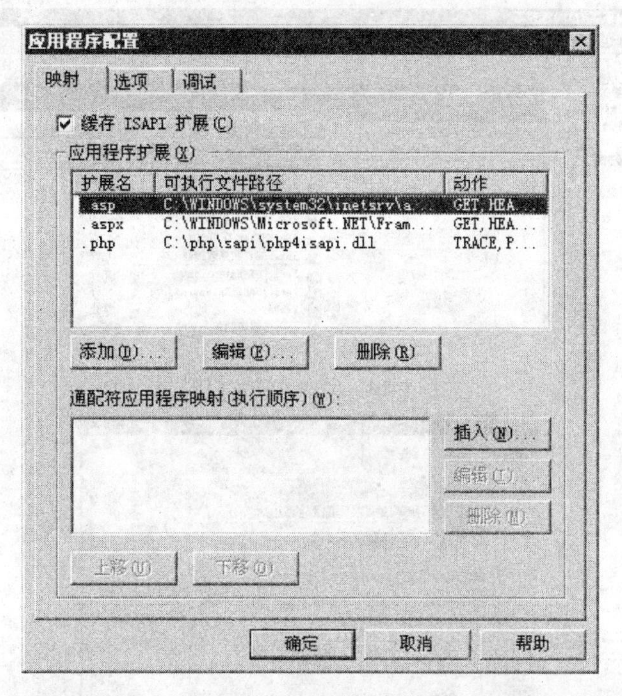

图 9-12　添加脚本执行权限

在【应用程序配置】对话框中，给必要的几种脚本执行权限：ASP、ASPX、PHP，如图 9-12 所示。ASP、ASPX 默认都提供映射支持了的，对于 PHP，需要新添加响应的映射脚本，然后在 Web 服务扩展将 ASP、ASPX 都设置为允许，对于 PHP 以及 CGI 的支持，需要新建 Web 服务扩展，在【扩展名】下输入 php，再在要求的文件中添加地址 C:/php/sapi/php4isapi.dll，如图 9-13 所示。并选中设置状态为允许。然后单击【确定】按钮，这样 IIS 就支持 PHP 了。支持 CGI 同样也是如此。

图 9-13　设置支持 PHP

要支持 ASPX，还需要给 Web 根目录中的 users 用户的默认权限，才能使 ASPX 能执行，如图 9-14 所示。

另外在【应用程序配置】对话框中，设置调试为向客户端发送自定义的文本信息，这样对于有 ASP 注入漏洞的站点，可以不反馈程序报错的信息，能够避免一定程度的攻击，如图 9-15 所示。

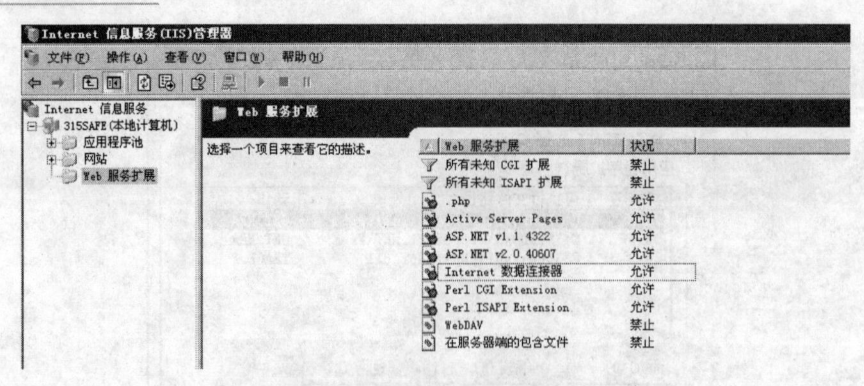

图 9-14 增加 ASPX 权限

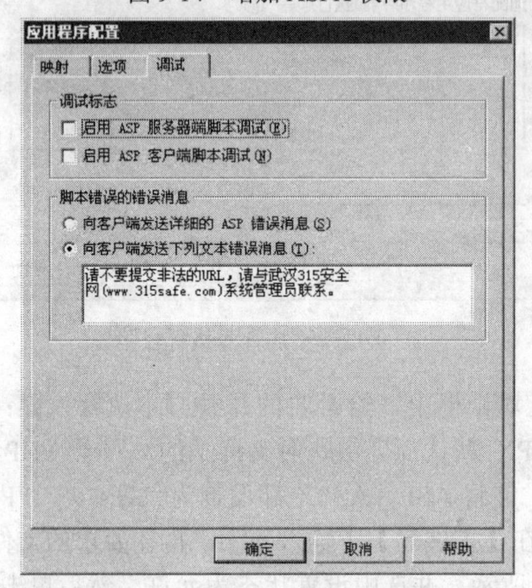

图 9-15 向客户端发送错误消息

在自定义 HTTP 错误选项中，有必要定义如 404、500 等错误，不过有时为了调试程序，好知道程序出错在什么地方，建议只设置 404 就可以了，如图 9-16 所示。

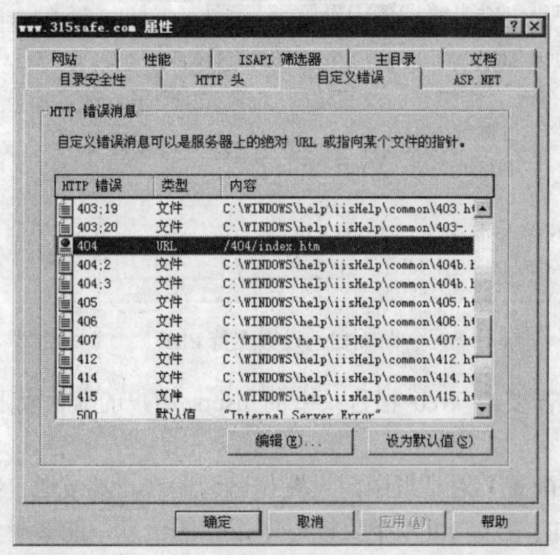

图 9-16 设置 404 错误

IIS6.0 由于运行机制的不同，出现了应用程序池的概念。一般建议 10 个左右的站点共用一个应用程序池，应用程序池对于一般站点可以采用默认设置，如图 9-17 所示。

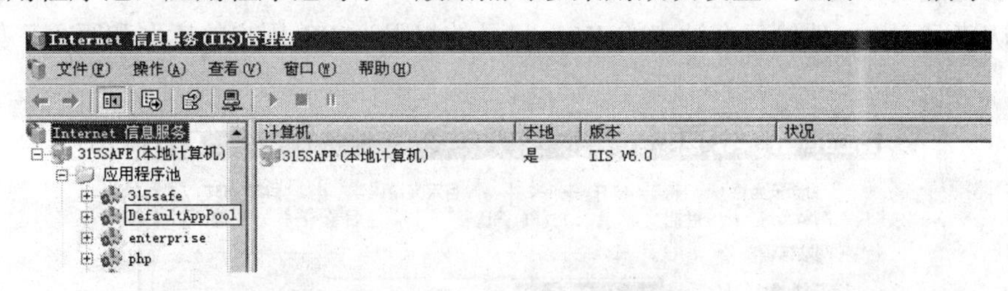

图 9-17 应用程序池的设置

可以在每天凌晨时回收一下工作进程，如图 9-18 所示。

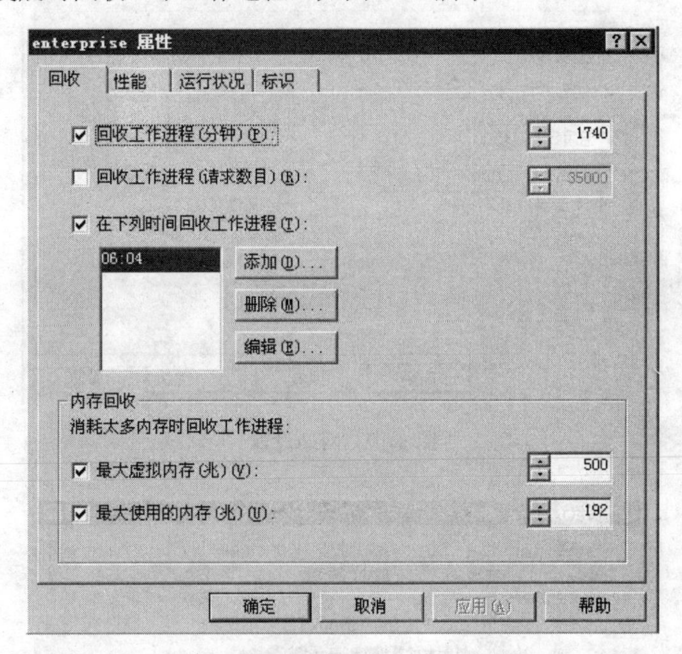

图 9-18 回收工作进程

新建立一个站点，采用默认向导，在设置中注意以下几个地方：

在应用程序设置中：执行权限为默认的纯脚本，应用程序池使用独立的名为 315safe 的程序池，如图 9-19 和图 9-20 所示。

名为 315safe 的应用程序池可以适当设置“内存回收”：这里的最大虚拟内存为 1000MB，最大使用的物理内存为 256MB，这样的设置几乎是没限制这个站点的性能的，如图 9-21 所示。

在应用程序池中有一个【标识】选项卡，如图 9-22 所示。可以选择应用程序池的安全性账户，默认才用网络服务这个账户，大家就不要动它，能尽量以最低权限去运行，隐患也就更小些。在一个站点的某些目录中，譬如这个“uploadfile”目录，不需要在里面运行 ASP 程序或其他脚本的，就去掉这个目录的执行脚本程序权限，在“应用程序设置”的“执行权限”，这里默认的是“纯脚本”，改成“无”，这样就只能使用静态页面了。依次类推，凡是不需要 ASP 运行的目录，如数据库目录、图片目录等都可以这样做，这样主要是能避免在站点应用程序脚本出现 bug 时，如出现从前流行的 upfile 漏洞，而能够在一定程度上对漏洞有扼制的作用。

在默认情况下，一般给每个站点的 Web 目录的权限为 IIS 用户的读取和写入，如图 9-23 所示。

图 9-19　网站设置

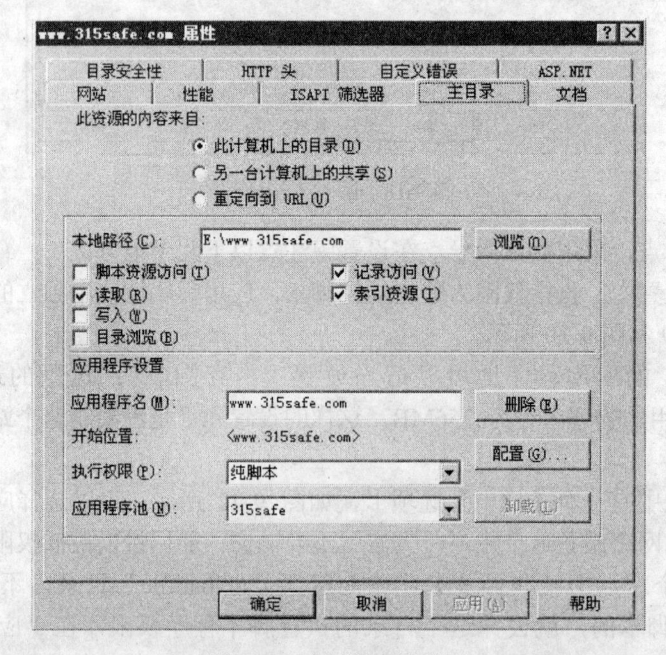

图 9-20　应用程序池设置

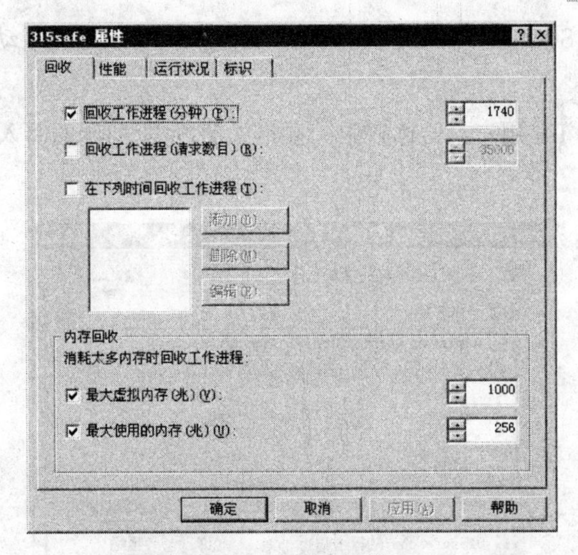

图 9-21　回收进程

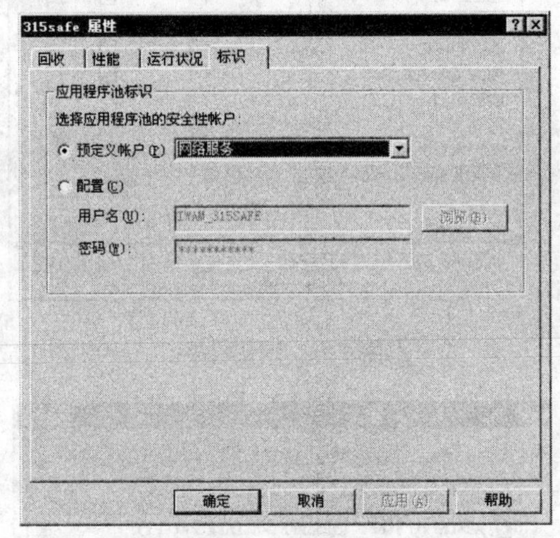

图 9-22　网站标识设置

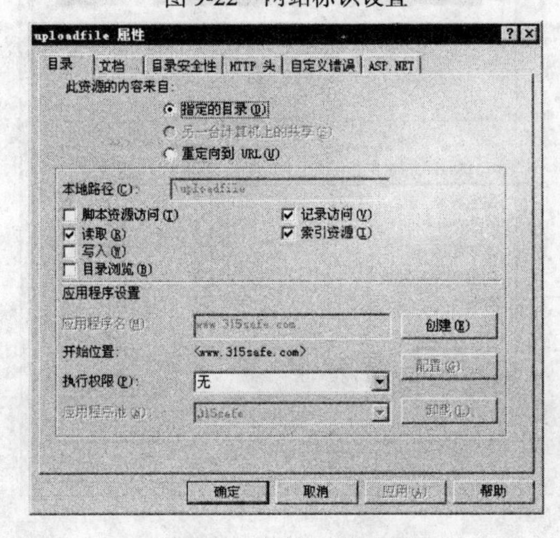

图 9-23　站点的权限设置

但是现在为了将 SQL 注入，上传漏洞全部都消除，可以采取手动的方式进行细节性的策略设置。

给 Web 根目录的 IIS 用户只给读权限。要将如图 9-24 所示的写入权限去掉，如图 9-25 所示。

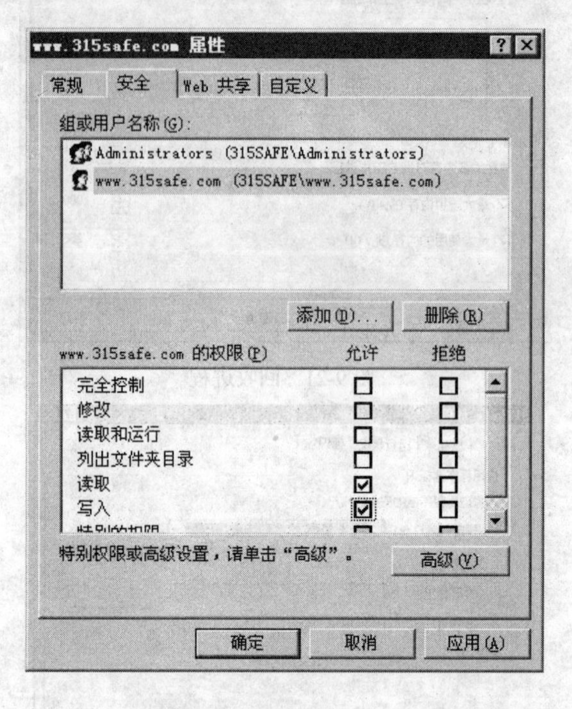

图 9-24　默认权限

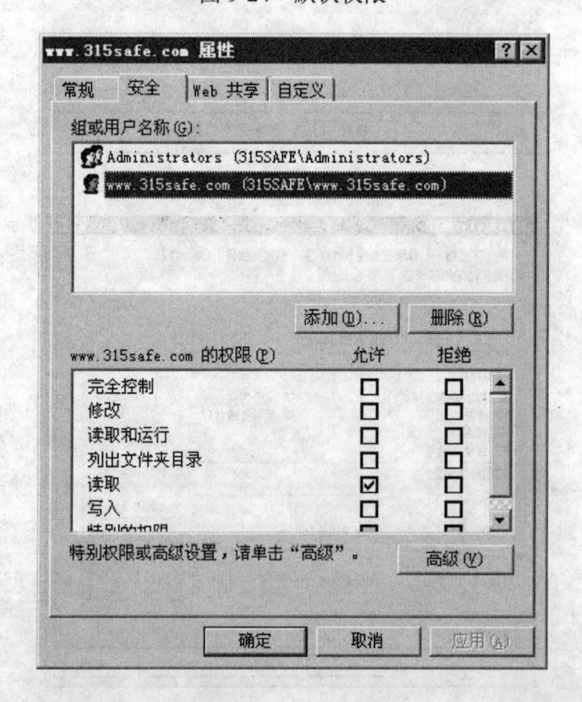

图 9-25　去掉写入权限

然后对响应的 uploadfiles 或其他需要存在上传文件的目录额外给写的权限，并且在 IIS 中给这个目录无脚本运行权限，这样即使网站程序出现漏洞，入侵者也无法将 ASP 木马写进目录中去，不过没这么简单就防止住了攻击，还有很多工作要完成。如果是 MS-SQL 数据库的，这样也就可以了，但是 Access 的数据库的话，其数据库所在的目录，或数据库文件也得给写权限，然后数据库文件没必要改成.asp 的。这样的后果大家也都知道了吧，一旦数据库路径被暴露了，这个数据库就是一个漏洞。其实还是规矩点只用 mdb 后缀，这个目录在 IIS 中不给执行脚本权限。然后在 IIS 中设置一个映射规律，如图 9-26 所示。

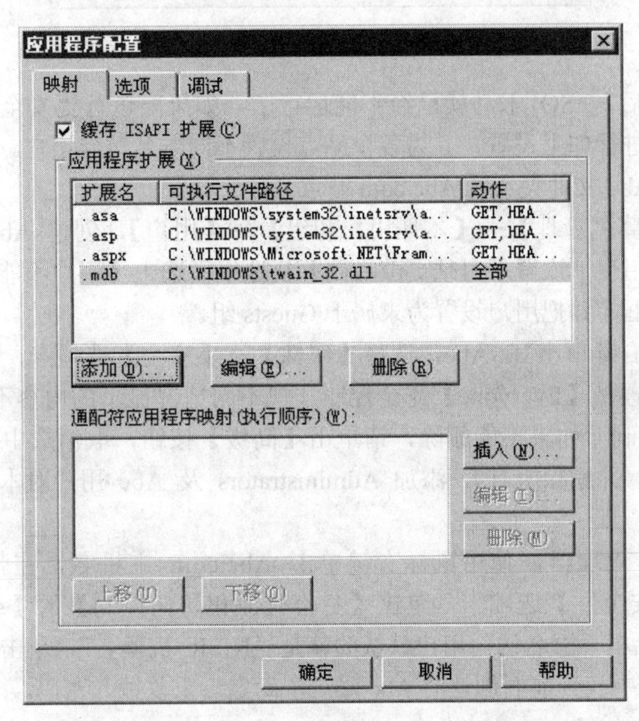

图 9-26　设置映射

这里用任意一个 dll 文件来解析.mdb 后缀名的映射，只要不用 asp.dll 来解析就可以了，这样攻击者即使获得了数据库路径也无法下载。这个方法可以说是防止数据库被下载的终极解决办法了。

ASP 提供了强大的文件系统访问能力，可以对服务器硬盘上的任何文件进行读、写、复制、删除、改名等操作，这给学校网站的安全带来巨大的威胁。现在很多校园主机都遭受过 FSO 木马的侵扰。但是禁用 FSO 组件后，引起的后果就是所有利用这个组件的 ASP 程序将无法运行，无法满足客户的需求。如何既允许 FileSystemObject 组件，又不影响服务器的安全性呢？（即不同虚拟主机用户之间不能使用该组件读写别人的文件）

第一步是有别于 Windows 2003 一般设置的关键：使用鼠标右键单击 C 盘，在弹出的菜单中选择【共享与安全】选项，在出现的对话框中选择【安全】选项卡，将 Everyone、Users 组删除，删除后如果网站连 ASP 程序都不能运行，请添加 IIS_WPG 组（图 9-27），并重新启动计算机。

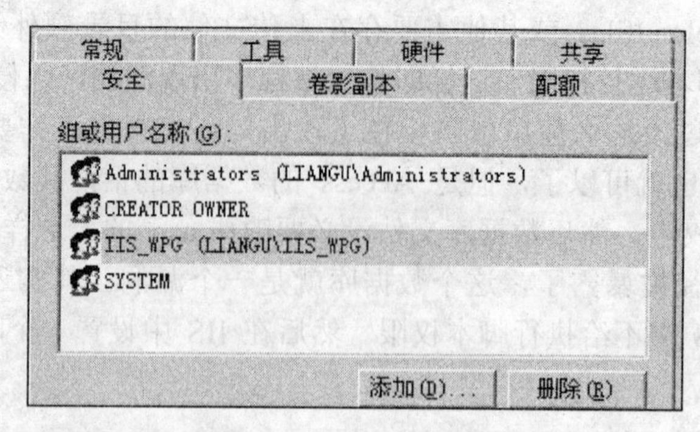

图 9-27 添加 IIS_WPG 组

经过这样设计后，FSO 木马就已经不能运行了。如果要进行更安全级别的设置，请分别对各个磁盘分区进行如上设置，并为各个站点设置不同匿名访问用户。下面以实例来介绍（假设主机上 E 盘 Abc 文件夹下设 Abc.com 站点）。

（1）打开【计算机管理】→【本地用户和组】→【用户】，创建 Abc 用户，并设置密码，并取消选中【用户下次登录时须更改密码】复选框，选中【用户不能更改密码】和【密码永不过期】复选框，并把用户设置为隶属于 Guests 组。

（2）使用鼠标右键单击 E:/Abc，选择【属性】→【安全】选项卡，此时可以看到该文件夹的默认安全设置是【Everyone】完全控制（视不同情况显示的内容不完全一样），删除 Everyone 的完全控制（如果不能删除，请单击【高级】按钮，取消选中【允许父项的继承权限传播】复选框，并删除所有），添加 Administrators 及 Abc 用户对本网站目录的所有安全权限。

（3）打开 IIS 管理器，使用鼠标右键单击 Abc.com 主机名，在弹出的菜单中选择【属性】→【目录安全性】选项卡，单击【身份验证和访问控制】的【编辑】按钮，弹出如图 9-28 所示对话框，匿名访问用户默认的就是“IUSR_机器名”，单击【浏览】按钮，在【选择用户】对话框中找到前面创建的 Abc 账户，确定后重复输入密码。

图 9-28 匿名访问设置

经过这样设置，访问网站的用户就以 Abc 账户匿名身份访问 E:/Abc 文件夹的站点，因为 Abc 账户只对此文件夹有安全权限，所以它只能在本文件夹下使用 FSO。

常见问题：如何解除 FSO 上传程序小于 200KB 限制？

先在服务中关闭 IIS Admin Service 服务，找到 Windows\System32\Inesrv 目录下的 Metabase．xml 并打开，找到 ASPMaxRequestEntityAllowed，将其修改为需要的值。默认为 204800，即 200KB，把它修改为 51200000（50MB），然后重启 IIS Admin Service 服务。

9.1.5 任务实施 系统安全设置

在前面介绍了 Windows Server 2003 系统的一些安全设置方法，在任务实施部分可以按照上面的介绍进行一步操作，从而熟悉安全设置的方法。

9.2 任务 2 使用杀毒软件与防火墙

任务分析

本任务将介绍计算机网络中在使用过程中，会受到病毒攻击，因此，将介绍杀毒软件与防火墙，杀毒软件种类很多，防火墙种类也很多，并还有很多硬件防火墙，将只介绍软件类的防火墙，整个任务以 BitDefender Total Security 2011 来进行介绍，因为它是非常优秀的杀毒软件，自己带有很强的防火墙功能。

相关知识

9.2.1 安装使用杀毒软件

1. 系统需求

只能在下列操作系统上安装 BitDefender Total Security 2011：

- Windows XP SP3（32 位）/ Windows XP SP2（64 位）；
- Windows Vista SP1 或更高（32/64 位）；
- Windows 7（32/64 位）。

在安装之前，请确保计算机满足最低的硬件和软件的要求。

2. 准备安装

在开始安装 BitDefender Total Security 2011 之前，请完成下述准备工作，以确保安装顺利：

- 请确保准备安装 BitDefender 的计算机符合最低系统需求。如果计算机没有达到最低系统要求，BitDefender 将无法安装，即便安装也无法正常工作，并导致系统关机或不稳定。
- 使用系统管理员账号登录计算机。
- 卸载计算机上的其他安全软件。在一台计算机上同时运行两个安全软件可能导致系统不稳定或异常。Windows Defender 默认情况下在安装开始前将会被禁用。
- 禁用或卸载计算机上运行的任何防火墙程序。同时运行两个防火墙程序可能影响它们的操作，甚至导致系统崩溃。Windows 防火墙默认在安装开始时就会被禁用。

3．安装过程从略

4．修复和卸载 BitDefender

如果要修复或卸载 BitDefender Total Security 2011，请在 Windows 的【开始】菜单上按以下顺序操作：【开始】→【所有程序】→【BitDefender 2011】→【修复或卸载】。会显示一个向导帮助用户完成任务。

（1）修复/卸载

选择希望执行的操作：

- 修复：重新安装所有程序组件。
- 卸载：卸载所有已经安装的组件。

（2）确认操作

请在单击【下一步】按钮确认操作前认真阅读显示的信息。

（3）进度

请等待 BitDefender 完成用户选择的操作。需要花费几分钟时间。

（4）完成

需要重新启动计算机以完成此过程。请单击【重启】按钮立即重新启动计算机，或单击【完成】按钮关闭窗口稍后重新启动。

5．使用杀毒软件

（1）实时防护

BitDefender 扫描所有被访问的文件、电子邮件消息和即时通信流量，提供连续的实时防护，保证系统远离恶意软件。

默认的实时防护设置确保针对恶意软件的良好保护，同时对系统性能影响极小。只需切换到预定义的几个防护级别，可方便地根据需要设置实时防护选项。如果是高级用户，可通过创建自定义防护级别详细配置扫描选项。

（2）手动扫描

BitDefender 的主要目标是使计算机不受病毒侵害。这首先是通过排除新病毒入侵计算机和扫描电子邮件信息，然后排除任何新的文件下载或复制到计算机系统。

在安装 BitDefender 之前，有可能病毒已经存在于计算机系统。因此最好在安装 BitDefender 后，立即扫描计算机。经常扫描计算机检查病毒是一个良好的习惯。

手动扫描基于系统扫描任务，扫描任务指定扫描的选项及需要扫描的对象。可以随时运行默认的扫描任务或者自定义的扫描任务扫描计算机，还可为扫描任务设置运行计划，以便定时运行扫描任务或者在系统空闲时运行。

（3）配置扫描排除

有时可能需要排除某些文件的扫描。例如，可能想在实时扫描时排除一个 eicar 测试文件或者请求式扫描时排除 .avi 文件。

BitDefender 允许从实时扫描或请求式扫描时排除对象，或从两种扫描中排除。这项功能是为了减少扫描时间，以避免干扰工作。

有以下两种类型的对象可以被排除扫描：

- 路径：由一个路径表示的文件或文件夹（包括其中的所有对象）将会被扫描程序排除扫描。
- 文件扩展名：所有包含指定文件扩展名的文件将会被跳过扫描，无论其位于硬盘什么位置。

从即时扫描中排除的对象将不会被扫描，不管他们是由用户访问还是由一个应用程序访问。

9.2.2 防火墙设置

BitDefender 的设置也较为简单，只是这个 BitDefender 软件的防火墙控制功能较强，如果没有允许某些规则，就是打开局域网内的其他计算机的资源也不能打开，如打开局域网中的 FTP 服务器资源。

图 9-29 是防火墙的设定状态，图 9-30 是防火墙的网路，图 9-31 是防火墙的规则，图 9-32 是防火墙的活动状态。

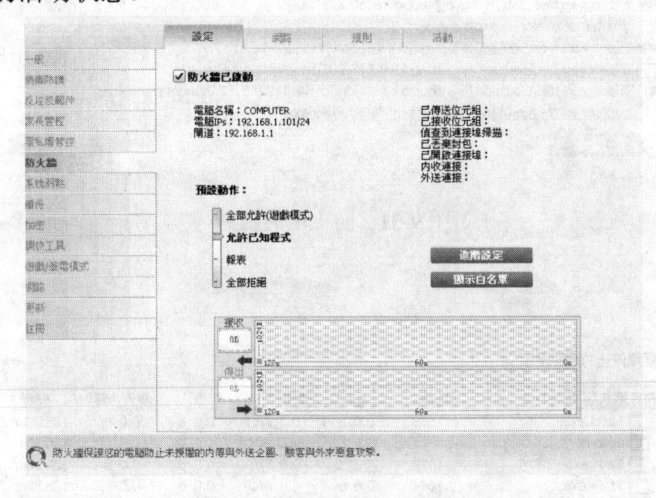

图 9-29　防火墙的设定状态

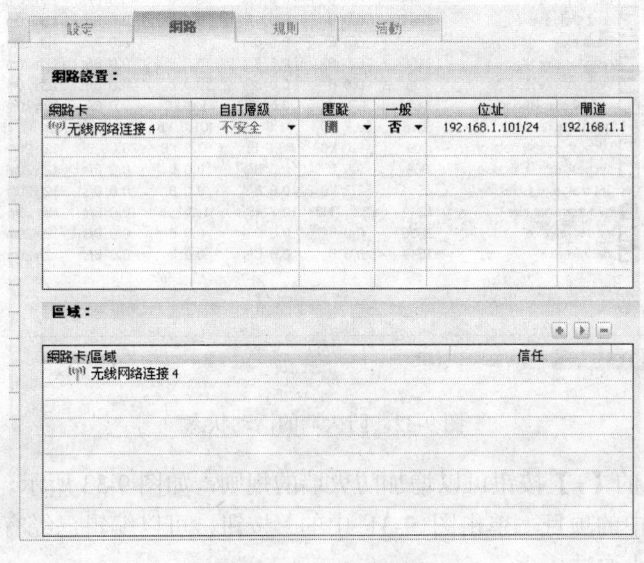

图 9-30　防火墙网路

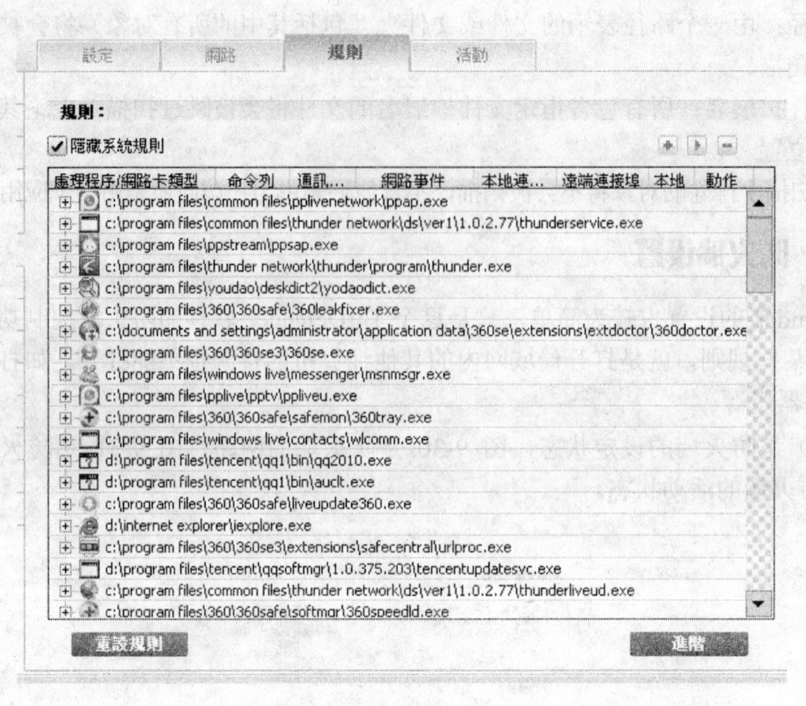

图 9-31　防火墙的规则

設定　網路　規則　**活動**

☑隱藏停止的處理程序

處理程序名稱	PID/P...	出	傳出/每秒	進	傳入/每秒	歷程
lkcitdl.exe	1588	0.0 B	0.0 B/s	0.0 B	0.0 B/s	12h 20m ...
System	4	33.6 KB	66.7 B/s	56.6 KB	0.0 B/s	12h 20m ...
lkads.exe	1620	38.0 B	0.0 B/s	0.0 B	0.0 B/s	12h 20m ...
lktsrv.exe	1644	0.0 B	0.0 B/s	0.0 B	0.0 B/s	12h 20m ...
msnmsgr.exe /backgro...	3420	185.1 KB	0.0 B/s	378.0 B	0.0 B/s	12h 20m 4s
nidmsrv.exe	2044	0.0 B	0.0 B/s	0.0 B	0.0 B/s	12h 20m ...
cnab4rpk.exe	2064	0.0 B	0.0 B/s	0.0 B	0.0 B/s	12h 20m ...
lsass.exe	488	0.0 B	0.0 B/s	0.0 B	0.0 B/s	12h 20m ...
nisvcloc.exe -s	2108	0.0 B	0.0 B/s	0.0 B	0.0 B/s	12h 20m ...
svchost.exe -k rpcss	736	0.0 B	0.0 B/s	0.0 B	0.0 B/s	12h 20m ...
vsserv.exe /service	804	1.9 KB	0.0 B/s	1.0 KB	0.0 B/s	12h 20m ...
qq2010.exe	5616	98.7 KB	31.3 B/s	401.3 KB	31.3 B/s	2h 6m 35s
svchost.exe -k networ...	904	15.0 KB	88.0 B/s	97.9 KB	283.3 B/s	12h 20m ...
svchost.exe -k localse...	964	0.0 B	0.0 B/s	0.0 B	0.0 B/s	12h 20m ...
360tray.exe /start	2684	82.2 KB	0.0 B/s	0.0 B	0.0 B/s	12h 20m ...
qvodterminal.exe	1244	639.3 MB	10.7 KB/s	1.9 MB	8.0 B/s	12h 20m 0s
wmserver.exe	2836	0.0 B	0.0 B/s	0.0 B	0.0 B/s	12h 20m ...
inetinfo.exe	1544	8.0 B	0.0 B/s	0.0 B	0.0 B/s	12h 20m ...

顯示日誌　☐增加的日誌敘述

图 9-32　防火墙的活动状态

单击图 9-31 中的【+】按钮可以增加防火墙的规则，如图 9-33 所示。

选择规则列表中的项目，单击图 9-31 中的▶按钮，可以编辑已经有的规则，使数据包可以通过，或者禁止通过。

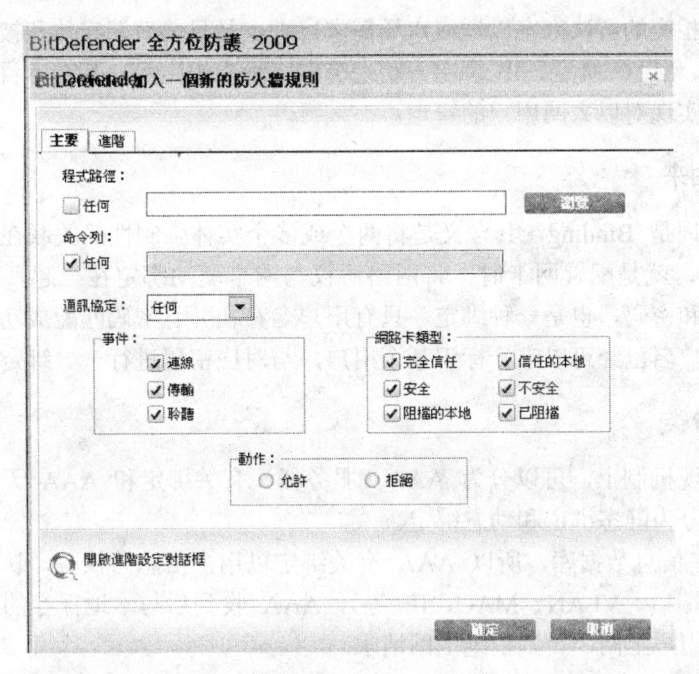

图 9-33　增加规则

9.2.3　任务实施　设置与应用防火墙

可以打开某一个新的程序，在计算机上第一次使用时，会弹出一个对话框，提示是否允许访问网络，这就是 BitDefender 防火墙的功能，也可以编辑已经定义的防火墙的规则，这些防火墙的规则，一般不需要手动去增加和修改，当其他程序第一次启动时，弹出对话框会提示去禁止或允许它们运行，于是就自动添加了防火墙的规则，除了这个之外，也可以手动增加防火墙的规则，如上面的介绍，读者打开这个软件，增加一些规则。如增加 360 浏览器软件允许访问网络的规则，也可以试着禁止默认的 IE 浏览器打开网页的规则。

9.3 任务 3　IP 地址绑定与流量限制

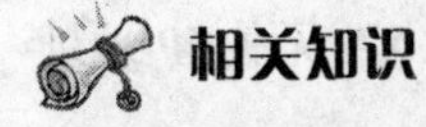

任务分析

为了限制用户使用某些资源，可以对局域网内的用户进行 IP 地址绑定和流量限制，这个主要是为了数据和信息的安全，以及网络的使用性能着想。

相关知识

9.3.1　IP 地址绑定

目前以太网已经普遍应用于运营领域，如小区接入、校园网等。但由于以太网本身的开放性、共享性和弱管理性，采用以太网接入在用户管理和安全管理上必然存在诸多隐患。业界厂商都在寻找相应的解决方案以适应市场需求，绑定是目前普遍宣传和被应用的功能，如常见的端口绑定、MAC 绑定、IP 绑定、动态绑定、静态绑定等。其根本目的是要实现用户的唯一性，从而实现对以太网用户的管理。

1. 绑定的由来

绑定的英文词是 Binding，其含义是将两个或多个实体强制性的关联在一起。一个大家比较熟悉的例子，就是配置网卡时，将网络协议与网卡驱动绑定在一起。其实在接入认证时，匹配用户名和密码，也是一种绑定，只有用户名存在并且密码匹配成功，才认为是合法用户。在这里用户名已经可以唯一标识某个用户，与对应密码进行一一绑定。

2. 绑定的分类

从绑定的实现机制上，可以分为 AAA（服务器）有关绑定和 AAA 无关绑定；从绑定的时机上，可以分为静态绑定和动态绑定。

AAA 是用户信息数据库，所以 AAA 有关绑定以用户信息为核心，认证时设备上传绑定的相关属性（端口、VLAN、MAC、IP 等），AAA 收到后与本地保存的用户信息匹配，匹配成功则允许用户上网，否则拒绝上网请求。

AAA 无关绑定完全由接入设备实现。接入设备（如 Lanswitch）上没有用户信息，所以 AAA 无关绑定只能以端口为核心，在端口上可以配置本端口可以接入的 MAC（或 IP）地址列表，只有其 MAC 地址属于此列表中的计算机才能够从该端口接入网络。

静态绑定是在用户接入网络前静态配置绑定的相关信息，用户接入认证时，匹配这些信息，只有匹配成功才能接入。

动态绑定的相关信息不是静态配置的，而是接入时才动态保存到接入设备上，接入网络后不允许用户再修改这些信息，一旦修改，则强制用户下线。

AAA 相关绑定一般都是静态绑定，动态绑定一般都是在接入设备上实现的。接入设备离最终用户最近，用户所有的认证数据流和业务数据流都必须经过接入设备，只有认证数据流经过 AAA，所以接入设备可以最容易、最及时发现相关绑定信息的变化，也方便采取强制用户下线等处理措施。另外，网络中 AAA 一般只有一台，集中管理，接入设备却有很多，由分散的接入设备监视用户绑定信息的变化， 可以减轻 AAA 的负担。

3. 绑定的应用模式

除了常用的用户名与密码绑定外，可以用于绑定的属性主要有端口、VLAN、MAC 地址和 IP 地址。这些属性的特性不同，其绑定的应用模式也有较大差别。

1）IP 地址绑定

（1）解释

按照前边的定义标准，IP 地址绑定可以分为 AAA 有关 IP 地址绑定、AAA 无关 IP 地址绑定、IP 地址静态绑定和 IP 地址动态绑定。

AAA 有关 IP 地址绑定：在 AAA 上保存用户固定分配的 IP 地址，用户认证时，接入设备上传用户机器静态配置的 IP 地址，AAA 将设备上传 IP 地址与本地保存 IP 地址比较，只有相等才允许接入。

AAA 无关 IP 地址绑定：在接入设备上配置某个端口只能允许哪些 IP 地址接入，一个端口可以对应一个 IP 地址，也可以对应多个，用户访问网络时，只有源 IP 地址在允许的范围内，才可以接入。

IP 地址静态绑定：接入网络时检查用户的 IP 地址是否合法。

IP 地址动态绑定：用户上网过程中，如更改了自己的 IP 地址，接入设备能够获取到，并禁止用户继续上网。

（2）应用

教育网中，学生经常改变自己的 IP 地址，学校里 IP 地址冲突的问题比较严重，各学校网络中心承受的压力很大，迫切需要限制学生不能随便更改 IP 地址。可以采用以下方法做到用户名和 IP 地址的一一对应，解决 IP 地址问题。

如有 DHCP Server，可以使用 IP 地址动态绑定，限制用户上网过程中更改 IP 地址。此时需要接入设备限制用户只能通过 DHCP 获取 IP 地址，静态配置的 IP 地址无效。如没有 DHCP Server，可以使用 AAA 有关 IP 地址绑定和 IP 地址动态绑定相结合方式，限制用户只能使用固定 IP 地址接入，接入后不允许用户再修改 IP 地址。通过 DHCP Server 分配 IP 地址时，一般都可以为某个 MAC 地址分配固定的 IP 地址，再与 AAA 有关 MAC 地址绑定配合，变相地做到了用户和 IP 地址的一一对应。

2）MAC 地址绑定

（1）解释

与 IP 地址绑定类似，MAC 地址绑定也可分为 AAA 有关 MAC 地址绑定和 AAA 无关 MAC 地址绑定；MAC 地址静态绑定和 MAC 地址动态绑定。

由于修改了 MAC 地址之后，必须重新启动网卡才能有效，重新启动网卡就意味着重新认证，所以 MAC 地址动态绑定意义不大。

（2）应用

AAA 有关 MAC 地址绑定在政务网或园区网中应用比较多，将用户名与机器网卡的 MAC 地址绑定起来，限制用户只能在固定的机器上上网，主要是为了安全和防止账号盗用。但由于 MAC 地址也是可以修改的，所以这个方法还存在一些漏洞的。

3）端口绑定

（1）解释

端口的相关信息包含接入设备的 IP 地址和端口号。

设备 IP 和端口号对最终用户都是不可见的，最终用户也无法修改端口信息，用户更换端口后，一般都需要重新认证，所以端口动态绑定的意义不大。由于 AAA 无关绑定是以端口为核心了，所以 AAA 无关端口绑定也没有意义。

有意义的端口绑定主要是 AAA 有关端口绑定和端口静态绑定。

（2）应用

AAA 有关端口绑定主要用于政务网、园区网和运营商网络，从而限制用户只能在特定的端口上接入。

4）VLAN 绑定

（1）解释

与端口绑定类似，VLAN 相关信息也配置在接入设备上，最终用户无法修改，所以，

VLAN 动态绑定意义不大。对于 AAA 无关 VLAN 绑定，如只将端口与 VLAN ID 绑定在一起，那么如果用户自己接连一个 Hub，就会出现一旦此 Hub 上的一个用户认证通过，其他用户也可以上网的情况，造成网络接入不可控，所以一般不会单独使用 AAA 无关的 VLAN 绑定。

常用的 VLAN 绑定是 AAA 有关 VLAN 绑定和 VLAN 静态绑定。

（2）应用

如网络接入采用二层结构，上层是三层交换机，下层是二层交换机，认证点在三层交换机上，这种情况下，仅靠端口绑定只能限制用户所属的三层交换机端口，限制范围太大，无法限制用户所属的二层交换机端口。

使用 AAA 有关 VLAN 绑定和 VLAN 静态绑定就可以解决这个问题。

分别为二层交换机的每个下行端口各自设置不同的 VLAN ID，二层交换机上行端口设置为 VLAN 透传，就产生了一个三层交换机端口对应多个 VLAN ID 的情况，每个 VLAN ID 对应一个二层交换机的端口。用户认证时，三层交换机将 VLAN 信息上传到 AAA，AAA 与预先设置的信息匹配，根据匹配成功与否决定是否允许用户接入。

此外，用户认证时，可以由 AAA 将用户所属的 VLAN ID 随认证响应报文下发到接入设备，这是另外一个角度的功能。虽然无法限制用户只能通过特定的二层交换机端口上网，但是可以限制用户无论从哪个端口接入，使用的都是用一个 VLAN ID。这样做的意义在于，一般的 DHCP Server 都可以根据 VLAN 划分地址池，用户无论在哪个位置上网，都会从相同的地址池中分配 IP 地址。出口路由器上可以根据源 IP 地址制定相应的访问权限。综上所述，变相地实现了在出口路由器上根据用户名制定访问权限的功能。

5）其他说明

标准的 802.1x 认证，只能控制接入端口的打开和关闭，如某个端口下挂了一个 Hub，则只要 Hub 上有一个用户认证通过， 该端口就处于打开状态，此 Hub 下的其他用户也都可以上网。为了解决这个问题，出现了基于 MAC 地址的认证，某个用户认证通过后 ，接入设备就将此用户的 MAC 地址记录下来，接入设备只允许所记录 MAC 地址发送的报文通过，其他 MAC 地址的报文一律拒绝。

为了提高安全性，接入设备除了记录用户的 MAC 地址外，还记录了用户的 IP 地址、VLAN ID 等，收到的报文中，只要 MAC 地址、IP 地址和 VLAN ID 任何一个与接入设备上保存的信息匹配不上，就不允许此报文通过。有的场合，也将这种方式称为接入设备的“MAC 地址+IP 地址+VLAN ID”绑定功能。功能上与前面的 AAA 无关的动态绑定比较类似，只是用途和目的不同。

4．业界厂商产品对绑定的支持

以上的常用绑定功能业界厂商都普遍支持，一些厂商还进行了更有特色的功能开发，如华为提供的以下增强功能：

1）绑定信息自动学习

（1）MAC 地址自动学习

配置 AAA 相关 MAC 地址绑定功能时，MAC 很长，难以记忆，输入时也经常出错，一旦 MAC 地址输入错误，就会造成用户无法上网，大大增加了 AAA 系统管理员的工作量。

CAMS 实现了 MAC 地址自动学习功能，可以学习用户第一次上网的 MAC 地址，并自动与用户绑定，既减少了工作量，又不会出错。以后用户 MAC 地址变更时，系统管理员将用户绑定的 MAC 地址清空，CAMS 会再次自动学习用户 MAC 地址。

（2）IP 地址自动学习

与 MAC 地址自动学习类似。

2）一对多绑定

（1）IP 地址一对多绑定

用户可以绑定不止一个 IP 地址，而是可以绑定一个连续的地址段。这个功能主要应用于校园网中，一个教研室一般都会分配一个连续的地址段，教研室的每个用户都可以自由使用该地址段中的任何一个 IP 地址。教研室内部的网络结构和 IP 地址经常变化，将用户和教研室的整个地址段绑定后，可以由各教研室自己分配和管理内部 IP 地址，既不会因教研室内部 IP 地址分配问题影响整个校园网的正常运转，又可以大大减少 AAA 系统管理员的工作量。

（2）端口一对多绑定

与 IP 地址一对多绑定类似，也存在端口一对多绑定的问题。CAMS 将端口信息分成以下几个部分：接入设备 IP 地址—槽号—子槽号—端口号—VLAN ID，这几个部分按照范围由广到窄的顺序。任何一个部分都可以使用通配符，表示不限制具体数值。例如，端口号部分输入通配符，就表示将用户绑定在某台交换机下的某个槽号的某个子槽号的所有端口上，可以从其中的任何一个端口接入。

9.3.2 流量控制

1. 外网监控与内网监控

企业中涉及两部分的网络管理，一部分是监视 Internet 的行为和内容，也就是大家说的上网监控或外网监控；另一部分就是如果这个计算机不上 Internet 但又在内部局域网上，一般被大家称为内网监控或本网监控；上网监控管理的是上网的内容监视和上网行为监视（如发了什么邮件，是否限制流量，是否允许 QQ，或监视用户页面浏览）；而内网监视管理的是本地网络的活动过程（如有没有复制东西到 U 盘，是否在玩单机游戏，使用计算机做了什么等）；

拥有内网管理功能的有 Phantom 桌面管理、三只眼、Anyview 网络警、网路岗、LaneCat 网猫。内网管理的实现需要客户端支持。这几种软件都有专门的客户端软件提供。

没有内网管理功能的有百络网警、activewall、聚生网管。

外网监控软件模式基本可以分为两类：有客户端的和没有客户端的（内网安全都需要客户端，上面没有客户端的都不能实现内网安全管理）。

2. 没有客户端的外网监控

大概分为 4 种安装模式：旁路、旁听（共享式 HUB、端口镜像）、网关、网桥。

（1）旁路模式

基本采用 ARP 欺骗方式虚拟网关，让其他计算机将数据发送到监控计算机。只能适合于小型的网络，并在环境中不能有限制旁路模式；路由或防火墙的限制或被监视计算机安装了 ARP 防火墙都会导致无法旁路成功，因为一边在禁止旁路一边却正在旁路，所以自相矛盾；同时如网内多个旁路将会导致混乱而中断网络。

此类软件较多，主要有聚生网管、P2P 终结者、网络执法官等。

（2）旁听模式

通过共享式 Hub、端口镜像方式来获取网络上的数据实现监控，通过抓取总线 MAC 层数据帧方式而获得监听数据，并利用网络通信协议原理发送带 RST 标记的 IP 包封堵 TCP 连接以破坏 TCP 连接实现控制的方法；不能封堵 UDP 通信包，而 QQ、BT 等很多软件会使用 UDP 协议。而且还需要额外购置网络设备，因为共享式 Hub 中每个端口的但由于 Hub 基本都是 10MB 的，因此在网络性能上将很大限制，也意味丢包的危险；目前 Hub 几乎到了淘汰的命运；也不适合大型网络环境，因此是很大局限；网络带宽损失都会超过 60%；镜像交换机首先是比较贵并需要专业的配置，而且绝大多数企业并没有带镜像交换机，另外如果规模比较小的话（如 30 个计算机以下），那么增加购买镜像交换机意味成本的提高，另外有些便宜的交换机虽然带镜像功能，但在镜像后由于双向（监视和控制）数据流处理不完善而导致交换机瞬间阻塞现象；而很多的镜像交换机也是单向的（只能监视抓包不能控制）；但相比老式的 Hub 模式来说，使用镜像交换机实现监听还是要理想一些；不过即便如此，网络带宽损失也将超过 40%；此类软件有超级嗅探狗、LaneCat 网猫等。

（3）网关模式

是把本机作为其他计算机的网关（设置被监视计算机的默认网关指向本机），常用的是 NAT 存储转发的方式；简单地说有点像路由器工作的方式；因此控制力极强，但由于存储转发的方式，性能多少有点损失；不过效率已经比较好了。但维护和安装比较麻烦；无法跨越 VLAN 和 VPN；假如网关坏了，全网就瘫痪了。此类软件有 ISA、AnyRouter（软网关）等，这里没有引用，ISA 目前在一些银行金融机构仍在使用，海天上网监控软件是专门针对 ISA 而开发的。

（4）网桥模式

双网卡做成透明桥，而桥是工作在第二层的，所以可以简单理解为桥为一条网线，因此性能是最好的，几乎没有损失；适合超大用户量；支持网桥模式的软件比较少，主要有 Anyview 网络警、百络网警、网路岗、activewall 等。

（5）获取数据包的技术

除了模式，下面讲一下获取数据包的技术，目前大概有以下两种方式。

① 采用操作系统核心 NDIS 中间层驱动模式。

② 公开免费接口 WINPCAP 协议层驱动。

Anyview 网络警和 activewall 采用 NDIS 中间层驱动，百络网警采用的是 kercap 内核技术（不了解）、网路岗则采用的是 WINPCAP 技术。

由于 WINPCAP 本身设计的天生弱点，所以在流量限制方面无法实现，阻断 UDP 也将导致网络中断，无法支持千兆网络和无线网络，性能也必然很低；也无法实现 NAT 等更多的扩展功能，由于在协议层运行会被防火墙禁止；而 NDIS 中间层驱动模式由于在 NDIS 层位置驱动，因此性能效率将非常高，更多功能也将成为可能；能够克服 WINPCAP 所有的弱点，因此成为主流技术；但实现起来很大难度需要很强的开发实力。

按照部署模式分：通过对比可以知道，网桥模式是最理想的一种模式，这种模式唯一的

缺点就是额外开支，需要购买一台足够网络处理能力服务器，而且还要连接在交换机和路由器之间的网络上。主要有 Anyview 网络警、百络网警、网路岗、activewall 等。再按照获取数据包的技术分：显然 Anyview 网络警和 activewall 采用 NDIS 中间层驱动技术更好。

3．有客户端的外网监控：

Phantom 桌面管理和三只眼（外网管理和内网管理功能都提供）。

不牵涉部署模式，因为它们的实现原理都是在 C/S 模式，通过部署在被监控计算机上的客户端来实现各种功能，在这种模式下，服务器的安装部署对网路环境就没有特别的要求，网络内随意找一个计算机就可以做服务器，而且功能、网络速度、效率都不受影响，不需要对原有网络架构、环境进行改动。

唯一的缺点就是需要安装客户端，但目前大多都提供在服务器上的统一安装部署，不需要逐台计算机安装。

如果内网管理与外网管理都需要，那么所有软件都需要客户端，显然 Phantom 桌面管理和三只眼是最好的选择，其次是 Anyview 网络警，因为 Anyview 网络警需要买一台服务器，部署在交换机和路由器之间。而 Phantom 桌面管理和三只眼则任选一台计算机做服务器；而客户端都需要安装。

如果只需要外网监控，那么就需要选择了，Anyview 网络警这时不需要部署客户端，但需要买一台服务器，部署在交换机和路由器之间。而 Phantom 桌面管理和三只眼则可以任选一台计算机做服务器；缺点是要安装客户端。

4．Winpcap 的主要缺陷如下：

（1）免费开放的国外代码，因此安全性欠缺；原理上是采用旁听模式，所以无法阻断 UDP 应用，无法流量限制，并容易数据丢包；阻断规则有可能引起网络中断或无效；

（2）原理上决定不适合超过 100 个计算机的网络环境，如采用老式共享式 Hub 速度限制在 10MB 带宽损失严重；如采用交换机镜像是共享 100MB 方式，由于一些交换机本身的缺陷，采用镜像后会导致交换机阻塞现象的可能，因此网络带宽会大约损失 40%；

（3）由于是免费接口只提供总线抓包功能，所以不支持集群环境，也不支持任何内网监控功能；

（4）由于是高层协议同时未提供适合监控的加密压缩数据库；所以不支持即时大规模数据存储，不适合大用户网络；不包含千兆、无线网；如需支持多 VLAN 或 VPN 应采用镜像技术，需额外投资支持双向镜像技术的交换机并正确设置和维护；

（5）由于提供的接口都是通用的有限代码，缺乏良好的可控性，所以很多功能无法实现。

5．ARP 欺骗

欺骗局域网内计算机，使其他计算机误认为监控计算机为网关计算机，将所有数据发送到监控计算机，只能适合于小型的网络，环境中不能限制旁路模式；路由或防火墙的限制或被监视计算机安装了 ARP 防火墙都会导致无法旁路成功，因为一边在禁止旁路一边却正在旁路，所以自相矛盾；同时如网内多个旁路将会导致混乱而中断网络；

9.3.3 端口限制

下面来测试如何通过限制端口的方式来管理局域网的方法。

方案描述：为了限制员工使用 QQ/MSN 聊天、玩网络游戏、进行 BT 下载，可以通过网络管理软件对相应的网络软件、服务通信端口进行限制，可以手动添加限制的端口。该方案同样以 Easy 网管为例进行评测。

操作实例：运行 Easy 网管（http://www.mydown.com/soft/120/120349.html），打开网络管理窗口，切换到“系统设置”选项卡，选中“通信端口限制”项，通过右键菜单可以新建端口限制规则，也可以对已有的“QQ 与 MSN 端口”规则进行编辑，添加其他的端口，如 QQ 的 4000 端口等。

切换到“用户控制”选项卡，使用鼠标右键单击某个计算机 IP 地址，在弹出的快捷菜单中选择“编辑用户”选项，单击“查询编辑权限”按钮来设置采用的通信端口限制规则。

突破测试：为了测试 Easy 网管的端口限制效果，选择了 Socks2HTTP+SocksCap32 的经典方法进行突破测试。从实际的限制效果来看，对于一般的网络管理软件都可以进行突破，不过突破后访问速度一般不太理想，还与选择的代理服务器有关。

要通过限制端口来完全限制应用程序的运行是比较困难的，因为如今很多的网络软件、P2P 软件都支持端口自动转换，建议在限制端口的基础上，限制网络软件服务器的 IP 地址。

技术分析：网络管理软件可以对特定网络程序的端口进行监控，限制软件运行，使用 Socks2HTTP+SocksCap32 等软件可以将限制的端口转换为其他端口，突破局域网防火墙，绕开监控，突破限制。

方案总结：该方案一般用于对网络软件、网络服务的限制，如 QQ、MSN、QQ 游戏、联众、股票软件等，网管可以在网络管理软件中手工添加这些网络软件和服务的通信端口，进行限制。为了防止 Socks2HTTP+SocksCap32 的突破、对端口自动转换的 P2P 软件失效。建议网管在采用端口限制方案的同时，结合网络软件、服务的 IP 地址限制。

9.3.4 任务实施 地址绑定与流量控制

聚生网管是一款功能极为强大的局域网控制软件，是所有网管必备的管理利器。只要在局域网中的任何一台计算机安装聚生网管，就可以控制整个局域网，而所有受控机器不需要安装任何软件或进行任何设置，安装超级的方便。

它可以直接在网络应用层对 P2P（BT、电驴、PP 点点通、卡盟……）数据报文进行封堵，从而可以让管理员只要轻轻单击一下鼠标，就可以完全封堵所有的 BT 下载。并且它实时控制局域网任意主机上、下行流速（带宽）；同时又可以控制任意主机上、下行流量和总流量。还能限制别人使用聊天工具（如 QQ、MSN）和限制别人访问网站（全部或指定的部分），限制迅雷下载等。

它甚至还可以检测到局域网终结者、网络执法官、网络剪刀手等当前对局域网危害最为严重的三大工具攻击的监控软件。使计算机不受它们的骚扰。

聚生的功能是绝对的强大，但是好软件就像锋利的刀一样，被不同的人用来干不同的事，它可以成为网管的好助手，也能成为某些人欺负弱者的道具。

聚生网管的功能优势如下。

1．下载控制

（1）P2P 下载完全控制功能：完全控制如 BT、eMule(电驴)、百度下吧、PP 点点通、卡盟、迅雷等 P2P 工具的下载。

（2）P2P 下载智能带宽抑制功能：当发现有主机进行 P2P 下载时，自动降低该主机可用带宽。

（3）HTTP 下载控制功能：用户可以自行设定控制任意文件下载，也可以指定文件后缀名限制下载。

（4）FTP 下载功能：用户可以自行设定控制任意文件下载，也可以指定文件后缀名。

2．带宽（流速）、流量管理

（1）实时查看局域网主机带宽占用：从大到小排序功能使得网管可以对网络占用了然于胸。

（2）针对特定主机分配公网带宽：可以使企业有限的公网带宽得到最充分的利用，从而使得某些主机无法再大量消耗带宽。

（3）主机报文数据分析功能：使得网管可以知道主机所占带宽是用于什么应用。

（4）系统可以为局域网主机设定上行、下行流量和总流量，超过设定流量，自动断开其公网连接。

3．聊天管理

（1）QQ 聊天控制：系统可以完全控制这个一般监控软件无法控制的聊天工具。

（2）MSN 聊天控制。

（3）网易泡泡聊天控制。

（4）新浪 UC 聊天控制。

（5）其他任意聊天工具。

4．WWW 访问管理

（1）WWW 访问完全控制：网管可以选择是全部禁止上网还是使用过滤规则上网。

（2）黑白名单规则：网管可以设定网址过滤规则，支持黑白名单自定义。

（3）色情网址过滤：系统可以自动过滤符合色情网址库的访问。

（4）局域网主机充当代理服务器控制：系统可以自动限制局域网主机充当代理服务器，以禁止不当局域网扩展。

（5）局域网使用 WWW 代理控制：禁止局域网主机使用 Socks 等代理访问 WWW。

5．门户邮箱控制

（1）控制局域网主机只能访问 yahoo 邮箱，但不能单击其他任意的 yahoo 链接。

（2）控制局域网主机只能访问 sina 各种邮箱，但不能单击其他任意的 sina 连接。

（3）控制局域网主机只能访问网易163的各种邮箱，但不能单击其他任意的网易连接。

（4）控制局域网主机只能访问sohu各种邮箱，但不能单击其他任意的sohu连接。

（5）控制任意网站的邮箱，但不能单击网站的任意其他连接。

6．组策略（上网权限）管理功能

（1）可以为局域网所有主机建立统一的控制策略。

（2）可以按照局域网主机的不同IP来分配不同的策略。

（3）各个控制策略组里面的主机可以在各个不同的策略之间灵活转换。

7．时间管理

管理员可以设定对主机的控制时间（如工作时间与非工作时间、自定义时间），便于灵活管理。

8．跨网段管理

在实际网络应用中，经常会遇到这样的情况：某局域网中同时存在着两个或两个以上的网段（即VLAN），各个网段间物理上连通，但相互之间不能访问，网络管理员要针对每一个网段单独进行的管理工作，重复工作量大，而且还增加了开销。针对这种的情况，聚生网管特别提供了的“透明跨网段管理”这项功能，来帮助网络管理员进行跨网段的管理工作。

目前跨网段主要通过以下手段来实现。

（1）通过添置路由器实现跨网段管理。

（2）通过扩大子网来增加可管理的IP数量，只需把所有机器的子网掩码设为255.255.0.0即可。

例如，局域网有500台计算机，所有机器的子网掩码设为255.255.0.0，IP地址就可以设为192.164.0.1～192.164.0.250和192.168.1.1～192.168.1.250，本系统对以上跨网段设置均有良好的支持作用。

9．自定义ACL规则

系统为网络管理人员提供自定义控制接口——ACL规则设置，通过ACL规则，可以设置包括IP源地址、IP目标地址、协议号（TCP/UDP）、端口范围等参数的规则，系统将自动拦截符合规则的数据报文，通过使用ACL规则，可以轻松地实现控制功能的灵活扩展。例如，控制局域网任意主机IP对任意公网IP的访问；控制任意的聊天工具、控制任意的网络游戏……

10．局域网安全管理

（1）IP-MAC绑定：系统支持对局域网主机进行IP-MAC绑定，一旦发现非法主机，即可以将其隔离网络。

（2）嗅探主机扫描：通过使用系统附带的“反侦听技术”及Windows的底层分析技术，可以检测出当前对局域网危害最为严重的三大攻击工具：局域网终结者、网络执法官和网络剪刀手。

（3）断开主机公网连接：系统可以断开指定主机的公网连接。

11．网络流量统计

系统提供了多种详细、图文并茂的主机流量、流速统计功能。其中包括以下功能。

（1）日流量统计功能：系统提供了指定主机或所有主机的日流量汇总统计功能。

（2）月流量统计功能：系统提供了指定主机或所有主机的月流量汇总统计功能。

（3）日流速统计功能：系统提供了指定主机、指定时间内的流速趋势图。

12．详细日志记录

（1）系统详细记录了所有控制信息，用户可以通过查看日志文件来确定被管理主机网络访问情况。

（2）系统详细记录了局域网主机的WWW访问网址，用户可以自行查询。

13．其他功能

除上述功能外，系统提供了许多非常实用的功能，如给局域网任意主机发送消息；实时查看局域网主机的流速大小，并提供柱状图直观显示；记录局域网其他运行聚生网管的主机，并且正式版可以强制测试版退出等。

下面介绍这个软件的使用方法。

聚生网管2.10（Netsense2.10）使用说明如下：

1．配置说明

（1）第一次启动软件，系统会提示让网络管理员新建监控网段，请单击“新建监控网段”按钮，按照向导提示进行操作，如图9-34～图9-37所示。

（2）然后可以选中刚刚建立的监控网段，双击或者单击“开始监控”按钮，如图9-38所示，进入Netsense主界面。

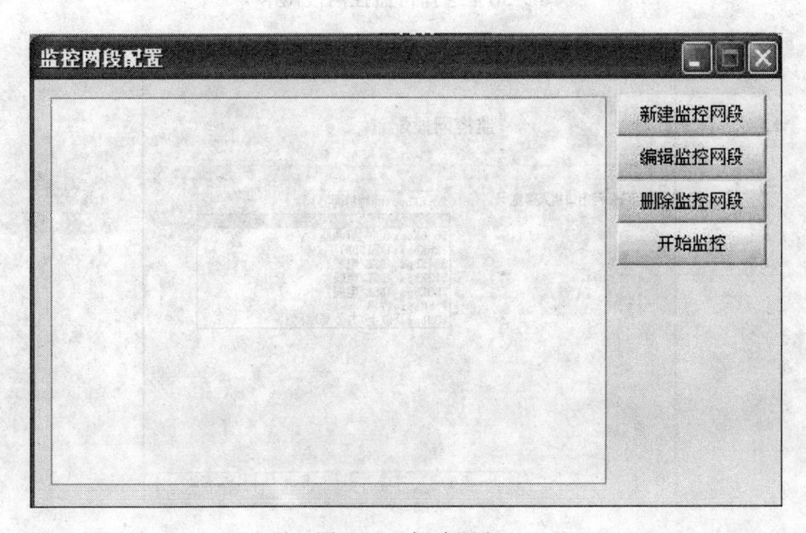

图9-34　新建网段

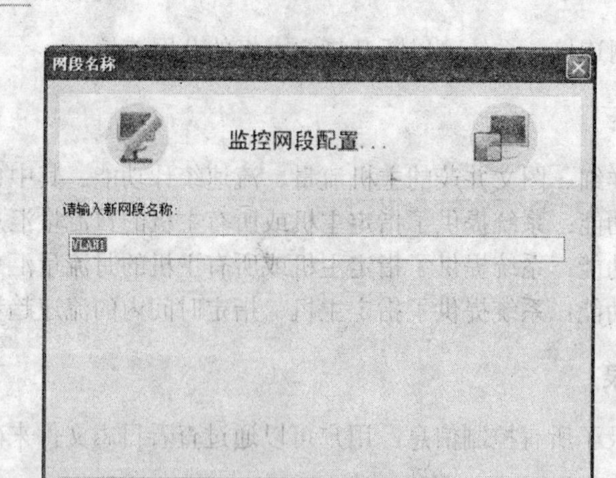

图 9-35　输入网段名称

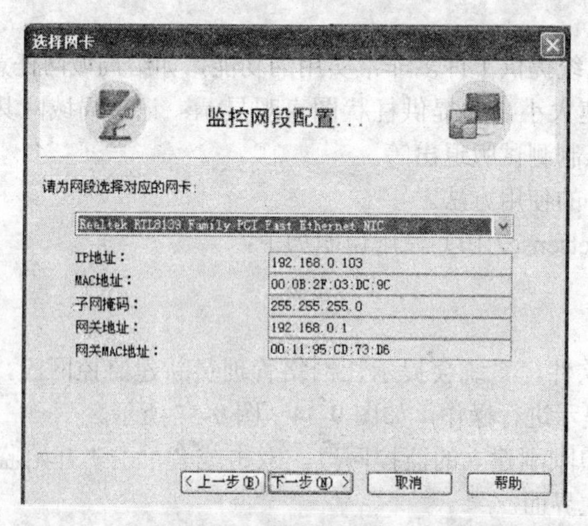

图 9-36　选择待监控网段网卡

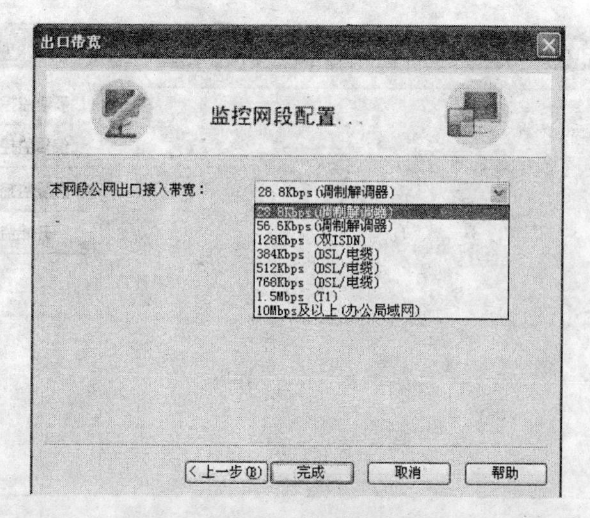

图 9-37　选择监控网段出口带宽

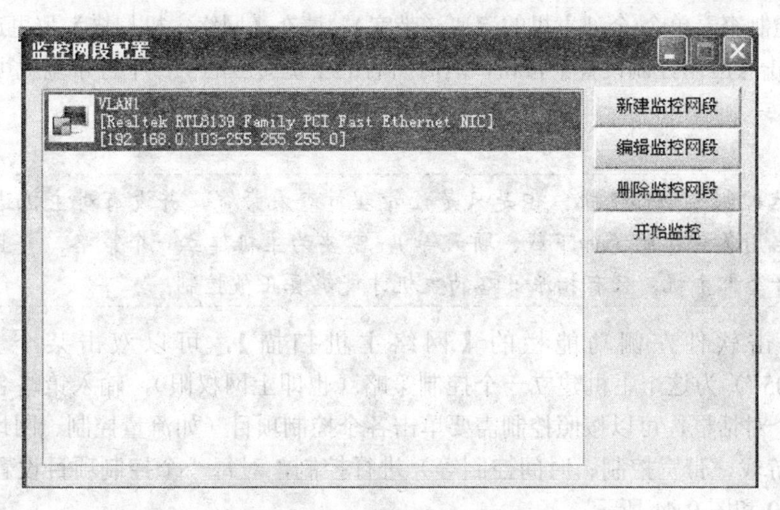

图 9-38 选择网段开始监控

依照上述方法，可以建立多个网段。如果想监控第二个网段，请再次打开一个聚生网管的窗口，从中选择要建立的第二个网段，然后单击【开始监控】按钮。

2. 使用说明

(1) 单击软件左上角的【网络控制台】图标，选择【启动网络控制服务】选项。如图 9-39 所示。

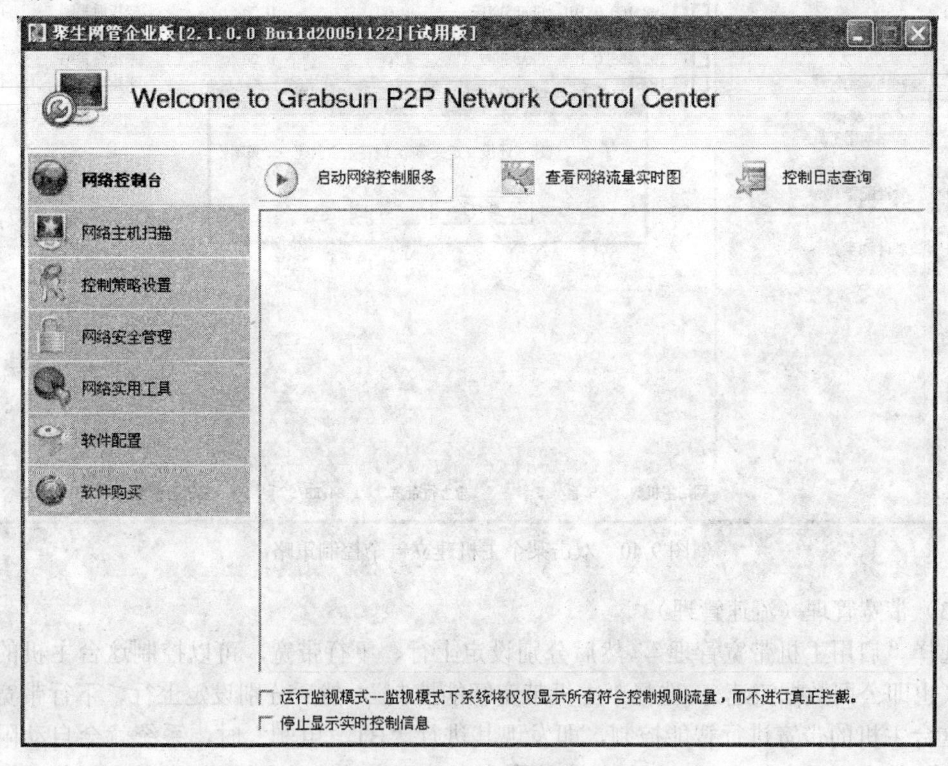

图 9-39 启动网络控制服务

如果想控制查看单个/全部主机的流速（带宽），请在【网络主机扫描】那里选择【全部控制】，然后单击【应用控制设置】按钮，这时所有的主机对应的上、下行带宽就可以显示了。

注意

这里虽然控制了全部主机，但是只是让管理员查看带宽，并没有对主机进行其他的控制，如果想启用各种控制（如下载、聊天等），需要为主机建立一个策略，并且指派给想控制的主机或者全部主机，只有指派策略的主机才能够真正被控制。

（2）单击软件左侧功能栏的【网络主机扫描】，可以双击某个主机（双击“192.168.0.105”）为这个主机建立一个控制策略（也即上网权限），输入策略名字，然后系统会弹出一个对话框，可以按照控制需要单击各个控制项目（如流量控制、网址控制、聊天控制、网络游戏、带宽控制、时间控制等）进行控制，对每一个控制项目设置后，必须保存，如图 9-40 和图 9-41 所示。

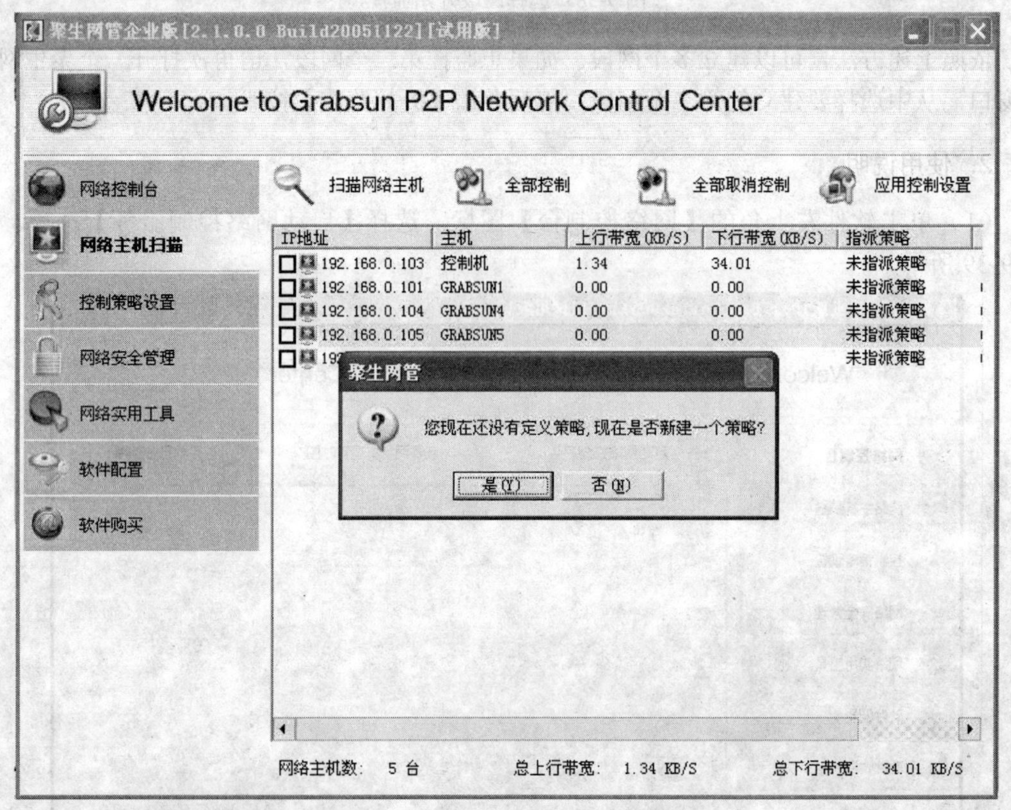

图 9-40　双击某个主机建立一个控制策略

（3）带宽管理（流速管理）

选择“启用主机带宽管理”，然后分别设定上行、下行带宽，可以控制这台主机的公网带宽（也即公网数据流速）；选择“主机带宽智能控制”，然后分别设定上行、下行带宽，可以对这台主机的带宽进行智能控制，即发现其进行“BT、电驴”时，系统就会自动限制这台主机的带宽到设定的上行、下行带宽范围内，从而有效地避免了因为 P2P 下载对网络带宽的过分占用，如图 9-42 所示。

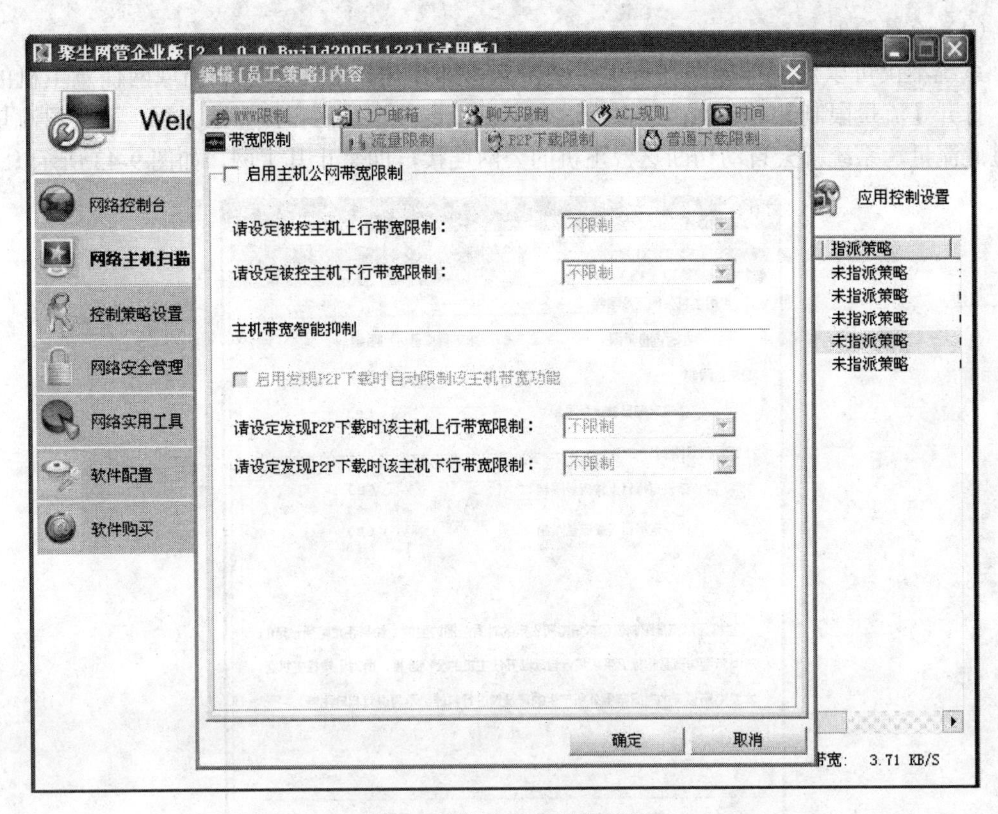

图 9-41　设定各个控制项目

编辑[员工策略]内容
WWW限制　门户邮箱　聊天限制　ACL规则　时间
带宽限制　流量限制　P2P下载限制　普通下载限制
☑ 启用主机公网带宽限制
请设定被控主机上行带宽限制：<50K
请设定被控主机下行带宽限制：<60K
主机带宽智能抑制
☑ 启用发现P2P下载时自动限制该主机带宽功能
请设定发现P2P下载时该主机上行带宽限制：<50K
请设定发现P2P下载时该主机下行带宽限制：<60K
确定　取消

图 9-42　设定带宽管理

（4）流量管理

系统不仅可以控制局域网任意主机的带宽，即流速，还可以控制局域网任意主机的流量。打开【流量限制】对话框，可以为这个主机设定一个公网日流量或上行、下行日流量，超过此流量，系统就会自动切断这台主机的公网连接，即禁止其上网，如图 9-43 所示。

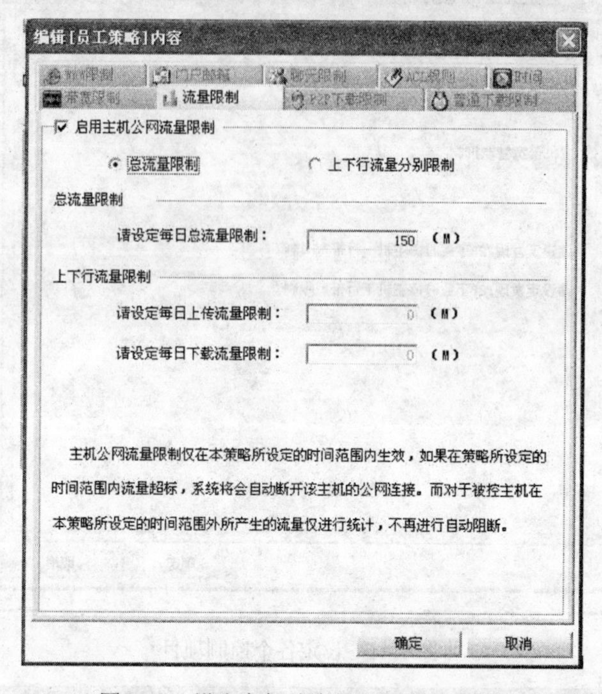

图 9-42　设定主机总流量（如 150MB）

此外，也可以在左侧【网络主机扫描】里面，实时查看这台主机（192.168.0.105）当日的某一时刻累计用了多少流量，如图 9-44 所示。

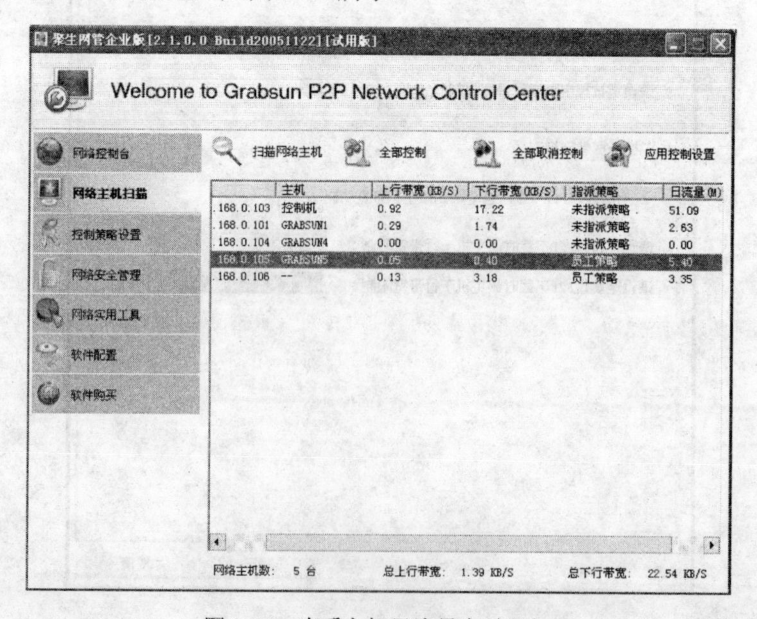

图 9-44　查看主机日流量实时累加

（5）P2P 下载限制

打开【P2P 下载限制】对话框，在这里可以选择要禁止的各种 P2P 工具，如 BT、电驴、PP 点点通、卡盟等，可以单独选择控制某个 P2P 工具的下载，又可以选择控制全部，如图 9-45 所示。

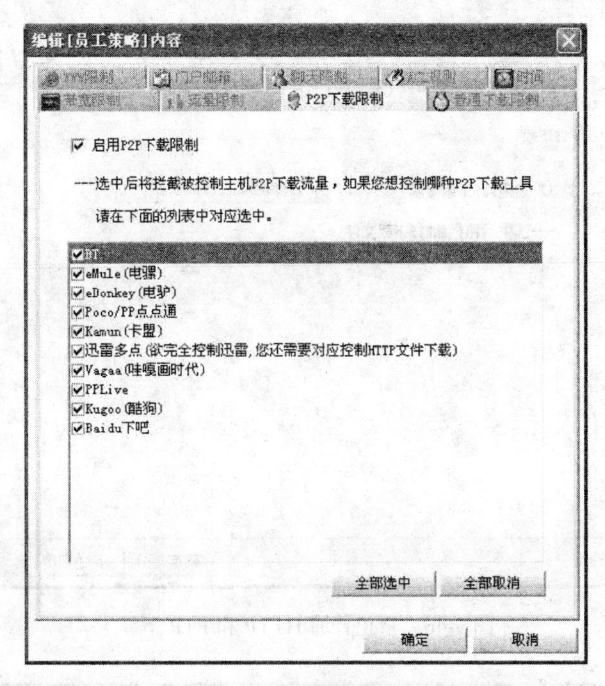

图 9-45　控制 P2P 下载

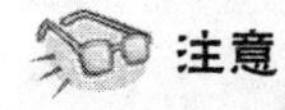

注意

因为“迅雷”是一种多点 HTTP 下载，应用 HTTP 协议而不是 P2P 协议。这里限制“迅雷”下载，是禁止它从多个服务器进行多点下载，但不能禁止“迅雷”从单个服务器下载。但是因为即使从单点下载速度也可能很快。所以如果想完全禁止“迅雷”下载，还需要在“普通下载限制”中禁止相应文件类型的 HTTP 下载。除迅雷外的所有其他 P2P 工具，系统都可以完全拦截。

（6）普通下载限制

打开【普通下载限制】对话框，在这里可以限制所有的 HTTP 下载和 FTP 下载。限制 HTTP 下载必须输入文件后缀名；而限制 FTP 下载，既可以输入文件后缀名来进行限制，又可以直接输入通配符“*”，来禁止所有的 FTP 下载，如图 9-46 所示。

（7）网址控制

打开左上角的【WWW 限制】对话框。在这里既可以完全禁止局域网主机的公网访问，又可以为局域网主机设定黑、白名单以及股票、色情等网址。系统还可以防止局域网主机启用代理上网或充当代理，同时还可以记录局域网主机的网址浏览，如图 9-47 所示。

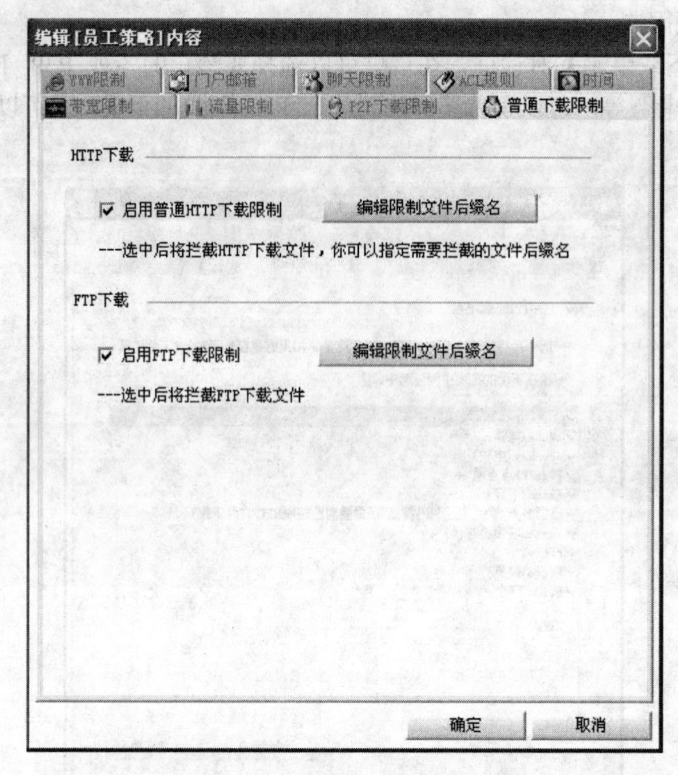

图 9-46 禁止普通 HTTP 和 FTP 下载

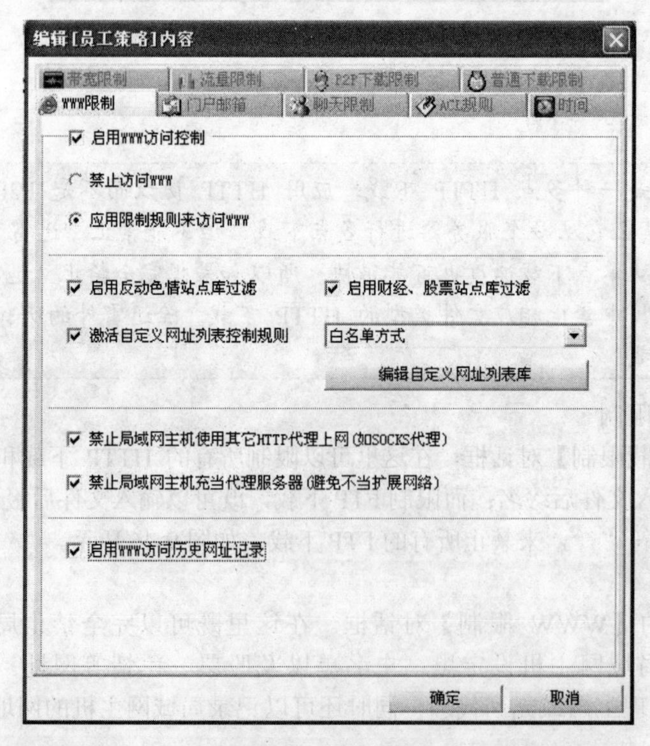

图 9-47 网址控制

注意

系统提供了精确的网址控制功能，通过通配符，可以控制局域网主机只可以访问某一个网站及其所有的二级页面，也可以只把某个网站的某一个频道设置为白名单，也可以把一个单一的网页设置为白名单。局域网主机只能访问设置为白名单的网址。同理，也可以设置为黑名单来控制局域网主机的公网访问。在图 9-48 中www.sina.com.cn表示只可以访问新浪网的首页；*.sina.com.cn 表示整个新浪网都可以被访问；tech.sina.com.cn*则表示局域网主机只可以访问新浪网站的“科技频道”的所有页面。此外，系统支持对网址的导入、导出功能，可以方便地让管理员增加大量的网址进行控制。

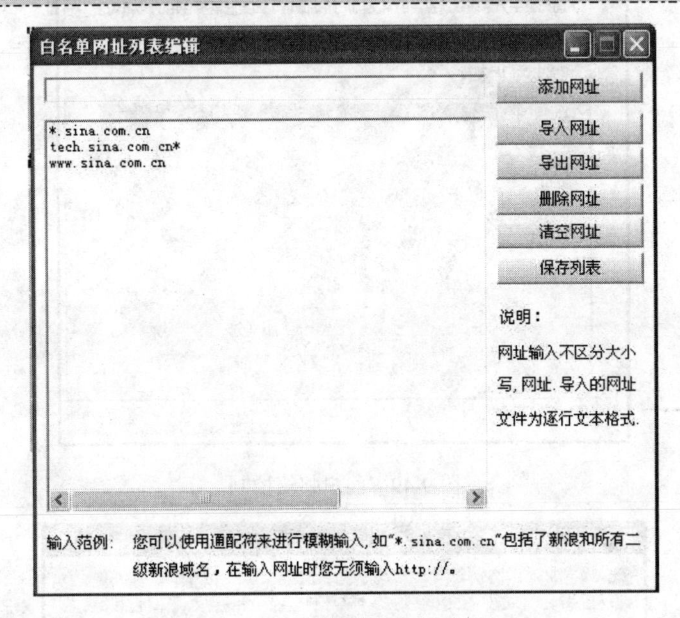

图 9-48　网址精确控制功能

（8）门户邮箱控制功能

鉴于许多中小企业没有自己独立的企业邮箱，系统提供了对门户网站邮箱的特殊许可功能，即进行了网址控制设置，但是可以允许员工进行使用门户网站的邮箱。例如，管理员禁止了局域网主机访问新浪网址（可以把新浪网站作为黑名单或者完全禁止局域网主机访问公网），只要在这里选择许可使用新浪网的邮箱（普通邮箱、企业邮箱、VIP 邮箱等），则员工仍然可以访问新浪网的首页，并且登录邮箱进行收信、发信等对邮箱的所有操作，但是不可以单击新浪网站的其他任意链接，包括信箱里面的所有链接，如图 9-49 所示。

（9）聊天控制

打开【聊天限制】对话框，系统可以控制局域网内的任意主机登录使用各种聊天工具，系统可以完全封堵 QQ、MSN、新浪 UC、网易泡泡等。此外，通过系统提供的 ACL 规则，可以禁止任意聊天工具，如图 9-50 所示。

（10）ACL 访问规则

打开【ACL 规则】对话框，在这里可以设定要拦截的局域网主机发出的公网报文。

借助 ACL 规则，可以禁止局域网任意主机通过任意协议、任意端口、访问任意 IP。这样可以拦截局域网主机，如网络游戏在内的任意公网报文。添加 ACL 规则，如输入规则名字“边锋网络游戏世界”，本地 IP 选择“任意”，目标 IP 选择“任意”，协议选择“TCP”，端口选择“4000”。这样就可以禁止局域网所有主机链接“边锋网络游戏世界”，如图 9-51 所示。

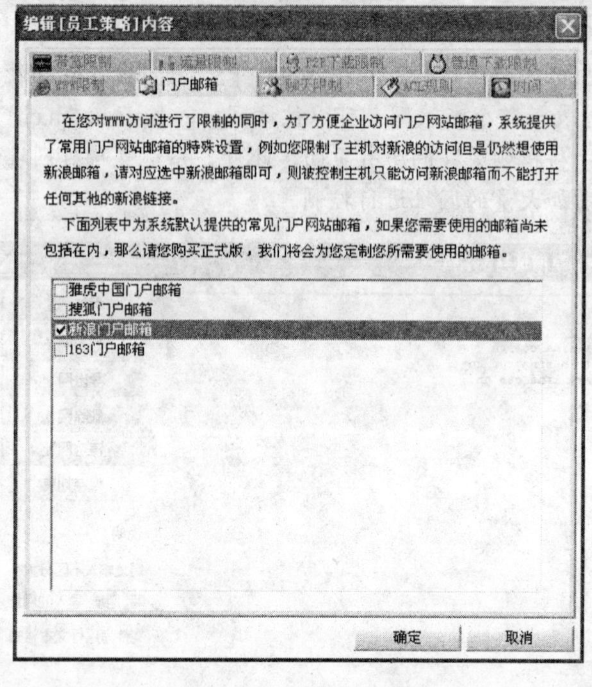

图 9-49　门户邮箱控制

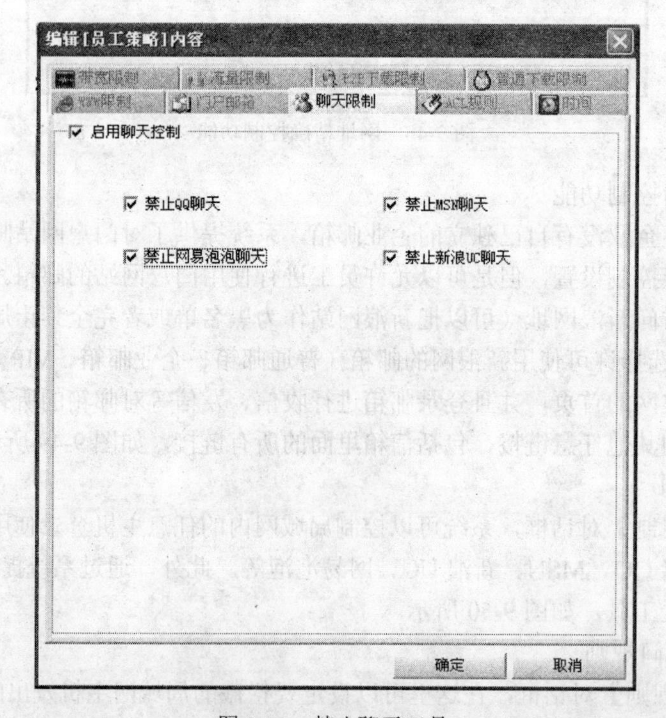

图 9-50　禁止聊天工具

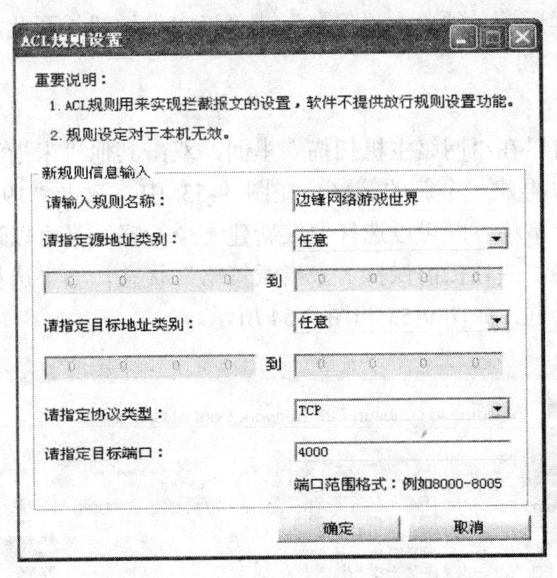

图 9-51　添加 ACL 访问规则

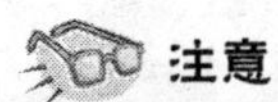

注意

正式版会提供当前所有流行的网络游戏 ACL 规则列表。通过 ACL 规则列表，可以禁止局域网主机玩当前几乎所有流行的网络游戏，并且 ACL 规则列表实时更新。

（11）控制时间设置

打开“时间”对话框，可以设置控制时间。既可以设定控制全部时间（以蓝色表示），又可以设定控制工作时间（早 9：00～17：00）。系统默认控制全部时间，可以使用鼠标右键单击取消，然后选择“工作时间”，也可以不设定控制时间。但是如果希望所有的控制项目生效，则必须选择控制时间，如图 9-52 所示。

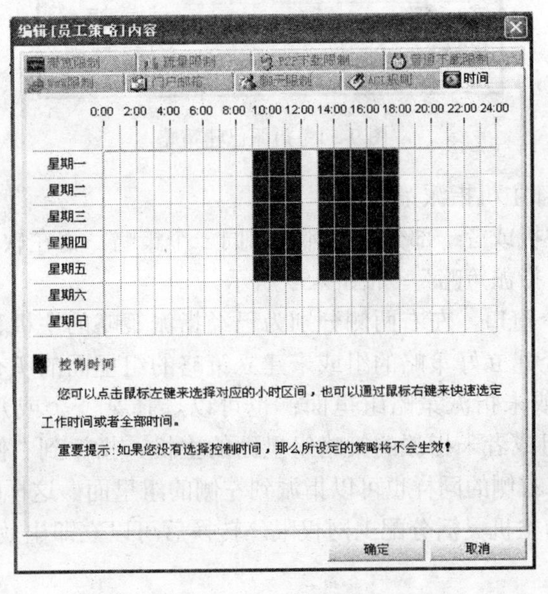

图 9-52　控制时间设置

所有控制项目设置后，必须单击“保存”或“确定”按钮。至此，建立了一个完整的控制策略。

（12）应用策略

建立好策略后，可以在“网络主机扫描”里面，双击其他“未指派策略”的主机指派已经建好的策略，也可以再建一个新的策略。在图 9-53 中，双击“192.168.0.104”系统会提示用户已经建立了一个策略，既可以选择继续新建一个策略，又可以选择不新建策略，而直接指派刚才建立的策略，或者仍旧保持“未指派策略”状态。如果选择不新建策略，则系统就会弹出一个新的对话框，如图 9-53 和图 9-54 所示。

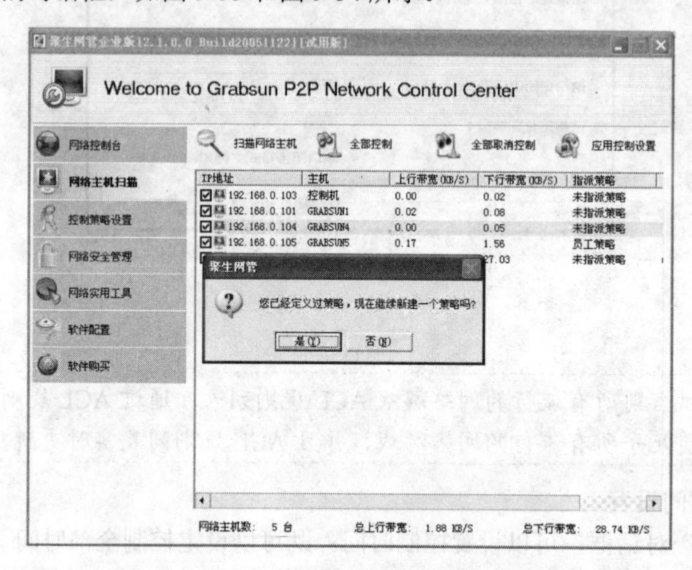

图 9-53　新建或指派策略

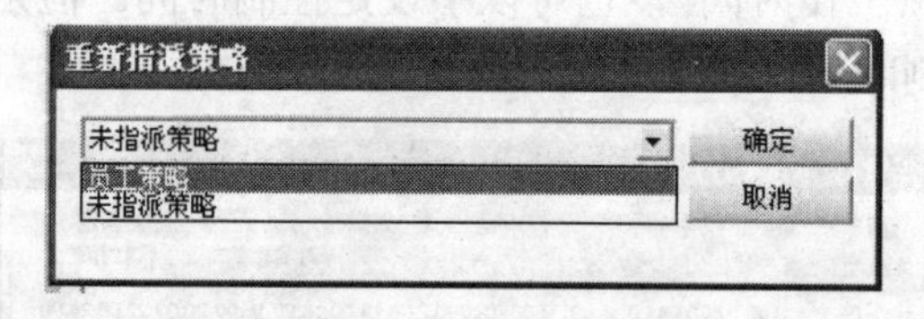

图 9-54　指派已建策略

（13）对部分或全部主机指派策略

如果想对所有的主机或者一部分主机都应用同一个策略，请在软件左侧功能栏的“控制策略设置”里面选择“指派策略”，如图 9-55 所示。

单击后会弹出一个窗口，左右两侧分别为已经指派策略的主机和未指派策略的主机，可以把其中的一个已经建立好策略的组或未建立策略的组里面的所有主机，全部指派到右侧的某个策略组里面或未指派策略组里面；也可以选择某一个或几个（按住 Shift 键选择）已经指派策略的组或者未指派的策略组里面的主机，指派到右侧的某一个已经建立的组或未建立的组里面；右侧的同样也可以指派到左侧的组里面。这样的转换是为了让管理员可以根据情况对不同的主机灵活分配上网权限。转换后可以立即生效，如图 9-56～图 9-58 所示。

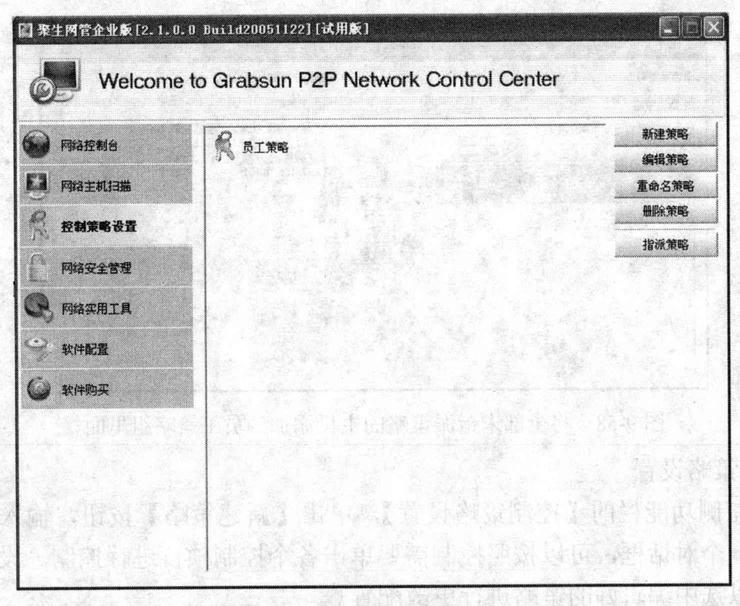

图 9-55　指派策略

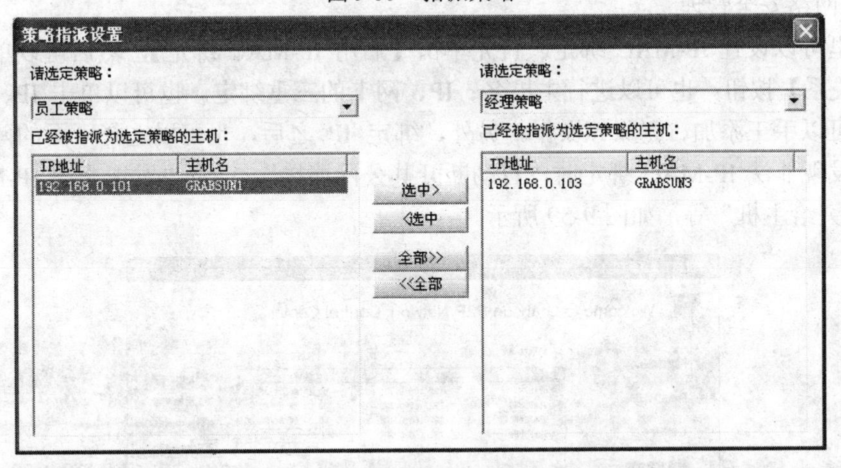

图 9-56　将员工策略组里面的主机指派到经理策略组里面

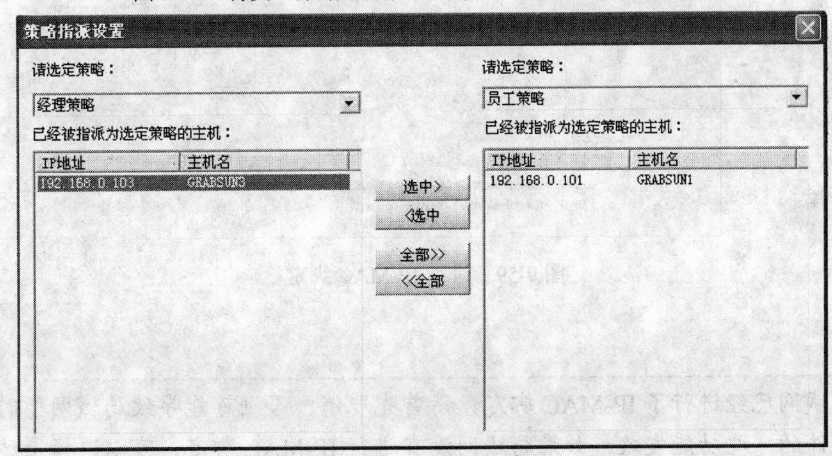

图 9-57　将经理策略里面的主机指派到员工策略组里面

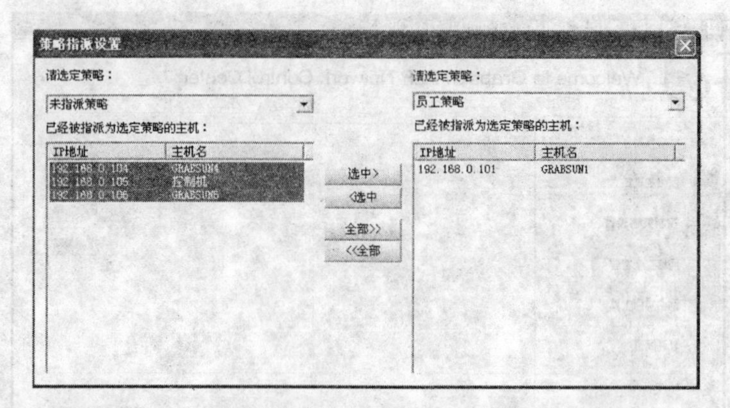

图 9-58　将全部未指派策略的主机添加到员工策略组里面

（14）控制策略设置

单击软件左侧功能栏的【控制策略设置】，单击【新建策略】按钮，输入策略名字，然后系统会弹出一个对话框，可以按照控制需要单击各个控制项目进行控制。设置完毕后，选择保存。也可以选中编辑好的策略进行更改配置。

（15）网络安全管理

在这里可以设置 IP-MAC 绑定。首先单击【启用 IP-MAC 绑定】，然后可以单击【获取 IP-MAC 关系】按钮。也可以进行主机名、IP、网卡的三重绑定。也可以单击 IP、网卡进行更改，也可以手工添加、删除等操作。另外，绑定 IP 之后，也可以选择下面的两个控制措施，如“发现非法 IP-MAC 绑定时，自动断开其公网连接”，以及“发现非法 IP-MAC 绑定时发 IP 冲突给主机”等，如图 9-59 所示。

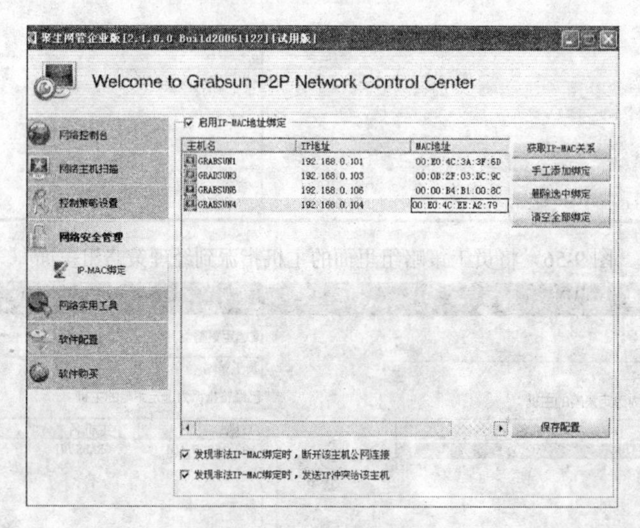

图 9-59　进行 IP-MAC 绑定

注意

如果局域网已经进行了 IP-MAC 绑定，请首先取消，否则可能导致局域网暂时掉线，并可能导致软件的一些功能失效。如果局域网没有进行 IP-MAC 绑定，可以选择上述各项，以增强网络安全；如果局域网对安全要求不高，也可以不选。

（16）网内其他主机运行聚生网管的记录

系统为了保证局域网的安全，防止局域网内其他用户用聚生网管捣乱局域网，特别提供了防护功能，即聚生网管的正式版可以强制测试版退出，并且记录运行聚生网管的主机的机器名、运行时间、网卡、IP，以及系统对其处理结果情况。

（17）局域网攻击工具检测

系统可以检测当前对局域网危害最为严重的三大工具：局域网终结者、网络剪刀手和网络执法官，因为这三种工具采用 Windows 的底层协议，所以，无法被防火墙和各个杀毒软件检测到。而聚生网管可以分析其报文，检测出其所在的主机名、IP、网卡、运行时间等信息，以便于管理员迅速采取措施应对，降低危害，如图 9-60 所示。

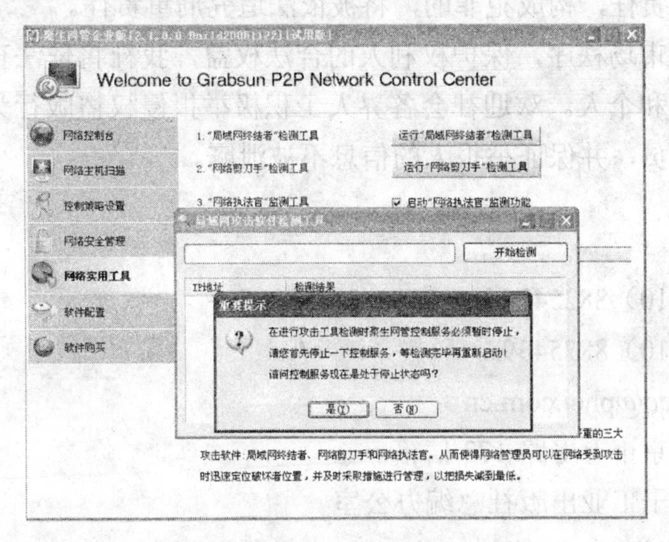

图 9-60　检测局域网三大攻击工具

9.4　项目总结与回顾

本项目从网络安全的角度进行了介绍，主要讲解了网络安全的相关知识，一是操作系统自己的安全设置，二是网络流量、端口的限制，三是杀毒软件和防火墙的使用，这些都是很常见的网络管理功能，希望读者掌握。

习　题

1．操作系统有哪些协议可以删除，哪些服务可以禁用？

2．BitDefender Total Security 2011 杀毒软件和防火墙软件如何进行实时防护设置和防火墙规则设置？

3．如何进行 IP 地址绑定和端口绑定？

4．如何进行流量控制？如何使用网络管理软件？

5．上机操作聚生网络管理软件。

反侵权盗版声明

举报电话：（010）88254396；（010）88258888

传　　真：（010）88254397

E-mail：　dbqq@phei.com.cn

通信地址：北京市万寿路 173 信箱

电子工业出版社总编办公室

邮　　编：100036